U0944419

Nondestructive Optical Technology for Agro-food Quality and Safety Assessment

农畜产品品质安全光学无损快速检测技术

彭彦昆　著

科学出版社

北　京

内 容 简 介

本书基于光学原理和方法，以大宗农畜产品为对象，以其品质和安全属性为检测指标，凝练了近年来国内外农畜产品光学无损检测的最新研究成果和前沿技术，系统地著述了无损、快速、实时预测和评价主要农畜产品品质安全属性的新方法、新技术、新装置和设备等，反映了作者及其研究团队近年来的主要科研成果。

本书凝集和阐述的主要技术内容包括光学信号处理、计算机光谱及图像解析与建模、光学扫描传感器设计、机器视觉、可见/近红外光谱、高光谱、拉曼光谱、光电系统控制等。本书针对水果、蔬菜、牛肉、猪肉、禽肉及禽蛋、水产品、家畜和家禽活体等大宗农畜产品，分门别类地描述了国内外的最新无损快速检测方法、实用技术和发展趋势等。本书通过新颖的原理方法、实用的技术实例，使读者系统掌握并快速提升农畜产品光学无损检测实用技术及装置的创新研发技能。

本书可供农畜产品品质安全检测研发人员和管理人员使用参考。

图书在版编目（CIP）数据

农畜产品品质安全光学无损快速检测技术/彭彦昆著. —北京：科学出版社，2016.2

ISBN 978-7-03-047197-0

Ⅰ.①农… Ⅱ.①彭… Ⅲ.①农产品-质量检验-无损检验②畜产品-质量检验-无损检验 Ⅳ.①S37②S87

中国版本图书馆 CIP 数据核字（2016）第 012173 号

责任编辑：霍志国/责任校对：何艳萍

责任印制：赵 博/封面设计：铭轩堂

科学出版社出版

北京东黄城根北街 16 号

邮政编码：100717

http://www.sciencep.com

北京厚诚则铭印刷科技有限公司印刷

科学出版社发行 各地新华书店经销

*

2016 年 2 月第 一 版 开本：720×1000 B5

2025 年 2 月第二次印刷 印张：23 1/4

字数：470 000

定价：128.00 元

（如有印装质量问题，我社负责调换）

前 言

“民以食为天，食以安为先”。由种植业、畜牧业、渔业等行业生产的农畜产品是人类赖以生存的食物和不可或缺的食品加工原料。农畜产品的品质安全直接关系到人类的健康和社会的发展与稳定。改革开放以来，我国的国民经济和科学技术快速发展。一方面，随着生活水平的不断提高，人们对农畜产品的品质安全提出了更高要求，其饮食消费观从“吃得饱”向“吃得安全、吃得营养”方向转变。另一方面，随着我国经济贸易的全球化和“一带一路”建设，农畜产品的进出口数量不断增长。因此，对农畜产品品质安全的管理，需要更新的监管手段和技术水平与其相适应。

传统的农畜产品品质安全检测多采用人工抽检方式，且依赖于价格昂贵的进口设备，需要专业技术人员操作，具有样品前处理过程复杂、测试时间长、人为误差大、破坏样品、抽检率低等缺点，难以用于农畜产品的生产、加工、销售等现场实时检测，无法用于农畜产品产业链中的高通量在线检测，无法实现对农畜产品的逐一品质标定、分级和分选。在农畜产品产业链中，急需新技术弥补传统人工抽检方法所不及的功能。

伴随着光学材料和计算机技术的飞速发展，农畜产品品质安全的光学无损快速检测已经成为可能。通过实时采集光谱图像数据，确立农畜产品的光学特征，建立与品质安全参数之间的关系，实现农畜产品的原位无损、高通量快速、实时在线检测和分级，越来越多的应用于农畜产品产业链中品质安全的实时在线检测。另外，2015 年 10 月 1 日我国新修订的《食品安全法》开始实施，要求食品生产经营企业建立食品安全全程追溯制度，食品安全追溯已经成为法定条款。利用农畜产品品质安全无损快速检测技术，与互联网技术相结合在全程追溯过程中，能实时提供品质安全状况，成为农畜产品品质安全有效监控的最重要工具之一。

本书凝集和论述了国内外农畜产品无损检测研究的最新光学理论和前沿技术手段，包括光学信号处理、计算机光谱及图像解析与建模、光学扫描传感器设计、机器视觉、可见/近红外光谱、高光谱成像、拉曼光谱、X 射线荧光光谱、光电系统控制等。农畜产品的种类和待测品质安全指标不同，采用的光学检测技术也不同。本书的特色在于针对大宗农畜产品，如水果、蔬菜、牛肉、猪肉、禽肉及禽蛋、水产品、家畜和家禽活体等不同的检测对象，结合大量的实例，按章分门别类详细描述了国内外光学无损检测的最新方法、实用技术和装置和发展趋势等。

本书共分为10章，第1章绪论，对农畜产品无损检测技术进行了综合的概述，介绍了光学无损检测技术的概念、应用及发展趋势等。第2章介绍了农畜产品光学无损检测系统构成，主要描述了光学系统硬件构成、农畜产品的光学属性、农畜产品品质安全参数的光谱和图像特征以及数据解析方法等。第3～8章，分别介绍了主要农畜产品，包括水果、蔬菜、牛肉、猪肉、禽肉及禽蛋、水产品的品质安全光学无损检测原理、方法、技术及应用。第9章主要介绍了关于活体家畜家禽的行为特征判断、品质指标预测等光学技术及应用。第10章针对农畜产品光学实时检测系统和装置的应用研究状况和实例进行了详细的介绍。

本书著者一直致力于农畜产品品质安全光学检测技术的研究，曾获得公益性行业（农业）科研专项、国家科技支撑计划、国家“863”计划、国家自然科学基金、北京市自然科学基金等科研项目的支持。本书凝练了近年来国内外农畜产品光学无损检测领域的最重要研究成果和最新研究进展，系统地论述了无损、快速、实时预测和评价各种农畜产品品质和安全属性的新方法、新技术、新装置和设备等，反映了作者及其研究团队近年来的重要科研成果与经验。

本书著者都是直接参与相关科研项目的重要骨干，其中，第1章由彭彦昆、张雷蕾编写；第2章由陶斐斐、彭彦昆、宋育霖、李青编写；第3章由赵娟编写；第4章由翟晨、陈菁菁编写；第5章由郑晓春、林琬、周彤编写；第6章由王文秀、李翠玲、张海云编写；第7章由张雷蕾、孙宏伟编写；第8章由乔璐、刘媛媛编写；第9章由田芳编写；第10章由魏文松、张海云、王文秀编写。本书由彭彦昆负责策划、组稿、统稿、修订和审定。

在本书出版之际，衷心感谢多年来在农畜产品无损检测研究与实践过程中给予我们指导以及与我们合作的各位专家和学者。深深感谢研究团队的汤修映教授、李永玉副教授、江发潮教授、徐杨教授、王伟副教授的密切协作。由衷感谢科学出版社以及责任编辑对本书的出版付出的辛勤劳动。

本书可供农畜产品品质安全检测研发人员和管理人员使用参考。作者期待本书可以使读者对农畜产品光学技术有所了解，起到抛砖引玉的作用，使读者系统掌握农畜产品光学无损检测技术，全面了解农畜产品光学无损检测现状，提升农畜产品光学无损检测实用技术及装置的创新研发技能。

在编著过程中我们力求全面、完美、准确地呈献农畜产品光学检测技术，但是由于水平所限，疏漏和不足在所难免，恳请各位读者批评指正，敬请各位专家不吝赐教。

著　者
2015年11月
于中国农业大学

目　录

第1章　绪　　论

1.1　农畜产品品质安全问题

1.1.1　农畜产品定义和种类

农畜产品是指来源于农业生产的初级产品，即通过农业生产活动获得的植物、动物、微生物及其产品，包括果蔬、粮油等种植业产品，畜禽、禽蛋等畜牧业产品，鱼类、贝类等渔业产品，以及鲜奶、茶叶等特种农产品。

农畜产品作为人们赖以生存的食物，其品质安全是食品安全的基础，是食品安全的重中之重。优质安全的农畜产品，越来越受到消费者广泛重视和追求，逐渐赢得市场青睐。我国居民消费的主要农畜产品有水果、蔬菜、生鲜肉、禽蛋等，其品质参数包括物理属性、化学属性和生物属性。物理属性主要有大小、形状、重量、色泽、硬度等；化学属性主要有营养成分、新鲜度、成熟度等；生物属性主要有致病性细菌、腐败变质等。

1.1.2　农畜产品品质安全问题

近年来，食品安全问题频频发生，很大程度上是由于初级农畜产品源头污染严重以及流通过程中监管控制力度不到位所造成的，所以迫切需要全面提升农畜产品品质安全保障措施。农畜产品品质安全是当前人们最为关注的重大民生问题，它直接关系到消费者的身体健康，关系到相关企业的生存和发展，关系到整个社会的稳定发展。一方面，随着中国经济与世界贸易的一体化，对农畜产品的进出口质量及其检验检测技术提出更高要求，迫切需要农畜产品品质安全检测新技术。另一方面，由于食品的功能性和安全性受到关注，初级农畜产品的品质安全也就逐渐得到了广泛的重视。

在农畜产品国际贸易中，我国农产品出口仍面临巨大挑战。由于主要农产品进口国通过设立高标准、技术壁垒及绿色壁垒等手段，导致我国农产品出口屡屡受挫。出口受阻的农畜产品从蔬菜、水果、茶叶到蜂蜜、水产品等。2014 年，我国农产品进出口总额为 1928.2 亿美元，比上年同期增长 4.2%，其中，出口 713.4 亿美元，增长 6.3%，进口 1214.8 亿美元，增长 3%。贸易逆差为 501.4 亿美元。为了使出口的农畜产品品质安全达到出口国的技术指标，对农畜产品品质安全检测就显得尤为必要。

农畜产品质量安全，指农畜产品的品质可靠性、食用安全性和内在营养性，包括在生产、贮存、流通和使用过程中形成、残存的营养、危害及外在特征因子，既有等级、规格、品质等特性要求，也有对人、环境的危害等级水平的要求。食品从田野到餐桌，构成一个复杂的全产业链。生产环节是保证农产品品质安全的源头。在种植养殖的生产过程中，农畜产品会涉及以下几方面的污染：有毒有害杂质掺入等物理性污染；农药残留、兽药残留、重金属超标等化学性污染；致病性细菌、病毒以及毒素等生物性污染。在储藏、运输、加工及销售等流通环节中，由于设施缺乏或落后、操作不规范等原因，也可能造成二次污染，影响农产品的新鲜度或品质安全。

农畜产品品质控制和安全检测是保障农畜产品品质安全的关键环节。为了进一步优化农牧业种植养殖的品种质量，提高品质安全水平，保证农畜产品供给的安全性、可靠性、食用性，实现对农畜产品品质安全进行无损快速检测具有重要现实意义。

传统检测农畜产品品质安全方法，如质谱分析法、高效液相色谱法、理化检验和微生物检验等，存在检测效率低、所需时间长、产品破坏大等问题。所以，现代的农畜产品品质安全检测技术正朝着快速、准确、无损的方向发展。因此，如何实现农畜产品品质的快速检测和安全评价是当前的研究热点之一。

1.1.3 农畜产品品质安全检测指标

果蔬品质安全检测主要包括外部品质判定、内部品质检测以及食用安全评定。果蔬外部品质判断是对果蔬进行外部形态特征识别、表面缺陷及污染物检测、冻伤检验。果蔬的大小、色泽、重量等感官特征是决定消费者购买的重要因素。果蔬表面缺陷和污染严重影响果蔬品质和附加值，是生产者和消费者极为重视的指标，尤其是轻微损伤、病虫害、粪便污染等难以识别的情况，如何对其进行快速、无损检测已经成为国内外学者的研究热点。另外，运输、贮藏过程受天气、温度、湿度等因素影响，水果蔬菜易造成冻伤，冻伤后的果蔬由于植物组织被破坏，不仅丧失营养价值，改变原有的口感风味，还会产生有毒物质。果蔬内部品质检测是果蔬流通中的重要环节，对于果蔬在采后加工、运输、贮藏和销售过程起着重要作用，能够有效保障果蔬内在价值。果蔬内部品质控制需要进行组成成分分析、食用指标测定、品质分级评定等。果蔬的营养品质主要取决于果蔬的化学组成（水分、糖、淀粉、色素等），与果蔬贮藏特性和采后保鲜密切相关。果蔬的风味、质地和口感，决定消费者的喜好程度，与糖度、酸度、可溶性固形物等食用性指标密切相关。成熟度是果蔬分级与保鲜的重要评价指标之一。此外，在果蔬生产、贮藏过程中，必须加强果蔬食用安全的监测和控制。果蔬表面杀菌剂、杀虫剂、植物生长调节剂等药物残留会危害人体健康，因而对果蔬表面农药残留进行定量和定性检测十分有意义。果蔬贮运中的微生物病害是引起果蔬商品腐烂和品质下降的主要原因之一，因而需要实时对果蔬中由致病性细菌等微生物感染及产生的毒素而导致腐败等缺陷进行检测。

生鲜肉品质安全检测主要包括营养品质、食用品质、加工品质及安全品质的评定。研究发现影响肉类品质的因素有多种，如遗传、环境、屠宰方式等，其中营养在品质的调控上起重要作用。肉的营养成分主要包括水分、蛋白质、脂肪、维生素、矿物质和碳水化合物。生鲜肉中的各种营养成分对肉的品质有重大的影响，例如，肌内水分含量、分布及其持水性关系到肉的品质和风味，脂肪的多少及脂肪酸的组成直接影响肉的嫩度和多汁性。食用品质是肉品最重要的品质指标之一，直接影响生鲜肉的商品价值，一般从嫩度、大理石花纹、色泽和新鲜度等几个方面进行评价。当生鲜肉具有很高的食用价值时，其肉色鲜红、质地鲜嫩、大理石纹状俱佳、脂肪白色而有光泽、味道鲜美。嫩度是指肉在食用时口感的老、嫩，反映了肉的质地，是消费者评判肉质优劣最常用的指标。嫩度的不同决定着肉的等级档次，直接影响着肉的食用价值和商品价值。大理石花纹是生鲜肌肉范围内可见的肌肉脂肪的分布状况，是确定肉类质量等级的主要指标。肉的颜色主要决定于其中的肌红蛋白含量和化学状态。生鲜肉在销售、贮藏过程中颜色的变化与肌肉新鲜度存在一定的关系。色泽给人以第一印象，决定消费者的购买欲望。新鲜度是衡量生鲜肉是否符合食用要求的客观标准，可以综合地反映产品营养性、安全性和嗜好性的可靠程度。肉的保水性（即系水力、系水性、持水性）是指肌肉组织保持水分的能力，是一项重要的生鲜肉加工品质指标。它不仅影响肉的颜色、香气、嫩度、多汁性、营养成分等食用品质，而且具有重要的经济意义。如果生鲜肉保水性能差，从家畜屠宰后到肉品加工前这一过程中，肉因失水而重量减少，从而造成一定的经济损失。肉类本身富含营养物质和水分，极易腐败变质，且在屠宰加工及销售的过程中，可能缺乏良好的卫生条件和冷藏设施，在出售时随着放置时间的延长导致生鲜肉的卫生安全情况变得错综复杂。肉中含有有机营养物质，为腐败微生物的生长繁殖提供了良好的营养物质，在适宜的环境条件下，微生物大量繁殖，使肉类发生一系列复杂变化，最终导致生鲜肉腐败变质。因而生鲜肉的安全评定包括表面微生物污染、腐败酸败变质、毒素药物残留等指标评价。

水产动物的肌肉及其他可食部分富含蛋白质，并含有脂肪、多种维生素、无机质和少量的碳水化合物。不同品种的水产品在自然环境条件下都有其特定的体色。在人工养殖条件下，往往由于养殖环境剧烈变化（温度、噪声、光照、pH、盐度、重金属污染等）或使用缺乏天然有效色素源的饲料等因素，导致养殖水产品体色和肌肉颜色异常，使其失去所特有的天然颜色和光泽。因此，水产品体色和肌肉颜色能够反映水产品的品质和安全性。一般认为，水产品的风味主要是由它们的嗅感香气和鲜味共同组成。嗅感香气是由挥发性含香化合物构成，而鲜味是由非挥发性的滋味活性物质构成。水产品也常因鲜度、加工方法的不同而呈现出不同的嗅感。水产品非常容易腐败，在腐败过程中，新鲜水产品的香味可能会被微生物或自溶作用破坏，或可能存在新生成的化合物，掩蔽了水产品原有的香气，使得呈现出异常的气味。此外，加工及水环境因素对水产品气味同样有很大的影响。在水产品中出现的很多气味是由环境因素造成的，如发霉味、泥土味、土腥味和霉烂味等，在野生的鱼种群中普遍存在的。水产品的鲜度检验主要是对水产原料进行检验，水产原料的好坏是保证产品品质的一个重要条件。

禽蛋是人们日常饮食中的重要食品。在贮藏、运输过程中，禽蛋会发生物理、化学及生物变化，因此对禽蛋的品质参数进行快速检测和评价尤为重要。禽蛋品质参数是对鲜蛋进行品质鉴定和评定等级的主要依据。禽蛋的品质安全指标检测，主要是针对鲜蛋的外部品质、内部品质进行鉴定和评定分级以及对新鲜度等安全指标进行检测评价。外部品质参数直接决定消费者是否购买，给人以直观的评判，包括蛋壳裂纹、大小、蛋重、颜色、蛋形指数等指标。蛋壳状况是影响禽蛋商品价值的一个重要参考指标，从蛋壳的清洁程度、完整状况和色泽三方面来鉴定。质量正常的鲜蛋，蛋壳表面应清洁，无禽粪、未粘有杂草及其他污物；蛋壳完好无损、无硌窝、无裂纹及流清等；蛋壳的色泽应当是各种禽蛋所固有的色泽，表面无油光发亮等现象。蛋形指数在包装分级中起着重要的决定作用。标准禽蛋的形状应为椭圆形，蛋形指数在1.3～1.35，且在贮运过程中不易破伤。内部品质参数不仅影响到禽蛋的质量，而且直接决定是否可食用，与其新鲜度密切相关。蛋白和蛋黄状况是评定蛋的品质优劣的重要指标。通过测定蛋黄指数（蛋黄高度与蛋黄直径之比）也可以判定蛋的新鲜程度。存放时间过久的禽蛋，其蛋黄是扁平的，当蛋黄指数小于0.25时，蛋黄膜极易破裂，出现散黄。蛋内容物的气味和滋味同样可以评判禽蛋品质的好坏。此外，系带状况、胚胎状况、气室状况也是评定禽蛋内部品质的重要因素。随着贮藏时间的延长，蛋内水分不断向外蒸发，蛋重不断变轻，蛋重是禽蛋新鲜程度的一个重要评定指标。新鲜的蛋只有轻微的腥味，而严重腐败的蛋散发出氨、硫化氢的臭气味。

畜禽活体检测是建立现代化养殖设备和设施系统以及发展现代化养殖技术中十分重要的一部分。家畜和家禽的活体检测主要是利用机器视觉技术、超声波技术、X射线技术、红外热成像技术等对畜禽在生长阶段的特定时期进行体质检测。主要检测指标有动物体尺特征参数、眼肌面积、背膘厚、性别等。在现代化养殖中，生长监测是保障种猪、种牛等出栏品质的重要手段之一。众多研究表明，活体猪牛羊等出栏体重与其体型特征参数，如体长、胸围、臀围、体高等参数有一定的相关性，传统的生猪体征参数测量均采用人工体尺测量的方法，该方法耗时费力，不适宜在现代化规模生猪养殖中继续采用。另外，人工测量容易给猪造成应激反应，从而对猪的出栏品质造成严重的不良影响。例如，在屠宰前猪若受到惊吓产生应激反应，会使其体内分泌很多激素，从而造成猪肉品质下降，如肉色较苍白、容易出水，一些营养成分也会随之流失。随着计算机机器视觉技术的发展，通过摄像头拍摄获取猪活体图像，应用图像处理和分析技术对猪的体型特征参数进行估算，能有效减少对牲畜的刺激和物理伤害。针对实际生产中畜禽活体的脂肪厚、腰肌厚、腰肌面积及肌间脂肪等指标的检测要求，可以根据检测结果来调整畜禽的饲喂条件，以提高其出栏品质和产量。

1.2 农畜产品品质无损检测技术的概述

1.2.1 无损检测技术定义

农畜产品品质无损检测技术是近十几年快速发展的一项新型检测技术。它是利用农畜产品的声、光、电、磁等特性，在不改变被检样品结构和成分的情况下，应用有效的检测技术和分析方法对其内在品质和外在品质进行非破坏测定，并按一定的标准对其作出评价的过程[1]。利用无损检测技术，能使样品检测后仍然可以销售和食用，不损害生产者的经济效益，具有极大的商业化实用潜力。与此同时，无损检测技术可替代人工用于过冷或过热、有毒的环境，成为农业、食品领域最新的研究热点。无损检测的主要特点为：避免破坏样品、检测速度快、实时高通量、预测精度高、无需化学试剂、测试重现性好、易于实现自动化及适用于大规模在线检测。

1.2.2 无损检测技术简介

随着新材料、计算机等高新技术的急速发展以及在农畜产品检测领域的广泛应用，无损检测技术已向数字化、智能化、便携化的方向快速发展。根据无损检测原理的不同，常用的农畜产品无损检测技术主要包括基于图像分析的机器视觉检测技术，基于光学特性的光谱检测技术，基于声学特性的超声波检测技术，基于电磁学特性的核磁共振波谱法检测技术，基于气味原理的电子舌和电子鼻，基于生物活性的生物传感器检测技术等。

1. 基于光学特性的无损检测技术

光学特性检测的原理是利用农畜产品对光的吸收、散射、反射、透射等特性来确定产品品质的一种方法[2]，包括近红外光谱检测技术、高光谱成像检测技术、激光拉曼光谱技术和X射线荧光光谱技术等。近红外光谱吸收主要是有机物的含氢基团（如—OH、—CH、—NH、—SH等）的倍频和合频吸收，由于农畜产品中的大多数有机化合物，如蛋白质、脂肪、有机酸、碳水化合物以及农药残留和兽药残留等都含有不同的含氢基团，所以对其进行近红外光谱分析就可测定这些成分的含量，并通过进一步分析得到更多与品质相关的信息。高光谱成像技术是一种图像及光谱的融合技术，可以同时获取研究对象的空间及光谱信息。与近红外光谱类似，拉曼光谱技术基于拉曼散射原理，利用物质的拉曼光谱特异性，以散射光的强度随拉曼位移的变化表示，通过峰的位置和强度，反映官能团或化学键的特征振动频率，提供散射分子的结构信息。X 射线荧光光谱法的基本原理是当物质中的原子受到适当的高能辐射激发后，放射出该原子所具有的特征 X 射线，激发被测样品。

2. 基于图像分析的无损检测技术

图像处理技术把外部特征等具体信息高速地输送给计算机进行图像信息的实时处理、识别，从而实现外观品质的综合评价[3,4]。以机器视觉为代表的图像分析技术是基于图像的数字识别技术发展起来的。它是利用一个代替人眼的图像传感器获取物体图像，然后将图像转换成数字图像，通过计算机模拟人的判别准则去理解和识别图像，用图像分析做出相应结论的实用技术[5,6]。它可代替人工视觉进行长时间作业，实现自动化操作，避免人工作业造成的人为误差，在农产品表面缺陷损伤检测、外观尺寸识别、品质分级分选应用较多。早在 1985 年，Rehkugler 等[7]根据苹果图像的灰度值对苹果的缺陷进行检测，虽然当时的检测精度未能满足现实工作的需求，但是是一个良好的开端。随后，Sarkar 等[8]利用数字图像分析和模式识别技术，研发了一套具有定向机构和照明装置的机器视觉分级装置，对西红柿品质进行准确判断。在肉类品质评价方面，目前图像分析方法主要用于根据牛肉的大理石花纹和颜色特征进行胴体的自动分级、猪眼肌肌内脂肪含量的测定，均具有较好的应用效果。但是机器视觉对目标检测物获取的快速性和准确性还有待提高，并且对于农畜产品内部品质和安全参数无法进行准确检测。

3. 基于声学特性的无损检测技术

声学特性检测的原理是利用农畜产品在声波作用下的反射、散射、透射、吸收特性、衰减系数、传播速度以及声阻抗和固有频率等参数变化，来反应样品与声波之间相互作用的基本规律，用以获取被测物内部的物理化学性状[9]。浙江大学的饶秀勤等[10]开发了西瓜声学特性测试系统，选取 752Hz、869Hz、1001Hz、4556Hz、322Hz、3950Hz 6 个特征频率，通过其对应的声透过率值建立多元线性回归模型，实现了西瓜糖度的无损检测。超声波检测技术一般采用 0.5～20MHz 的高频率低能量超声波。超声波检测技术在食品理化特性检测中，尤其是对于高浓度液体和不透明材料的检测中具有一定的优势。在乳制品品质检测方面，超声波技术发挥了极大的作用。Bakkali 等[11]采用超声波冲回波技术对牛奶、奶酪的絮凝状态进行动态检测，实现了乳制品的无损检测。超声波检测技术在农产品加工及安全检测领域中有一定应用，但是受超声波频率、测量部位、被测物组织分布不均匀性等因素影响，该技术只能检测某部位的化学成分。基于超声波的声学特性对农畜产品某一内部品质指标或多指标综合评价方面的研究甚少，检测精度有待提高。

4. 基于电磁学特性的无损检测技术

电磁特性检测的原理是利用农畜产品在电场和磁场中的电、磁特征参数的变化，来反映样品性质并测定其综合品质的方法，包括主动特性法和被动特性法[12, 13]。主动特性法如电导仪测量法，由于农畜产品的电磁特性与其组织、成分、结构、状态等有密切关系。核磁共振（nuclear magnetic resonance，NMR）波谱分析技术是被动特性法的一种，是根据具有磁性质的原子核对射频磁场的吸收原理，来测定各种有机或无机成分的检测技术。一方面，可以通过检测同一样品的不同原子核，从而从不同角度对样品进行分析。另一方面，由于其具有结构和动力学信息敏感性，因而可以观察样品的化学结构特征和分子迁移。利用NMR技术可以更深一步地了解生物组织和生物样品的结构和代谢过程，使其成为农畜产品及食品检测分析中一种很有潜力的工具[14]。该技术在农畜产品农药、激素等残留检测，冷冻过程中肉质的改变，果蔬品质（可溶性固形物、酸度、新鲜度等）检测等方面具有一定的应用价值。核磁共振检测技术在品质分析中起到较好的作用，然而在实际应用中仍然存在许多问题需要解决。

5. 基于气味原理的无损检测技术

基于嗅觉原理的电子鼻和电子舌是20世纪90年代发展起来的用于快速检测食品品质安全的新型仪器。电子鼻，又称气味扫描仪，是由性能彼此重叠的多个化学传感器和适当模式识别方法所组成的装置，具有识别简单和复杂气味的能力，能够快速提供被测样品的整体信息及指示样品的隐含特征。它主要由气味操作取样器、气体传感器阵列和信号处理系统三种功能空间组成[15]。它可以通过分析肉品中微生物数量和种类，从而测定其新鲜度。并能通过在线分析肉品挥发性气体成分的变化，测定肉品品质，并对环境条件进行监控，最终对产品的品质进行预测和评价。电子舌是一种使用类似于生物系统的材料作传感器的敏感脂膜，当类脂薄膜的一侧与味觉物质接触时，膜电势发生变化，从而产生响应，检测出各类味觉物质量化关系，同人的味觉感觉相匹配而分析出酸、甜、苦、咸、鲜等味觉指标来分析。目前较典型的电子舌系统有法国的Alpha MOS系统和日本的Kiyoshi Toko电子舌。随着技术的不断发展，在电子鼻和电子舌的集成化应用方面取得了一定的突破。俄罗斯的专家研发集成电子鼻和电子舌于一体的复合新型分析仪器。通过检测数据的融合处理，在农畜产品品质评价方面具有广阔的应用前景。然而，由于传感器的选择限制性和模式识别系统的难识别性，导致电子鼻和电子舌的实际应用并不广泛，还有许多问题亟待研究和解决。电子鼻和电子舌在一定程度上解决了食品品质评价对工业自动化的制约，却受到敏感材料、制造工艺、数据处理等制约。

6. 基于生物活性的无损检测技术

生物传感器是基于生物活性的一种无损检测技术。其原理是当待测物质经扩散作用进入生物活性材料（酶、蛋白质、DNA、抗体、抗原、生物膜等），经分子识别，发生生物学反应，产生的信号继而被相应的物理或化学换能器转变成可定量和可处理的电信号，再经二次仪表放大并输出，从而测定待测物的浓度[16]。生物传感器具有灵敏度高、选择性好、反应快、现场检测等特点，在农畜产品的成分、添加剂、有害毒物及新鲜度等检测分析中均有应用。Kramerr 等[17]研发了光纤生物传感器快速检测食物中的病原体（如大肠杆菌 0157. H7），比传统方法相比具有更快的检测速度。Volpe 等[18]利用黄嘌呤氧化酶与过氧化氢电极构成生物传感器，通过测定鱼降解过程中产生的肌苷一磷酸（IMP）、肌苷（HXR）和次黄嘌呤（HX）的浓度，从而评价鱼的新鲜度，其线性范围为 $5\times10^{-10}\sim2\times10^{-4}$mol/L。冯东等[19]应用赖氨酸生物传感分析仪测定了 4 批玉米样品的赖氨酸含量，回收率在 99.2%～100.8%。生物传感器发展迅速，但是由于受生物活性单元不稳定性和易变性等限制，需要进一步改进开发灵敏度高、成本低和仿生功能完善的生物传感器。

1.3 农畜产品品质安全光学检测的前沿技术及发展趋势

1.3.1 光学检测的前沿技术

光学无损检测技术具有原位无损、高通量快速、实时在线三个技术特征，并且易于与机械技术、电子技术和计算机技术相融合，是最重要的农畜产品无损检测技术之一。目前，应用于农畜产品品质安全检测的光学技术主要有以下几种：机器视觉技术、近红外光谱检测技术、高光谱成像检测技术、激光拉曼光谱技术和 X 射线荧光光谱技术等[20, 21]。

1. 近红外光谱技术

近红外光（near infrared，NIR）是指介于可见区与中红外区之间，波长范围为 780～2526nm 的电磁波。近红外光谱技术是利用农畜产品中的有机化合物在近红外光谱区内的光学特性，对其定性和定量分析的一种光学分析技术。它可反应农畜产品中C—H、O—H、N—H、S—H等化学键的信息。由于该谱区自身具有的谱带重叠、吸收强度较低、需要依靠化学计量学方法提取信息等特点，使近红外谱区分析成为一类新型的分析技术[22, 23]。

20世纪70年代至今，近红外光谱技术发展相对较为成熟，主要包括近红外光谱仪、化学计量学软件和应用模型三部分。与传统分析技术相比，近红外光谱技术不仅具备可见区光谱分析信号容易获取、红外区光谱分析信息量丰富的优点，而且具有检测速度快、样品无需预处理等特点，通过对被测样品进行一次近红外光谱采集，就能同时完成多项性能指标测定。但是，其分析结果准确性容易受到温度等多种因素的影响，从复杂、重叠、变动的背景中提取弱信息，干扰因素比较多，需要不断改进研究方法。另外，由于检测范围所限，一般仅用于质地均匀的农畜产品。

近红外光谱技术与光纤技术结合，形成成熟的在线检测系统，应用于各个领域，在农畜产品无损检测中的应用较为成熟。近红外光谱技术在果蔬品质安全检测中取得了一定的研究进展[24, 25]。2005年，Pedro等[26]应用近红外光谱测定西红柿的总固形物、可溶性固形物、番茄红素和胡萝卜素含量，所建模型的相关系数R^2均高于0.99。国内中国农业大学韩东海教授团队利用近红外光谱技术在苹果褐腐病和水心病的鉴别、梨的糖度硬度检测等方面取得丰硕的成果。2012年，罗春生等[27]利用近红外光谱法测定了乙酰甲胺磷和毒死蜱混合农药在芦柑表面的残留量。在畜禽肉品质安全检测方面，近红外光谱技术在生鲜肉营养成分分析、品质等级评定、原料肉掺假鉴定等方面均取得了一定研究进展[27]。早在20世纪80年代，Kruggel和Lanza[28, 29]分别利用近红外光谱分析研究了生猪肉和牛肉中的水分、蛋白质、脂肪含量和热量。2011年，Gjerlaug-Enger等[30]应用近红外光谱法检测育种猪肌内脂肪酸和水分含量，脂肪酸预测相关系数R_p^2为0.98。世界上有许多国家已经开发出相应的仪器设备并运用于实际生产中。例如，丹麦Foss公司的近红外反射光谱系统，在猪肉完整肉样、鲜鸡肉肉糜的蛋白质、渗透性脂肪、干物质及矿物质的预测中取得了很好的效果。国内外已经研制开发了许多种便携式水果内部品质近红外检测仪。浙江大学现代光谱仪器实验室研制了一种针对基于长波近红外的便携式品质分析仪，满足野外检测需求。然而，目前国内尚未开发出准确高效的在线检测设备。此外，利用近红外光谱技术检测的模型建立要以大量化学测定为基础，且分析结果的准确性易受外界因素的影响。因此，要将该技术与其他检测手段相结合，充分利用多种信息，对农畜产品品质安全进行全面综合评价。

2. 高光谱成像技术

基于高光谱仪的高光谱成像是在纳米级的光谱分辨率上，可以从紫外到近红外（200～2500nm）光谱覆盖范围内，以几十至数百个波段同时对物体连续成像，实现物体的空间信息、光谱信息、光强度信息的同步获得。高光谱信息采集方式主要有反射、透射、散射和荧光四种模式。

相比于近红外光谱技术，高光谱成像可以同时获取样品的空间和光谱信息，提供了更多关于内外部品质参数的信息。利用高光谱立方体图像中的光谱信息，结合光谱解析和数学建模方法，可以预测和评估被检测样品每一点的内外部品质安全属性。利用高光谱立方体图像中的图像信息，结合图像处理方法，可以检测样品整体的表面或内部品质安全属性。因此，利用高光谱技术，通过一次连续扫描，可以同时无损检测农畜产品的内部和外部品质安全参数，实现多参数同时实时在线检测。近年来高光谱成像技术受到极大关注，随着其性能的提高，在农畜产品品质检测和安全评定上呈现出了极大的优越性，是无损检测最具潜力的新方法之一[31, 32]。

针对果蔬品质安全无损检测，高光谱成像技术主要应用在水分、淀粉、色素等影响果蔬营养品质的组成成分分析，可溶性固形物、酸度、糖度及硬度等影响果蔬口感风味的食用指标测定，外部特征识别、表面缺陷及污染物检测、冻伤检验的外部品质评定，以及根据新鲜度、成熟度等对果蔬进行品质分级评定[33]。Peirs 等[34]利用高光谱近红外反射成像系统，采用第一主成分图像的阈值来鉴别苹果中淀粉和非淀粉，有效地实现了快速无损检测。2006 年，Lu 和 Peng[35]采用 500～1000nm 的高光谱散射特征光谱，建立"Red Haven"和"Coral Star"两种桃子硬度的预测模型。Mehl 等[36]基于上述系统成功地检测出苹果表面的腐烂、擦伤、污斑、伤疤等缺陷状况以及真菌感染、土壤污染情况。陈菁菁等[37]搭建了高光谱荧光成像检测系统，在 400～1100nm 范围内获取叶菜表面毒死蜱的高光谱荧光图像。美国农业部仪器与传感技术实验室（instrumentation and sensing laboratory，ISL）研制了一套高光谱成像系统，光谱范围为 430～930nm，光谱分辨率为 10nm，空间分辨率为 1mm，为农畜产品品质安全无损检测开辟了新型检测途径。

基于高光谱成像技术的生鲜肉无损检测研究，主要包括生鲜肉的化学成分分析、食用品质评价、品质分级评定、品种鉴定判断以及安全性指标评价等方面。高晓东等[38]组建了 400～1100nm 高光谱线扫描成像系统，通过牛肉脂肪和瘦肉在各个波段处反射值比的最大值，确定 530nm 为特征波段，提取特征波段处牛肉大理石花纹的 3 个特征参数（大颗粒脂肪密度、中等颗粒脂肪密度和小颗粒脂肪密度），建立大理石花纹等级评判预测模型，获得较高的分级准确率。Wu 等[39]利用高光谱成像技术结合多元线性回归方法预测牛肉嫩度和颜色，65 个样品取自 33 头两岁以上的牛肉胴体，牛肉嫩度预测相关系数 R_p为 0.91，颜色参数（L^*，a^*，b^*）相关系数 R_p分别为 0.96，0.96 和 0.97。美国农业部农业研究机构（USDA-ARS）的研究小组开发了高光谱成像检测系统，用于在线实时检测家禽胴体污染。Park 等[40]应用高光谱成像系统检测家禽在屠宰中体腔内的粪便污染，选取 517nm 和 565nm 处的图像，通过波段比、阈值分割和中值滤波等图像处理算法，污染物识别率达到 93%。高光谱成像技术已经开始作为一种非接触检测技术应用于农畜产品无损检测领域，在农畜产品卫生、安全与品质控制方面有广阔的应用前景。但是，在提高预测模型精度、降低高光谱数据冗余、提高检测分析速度以及选择最佳的特征波段算法等一系列问题急需解决。

3. 拉曼光谱技术

拉曼光谱是激发光子与物质分子发生非弹性碰撞后，频率发生改变的散射光谱，光子频率的改变称为拉曼位移。激光拉曼光谱是一种非弹性光散射技术，具有很强的识别能力，能够获取如动物蛋白、脂肪等成分的相对浓度和分布情况等信息，是一种无需样品前处理、灵敏度相对较高、分析测试快速便捷的绿色光谱技术[41]。

拉曼光谱具有很强的识别能力，可以反映出物质中大分子组分或结构的细微变化。对样品无特殊要求，可以在生理条件下进行原位测量，可以进行单端测量，因而能够测量厚器官的上层组织；另外，拉曼光谱技术具有很高的空间分辨能力，同光纤技术结合，拉曼光谱技术可以直接应用到生产线进行实时检测。与其他光谱技术相比，具有以下几个特点。

（1）拉曼光谱的频移不受单色光源频率的限制，因此单色光源的频率可以根据样品颜色而有所选择。拉曼散射光可以在紫外和可见光波段进行测量，由于紫外光和可见光能量很强，因此在此波段进行测量比红外波段要容易和优越。

（2）适用于水溶液体系的测量。这是拉曼光谱与红外光谱相比最显著的优点之一。由于水分子的不对称性，在拉曼光谱上没有伸缩振动频率带，并且其他的变形、剪切等振动频率谱带很弱，因而水的拉曼光谱很弱。

（3）拉曼光谱是直接联系分子结构的振动谱，可对物质进行指纹性认证。物质结构的任何微小变化会非常敏感地反映在拉曼光谱中，因而根据结构的变化可用来研究物质的物理化学等各方面性质。

（4）可用于低浓度样品检测。拉曼光谱方法的检测灵敏度非常高，尤其是对水环境中有机成分和生物大分子等，有着很低的检测限，一般可达 mg/L 或 mmol/L。近几年的研究表明，运用 CCD 技术，结合纳米技术采用表面增强拉曼光谱等，可获得超高灵敏度的检测限，可达 μg/L、pg 或 fmol，检测下限直逼单分子。

拉曼光谱技术在农畜产品品质安全检测中有着良好的应用前景。在肉品品质安全测定应用方面具有一定优势，近年来引起国内外学者的关注。利用拉曼光谱技术可以获取与肉类营养成分相关信息，如肉品中蛋白质、脂肪成分的相对浓度和分布情况。Beattie 等[42]通过拉曼光谱技术对煮制后的牛肉进行原位检测，研究其蛋白结构的变化，建立了嫩度和多汁性与拉曼光谱数据之间的联系，结果表明其具有良好的相关性。随后，Beattie 等[43]对四种不同的动物食品（鸡肉、牛肉、羊肉和猪肉）采用多种建模方法进行了定量分析和判别，偏最小二乘判别分析（partial least squares-discriiminate analysis，PLS-DA）方法的精度达到99.6%，另外，采用前向多层神经网络所得结果也很理想，达到 99.2%。Ngarize 等[44]利用傅里叶拉曼光谱研究了鸡蛋蛋白和乳蛋白的相互作用机制，发现温度导致的蛋白质变性可以反映在拉曼谱图的变化上。随着激光拉曼光谱技术的不断发展，有望实现生鲜畜肉品质检测及待售畜肉等级划分，这将为评定生鲜肉品品质提供更加全面的科学依据。郝勇等[45]利用共焦显微拉曼光谱仪分析茶油中的脂肪酸，所获拉曼光谱数据经标准正态变量（standardized normal variate，SNV）预处理，结合连续投影算法（successive projections algorithm，SPA）实现模型优化，建立山茶油中棕榈酸和十四烷酸的偏最小二乘定量分析模型，模型相关系数均在 0.96 以上。利用拉曼光谱检测果蔬表面农药残留已有探讨性研究[46]，王睿垠等[47]应用拉曼光谱分析法在农药残留及复杂分子的结构分析中做了探索性尝试。孙云云等[48]利用激光显微拉曼光谱技术对苹果表面毒死蜱农药进行检测，检测限为48mg/kg。Liu 等[49]应用表面增强的拉曼光谱可检测和鉴定水果表面三种类型的杀虫剂（胺甲萘、亚胺硫磷、谷硫磷）。激光拉曼技术的发展和应用是大有潜力的，同光纤技术结合，可以直接应用到生产线进行实时检测。然而，其在光谱数据库的建立和荧光干扰去除等方面仍有待解决问题，需进一步研究才能进入广泛应用阶段。

4. X 射线荧光光谱技术

X 射线荧光光谱法的基本原理是当物质中的原子受到适当的高能辐射激发后，放射出该原子所具有的特征 X 射线。X 荧光光谱仪（X-ray fluorescence，XRF）由激发源（X 射线管）和探测系统构成。X 射线管产生入射 X 射线（一次 X 射线），激发被测样品。受激发的样品中的每一种元素会放射出二次 X 射线，并且不同的元素所放射出的二次 X 射线具有特定的能量特性或波长特性。探测系统测量这些放射出来的二次 X 射线的能量及数量。然后，仪器软件将探测系统所收集到的信息转换成样品中各种元素的种类及含量。与初级 X 射线法相比，X 射线荧光光谱不存在连续光谱，以散射线为主构成的本底强度小，峰底比和分析灵敏度显著提高。X 射线荧光光谱仪主要由激发、色散、探测、记录及数据处理等单元组成[50]。

X射线荧光光谱法具有以下几个特点。

(1) 分析速度高。测定用时与测定精密度有关，但一般都很短，2～5min就可以测完样品中的全部待测元素。

(2) 制样简单，固体、粉末、液体样品等都可以进行分析。跟样品的化学结合状态无关，而且跟固体、粉末、液体及晶质、非晶质等物质的状态也基本上没有关系。

(3) 非破坏分析。在测定中不会引起化学状态的改变，也不会出现试样飞散现象。同一试样可反复多次测量，结果重现性好。

近年来，X射线荧光光谱分析在农业、食品等行业应用范围不断拓展。该方法目前主要应用于农产品微量元素、重金属含量、矿物质等的测定，研究较多的是茶叶。饶秀勤等[51]根据茶叶中重金属含量的差异，提出利用X射线荧光技术结合模式识别技术进行了茶叶产地鉴别的差别。X射线荧光光谱技术用来检测生鲜肉品质的研究甚少，主要集中在肉类表面致病菌的定性分析。

1.3.2 农畜产品光学无损检测技术的主要应用

近几年，光学技术在农畜产品品质无损检测中的应用研究进展很快，具体表现在水果、蔬菜、鱼类、畜肉类、禽肉禽蛋、水产品等农畜产品品质安全检测/监控应用上。在果蔬品质安全检测方面，主要包括组成成分分析、食用指标测定、品质分级评定等内部品质检测；外部形态特征识别、表面缺陷及污染物检测、冻伤检验等外部品质判定；农药残留、致病菌污染等安全评定。在生鲜肉的检测应用方面，主要包括水分、蛋白质及脂肪等影响肉类营养品质的组成成分分析，肉品食用品质如嫩度、大理石花纹、肉色及新鲜度等指标的评价，肉品加工品质如保水性，并由此实行肉类分级的检测以及生鲜肉在微生物污染等安全品质的评定[53-55]。

表1-1显示的是光学无损检测技术在果蔬、畜肉类、禽蛋禽肉及水产品等几种重要农畜产品在品质和安全检测中的应用。除此之外，光谱技术应用于农田作物上的研究也取得了不错的进展，如利用高光谱遥感预测大豆冠层生长和籽类产量、预测棉花产量以及冬小麦氮素营养监测和锈病的防治。光谱技术在奶类产业的研究，如利用近红外光谱技术检测牛奶中蛋白质、脂肪、乳糖以及牛奶尿素氮含量等指标。在奶酪和酒精发酵中，光谱技术结合计算机技术和传感器技术也有良好的应用。

1.3.3 农畜产品光学无损检测技术的难点问题

随着农畜产品无损检测应用研究的深入，光学技术强大的功能正逐渐体现出来，与此同时存在的问题和不足也慢慢显现。近红外技术发展相对较为成熟，对

表 1-1　光学无损检测技术在农畜产品中的应用

类别		检测指标
水果	内部品质	① 组成成分：水分、淀粉、色素等
		② 食用指标：可溶性固形物、酸度、糖度及硬度等
		③ 质量分级评定：新鲜度、成熟度等
	外部品质	① 外部特征识别：大小、色泽、重量等
		② 表面缺陷及污染物：轻微损伤、病虫害、粪便等
		③ 冻伤检验
	安全评定	① 农药残留：杀菌剂、杀虫剂、植物生长调节剂等
		② 微生物感染：致病性细菌、霉菌、果锈等
		③ 腐败
蔬菜	内部品质	① 组成成分：水分、淀粉、色素、纤维素、叶绿素等
		② 食用指标：可溶性固形物、酸度、糖度及硬度等
		③ 质量分级评定：新鲜度、成熟度等
	外部品质	① 外部特征识别：大小、色泽、重量等
		② 表面缺陷及污染物：轻微损伤、病虫害、粪便等
		③ 冻伤检验
	安全评定	① 农药残留：杀菌剂、杀虫剂、植物生长调节剂等
		② 微生物感染：致病性细菌、霉菌等
		③ 腐败
牛肉	品质检测	① 营养品质：水分、蛋白质、脂肪、氨基酸、矿物质、碳水化合物等
		② 食用品质：嫩度、大理石花纹、腐败等
		③ 加工品质：保水性等
		④ 等级评定：PSE、RSE、DFD、RFN、PFN
	安全检测	① 新鲜度
		② 微生物腐败变质
		③ 药物残留：兽药、激素等
		④ 掺假、掺水
猪肉	品质检测	① 营养品质：水分、蛋白质、脂肪、氨基酸等
		② 食用品质：嫩度、大理石花纹、风味、多汁性等
		③ 加工品质：保水性、冷冻程度等
		④ 等级评定：PSE、RSE、DFD
	安全检测	① 新鲜度
		② 微生物腐败变质
		③ 药物残留：兽药、激素等
		④ 掺假、掺水

续表

类别		检测指标
禽肉及禽蛋	禽肉品质检测	① 营养品质：水分、蛋白质及脂肪等 ② 食用品质：颜色、风味、弹性、新鲜度等 ③ 加工品质：持水力等 ④ 在线分级
	禽蛋品质检测	① 外部品质：蛋壳裂纹、大小、蛋重、颜色、蛋形指数等 ② 内部品质：蛋黄高度、蛋黄颜色、蛋白品质、蛋黄蛋白比例、系带状况、胚胎状况、气室状况、蛋内容物气味、滋味等 ③ 品种鉴别 ④ 安全检测：新鲜度、微生物指标等
水产品	品质检测	① 感官品质：形态、颜色、气味等 ② 营养成分：蛋白质、脂肪、维生素、无机质、碳水化合物等
	安全检测	① 新鲜度 ② 有害金属、药物残留：Hg、Cd、Cr、As 等
活体检测	猪、牛、鸡等	肉产量、体重、背膘厚、体尺参数、行为特征等

农畜产品营养品质和食用品质有较好的检测精度，但模型建立要以大量化学测定为基础，且分析结果的准确性易受外界因素的影响。激光拉曼光谱技术是一种灵敏度相对较高、分析测试快速便捷的绿色光谱技术，具有良好的应用前景。然而，光谱数据库的建立和荧光干扰等方面的问题还有待解决，需进一步研究才能进入应用阶段。高光谱成像技术已经开始作为一种非接触检测技术应用于农畜产品品质评价和污染物识别领域，但是，在提高预测模型精度、降低高光谱数据冗余、加快检测分析速度以及选择更佳的特征波段算法等一系列问题上，仍有待解决。荧光光谱技术用来检测农畜产品品质的研究相对较少，主要集中在肉类致病菌方面。

与此同时存在着一些技术难点问题亟待解决和突破。

(1) 自主开发基于光学无损检测技术的便携式农畜产品品质安全检测仪器及在线自动高通量的检测装置，获取光谱图像并实现基于计算机的自动化检测系统，以便应用于工业化实时检测，目前仍有待解决的技术难点。

(2) 采集参数设置和环境条件对采集光谱数据产生较大影响。采集参数设置包括采集精度、扫描次数和采集距离等，环境因素包括环境温度和湿度、光照条件以及样品本身的温度等。因此，需要充分考虑采集参数设置和测试环境对检测精度的影响，需要采取偏差校正措施，设置最优化的匹配参数。

(3) 农畜产品光谱信息的采集依赖于光谱仪、CCD 数字相机等光学器件的光学响应特性。即便对相同的样品，使用不同的光学器件所获得光谱信号也不同。这样，使得建立的农畜产品预测模型在不同硬件系统之间的移植性变差，增加了光谱检测技术的实用难度。

（4）光谱图像数据信息量大，存在大量冗余的多重共线性信息等问题。因此，在提高预测模型精度、降低高光谱数据冗余、加快检测分析速度以及选择更佳的特征波段算法等一系列问题上，需要加强研发解决。

1.3.4　光学无损检测技术的发展趋势和应用前景

光学无损检测作为一种非接触检测技术，正逐渐应用于农畜产品品质检测和安全评价领域。随着深入研究和广泛应用，光学技术的强大功能和优势逐渐体现出来。

从应用发展前景来看，主要朝着突破技术难点和拓展实际应用两方面发展，今后的研究重点主要集中于以下几点。

（1）在技术发展上，光学无损检测技术正从农畜产品的单一参数检测向多参数同时检测、从外部品质检测向内外部品质安全指标同时评价、从静态检测向动态检测和品质分选分级一体化技术方向发展。具有原位、高通量、实时特征的无损检测技术及装备备受关注，具有较大的实用价值和发展空间。

（2）在功能完善上，将光学技术与其他新型无损检测技术有机融合，集成优化现有检测手段，充分利用多元信息，通过研发集品质检测、安全评定、品质分级一体化的新型检测装置，全面提高农畜产品的检测精度、广度和准确度，实现农畜产品品质安全指标的综合评价。

（3）在实际应用上，研发操作简单、功能齐全的新型实时检测装置，实现农畜产品产业链全程质量控制，开发多功能在线检测装备和智能监控系统，投入到农畜产品快速无损检测的实际运用中。另外，微型便携式检测仪器的研发，特别是基于云计算的多功能、低成本的面向家庭式等小用户的实用检测技术的研发是一个新方向。

（4）在体系建设上，建立我国特色农畜产品优质生产和快速检测技术规范和标准，实现从生产到供给全过程中品质安全的实时在线检测和综合信息评价，完善我国农畜产品优质生产和快速检测技术体系，促进农畜产品生产向优质化、标准化、安全化和产业化方向健康发展。

参 考 文 献

[1] 张立彬，胡海根，计时鸣，等. 农产品品质无损检测技术研究进展. 农业工程学报，2004，20（z1）：283～287

[2] 彭彦昆，张雷蕾. 农畜产品品质安全光学无损检测技术的进展和趋势. 食品安全质量检测学报，2012，3（6）：561～568

[3] 王巧华，陈红，余卫东，等. 基于图像识别的农产品品质无损检测. 湖北农业科学，2007，

46 (5)：833～834

[4] 刘华波，贺立源，李猷. 现代成像技术在农产品品质检测中的应用. 计算机与现代化，2009，4：22～26

[5] 付峰，应义斌. 农产品品质检测中常用的图像背景分割方法. 农机化研究，2003，2：85～86

[6] Patel K K，Kar A，Jha S N，et al. Machine vision system：a tool for quality inspection of food and agricultural products. Journal of Food Science and Technology，2012，49 (2)：123～141

[7] Rehkugler G E，Throop J A. Apple sorting with machine vision . Transaction of the ASAE，1985，29 (5)：1388～1395

[8] Sarkar N，Wolfe R R. Feature extraction techniques for sorting tomatoes by computer vision. Transactions of the ASABE，1985，28：970～974

[9] 刘芳，赵峰. 超声波技术在食品生产检测和食品安全检测中的应用进展. 福建分析测试，2008，17 (4)：27～31

[10] 危艳君，饶秀勤，漆兵. 基于声学特性的西瓜糖度检测系统. 农业工程学报，2012，28 (3)：283～287

[11] Bakkali F，Moudden A，Faiz B，et al. Ultrasonic measurement of milk coagulation time . Measurement Science and Technology，2001，12：2154～2159

[12] 屠康. 肉类品质无损检测技术的研究进展. 西北农林科技大学学报（自然科学版），2005，33 (1)：25～28

[13] 鲍庆嘉，陈方，张志，等. 超导核磁共振波谱仪研制及产业化进展. 现代科学仪器，2014，6：27～35

[14] Yao R，Peng Z Q，Zhou G H. Appliance of NMR in meat science research. Meat Research. 2005，9：27～30

[15] 王俊，胡桂仙，于勇，等. 电子鼻与电子舌在食品检测中的应用研究进展. 农业工程学报，2004，20 (2)：292～295

[16] 吴莉莉，李辉，惠国华，等. 传感器技术在农产品无损检测中的应用研究. 江西农业学报，2010，22 (5)：101～105

[17] Susumu K，Naoko H，Yukio O，et al. Multiplex PCR for simultaneous detection of Salmonella spp.，Listeria monocytogenes，and Escherichia coli O157：H7 in meat samples. Journal of Food Protect，2005，68 (3)：551～556

[18] Volpe G，Mascini M. Enzyme sensors for determination of fish freshness. Talanta，1996，43：283～289

[19] 冯东，刘仲汇，李大海，等. 生物传感器法测定玉米中赖氨酸的研究. 食品与发酵工业，2008，34 (7)：153～155

[20] Wu D，Sun D W. Advanced applications of hyperspectral imaging technology for food quality and safety analysis and assessment：a review-Part II：Applications，Innovative Food Sci-

ence and Emerging Technologies，19：15～28

[21] 彭彦昆，张雷蕾. 农畜产品品质安全高光谱无损检测技术的进展和趋势，农业机械学报，2013，44（4）：154～162

[22] Wang W，Paliwal J. Near-infrared spectroscopy and imaging in food quality and safety. Sensing and Instrumentation for Food Quality and Safety，2007，4（1）：193～207

[23] 孙通，徐惠荣，应义斌. 近红外光谱分析技术在农产品/食品品质在线无损检测中的应用研究进展. 光谱学与光谱分析，2009，29（1）：122～126

[24] 苏东林，李高阳，何建新，等. 近红外光谱分析技术在我国大宗水果品质无损检测中的应用研究进展. 食品工业科技，2012，33（6）：460～464

[25] 崔艳莉，冀晓磊，古丽菲娅，等. 近红外光谱在果蔬品质无损检测中的研究进展. 农产品加工学刊，2007，7：84～86

[26] Pedro A M K，Ferreira M M C. Nondestructive determination of solids and carotenoids in tomato products by near-infrared spectroscopy and multivariate calibration. Analytical Chemistry，2005，77（8）：2505～2511

[27] 罗春生，薛龙，刘木华，等. 基于近红外光谱法无损检测芦柑表面多种农药残留研究. 中国农机化，2012，2：128～131，135

[28] Kruggel W G，Field R A，Riley M L，et al. Near-infrared reflectance determination of fat，protein and moisture in flesh meat. Association of Official Analytical Chemists，1981，64：692～696

[29] Elaine L. Determination of moisture，protein，fat，and caloriesin raw pork and beef by near infrared reflectance spectroscopy. Journal of Food Science，1983，48（2）：471～474

[30] Gjerlaug-Enger E，Kongsro J，Aass L，et al. Prediction of fat quality in pig carcasses by near-infrared spectroscopy. Animal，2011，5（11）：1829～1841

[31] 朱荣光，马本学，高振江，等. 畜产品品质的高光谱图像无损检测研究进展. 激光与红外，2011，41（10）：1067～1071

[32] 李江波，饶秀勤，应义斌. 农产品外部品质无损检测中高光谱成像技术的应用研究进展. 光谱学与光谱分析，2011，31（8）：2021～2026

[33] Kim M S，Chao K，Chan D E，et al. Line-scan hyperspectral imaging platform for agro-food safety and quality evaluation：system enhancement and characterization. Transactions of the ASABE，2011，54（2）：703～711

[34] Peirs A，Scheerlinck N，Baerdemaeker J de，et al. Starch index determination of apple fruit by means of a hyperspectral near infrared reflectance imaging system. Journal of Near Infrared Spectroscopy，2003，11（5）：379～389

[35] Lu R F，Peng Y K. Hyperspectral scattering for assessing peach fruit firmness . Biosystems Engineering，2006，93（2）：161～171

[36] Mehl P M，Chen Y R，Kim M S，et al. Development of hyperspectral imaging technique for the detection of apple surface defects and contaminations. Journal of Food Engineering，

2004，61 (1)：67～81

[37] 陈菁菁，彭彦昆，李永玉，等. 基于高光谱荧光技术的叶菜农药残留快速检测. 农业工程学报，2010，26 (14)：1～5

[38] 高晓东，吴建虎，彭彦昆，等. 基于高光谱成像技术的牛肉大理石花纹的评估. 农产品加工·学刊，2009，10：33～37

[39] Wu J H，Peng Y K，Li Y Y，et al. Prediction of beef quality attributes using VIS/NIR hyperspectral scattering imaging technique. Journal of food engineering，2012，109 (2)：267～273

[40] Park B，Lawrence K C. Detection of cecal contaminants in visceral cavity of broiler carcasses using hyperspectral imaging. Applied Engineering in Agriculture，2005，21 (4)：627～635

[41] 郑晓春，彭彦昆，李永玉，等. 拉曼光谱技术在农畜产品品质安全检测中的进展. 食品安全质量检测学报，2014，3：665～673

[42] Beattie R J，Bell S J，Farmer L J，et al. Preliminary investigation of the application of Raman spectroscopy to the prediction of the sensory quality of beef silverside. Meat Science，2004，66 (4)：903～913

[43] Beattie J R，Bell S E J，Borgaard C，et al. Prediction of adipose tissue composition using Raman spectroscopy：average properties and individual fatty acids. Lipids，2006，41 (3)：287～284

[44] Ngarize S，Adams A，Howell N K. Studies on egg albumen and whey protein interactions by FT-Raman spectroscopy and theology. Food Hydrocolloids，2004，18：49～59

[45] 郝勇，孙旭东，耿响. 拉曼光谱法定量分析山茶油中脂肪酸. 食品科学，2013，34 (18)：137～140

[46] Dhakal S，Li Y Y，Peng Y K，et al. System development for detection of pesticide in apple. ASABE Annual International Meeting，Hilton Anatole Dallas Texas，USA：2012，Paper Number 121341178

[47] 王睿根，白士刚，金长江. 激光拉曼光谱分析技术及其在农药残留检测中的实验研究. 河北农业科学，2008，12 (7)：166～167

[48] 孙云云，李永玉，彭彦昆，等. 基于拉曼光谱技术检测苹果农药残留的研究. 中国农业工程学会 2011 年学术年会论文集，2011：1～5

[49] Liu B，Zhou P，Liu X M，et al. Detection of pesticides in fruits by surface-enhanced raman spectroscopy coupled with gold nanostructures. Food Bioprocess Technology，2012，6 (3)：710～718

[50] 韩东海，温朝晖，陈力，等. 软 X 射线农畜产品质量无损检测数字图像处理技术的应用研究. 中国食品学报，2003，z1：187～192

[51] 韩平，潘立刚，马智宏，等. X 射线无损检测技术在农产品品质评价中的应用. 农机化研究，2009，31 (10)：6～10

[52] 饶秀勤，应义斌，黄海波，等. 基于X射线荧光技术的茶叶产地鉴别方法研究. 光谱学与光谱分析，2009，29（3）：837～839

[53] 侯瑞锋，黄岚，王忠义，等. 农产品组织中光输运规律的初步研究. 农业工程学报，2005，21（9）：12～15

[54] Qin J W，Chao K L，Kim M S，et al. Hyperspectral and multispectral imaging for evaluating food safety and quality. Journal of Food Engineering，2013，118（2）：157～171

[55] 彭彦昆，张雷蕾. 光谱技术在生鲜肉品质安全快速检测的研究进展，食品安全质量检测技术，2010，27（2）：62～72

第 2 章　农畜产品光学无损检测系统构成

2.1　农畜产品光学无损检测系统的基本构成

农畜产品光学无损检测系统一般是由光学传感系统、电子系统、机械系统和计算机系统等部分组成。其中，光学传感系统由光源、检测探头、光谱和（或）图像采集元件等组成；电子系统由光源电源电路、检测器电源电路、信号放大系统、A/D 变换、控制电路等部分组成；计算机系统则通过接口与光学和机械系统的电路相连，主要用来操作和控制仪器的运行，光谱或图像数据的采集、处理、储存与显示等。光学无损检测系统构建的基本流程如图 2-1 所示，主要包括样品光学信号的获取及处理、待测参数光学特征信息的确定及提取、预测模型的建立及验证、被测样品待测参数预测结果的自动输出和分级/筛选等执行机构。本节就农畜产品品质安全光学无损检测系统的核心组成：近红外光谱仪、高光谱成像系统、拉曼光谱仪、机器视觉系统、结果输出系统和分级/筛选机构等进行介绍。

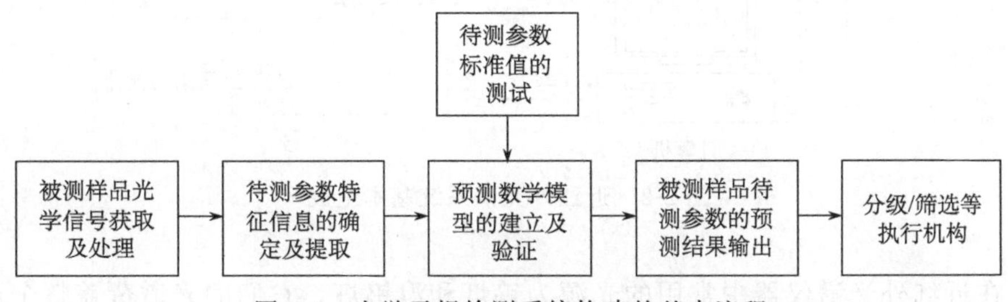

图 2-1　光学无损检测系统构建的基本流程

2.1.1　近红外光谱仪

根据美国材料与实验协会（American society of testing and materials，ASTM）定义，近红外光是指波段在 780～2526nm 范围内的电磁波[1]，是人们认识最早的非可见光区域。近红外光谱（near-infrared spectroscopy，NIRS）属于分子振动光谱，是基频分子振动的倍频与合频。有机物以及部分无机物分子中化学键结合的各种基团的运动（伸缩、振动、弯曲等）都有它固定的振动频率。当分子受到红外线照射时，被激发产生共振，同时光的能量一部分被吸收，通过测量其吸收光，可得到极为复杂的图谱，这种图谱可用于表示被测物质的特征。不同物质在近红外区域有丰富的吸收光谱，每种成分都有特定的吸收特征，这就为近红外光谱定量分析提供了基础。

近红外光谱仪器（NIRS）可以提供准确反映被测样品物质成分及含量的吸收光谱。NIRS 仪器按测样方式，分为漫反射、透射、光纤测量三种；按分光方式分为滤光片型、光栅扫描型、傅里叶变换型、二极管阵列型、声光可调滤光器型，其中光栅扫描式是最常用的仪器类型，采用全息光栅分光、硫化铅（PbS）或其他光敏元件作检测器，具有较高的信噪比；按应用场合，分为实验室仪器、现场仪器和在线仪器等。NIRS 仪器的基本组成结构包括光源系统、分光系统、反光镜、检测器、控制及数据处理分析系统等，如图 2-2 所示[2]。

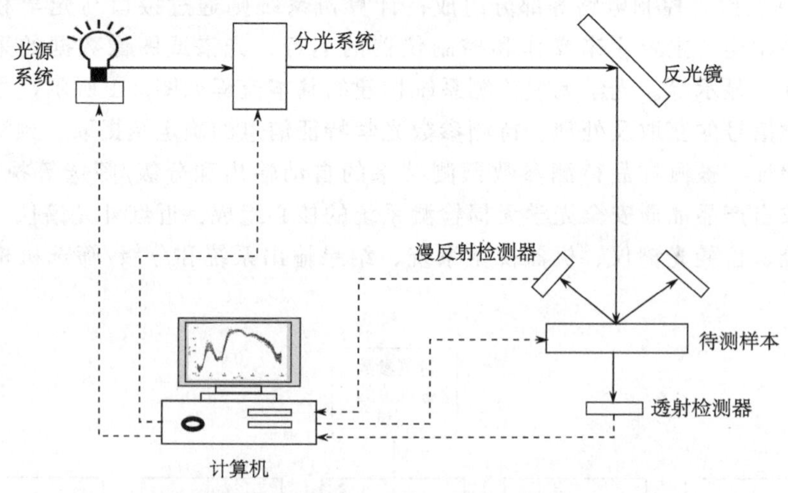

图 2-2　近红外光谱系统基本组成

在近红外光谱仪器中常用的光源为钨灯和溴钨灯，它们的光谱覆盖整个近红外谱区，强度高，性能稳定，寿命也较长。在一些专用仪器，尤其是便携式仪器中普通发光二极管用得最多，因为普通发光二极管功耗低，性能稳定，寿命长达几万小时，价格低廉，且容易调制和控制。近年来，激光发射二极管作为一种新型光源也逐渐在近红外光谱仪器中得到应用，激光发射二极管因为发射的光带宽窄，不需分光系统，在一些专用仪器上得到了很好的应用，但激光发射二极管的稳定性较差，往往需要功率补偿、光强监控补偿等措施来弥补。

分光系统也称单色器，其作用是将复合光变为单色光，其要求是获得的单色光波长准确且单色性好。分光系统的性能直接关系到近红外光谱仪器的分辨率、波长准确性和波长重复性，因此是近红外光谱仪器的核心部分。实际上，单色器输出的光具有一定的带宽，所以并非真正单色光。色散型仪器的单色器通常由准直镜、狭缝、光栅（或棱镜）等构成。另一种常用的单色器是干涉仪，如傅里叶干涉仪等。也有一些专用仪器采用滤光片得到所需的单色光。

检测器可以将辐射能转换为电信号进行检测，目前有热检测器、光电检测器和热电检测器三种。光电检测器多用于色散型仪器，如光电倍增管、硅二极管阵列检测器、硫化铅（PbS）、铟镓砷（InGaAs）、碲镉汞（HgCdTe）检测器等。热电检测器在傅里叶变换红外光谱仪中多见。光敏元件的材料不同其工作范围也不相同，从而决定了仪器的检测波段范围。另外，检测器按工作方式可分为单通道和多通道两种类型。单通道检测器只有一个检测单元，一次只能接受一个光信号，得到全谱需经过光谱扫描；多通道检测器有许多个检测单元排列在检测面上，可同时接受检测面上不同波长的光信号，不需扫描，速度很快。多通道检测器的类型主要有二极管阵列（photo-diode array，PDA）和电荷耦合器件(charge-coupled device，CCD)，其材料决定工作波段范围，检测面上阵列的数目决定仪器的波长分辨率，常见的阵列有 256×1、512×1、1024×1、2048×1，阵列的数目越大分辨率越高，但价格也越高，选用多通道检测器阵列的数目时要与光栅的分光性能相匹配。

光谱在线仪器大都采用光纤来传输光。光纤是光导纤维（optical fiber）的简称。光纤利用全反射的原理把光约束在其界面内，并引导光波沿着光轴线的方向前进，它的传输特性由其结构和材料决定。数值孔径和纤芯直径是光纤的两个主要参数，可反映光纤的传输特性，及其与光源或检测器等元件耦合时的耦合效率。光纤探头可以实现长距离的在线检测，仪器可远离采样现场达 200m 而进行实时测量；通过光纤探头，还可以方便地进行定位分析，甚至可以实现体内、样品内部定位分析。常见光谱仪器的光纤探头主要有两种类型，即透射式探头和漫反射式探头。光纤芯的直径范围为 50～1500μm。光纤材料主要有两类，一类为用于短波近红外区的低 OH—的石英光纤，另一类为用于长波近红外区的氟化锆光纤。

2.1.2　高光谱成像系统

高光谱成像技术将光谱与二维成像技术有机融为一体，具有图谱合一、多波段和高分辨率的技术优势。高光谱图像的数据是三维的，其中两维是图像的空间像素坐标信息，以 x 和 y 表示；第三维是波长信息，以 λ 表示。一个空间分辨率为 $x \times y$ 像素的图像检测器阵列在 λ 波长处获得的光谱数据结构是 $x \times y \times \lambda$ 的三维阵列。高光谱图像由于同时包含样品的光谱和空间信息，不仅能反映样品的外在特征，也能反映样品的内在化学成分与物理结构等信息，因此可利用其对农畜产品的品质安全属性进行评估。目前，基于高光谱成像技术的农畜产品品质安全评估已有大量研究见诸报道[3-7]。

根据光谱成像元器件的不同，高光谱成像系统主要有两种[8]：一种是基于滤波器或滤波片的高光谱成像系统，如基于液晶可调滤光器（liquid crystal tunable filter，LCTF）成像系统。另一种是基于成像光谱仪的高光谱成像系统。其中采集方式主要有反射、散射、透射和荧光四种模式[9]。一个典型的高光谱成像系统主要包括成像光谱仪、CCD 相机、光源、聚光镜、图像采集卡和计算机等装置。

成像光谱仪是高光谱成像系统的核心，包含透光狭缝、棱镜-光栅-棱镜（PGP）单元、透镜和感光元件阵列。其中棱镜-光栅-棱镜单元是一个全息式透射光栅。在高光谱图像采集过程中，该单元一方面起到阻止外界环境光干扰的作用，同时还起到分光作用，即把入射光分散成不同波长的光，并将其投射到 CCD 检测器上。图 2-3 是成像光谱仪结构原理图[10]。

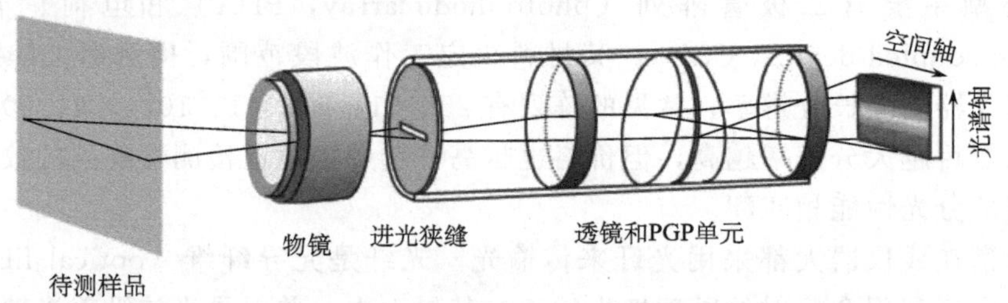

图 2-3　成像光谱仪结构原理

图 2-4 为基于成像光谱仪的高光谱反射成像系统。根据被测参数的要求可选择波段覆盖范围不同的光谱仪，如常见的有 200～400nm、400～1100nm、900～

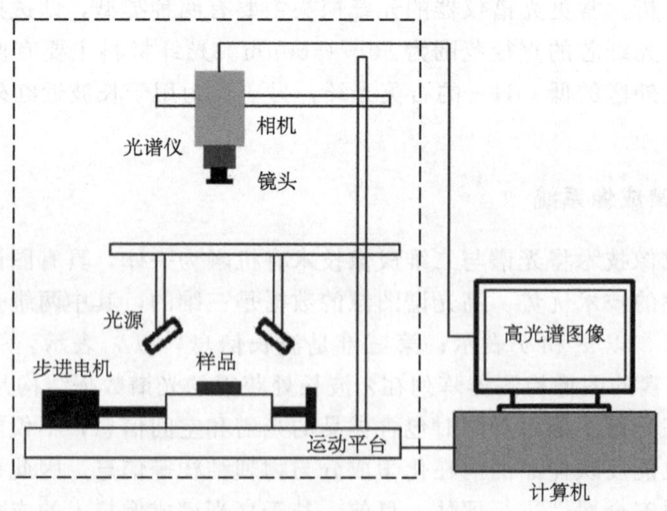

图 2-4　高光谱成像系统示意图

1700nm、700～2500nm 等。此外，较常用的还有高光谱散射成像，它是指基于散射光成像技术，借助光纤得到点光源，以此照射样品，得到样品的高光谱散射图像[3-4, 11]。

高光谱图像通常有三种获取和形成方式：点扫描、线扫描和面扫描[12,13]。三种扫描方式的示意图如图 2-5 所示。点扫描方式［图 2-5（a）］每次只能获取一个像素点的光谱，可以通过可见/近红外光谱仪和光纤探头实现。利用这种方式为获取高光谱图像频繁的移动光谱相机或检测对象，不利于快速检测，因此点扫描方式常用于微观对象的检测。图 2-5（b）为线扫描方式，每次可以获取扫描线上所有点的光谱，可以通过高光谱仪和 CCD 相机实现。该方式特别适合于传送带上方的物体的动态检测，因此该方式是水果和蔬菜品质检测时最为常用的高光谱图像获取方式。点扫描和线扫描方式是在空间域进行扫描的方式，不同于点扫描和线扫描方式，面扫描是在光谱域进行扫描的方式。面扫描方式如图 2-5（c）所示，每次可以获取单个波长下完整的空间图像，通过面扫描获取高光谱图像时需要转动滤光片切换轮或使用 LCTF，因此面扫描方式一般用于所需波长图像数目较少的多光谱成像系统中。

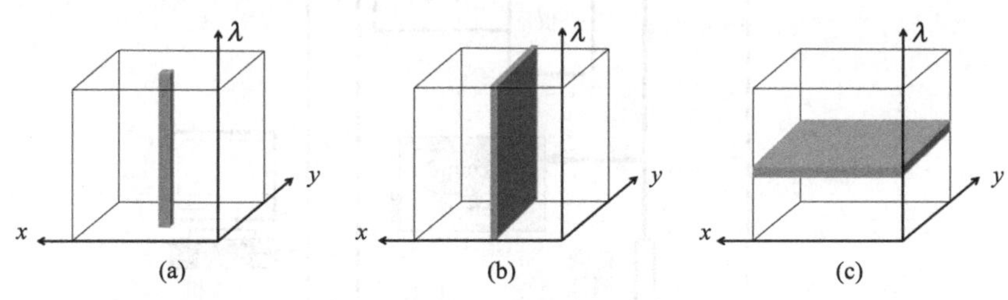

图 2-5　高光谱图像获取方式

（a）点扫描；（b）线扫描；（c）面扫描

2.1.3　拉曼光谱仪

一束单色光通过透明介质，在透射和反射方向以外出现的光称为散射光，其中大部分的散射光与入射光的频率相同，这种散射称为瑞利（Rayleigh）散射。1928 年印度物理学家 C. V. Raman 在散射光中发现了与入射光频率不同的散射光，这种散射光称为拉曼（Raman）散射[14]。拉曼散射是非常明显的非弹性散射，不同物质的分子振动和转动状态不同，测量拉曼散射光子进而进行物质识别与定量分析是拉曼光谱学的理论基础[15]。

拉曼光谱仪主要包括：激发光源（激光器）、分光单色器、检测器、光纤探头、样品室、计算机及数据处理软件。分析仪的测量精度与各个模块特别是硬件设备的性能密切相关。激光具有光强大、方向性强和单色性好的特点，非常适合用于拉曼光谱仪。在拉曼光谱仪中，激光光源必须具有足够的输出功率和稳定性。由于光源辐射功率的波动与电源功率的变化成指数关系，因此往往需要用稳压电源以保证稳定，或者用参比束的方法来减少光源输出的波动对测定所产生的影响。和瑞利散射一样，拉曼散射的强度反比于波长的 4 次方，因此使用较短波长的激光可以获得较大的散射强度。另外，系统组成中的分光单色器、检测器、样品室等与近红外光谱仪要求类似。

图 2-6 为作者研究团队组建的点扫描拉曼光谱系统，目前该系统已用于果蔬农药残留快速无损检测方面的研究[16-20]。该系统在传统拉曼光谱分析系统的基础上，引入了拉曼光纤探头，其基本光学检测原理是：激光光源经过透镜的聚焦后进入激发光纤，经激发光纤到达接近样品的探头部分，与样品作用后产生可测量的拉曼散射信号，再经拉曼探头收集拉曼散射光，通过采集光纤将信号传到检测器得到拉曼光谱。

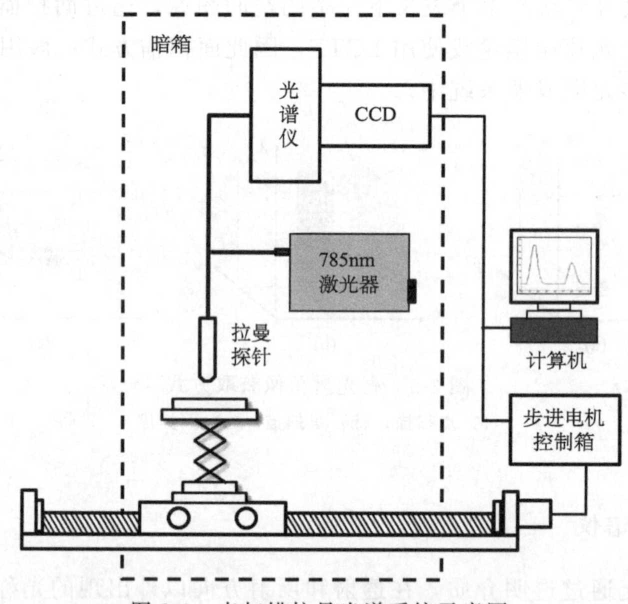

图 2-6　点扫描拉曼光谱系统示意图

2.1.4　机器视觉检测系统

机器视觉主要利用计算机来模拟人或再现与人类视觉有关的某些智能行为，从客观事物的图像中提取信息进行处理，最终用于实际检测和控制。一个典型的机器视觉应用系统包括光源模块、图像捕捉模块、图像数字化模块、数字图像处理模块、智能判断决策模块和机械控制执行模块，如图 2-7 所示[21,22]。首先采用

CCD 摄像机将被摄取目标转换成图像信号；然后传送给图像处理系统，根据像素分布、亮度和颜色等信息，转变成数字化信号；图像系统对信号进行运算提取目前物征，如颜色、面积、长度、数量等；最后，根据预设的标准和其他条件输出判定结果，从而达到对农产品品质安全指标进行检测的目的。

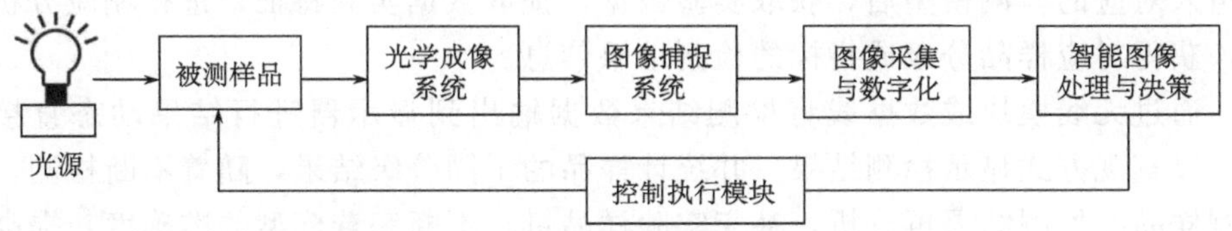

图 2-7　典型机器视觉系统构成示意图

光源和照明是构建机器视觉应用系统的关键元件，应具有以下三个特征：①保证足够的亮度和稳定性；②尽可能突出目标的特征，在物体需要检测的部分与非检测部分之间尽可能产生明显的区别，增加对比度；③物体位置的变化不应影响成像的质量。

光学镜头一般称为摄像镜头或摄影镜头，简称镜头，其功能是光学成像。镜头是系统中的重要组件，对成像质量有着关键性的作用，在组建机器视觉检测系统时，硬件设备要根据实际需要选择合适口径和焦距的镜头[23]。在机器视觉检测系统中，对目标图像的采集与数字化是通过 CCD 摄像机及图像采集卡共同完成的。目前，CCD、CMOS 等固体器件已经是成熟的应用技术。线阵图像敏感器件，像元尺寸不断减小，阵列像元数量不断增加，像元电荷传输速率得到极大提高。在线阵器件性能提高的同时，高速面阵图像器件性能也在快速提高。某种超高速面阵 CCD 器件，允许的最大分辨率达 1280×1024 像素，最大帧率 1MHz，可采集 4 帧图像，且像素灵敏度达 12 位[24]。图像采集卡种类很多，按照不同的分类方法，有黑白图像和彩色图像采集卡，有模拟信号和数字信号采集卡，有复合信号和 RGB 分量信号输入采集卡。在选择图像采集卡时，主要应考虑到系统的功能需求、图像的采集精度和与摄像机输出信号的匹配等因素。

图像信号的处理是机器视觉系统的核心。机器视觉信息处理技术主要依赖于图像处理方法，包括图像变换、数据编码压缩、图像增强复原、平滑、边缘锐化、分割、特征抽取、图像识别与理解等内容。随着计算机技术、微电子技术以及大规模集成电路的发展，为了提高系统的实时性，图像处理的很多工作都可以借助硬件完成，如 DSP 芯片、专用图像信号处理卡等，软件主要完成算法中非常复杂、不太成熟或尚需不断探索和改进的部分。处理时间上，要求处理速度必须大于等于采集速度，才能保证目标图像无遗漏，完成实时处理。

2.1.5 结果输出系统

结果输出系统主要由检测系统相应的上位机软件控制，相应上位机软件可包括主程序初始化设置，采集模块初始化设置，数据循环检测分级等模块。在软件中植入对应的检测模型后，获取实验数据，提取数据实验特征，进行相应分析处理，获得对应样品分级或指标的检测结果信息。

通过无线模块或数据线将检测结果数据输出到显示器进行结果动态直接显示，以直观方式显示检测结果，并统计样品的不同分级结果，随着不断检测，将检测样品及检测结果再分析，补充实验样品量，不断完善模型的准确度，提高其适应性、稳定性。将检测结果发送到上位机上，上位机将处理结果通过并行口、串行口或其他自定义引脚最终输出给分级机构执行分级操作，根据样品品质特征完成样品分级。

同时，测试软件将可将检测结果以“追加”方式保存在指定路径的 txt、excel 或数据库中，保存检测结果，以便统计分析及后续研究中应用。目前随着云计算技术的快速发展，可以满足大数据的存储和处理分析请求，而且能够把大量的计算任务分配在很多台计算机组成的资源池中，不受计算机位置影响，增加了用户的可选择性，充分利用数据及硬件资源，能够更好的收集分析数据，更快、更好、更全面的建立样品库，综合采集各地实验样品数据，建立更完善的评价系统，将检测结果进行云端保存。

2.1.6 分级/筛选机构

农畜产品分级/筛选机构用来将被测样品按照检出的品质安全特征进行分级或剔除，主要包括带（链）式分级装置、挡板式分级装置、辊式分级装置、膜片式分级装置和孔带、滚子式分级装置等。带（链）式分级装置是由两条胶带或罩有塑料的链条组成。带或链相互不平行，于是两者之间形成逐渐加大的间隙。通常前后带轮中心距离为 3～4m，以保证工作间隙变化不至于过快。分选时，两带速度不相同，使样品在带间输送时产生一定的旋转，因而更适合分选像梨这样的非球形水果。挡板式分级装置中心微有凸起，不断旋转的直径约 2～3m 的圆形工作台使样品随台旋转的同时总是滚向固定的环形挡板。挡板下沿相对工作台倾斜安装，且可调整，从而形成不同的通过间隙，起到分选的作用。辊式分级装置的工作部件是一对旋向不同的螺辊，螺旋的槽底呈半圆形，两个螺辊拼合就形成一排圆孔。从样品进入端起，螺旋的螺距、螺纹深度都逐渐加大，于是拼合圆孔的直径也逐渐加大，从而起到分选的作用。膜片式分级装置由多个正方形的单元组成。每个单元的中心处有由六片略向下倾的塑料膜片拼成的、大小可以控制的孔。被分级的样品送入膜片中心的凹穴后，随长链一起运动。同时，控制装置使中心孔逐渐开大，使样品下落达到分选的目的。

2.2　农畜产品的光学属性

光是一种电磁波。电磁波谱指将各种电磁波按照波长或频率的大小顺序排列起来。图 2-8 给出了各种电磁波的波段与频率分布范围。其中，涉及农畜产品品质安全属性检测的电磁波主要是 X 射线、紫外线、可见光和近红外光。

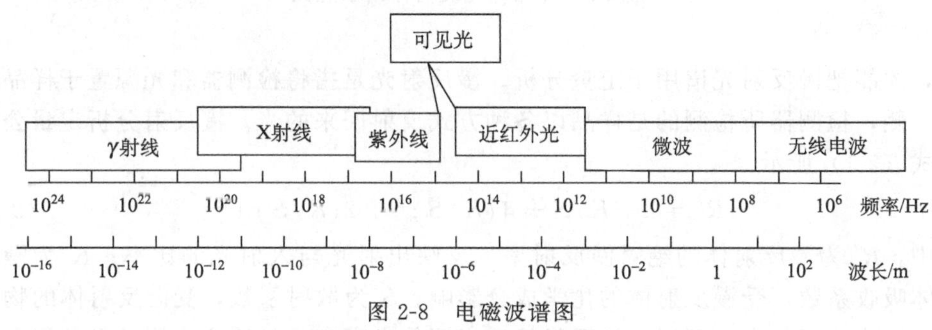

图 2-8　电磁波谱图

光与物质相互接触时，会与物质相互作用，作用的性质随光的波长（能量）及物质的性质而异。根据光与农畜产品相互作用后光学性质的不同，可对不同品质安全属性的农畜产品进行检测或分级。光与物质相互作用的方式有反射、吸收、散射、透射、折射、干涉、衍射等。本节将主要就常见的可用于农畜产品品质安全属性检测的光学反射、吸收、散射和透射性质进行介绍。

2.2.1　反射光

光的反射一般可以分为镜面反射（符合入射角等于反射角的条件）与漫反射，如图 2-9 所示。镜面反射只发生在表面颗粒的表层，未与样品内部发生作用，因此它没有负载样品的结构和组成的信息，不能用于样品的定性和定量分析。而漫反射光是分析光进入样品内部后，经过多次反射、折射、吸收及衍射后返回样品表面的光。漫反射光是分析光与样品内部分子发生了相互作用后的光，因此负载了样品结构和组成信息，将漫反射光谱经过库贝尔卡-芒克（Kubelka-Munk）方程校正后可用于样品品质安全属性的定量分析。

据 Birth 研究发现，当光照射在物体表面时，只有 4％的光在物体表面直接发生镜面反射，其余的入射光进入物体组织内部[25]。漫反射光的强度决定于样品对光的吸收情况，以及由样品的物理状态所决定的散射。漫反射光强度与样品组分含量不符合比耳定律。因此需研究与样品浓度成线性关系的漫反射光谱参

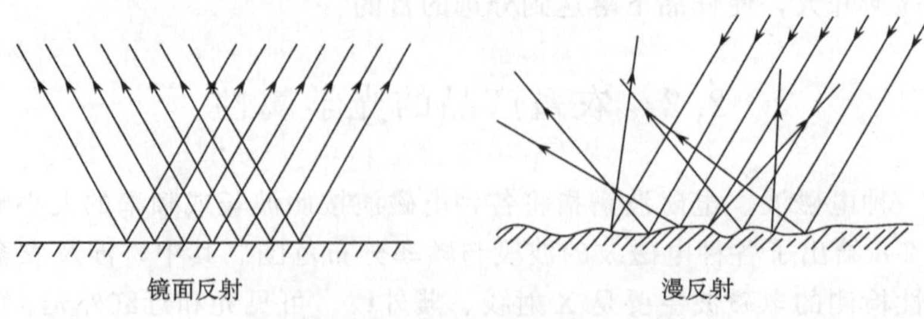

图 2-9 样品与光反射作用示意图

数，才能把漫反射光谱用于定量分析。漫反射光是指将检测器和光源置于样品的同一侧，检测器所检测的是样品以各种方式反射回来的光。漫反射分析定量公式如式（2-1）所示[26]。

$$R'_{\infty}=1+K/S-[(K/S)^2+2(K/S)]^{\frac{1}{2}} \tag{2-1}$$

式中，R'_{∞}为漫反射体的绝对漫反射率，反映出射光与入射光的比率；K 为漫反射体吸收系数，受漫反射体的化学成分影响；S 为散射系数，受漫反射体的物理特性影响。近年来，利用光学反射特性来评估农畜产品品质安全属性已开展了大量研究，如基于近红外漫反射光谱检测畜肉各品质参数[27-33]、化学成分含量[32-35]、新鲜度[36,37]、微生物腐败[38-40]、果蔬糖度[41-43]和马铃薯缺陷[44]等。

2.2.2 吸收光

介质对光的吸收作用其实质是光作用于组织时引起的分子振动将光能转化为热能或者其他形式能量的一种表述，在组织光学中可以采用吸收系数来表征介质对于光吸收的能力，所以吸收系数反映的是生物组织中分子的振动能级信息。吸收系数是单位长度上一个光子被吸收的概率，或者吸收事件发生的概率，主要反映生物组织对光的吸收程度的大小，用 μ_a 表示，单位 cm^{-1} 或 mm^{-1}。当光穿过吸收薄层 dx 时，光能 I 由于吸收作用将损失绝对值 dI，因此对于 dI/I 与薄层厚度 dx 有如下关系：

$$\mu_a=\frac{dI/I}{dx} \tag{2-2}$$

式中，dx 为单位路径，dI 为单位路径内光子因被吸收而损失的光能量；I 为吸收事件发生前光子的能量。

光的吸收主要与材料的化学组成有关，如可见-近红外光谱定量分析的化学基础主要是利用含 H 基团如 C—H、N—H、O—H 等伸缩振动的各级倍频和这些基团的伸缩振动与弯曲振动的合频吸收进行分析。当光程一定时，样品组分的浓度与透射光的强度遵循 Lambert-Beer 定律[26]，又称物质的光吸收定律。

式（2-3）显示了 Lambert-Beer 定律的表达式，它说明了物质对单色光吸收的强弱与吸光物质的浓度和厚度之间的关系定律。可以看到，随着介质的浓度增大、光程的增长，透射光衰减的越厉害。

$$A(\lambda)=\varepsilon cd \tag{2-3}$$

式中，A（λ）为吸光度；ε 为吸光度系数；c 为待测样品的组分浓度；d 为光程。当实验样品介质的厚度 d 一定时，吸光度与样品的浓度和光程成正比，当待测样品内部成分不唯一时，需计算所有吸收成分的吸光度。在实际测量过程中，检测结果与 Lambert-Beer 定律存在一定的差异，可能是样品组分浓度不够高等原因。所以，在实际检测的过程中需要对原始光谱进行预处理及各种多元变量回归分析技术等处理。

光的吸收在可见光波段（波长小于 600nm）处会由于血红蛋白、黑色素以及其他色素的影响而升高；在紫外波段，又会由于蛋白质、核酸的强吸收而升高；在红外波段，组织中的水吸收占主要地位。在 600～1300nm 波段范围内，对大多数软组织样品来说，光吸收相对较低。组织的吸收系数随波长的变化明显变化，在 600～1300nm 波段范围内，大多数生物组织的吸收系数范围为 0.01～1mm^{-1}。

2.2.3　散射光

光散射指当一束光通过介质时，在入射光以外的其他各个方向上都能观测到光强的现象，源于光电磁波的电场振动而导致的分子中电子产生受迫振动所形成的偶极振子。根据与光子相互作用的微粒的尺寸大小（d）和入射光波长（λ）的关系[45]，当 $d>\lambda$ 时为米氏散射，$\lambda>d>0.05\lambda$ 时为丁铎尔散射，$d\leqslant 0.05\lambda$ 时为瑞利散射。

介质对光的散射作用反映出了组织结构的显微不均匀性，和吸收系数类似，组织光学中采用散射系数来表征介质对于光散射的能力，其微观物理含义为光子在失去原来的迁移方向之前所经过单位路径长度上的衰减能力。混沌介质中含有大量的粒子，当光通过介质时除了吸收外，还要发生散射，使辐射光强减弱并使光在穿出物体时呈现弥散的现象。光的散射可以用散射系数 μ_s'来表示，同吸收系数一样，它表示单位光程长上一个光子被散射的概率，或者散射事件发生的概率。单位为单位 cm^{-1}或 mm^{-1}，主要反映生物组织对光散射程度的大小。当光穿过散射薄层 $\mathrm{d}x$ 时，光能 I 由于散射作用将损失绝对值 $\mathrm{d}I$，因此对于 $\mathrm{d}I/I$ 与薄层厚度 $\mathrm{d}x$ 有如下关系：

$$\mu_s'=\frac{\mathrm{d}I/I}{\mathrm{d}x} \tag{2-4}$$

式中，$\mathrm{d}x$ 为单位路径，$\mathrm{d}I$ 为单位路径内光子因被散射而损失的光能量，I 为散射事件发生前光子的能量，生物组织中，μ_s'的典型值是 10～100 mm^{-1}。

1992 年，Farrell 等[46]研究了当一个无限小的点光源垂直进入生物材料发生漫反射的现象，提出了一个描述光在材料表面的漫反射系数的公式［式（2-5）］。

$$R_f(d)=\frac{a'}{4\pi}\left[\frac{1}{\mu_t'}\left(\mu_{eff}+\frac{1}{d_1}\right)\frac{\exp(-\mu_{eff}d_1)}{d_1^2}+\left(\frac{1}{\mu_t'}+\frac{4A}{3\mu_t'}\right)\left(\mu_{eff}+\frac{1}{d_2}\right)\frac{\exp(-\mu_{eff}d_2)}{d_2^2}\right] \tag{2-5}$$

式中，d 为测量点与入射光点的距离；μ_a 为材料的吸收系数；μ_s'为材料的散射系数；$a'=\frac{\mu_s'}{\mu_a+\mu_s'}$为转换后的反射系数；$\mu_{eff}=[3\mu_a\ (\mu_a+\mu_s')]^{1/2}$为有效衰减系数；$\mu_t'=\mu_a+\mu_s'$为总的作用系数；$d_1$和 d_2可由式（2-6）和式（2-7）计算：

$$d_1=\left[\left(\frac{1}{\mu_t'}\right)^2+d^2\right]^{1/2} \tag{2-6}$$

$$d_2=\left[\left(\frac{1}{\mu_t'}+\frac{4A}{3\mu_t'}\right)^2+d^2\right]^{1/2} \tag{2-7}$$

式中，A 是物质内部反射系数，由界面处的折射率变化决定。因此，如果确定了 A 的值，则由上述三个方程式（2-5）、式（2-6）和式（2-7）可以推算出待测样品的散射系数 μ_s'。

对于大多数软组织来说，在波段 600～1300nm 范围内，光吸收相对较低，散射相对较强，因而会有较强的散射光从组织中反射或透射出来成为可被探测到的光。基于待测样品的光学散射特性，可研究农畜产品的内部品质安全指标，如基于高光谱散射光谱检测畜肉各品质指标[47－52]、新鲜度[53]、微生物腐败[54-57]、苹果品质指标[3,4,58]及牛奶脂肪含量[59]等指标。

2.2.4 透射光

透射光指入射光经过折射后穿过物体出射的光，将待测样品置于光源与检测器之间，检测器检测到承载了样品结构与内部组成信息的光。若透明体是无色的，除少数光被反射外，大多数光均透过物体。若样品为单色片时，则只会透过与该单色频率光近似频率的光谱段，这样得到的光谱就叫透射谱。为了表示透明体透过光的程度，通常用入射光通量与透过后的光通量之比 τ 来表征物体的透光性质，τ 称为光透射率。

当光程一定时，样品为真溶液时，样品组分的浓度与透射光的强度遵循 Lambert-Beer 定律，又称物质的光吸收定律[60]。说明了物质对单色光吸收的强弱与吸光物质的浓度和厚度之间的关系定律。随着介质的浓度增大，光程增长，透射光衰减的越厉害。如果物质不发生反射、折射、散射等其他现象，可用 Lambert-Beer 定律表达式表达：

$$T(\lambda)=10^{-A(\lambda)}=10^{-\varepsilon cd} \tag{2-8}$$

式中，$T(\lambda)$ 为透射比；$A(\lambda)$ 为吸光度；ε 为吸光度系数；c 为待测样品的组分浓度；d 为光程。在实验过程中测量介质透射光谱或者透射比一般采用透射法，透射法根据其透射比理论反演模型的不同可分为直接求解吸收系数法、透射比与 KK（Kramers-Kronig）关系式结合法、透射比与色散关系式结合法等方法。以测量液态半透明介质透射比单厚度直接求解吸收系数法为例，测试原理如图 2-10 所示[60]。

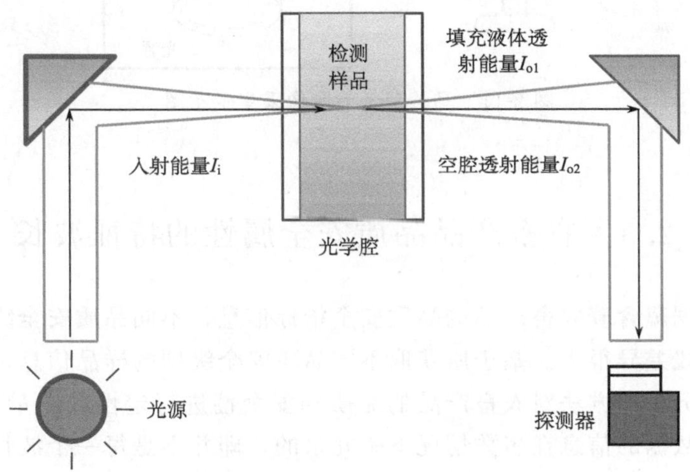

图 2-10　测量液态半透明介质透射比测试原理图[60]

计算液体的光谱透射比的公式如式（2-9）所示。

$$T(\lambda)=I_{o1}/I_{o2} \tag{2-9}$$

式中，$T(\lambda)$ 为波长为 λ 下液体介质的光谱透射比；I_{o1} 为填充液体的透射能量；I_{o2} 为空腔透射能量。直接利用光学腔内填充腔液体介质前后的透射能量之比作为液体介质的透射比，这种方法原理简单、计算方便，但其未考虑反射率变化的影响，具有一定的局限性。基于液态样品的光学透射性质检测食用油品质[61]及黄酒酒龄的定性分析[62]等已见诸报道。

此外，近年来许多学者研究利用透射光谱仪检测固态农畜产品内部品质，如水果糖度[63,64]、番茄可溶性固形物[65]、小麦品质[66]、马铃薯黑心病和缺陷[67,68]等的研究。图 2-11 显示了检测马铃薯缺陷的硬件系统[68]，主要由 CCD 图像传感器、光源、计算机等构成。实验过程中将样品置于柔性载物台上，光源位于样品下方，相机位于样品上方与光源相对，采集样品透过光源的光谱信息。

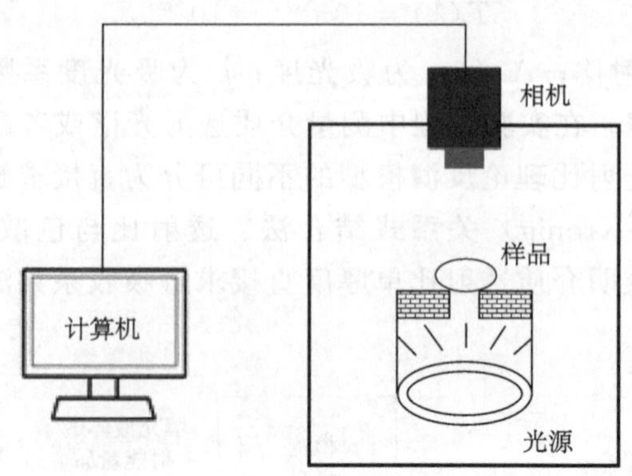

图 2-11 马铃薯透射图像采集示意图[68]

2.3 农畜产品品质安全属性的特征波长

光谱数据蕴含着农畜产品的品质安全指标信息，不同品质安全级别的农畜产品的光谱曲线差异很大。基于所获取不同品质安全级别的样品信息，通常需要利用多元数据分析的方法对农畜产品的品质和安全性进行定性或定量分析。但是，光谱或图像数据的信息在多数情况下是冗余的，即并不是每一个波长处的光谱或图像信息都适合于待测指标的检测，为了实现农畜产品品质安全指标的快速在线检测，必须利用多元数据分析的方法选取不同检测指标的特征波长。本节将对常见农畜产品（畜肉、果蔬）不同品质安全指标的特征波长进行归纳总结，并结合所对应化学成分的光学特性进行分析。

2.3.1 畜肉品质安全属性的特征波长

关于农畜产品组分的特征波长的研究，比较早的有美国农业部（USDA）研究人员得出水分特征吸收波长为 760nm、980nm、1450nm 和 1940nm[69]。张海云等[70]研究了生鲜猪肉水分含量与 1000～1680nm 范围内近红外吸收光谱之间的关系。研究中原始光谱经中值平滑、多元散射校正和一阶导数复合预处理后，采用逐步回归法，选择得到了 7 个优选波长（1060nm、1077nm、1082nm、1104nm、1166nm、1410nm 和 1446nm），实现了对生鲜肉水分含量快速无损预测。汤修映等[69]以取自不同超市的内蒙古小黄牛和鲁西黄牛背最长肌为研究对象，获取采集新鲜牛肉在 400～1170nm 波段范围内的漫反射光谱，指出如仅利用水的特征波长 980nm 建立回归模型，对牛肉含水量几乎没有预测能力。因为单波长包含的信息量有限，而且极易受到样品颗粒度、湿度、表面水分残留等物理特性的影响。但是，参考波长的引入可以有效减少外界影响，显著增强模型的预测能力。并指出以 880nm 作为牛肉水分含量预测的参考波长，可以得到较高的预测相关性，R_p值为 0.87。

肉的品质评价一般从肉色、嫩度、风味、持水性和多汁性等方面来衡量，而嫩度则是评价肉品品质的最重要指标之一，直接关系到消费者对肉品的满意程度。Liu 等[71]通过对牛肉嫩度的研究发现，在可见光区间（400～750nm）的 430nm、545nm、575nm 和 635nm 附近有宽吸收峰。在近红外区（750～1100nm）的 760nm、980nm 波长处有两个宽吸收峰。其中，光谱曲线在 430nm、635nm 处的波峰分别是由脱氧肌红蛋白和硫化肌红蛋白引起的；而在 545nm、575nm 波长处的光谱特征则是由于氧合肌红蛋白种类不同引起的。另外，光谱曲线在 760nm 和 980nm 处有水分的强吸收峰，910nm 处的光谱特征则是由于蛋白质变性引起的。随着牛肉样品成熟时间的变化，光谱曲线在 635nm 处峰值增加，而在 545nm、575 nm 波长处的峰值降低，原因是肌红蛋白的转化和降解。吴建虎等[50]为实现对牛肉嫩度的预测和分级，获取在 400～1000nm 波段范围内牛肉样品的高光谱图像。基于牛肉样品的反射光谱，作者利用逐步回归法选取了 6 个特征波长（430nm、496nm、510nm、725nm、760nm 和 828nm）。另外，吴建虎等[52]还利用可见/近红外高光谱散射特征预测成熟 7 天牛肉的嫩度。研究首先利用 3-参数洛伦兹函数拟合牛肉样品高光谱各个波长处的散射曲线，获取得到洛伦兹函数参数。利用逐步回归方法，选取得到基于洛伦兹渐进值参数 a，峰值参数 b 和半波带宽参数 c 的特征波长；分别为 820nm、850nm、915nm；548nm、562nm、947nm、960nm、965nm、998nm 和 737nm、750nm、768nm。

肉色主要是与肉中肌红蛋白的浓度和氧合肌红蛋白、脱氧肌红蛋白及高铁肌红蛋白的相对比例有关。上述蛋白质均在 540 nm 处有最大吸收峰[95]。吴建虎等[52]还利用上文中类似的分析方法，得到了基于各个洛伦兹参数的牛肉颜色 L^*、a^*、b^*、pH 的优选波长。其中，基于洛伦兹渐进值参数 a 的牛肉颜色 L^*、a^*、b^*、pH 的优选波长分别为 620nm、631nm、773nm，533nm、580nm、650nm、731nm、752nm，718nm、820nm、850nm、927nm 和 653nm、685nm、690nm、712nm、746nm、785nm；基于洛伦兹峰值参数 b 的牛肉颜色 L^*、a^*、b^*、pH 的优选波长分别为 768nm、784nm、836nm、994nm，525nm、856nm、872nm，543nm、565nm、815nm、965nm 和 795nm、815nm、978nm；基于洛伦兹半波带宽参数 c 的牛肉颜色 L^*、a^*、b^*、pH 的优选波长分别为 720nm、750nm，528nm、975nm、995nm，528nm、963nm、985nm 和 595nm、850nm、915nm。

细菌总数是评价食品卫生质量的重要微生物学指标，可用于预测肉品的货架期和判断其是否腐败变质。然而，目前常规的细菌检测方法多存在操作繁琐、耗时长、检测结果滞后、费用昂贵等缺点，很难实现冷却肉在冷链流通、销售等环节的实时无损检测。基于高光谱散射成像技术和2-参数洛伦兹函数，Peng等[54]研究了8℃贮藏条件下，牛肉细菌总数的变化与所提取光学参数间的关系，并利用逐步回归法，得到了预测牛肉细菌总数含量变化的优选波长。研究指出，基于洛伦兹峰值参数b、半波带宽参数c和$b\times c$的预测牛肉细菌总数的优选波长分别为：592nm、596nm、602nm、659nm、803nm、825nm，596nm、838nm、905nm、913nm和596nm、822nm、838nm、841nm、889nm、900nm。Wang等[72]应用高光谱成像技术检测猪肉的细菌总数含量，通过相应的数学算法得到了8个最优波长（477nm、509nm、540nm、552nm、560nm、609nm、720nm和772nm）。陶斐斐等[73]研究了4℃冷链条件下，冷却猪肉在1～14天贮藏期间，表面菌落总数与400～1100nm光谱范围内相应高光谱图像的关系。研究采用逐步回归法选择了6个优选波长（463nm、476nm、485nm、490nm、500nm和611nm），用于预测冷却猪肉样品贮藏期间菌落总数的变化。随后，基于高光谱散射成像技术结合洛伦兹函数和冈珀茨函数，Tao等[55]通过研究指出在单函数参数中，洛伦兹函数峰值参数b和冈珀茨函数峰值参数β对于猪肉细菌总数的变化预测能力最强。其中，基于洛伦兹参数b和冈珀茨参数β预测猪肉细菌总数的优选波长分别为490nm、567nm、587nm、755nm、766nm和473nm、574nm、581nm、587nm、749nm、783nm、786nm、819nm。Feng和Sun[74]利用近红外高光谱反射成像技术检测鸡肉细菌总数，得到了5个特征波长为954nm、957nm、1138nm、1148nm和1328nm。

2.3.2 果蔬品质安全属性的特征波长

水果的硬度和可溶性固形物含量是评价水果品质的主要指标。传统的水果硬度和可溶性固形物测量方法采用硬度计和糖度折射计，此种分析方法存在破坏样品、操作复杂、耗时长和无法实现在线检测等缺点。因此，研究水果内部品质快速、无损的检测方法是非常必要的。基于高光谱散射成像技术和2-参数洛伦兹函数，Lu和Peng[3]研究了梨硬度的快速无损预测方法。研究首先通过曲线拟合，获取了表征梨光学扩散信息的洛伦兹峰值参数c和半波带宽参数b；然后基于所得函数参数，并结合全交叉验证方法指出对于“red haven”品种的梨硬度预测，最重要的四个波长是677nm、690nm、629nm和671nm；而对于“coral star”品种的梨，则是677nm、957nm、947nm和980nm。Peng和Lu[75]还研究了苹果硬度的多光谱散射预测方法，指出在所涵盖波长中，810nm对于“red delicious”苹果硬度的预测最为有效，而“golden delicious”苹果品种，690nm最为有效。此外，单佳佳等[34]利用高光谱散射成像技术和3-参数洛伦兹函数，探讨了同时检测烟台红富士苹果硬度和可溶性固形物含量的方法。研究指出，基于原始洛伦兹函数参数预测苹果硬度的最优波长为 685nm、635nm、795nm、576nm，预测苹果可溶性固形物含量的最优波长为 965nm；而基于归一化后洛伦兹函数参数预测上述两种苹果品质参数的最优波长则分别为 614nm、592nm、595nm、536nm、870nm 和 965nm。

农药残留是果蔬安全问题上一项重要指标。而当前农药残留的检测方法多存在耗时、破坏样品、检测结果滞后等缺点，因此研发快速、无损、实时在线的农药残留检测方法是亟待解决的问题。基于激光显微拉曼光谱技术，李永玉等[76]以苹果为载体，敌百虫农药为研究对象，探讨了苹果表面敌百虫农药的快速无损检测方法。研究指出敌百虫农药的拉曼特征峰较为丰富，其中选取 $441cm^{-1}$（P—O 键振动）和 $620cm^{-1}$（C—Cl 键振动）处的拉曼信号作为识别苹果表面敌百虫农药残留的特征信号，检测限为 4800mg/kg。另外，Li 等[77]利用拉曼系统检测苹果农药残留，通过对采集的拉曼光谱数据比较分析得出，拉曼峰 $341cm^{-1}$、$632cm^{-1}$和 $1237cm^{-1}$可以作为检测苹果表面毒死蜱农药残留的特征峰。研究还对苹果表皮拉曼光谱与毒死蜱及敌百虫农药的拉曼光谱特性进行了对比分析，找到了适用于苹果表面农药残留检测的拉曼特征峰，其中苹果表面毒死蜱残留检测的特征峰为 $341cm^{-1}$、$632cm^{-1}$和 $1237cm^{-1}$；苹果表面敌百虫残留检测的特征峰为 $293cm^{-1}$、$373cm^{-1}$、$441cm^{-1}$、$620cm^{-1}$、$721cm^{-1}$ 和 $786cm^{-1}$。此外，研究还对苹果表面混合农药的残留检测问题进行分析，指出若混合农药为毒死蜱和敌百虫，则从拉曼光谱曲线中识别出毒死蜱农药的拉曼特征峰为 $341cm^{-1}$ 和 $632cm^{-1}$，识别出敌百虫农药的拉曼特征峰为 $373cm^{-1}$、$441cm^{-1}$和 $786cm^{-1}$。

目前，不少农畜产品品质安全指标的特征波长还处于研究发现阶段，尚需要通过具体的实验进行确定和验证。本节没有对农畜产品品质安全光学无损检测领域的所有已报道指标的特征波长进行一一归纳总结。

2.4　农畜产品品质安全属性的特征图像

农畜产品品质安全图像的获取首先采用 CCD 数字相机或摄像机获取的测样品图像信号，然后根据图像像素分布、亮度和颜色等信息将其转变成数字信号。基于所获取的数字信号，可以运用各种图像处理算法来提取待测样品的特征，进而得到其特征图像。鉴于不同农畜产品特征图像的获取存在相似性，本节就已报道的部分畜肉、果蔬的特征图像进行介绍。

2.4.1　牛肉大理石花纹图像

牛肉大理石花纹等级是确定牛肉质量等级的主要评价指标之一。目前，国内牛肉屠宰加工企业对牛肉大理石花纹的评估基本上都是由专门培训的分级员利用视觉感官或参照牛肉大理石花纹标准图版来完成[78]。传统的评价方法耗费劳动力、分级精度受人的主观因素影响，研发快速无损评价牛肉大理石花纹的方法需要确定其特征图像。

图 2-12 显示了牛肉样品在不同波长处的图像，可以看到不同波长处肌肉和脂肪光强的反差不同。光强反差大有利于大理石花纹的分割。高晓东等[79]通过线扫描高光谱系统获得了牛肉大理石花纹的高光谱图像，通过计算各个波长处牛肉肌肉和脂肪的光反射比值（图 2-13），指出在波长 530nm 左右处牛肉肌肉和脂肪的光反射比值最大，为牛肉大理石花纹分割提取的最优波长。

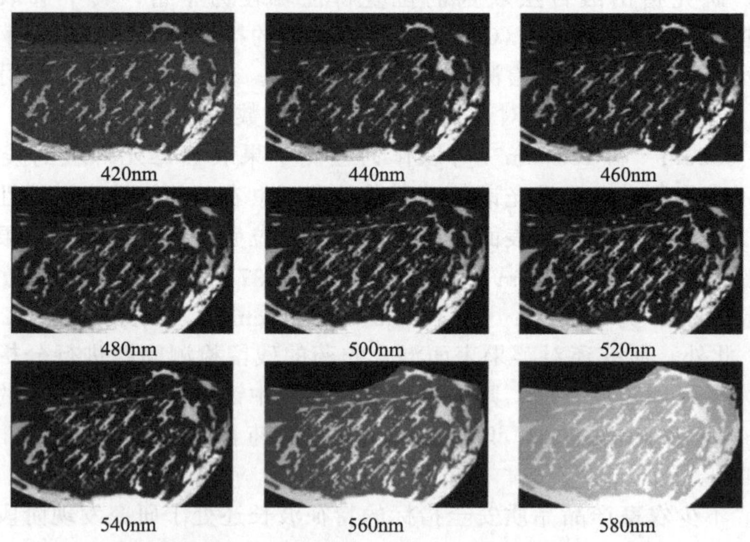

图 2-12 牛肉样品在不同波长处的图像

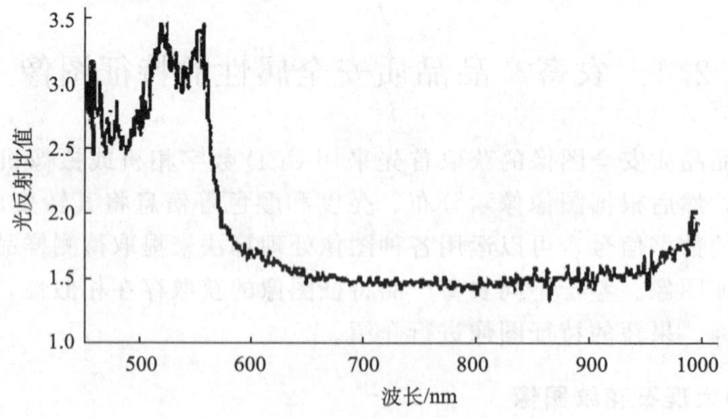

图 2-13 牛肉肌肉和脂肪反射强度比值[79]

此外，基于计算机视觉和图像处理技术，周彤和彭彦昆[78]提出了一种牛肉大理石花纹自动评估和分级方法。研究首先计算出了反映牛肉大理石花纹丰富程度的 10 个特征参数，并基于特征参数建立了主成分回归模型，对牛肉大理石花纹等级进行预测，预测相关系数 R_p 为 0.88，预测标准差 SEP 为 0.56。校正模型的总体回判正确率为 97.0%，验证模型的总体判别正确率为 91.2%。在此基础上，开发了大理石花纹自动分级软件系统和硬件系统，并且在研制的样机上进行了实验，验证了算法的运算速度和准确率。结果表明，所提出的分级方法的检测速度和精度均能够满足企业中对牛肉大理石花纹分级的要求。

2.4.2　牛肉嫩度的高光谱图像纹理特征

由于畜肉样品本身具有比较复杂的组织结构，每块样品本身的性质多存在不均性分布，把一个样品视为一个嫩度等级是不精确的。为了解决该问题，赵娟和彭彦昆[80]利用牛肉的高光谱图像信息，通过提取其纹理特征参数对牛肉的嫩度品质进行分析，探讨基于牛肉纹理特征预测牛肉嫩度等级可视化的可行性。图 2-14显示了基于主成分分析的牛肉样品高光谱图像前 5 个主成分的特征图像。由图中可以看出，第一主成分图像保持了原始图像的大部分信息，贡献率也达到了 85%以上。第二主成分的有效信息比较少，而第三主成分与第一主成分的信息能够进行互补，对肌肉纤维和肌束特征的显示更为清晰，对比度较大。对第一主成分图像进行纹理提取，得到的纹理参数（均值、对比度、熵、差异性、相关性、同一性、方差和二阶矩）图像如图 2-15 所示。

第一主成分

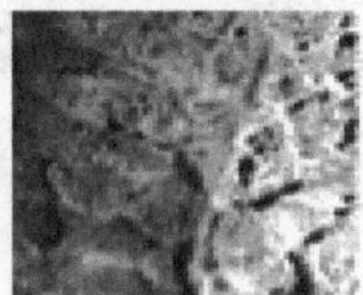
第二主成分

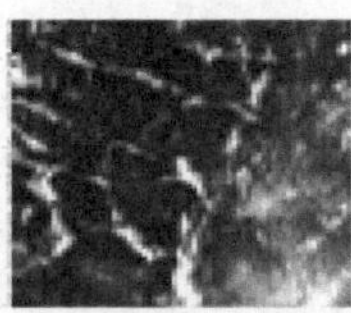
第三主成分

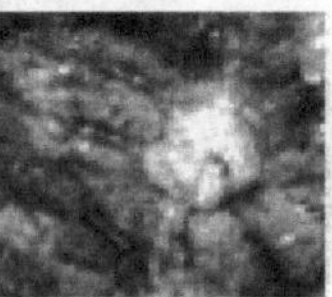
第四主成分

第五主成分

图 2-14　特征光谱图像的前 5 个主成分图像信息[80]

研究中，作者还利用牛肉样品前 3 个主成分的 24 个特征参数作为输入变量，采用所建立的数学判别模型对牛肉样品每一像素点进行可视化预测判别分析。基于前 3 个主成分建立的数学模型预测牛肉嫩度等级的二维平面分布结果和立体分布结果分别如图 2-16（a）、图 2-16（b）所示。彩图是根据前 3 个主成分图像合成的，并根据判别模型，对于大于嫩度阈值 60N 属于“老”用深色标记，小于嫩度阈值 60N 属于“嫩”用浅色标记［图 2-16（a）］。

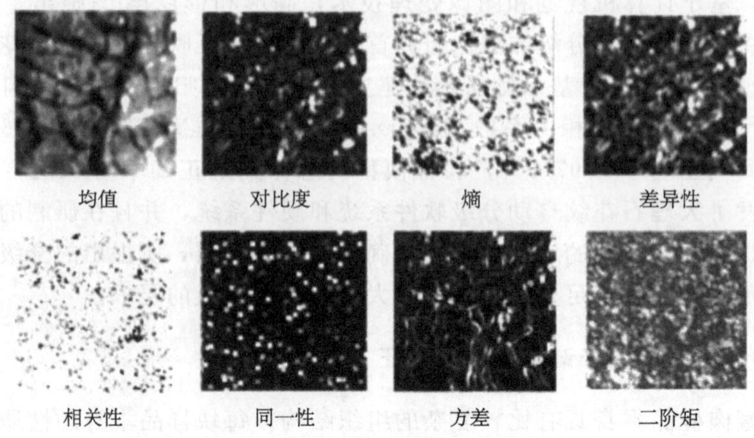

图 2-15　第一主成分图像的纹理参数提取结果[80]

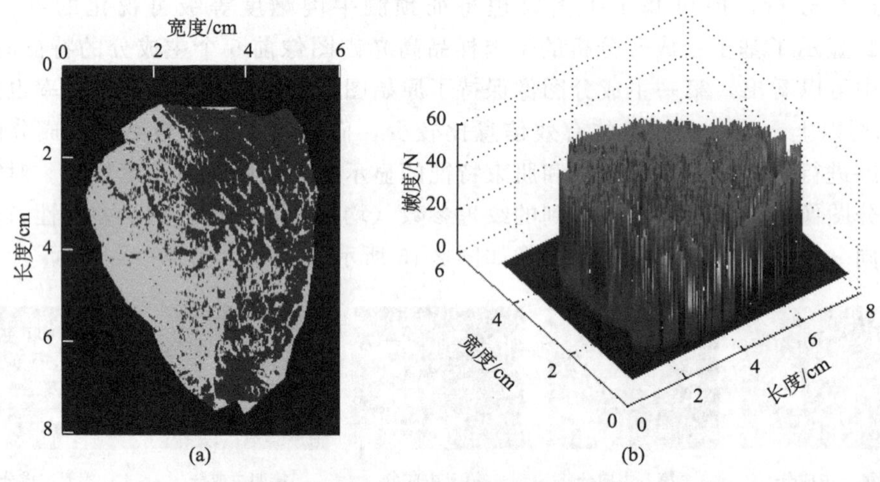

图 2-16　牛肉嫩度分布预测结果[80]

(a) 平面分布；(b) 立体分布

2.4.3　苹果表面伤痕与果梗和花萼的机器视觉辨识

苹果表面缺陷的大小是苹果外在品质分级的重要特征。但是，在图像处理中，苹果的果梗和花萼很容易被误判为缺陷，其快速简单的辨识算法是目前研究的热点。针对此，周彤等[81]提出了一种自动识别苹果缺陷，并计算其大小的图像处理算法，包括图像分割、图像去噪、区域标记与提取、感兴趣区域提取等，提出一种能将采集到的苹果图像进行处理分析后，识别出果梗和花萼，得到真正缺陷大小的图像处理算法。图 2-17（a）、图 2-17（b）分别为 CCD 相机采集到的苹果果梗、花萼与表面缺陷的灰度图像和经过相应图像处理算法提取得到的特征图像。

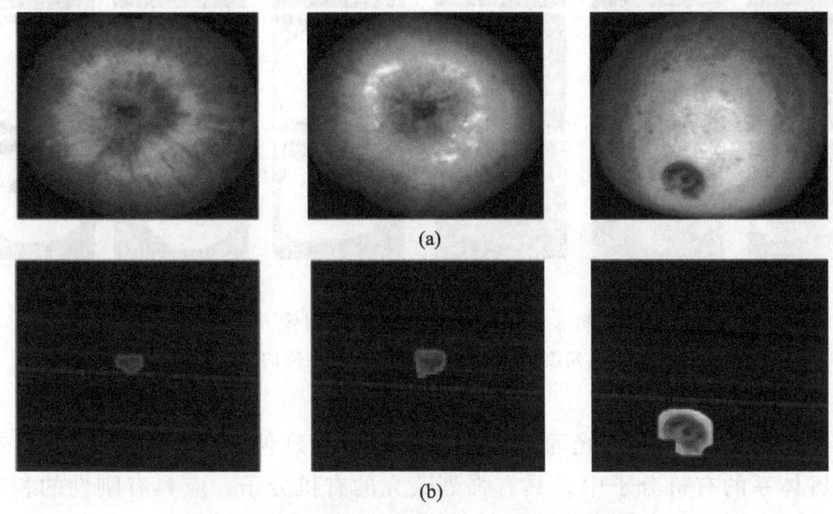

图 2-17　苹果果梗、花萼和缺陷特征的提取[81]

（a）苹果样品的灰度图像；（b）不同缺陷的特征图像

提取出可疑缺陷后，根据其在图片中的位置，计算缺陷和其周围一定大小范围的正常苹果部分的平均灰度值，根据其各自平均灰度线特征与形心点位置，即可将苹果表面缺陷与果梗和花萼进行区分识别。此外，赵娟等[82]设计了一套基于机器视觉的水果在线检测系统，通过在相机两侧架设两个倾角为 60°的平面反光镜来获取苹果 3 个角度视场图像。每个苹果可以采集 3 个不同运动位置的图像，因此单个苹果样品可获得 9 个不同角度的图像［图 2-18（a）］。图 2-18（b）为经过处理后所对应的单个苹果样品不同角度的特征图像。

该研究结合数字图像处理方法，通过判断缺陷面积大小和个数来解决水果缺陷检测中果梗、花萼与缺陷易混淆问题，水果表面缺陷检测的总正确率达到 92.5％，实现了对不同等级苹果的快速分级和优选的目标。

2.4.4　叶菜高光谱荧光图像

有机分子在紫外灯的照射下，其分子就由原来的基态能级跃迁至电子激发态的各个不同振动能级。激发态的分子很不稳定，经与周围分子撞击而消耗了部分能量，迅速下降至第一电子激发态的最低振动能级，经过很短的时间（10^{-8} s），直接以光的形式释放出多余的能量，下降至电子基态的各个不同振动能级，此时

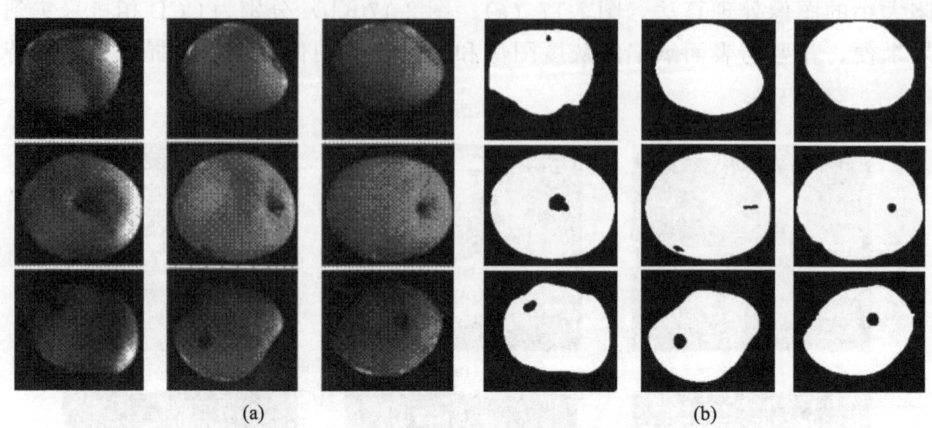

图 2-18 单个苹果样品的图像[82]

(a) 不同角度的灰度图像；(b) 不同缺陷的特征图像

所发射的光即荧光[33]。荧光通常发生在那些带有延伸 π 电子轨道的分子或带有共轭双键体系的有机分子中。具有强烈荧光的有机分子，应具有刚性的、不饱和的、平面型的多烯体系[83]。

农药毒死蜱的分子具有刚性的、不饱和的、平面型的结构，因此理论上具有很强的荧光特性。基于此，陈菁菁等[83]利用高光谱荧光技术对叶菜农药残留检测进行了研究。图 2-19 显示了毒死蜱农药质量分数为 8mg/kg 的叶菜样品的高光谱荧光图像，图中发亮区域即为毒死蜱农药甲醇混合溶液在紫外灯激发下所发射出的荧光图像。研究指出，毒死蜱农药浓度越大的样品其荧光强度越强，而浓度越低的样品其荧光强度则越弱。

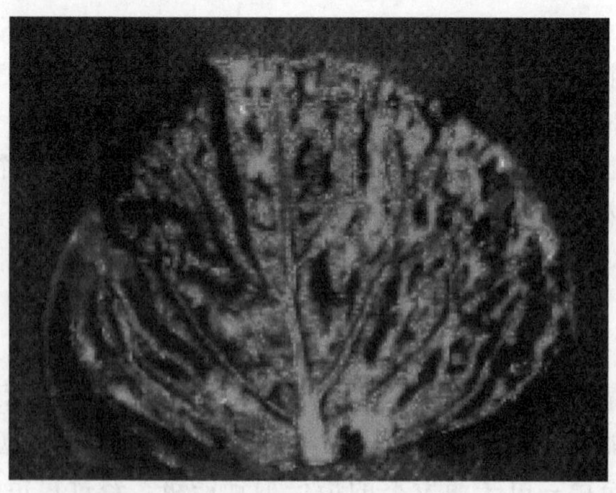

图 2-19 农药质量分数为 8 mg/kg 叶菜样品的高光谱荧光图像[83]

2.5　农畜产品品质安全无损检测的数据解析方法

建立样品待测指标的数学预测模型是光学数据分析的最重要环节，分为模型校正和验证两部分，在测量之前必须有一组用于建立模型（模型校正）的校正样品。如何选择用于模型校正的合适校正样品是建立模型的关键步骤，直接关系到所建立模型性能的优劣[84]。所谓合适的校正样品，是指对待测样品有较丰富解释信息，并且无关干扰尽量少，用于建模能使模型精度达到最佳的样品。对样品的筛选应尽量遵循以下两个原则[85]：①校正样品应该在组成性质上与待测样品基本相同，这样由校正样品建立的校正模型才对待测样品具有较好的适用性，这就意味着必须收集与待测样品同类的真实样品；②建立校正模型的校正样品应该覆盖待测样品的范围，并且校正样品的个数在待测指标整个范围内是均匀分布的。只有这样，对未知样品待测指标的预测才能保证一定的精度。

一般光学数据分析及建模的流程如图 2-20 所示，主要包括光学模型的校正和验证两部分。因为通过各种农畜产品光学无损检测系统所获取的样品光谱或图像信息中，除含有样品自身的信息外，还包含有其他无关信息和噪声，如电噪声、样品背景和杂散光等，所以在应用化学计量学方法建立数学预测模型前，利用各种谱图预处理方法消除样品无关信息和噪声是十分关键和必要的。本节就农畜产品品质安全光学无损检测领域中常见的光谱预处理算法、光学特征参数提取方法和化学计量学方法进行介绍。

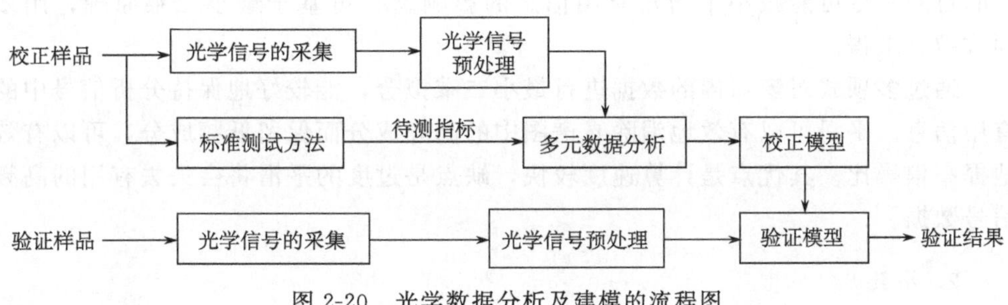

图 2-20　光学数据分析及建模的流程图

2.5.1　光谱预处理算法

本小节将介绍常用的谱图预处理算法，主要有平滑去噪算法、导数、标准正态变换、多元散射校正和小波变换等方法。

1. 平滑去噪算法

信号平滑是消除噪声中最常用的一种方法，其基本假设是光谱含有的噪声为零均随机白噪声，若多次测量取平均值则可以降低噪声提高信噪比。常用的信号平滑方法有移动平均平滑法和 Savitzky-Golay 卷积平滑法。

如式（2-10）所示，移动平均平滑法是选择一个具有一定宽度的平滑窗口 $(2w+1)$，每窗口内有奇数个波长点，用窗口内中心波长点 k 以及前后 w 点处测量值的平均值 $\overline{x}_k$ 代替波长点的测量值，自左至右依次移动 k，完成对所有点的平均。

$$x_{k,\ \mathrm{smooth}}=\overline{x}_k=\frac{1}{2w+1}\sum_{i=-w}^{+w}x_{k+i} \tag{2-10}$$

采用移动平均平滑法时，平滑窗口宽度是一个重要参数，若窗口宽度太小，平滑去噪效果将不佳，若窗口宽度太大，进行简单求均值运算，会在对噪声进行平滑的同时也将平滑掉有用信息，造成光谱信号的失真。

Savozky-Golay 卷积平滑（S-G 平滑）又称多项式平滑，波长 k 处经平滑后的平均值为

$$x_{k,\ \mathrm{smooth}}=\overline{x}_k=\frac{1}{H}\sum_{i=-w}^{+w}x_{k+i}h_i \tag{2-11}$$

式中，h_i 为平滑系数；H 为归一化因子，$H=\sum_{i=-w}^{+w}h_i$，每一测量值乘以平滑系数 h_i 的目的是尽可能减小平滑对有用信息的影响。h_k 可基于最小二乘原理，用多项式拟合求得。

通过多项式对窗口内的数据进行最小二乘拟合，能较好地保持分析信号中的有用信息。平滑可以有效地消除光谱图中的高频成分而保留低频成分，可以有效地提高信噪比。其优点是计算速度较快，缺点是过度的平滑将会失去有用的高频信号数据。

2. 导数

求导与平滑一样也是光谱预处理常用的一种方法。目前，计算一阶导数和二阶导数时最常用的是 Savozky-Golay 卷积方法。一阶导数和二阶导数分别用于消除光谱中基线的平移和漂移，强化谱带的特征，克服谱带的重叠，得到更清晰的光谱轮廓。但是求导的同时会引入噪声，降低信噪比。

一阶导数的离散化形式：

$$X(i)=[x(i+g)-x(i)]/g \tag{2-12}$$

二阶导数的离散化形式：

$$X(i)=[x(i+g)-2x(i)+x(i-g)]/g^2 \tag{2-13}$$

式中，g 为微分窗口宽度；x 为求导数前的光谱值；X 为求导数后的光谱值。

3. 标准正态变换

标准正态变换（standard normal variate transformation，SNV）就是对于一组样品 x，计算出它的均值 m 和标准差 s，则标准正态变换后的值为 $x'=(x-m)/s$。SNV 认为每条光谱中各波长点的强度值满足一定的分布（如正态分布），通过这一假设来校正每条光谱，即从原光谱中减去该光谱的平均值后再除以标准偏差，实质上是使原光谱数据标准正态化[86]。标准正态变换可以用来消除光谱中激光光源功率变化、光强衰减等引起的噪声，但是并不能去除荧光背景干扰。标准归一化校正公式为

$$x-\frac{(x_i-\bar{x}_i)}{s_i} \tag{2-14}$$

式中，x_i 为原始光谱的吸光度值；$\bar{x}_i$ 为单一样品全部波长点处光谱的平均值，s_i 为标准差，其数学表达式为

$$s_i=\sqrt{\frac{1}{n-1}\sum_{j=1}^{n}(x_{ij}-\bar{x}_i)^2} \tag{2-15}$$

式中，n 为波长点数；$j=1, 2, \cdots, n$；$\bar{x}_i$ 为第 i 个样品全部波长点处的平均值。

4. 多元散射校正

多元散射校正（multiplicative scattering correction，MSC）[87, 88]是一种多变量散射校正技术，可以有效消除样品间散射影响所导致的基线平移和偏移现象。MSC 校正的目的是校正每个光谱的散射并获得较“理想”的光谱。首先，计算所有光谱的平均光谱，将所得到的平均光谱作为理想的标准光谱；其次，将每个样品的光谱与标准光谱进行一元线性回归，求得每个光谱相对标准光谱的相对平移系数和线性平移量；最后，将每个样品的光谱减去线性平移量后除以相对平移系数，从而使每个光谱在标准光谱的参考下予以修正。

多元散射校正的校正过程如下：首先，计算所需校正光谱的平均光谱，

$$\bar{A}=\frac{\sum_{i=1}^{n}A_i}{n} \tag{2-16}$$

其次，对平均光谱作回归，

$$\bar{A}_i = \frac{(A_i - b_i)}{m_i} \tag{2-17}$$

式中，$\bar{A}_i$ 为校正后的光谱；b_i 为第 i 个样品线性回归方程的常数项；m_i 为第 i 个样品线性回归方程的一次项系数。

5. 小波变换

小波变换（wavelet transform，WT）[89-91] 是法国地球物理学家 Morlet 在 1984 年分析地震数据时首次引入。它是将交织在一起的不同频率组成的混合信号用分辨率不同的窗口分解成对应的不相同频率的块信号，并对大小不同的频率成分采用相应的时域（或空域）取步长，从而不断“聚焦”对象的任意微小细节，对特殊频率范围的噪声或背景进行滤波处理，对信号具有自适应性，甚至可以对信频等其他干扰进行平滑处理，在光谱信号的平滑滤噪、去除背景、数据压缩以及重叠信号解析汇总中得到越来越多的应用。

小波是指满足一定条件的函数 $\psi(t)$ 通过平移和伸缩产生的一个函数族 $\psi_{a,b}(t)$：

$$\psi_{a,b}(t) = \frac{1}{\sqrt{|a|}}\psi\left|\frac{t-b}{a}\right| \tag{2-18}$$

式中，a 为尺度参数，用于控制伸缩；b 为平移参数，用于控制位置；$\psi_{a,b}(t)$ 为小波基或小波母函数。

在光谱分析信号 WT 处理中，一般使用的是离散型小波变换，离散小波定义 $a=a_0^m$（$a_0>1$，$m\in\mathbf{Z}$），$b=nb_0a_0^m$（$a_0\in\mathbf{R}$，$b_0\in\mathbf{Z}$），则：

$$\psi_{m,n}(t) = a_0^{-m/2}\psi(a_0^{-m}t - nb_0) \tag{2-19}$$

式中，一般取 $a_0=2$，$b_0=1$。此时称为二进小波。

对于等波长间隔的 k 个离散光谱数据点 x_1，x_2，…，x_k，其离散二进小波变换为

$$\mathrm{WT}_{x(m,n)} = \sum_{i=1}^{k} 2^{-m/2}\psi(2^{-m}x_i - n)x_i \tag{2-20}$$

上式说明了小波变换实际上是将离散信号在小波基函数上进行投影，不同的 m 和 n 代表不同的分辨率（尺度）和不同的时域（平移），小波函数正是通过不同的 m 和 n 来调节不同的局部时域和不同的分辨率。

小波消噪的方法很多种，归结起来有极大值检测法、屏蔽消噪法和阈值消噪法。其中，阈值消噪法是目前最常用的一种消噪方法。小波阈值消噪法原理比较简单，计算量小，在保持信号奇异性的同时能有效地去除噪声。

2.5.2 光学特征参数的提取方法

农畜产品品质安全的无损检测在数据采集阶段涉及的变量很多，但所包含的信息很多是冗余的，即这些数据中既包含了与待测对象品质安全相关的信息，也包含了一些与待测对象品质安全无关的信息。通过有效的方法从检测探头所获取的数据中选出一些最有效的特征参数，不仅可以简化特征提取的计算过程，而且有助于进一步建立预测能力强、稳健性好的数学模型。特征提取是对光谱测量数据成分的分解、重组和选择的过程，是光谱数据挖掘中关键环节，不仅决定着后续处理的质量、效率、系统复杂度和稳健性，也关系到能够挖掘到什么知识以及处理结果物理意义的可解释性。

1. *光谱特征参数的提取*

光谱特征的提取包括特征的转换和选择两个环节，重在提取与分析目标有关的信息，尽可能剔除其他与当前待研究对象无关的数据成分，并把信息转化为适合后续分析的表达方式，直接关系到光谱挖掘结果的精确性（准确性）和系统的复杂度。在光谱数据挖掘中，特征提取注重于特征的检测和定位、特征的表达和特征的选择。常用的光谱特征提取方法有直接从原始数据中提取一些特征参数（如均值、标准差、最大值、极差等）。从原始数据中提取的特征参数比较直观、简便，但所反映的信息较为粗糙，所以以某种算法（如主成分分析法、独立分量分析法）为依据的特征提取方法引起了研究者的极大关注。

主成分分析是把多个指标化为几个综合指标的统计方法，它沿着协方差最大方向由多维数据空间向低维数据空间投影，各主成分向量之间相互正交。通过选择合理的主成分既可以达到降维的目的，又不会过多地丢失原始数据信息，同时可以减少原始数据中的冗余信息。独立分量分析是利用信号的高阶统计量，使分解出的各分量尽可能独立，在信号的特征提取中表现出更大的优势。

作为一种重要的光学无损检测技术，光谱成像技术（如高光谱成像、基于 LCTF 的多光谱成像等）融合了图像和光谱技术，可同时得到待测物的空间位置信息和光谱信息。本节根据作者在光谱散射成像检测农畜产品品质安全领域的多年研究经验，总结提出了基于洛伦兹函数（Lorentzian function）、冈珀茨函数（Gompertz function）、玻尔兹曼函数（Boltzmann function）的光谱散射图像的光学特征提取方法[3-4, 10, 47-49, 51-58, 92]。

1）基于洛伦兹函数的光学散射特征提取

通过点光源结合高光谱成像仪可以获取农畜产品的高光谱散射图像[47-57]。对于高光谱散射图像来说，如图 2-21（a）所示，图像中波长 λ 处，与空间轴平行截取图像，从 A-A 视线方向观察，光源入射点 O 处的光信号是最强的，随着与扫描线中心点距离的增加，光强度迅速的衰减，直至消失，形成如图 2-21（b)所示的散射轮廓曲线。通过点光源结合 CCD 相机和滤光片也可以获取光谱散射图像[93-94]。对于一般的二维平面散射图像，可以通过将图像分割成多个同心环求取散射轮廓曲线[93-96]。

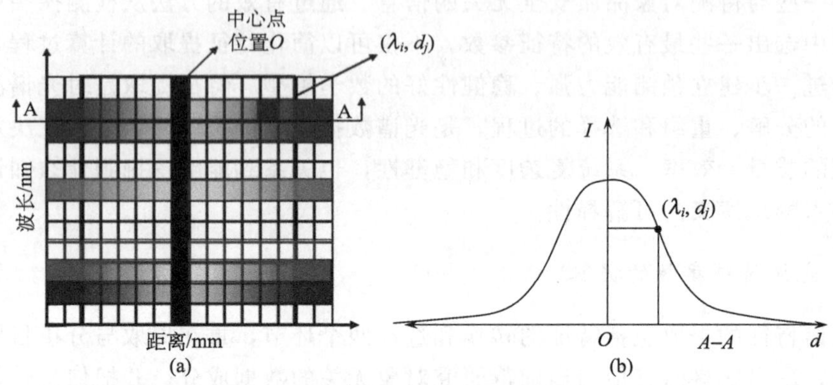

图 2-21 高光谱图像散射特征提取方法

(a) 高光谱图像；(b) 散射曲线

洛伦兹函数广泛应用于光学研究中，用于描述光的分布模式。Peng 与 Lu[93-96] 最早提出并发现洛伦兹函数可以较好地拟合水果的散射曲线，并且利用提取的洛伦兹函数参数实现了快速无损预测水果的硬度、可溶性固形物含量等。常用的洛伦兹函数有三种表达形式，分别为 2-参数洛伦兹函数、3-参数洛伦兹函数及 4-参数洛伦兹函数[54,95]。式（2-21）显示了 2-参数洛伦兹函数的数学表达式。

$$R=\frac{b}{1+(x/c)^2} \tag{2-21}$$

式中，R 为散射曲线上任意一点的光反射强度；b 为洛伦兹函数曲线在 $x=0$ 处的峰值；c 为洛伦兹函数曲线的半波带宽，即反射值在 1/2 峰值处的洛伦兹函数曲线的带宽（full width at half maximal peak value，FWHM)；x 为测量点距离光入射点的距离。式（2-22）显示了 3-参数洛伦兹函数的数学表达式[95]。

$$R=a+\frac{b}{1+(x/c)^2} \tag{2-22}$$

式中，a 为洛伦兹函数曲线的渐进值。式（2-23）显示了 4-参数洛伦兹函数[95]。

$$R=a+\frac{b}{1+(x/c)^d} \tag{2-23}$$

式中，d 为洛伦兹函数曲线在峰值的 1/2 处的斜率。图 2-22 中直观显示了洛伦兹函数 4 个参数在扩散曲线中的具体含义[96]。

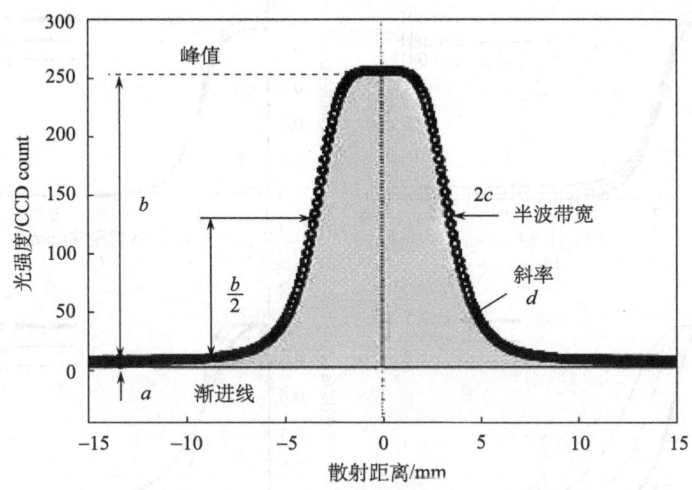

图 2-22　4-参数洛伦兹函数各参数含义示意图[96]

此外，Peng 和 Lu[95] 还详细分析了 4-参数洛伦兹函数中，当 1 个参数发生变化，而其他 3 个参数保持不变时对于洛伦兹函数曲线变化的影响，图 2-23 分别显示了各个函数参数变化对洛伦兹曲线的影响。图 2-23（a）显示了当洛伦兹参数 $b=1.01$，$c=3.0$，$d=5.5$ 时，仅参数 a 变化对洛伦兹函数曲线变化的影响。可以看到，参数 a 的变化会同时引起洛伦兹曲线最大值、最小值的变化。图 2-23（b）显示了当洛伦兹参数 $a=0.001$，$c=3.0$，$d=5.5$ 时，仅参数 b 变化对洛伦兹函数曲线变化的影响。由图 2-23（b）可以看出，参数 b 的变化仅影响洛伦兹曲线最大值的变化。图 2-23（c）显示了当洛伦兹参数 $a=0.001$，$b=1.01$，$d=5.5$ 时，仅参数 c 变化对洛伦兹函数曲线变化的影响。由图 2-23（c）可以看出，参数 c 的变化对洛伦兹曲线最大值、最小值均无明显影响，且不同样品间的扩散曲线不会存在交叉现象。图 2-23（d）显示了当洛伦兹参数 $a=0.001$，$b=1.01$，$c=3.0$ 时，仅参数 d 变化对洛伦兹函数曲线变化的影响。由图 2-23（d）可以看到，类似于参数 c，参数 d 的变化对洛伦兹曲线最大值、最小值也均无明显影响，但不同的是样品之间的扩散曲线会存在交叉现象。

2）基于冈珀茨函数的光学散射特征提取

与洛伦兹函数类似，常用的冈珀茨函数有三种表达形式，分别为 2-参数冈珀茨函数、3 参数冈珀茨函数和 4-参数冈珀茨函数。式（2-24）显示了 2-参数冈珀茨函数的数学表达式[95]。

$$R=1-\mathrm{e}^{\exp(\varepsilon-\delta x)} \tag{2-24}$$

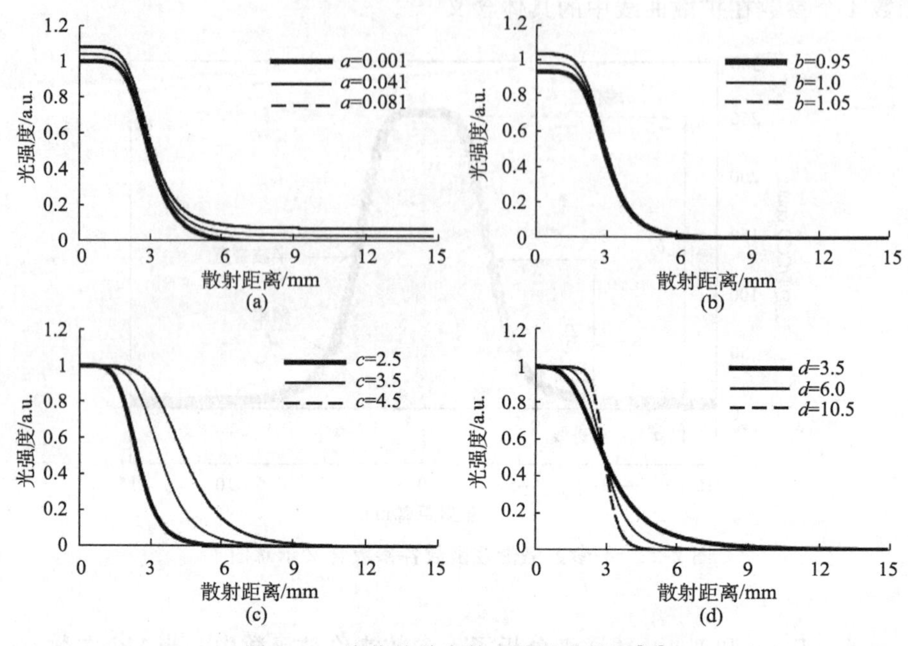

图 2-23 洛伦兹单参数变化的曲线图[95]

式中，R 为散射曲线上任意一点的光反射强度，ε 为冈珀茨函数曲线拐点处的全散射宽度，δ 为冈珀茨函数曲线在拐点处的斜率，x 为测量点距离光入射点的距离。式（2-25）给出了 3-参数冈珀茨函数的表达式[95]。

$$R=1-(1-\alpha)\,\mathrm{e}^{-\exp(\varepsilon-\delta x)} \tag{2-25}$$

式中，α 为冈珀茨函数曲线的渐近值。式（2-26）给出了 4-参数冈珀茨函数的表达式[95]。

$$R=\alpha+\beta\left[1-\mathrm{e}^{-\exp(\varepsilon-\delta x)}\right] \tag{2-26}$$

式中，β 为冈珀茨函数曲线在 $x=0$ 处的估计光强的上限值。图 2-24 显示了当冈珀茨函数 4 个参数中 1 个参数发生变化，而其他 3 个参数保持不变时对冈珀茨函数曲线的影响。图 2-24（a）为当 $\beta=1.01$，$\varepsilon=4.0$，$\delta=1.6$ 时，仅参数 α 变化对冈珀茨函数曲线变化的影响。可以看到，和洛伦兹参数 a 较为类似，参数 α 的变化会同时引起冈珀茨曲线最大值、最小值的变化。图 2-24（b）为当 $\alpha=0.001$，$\varepsilon=4.0$，$\delta=1.6$ 时，仅参数 β 变化对冈珀茨函数曲线变化的影响。可以看到，和洛伦兹参数 c 类似，参数 β 的变化仅影响扩散曲线最大值的变化。图 2-24（c）和图 2-24（d）分别为当 $\alpha=0.001$，$\beta=1.01$，$\delta=1.6$ 及 $\alpha=0.001$，$\beta=1.01$，$\varepsilon=4.0$ 时，参数 ε 和参数 δ 的变化对冈珀茨函数曲线变化的影响。由图 2-24（c）和图 2-24（d）可以看出，参数 ε 和参数 δ 的变化对扩散曲线最大值、最小值均无明显影响，并且不同样品间的扩散曲线不会存在交叉现象。

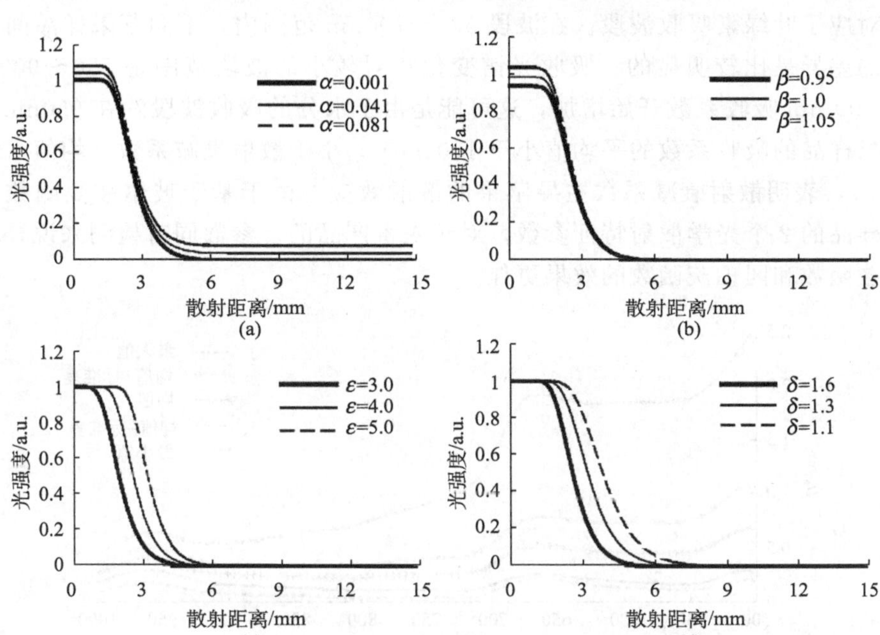

图 2-24　冈珀茨单参数变化的曲线图[95]

基于洛伦兹函数和冈珀茨函数，利用偏最小二乘拟合方法，对光谱散射图像中所提取的每个波长处的扩散轮廓曲线进行拟合分析，就可以得到表征每个波长处的洛伦兹函数和冈珀茨函数参数。相对于每个波长的分布，所得到的各函数参数构成了样品的多个“特征光谱”，可用来分析预测农畜产品的品质安全状况。研究表明，洛伦兹“特征光谱”适用于预测农畜产品的品质指标（如肉品嫩度），冈珀茨“特征光谱”适用于预测安全指标（如肉品细菌总数）。宋育霖等[97]利用从高光谱图像提取的冈珀茨特征光谱有效地预测了生鲜肉的细菌总数，验证集相关系数 R_v 为 0.92。

3）基于玻尔兹曼函数的光学散射特征提取

如式（2-5）所述，用来描述生物组织光学特性的基本光学参数主要有吸收系数 μ_a 和散射系数 μ_s'。吸收系数反映了生物组织中分子的原子能级信息，散射系数反映了组织结构的显微不均匀性，它们可以分别用于表征待测样品内部组分的化学性质与物理结构性质。根据式（2-5）的逆运算即可计算得到样品的吸收系数 μ_a 与散射衰减系数 μ_s'。

苹果在波段 530～950nm 范围内的吸收系数和散射衰减系数如图 2-25 所示[98]。可以看到，在 500～1000nm 波段范围内吸收系数的相对变化值远远大于散射衰减系数。对大多数苹果，一个主要的峰值出现在吸收系数光谱的 675nm 处，对应于叶绿素吸收波段。在波段 530～700nm 范围内，不同苹果样品间吸收系数的差异是比较明显的。吸收光谱变化相对较小的波段范围是 750～900nm。超过 900 nm 吸收系数开始增加，这可能是由于水分的吸收波段约在 950nm。所有苹果样品的吸收系数的平均值小于 1.0cm^{-1}，小于散射衰减系数平均值（约为 6cm^{-1}），表明散射衰减系数主导苹果的散射效应。由于基于玻尔兹曼函数只能提取样品的 2 个光学散射特征参数，对于农畜产品的多参数同时检测来说，利用洛伦兹函数和冈珀茨函数的效果更佳。

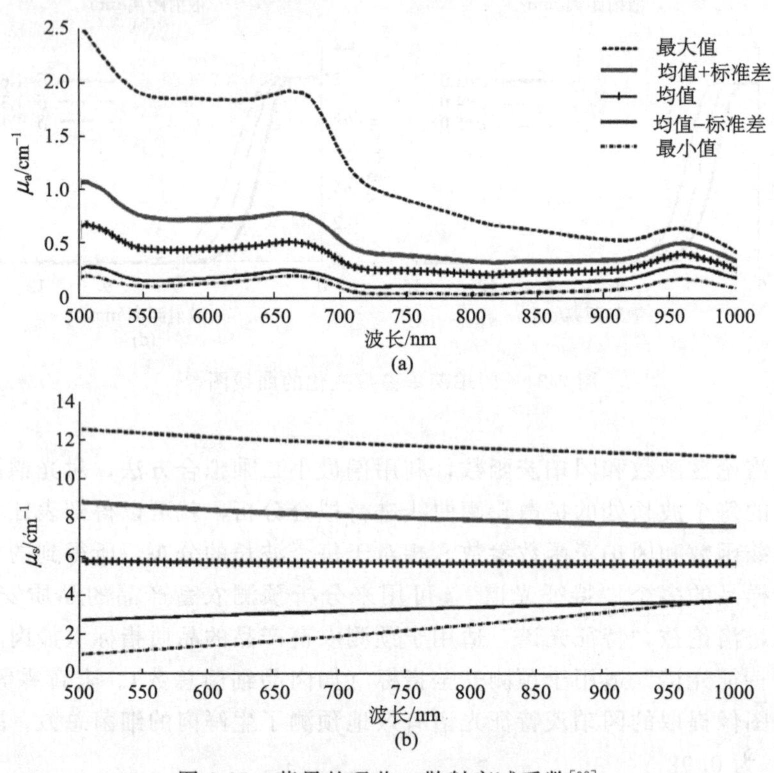

图 2-25　苹果的吸收、散射衰减系数[98]

(a) 吸收系数 μ_a；(b) 散射衰减系数 μ_s'

2. 图像特征参数的提取

图像特征的提取是指通过计算机的分析和处理，来提取图像不变特征，进而解决实际问题的一种方法。目前常见的图像特征参数主要包括颜色特征、纹理特征、形状特征与空间关系特征等[99]。

颜色特征是通过图像或图像区域的颜色特征来描述，具有整体性。颜色特征提取方法有颜色直方图、颜色集、颜色矩等方法。纹理特征和颜色特征类似，也是一种整体性的特征。近些年来，对纹理分析的各种理论或方法已基本应用在纹理特征提取中。纹理特征提取方法一般分为五类，即结构方法、信号处理方法、几何方法、模型方法和统计方法[99]。形状特征提取表示方法有两类，一类是区域特征，主要针对图像的整个形状区域；另一类是轮廓特征，它针对的是物体的外边界[99]。关于形状特征提取的典型方法有：边界特征值法（图像的外边界）、几何参数法（图像几何参数化处理）、形状不变矩法（找图像不变矩特征）、傅里叶形状描述法（傅里叶变换法）等。空间关系表明图像中分割的多个目标之间存在着一定的空间位置关系和方向性的关系，如图像的邻接与连接关系、图像的包容和包含关系等。常用的图像空间特征提取方法有两种：根据图像中的对象或者颜色等其他特征对图像进行分割后提取特征；把图像分割成规则的子块，分别对图像的每个子块进行特征提取。

2.5.3　主要化学计量学方法

化学计量学诞生于 20 世纪 70 年代，是瑞典 Umea 大学化学家 Wold 在 1971 年首先提出的。早期的化学计量学方法实际上大都是经典的统计学方法，例如主成分分析（principal component analysis，PCA）的概念早在 1901 年就被英国统计学家 Pearson 提出来了，后来被美国统计学家 Hotelling 于 1933 年再加以发展推广，1972 年 PCA 才被用于色谱重叠峰的去卷积中。

化学计量学的兴盛时期是 20 世纪 80 年代，计算机的普及、工业发展的驱动（如药物研发和过程分析技术）和分析仪器的升级，及它们之间的交互影响等因素，使得化学计量学的研究达到了空前的深度与广度，现在广泛使用的一些核心方法大都是在这一时间创建或完善的。下面将主要介绍常用的多元线性回归（multiple linear regression，MLR）、偏最小二乘回归（partial least squares regression，PLSR）、主成分回归（principal component regression，PCR）及支持向量机回归等化学计量学分析方法。

1. *多元线性回归*

MLR 又称逆最小二乘法，是化学计量学中基本的分析方法[100]。参考 MLR 法在近红外光谱分析技术中的建模过程，建立利用高光谱成像技术的模型。设 x_{i1}，x_{i2}，…，x_{ip} 为第 i 个样品在 p 个波长点处的光谱参数，第 i 个样品的待研究组分的含量为 y_i，则定量分析模型为

$$y_i = \beta_0 + \beta_1 x_{i1} + \cdots + \beta_p x_{ip} + \varepsilon_i (i=1,\ 2,\ \cdots,\ n) \tag{2-27}$$

式中，ε_i 为测量随机误差。通常假定 $E(\varepsilon_i)=0$，$D(\varepsilon_i)=\sigma^2$，且 ε_1，ε_2，…，ε_n 相互独立。将式（2-27）写为矩阵形式为

$$Y = X\beta + \varepsilon \tag{2-28}$$

式中，$X = \begin{bmatrix} 1 & x_{11} & x_{12} & \cdots & x_{1p} \\ 1 & x_{21} & x_{22} & \cdots & x_{2p} \\ 1 & x_{n1} & x_{n2} & \cdots & x_{np} \end{bmatrix}$

确定模型中回归系数 β_i，通常采用最小二乘法，即求 β_0，β_1，…，β_p 使

$$Q = \sum_{i=1}^{n} [y_i - \beta_0 - \beta_1 x_{i1} - \cdots - \beta_p x_{ip}]^2 \tag{2-29}$$

达到最小。由多元函数极值存在的必要条件使上式达最小的 β_0，β_1，…，β_p 满足：

$$\frac{\partial Q}{\partial \beta_j} = 0, \quad j = 0, 1, 2, \cdots, p \tag{2-30}$$

则 β 的最小二乘解为

$$\beta = (\boldsymbol{X}^T\boldsymbol{X})^{-1} \boldsymbol{X}^T\boldsymbol{Y} \tag{2-31}$$

多元线性回归方法计算简单，物理意义明确。只要知道混合物中某些组分的浓度和性质，就可以建立复杂体系的校正模型。但需选择对应于被测组分的某些图像数据向量。对于一些不太复杂的体系，不用考虑干扰组分的影响，多元线性回归也能计算出被测组分的组成与性质。但多元线形回归也有一些缺点。其一，参加回归的变量数（即向量数）不能超过校正集的样品数目。因此，多元线性回归方法使用的变量数受到限制。多元线性回归的重要任务是如何选择参加回归的变量。其二，如果光谱参数矩阵 $\boldsymbol{X}$ 不满秩（即 $\boldsymbol{X}$ 中至少有一列或一行可能与其他几列或几行的线性相关）。这样产生多元线性回归中的共线性问题，导致行列式值为零或接近于零，就无法求矩阵的逆。三是多元线性回归使用 $\boldsymbol{X}$ 矩阵建立模型，并没有考虑 $\boldsymbol{X}$ 矩阵中的信息是否与真实模型相关，如果使用的变量包括了噪声，就会导致模型过度拟合，很难获得准确的定量分析结果，影响模型的预测能力。

2. 偏最小二乘回归

偏最小二乘回归方法 PLSR 不仅吸取了主成分回归中从自变量中提取信息的思路，同时还注意 PCA 中忽略的自变量对因变量的解释问题。因此，利用 PLSR 方法可以高效地从待测物的光谱图像中抽取信息，建立比较稳健的定量分析模型[101-103]。

假定 $\boldsymbol{X}$ 为 $n \times p$ 维自变量矩阵，$\boldsymbol{Y}$ 为 $n \times q$ 维因变量矩阵，其中 p，q 分别为光谱图像数据的变量个数和化学成分个数，n 为待测样品数。则 $\boldsymbol{Y}$ 与 $\boldsymbol{X}$ 之间可建立如下的线形模型：

$$\boldsymbol{Y}=\boldsymbol{XB}+\boldsymbol{E} \tag{2-32}$$

式中，$\boldsymbol{E}$ 为残差阵，回归系数矩阵 $\boldsymbol{B}$ 的最小二乘解为

$$\boldsymbol{B}=(\boldsymbol{X}^{\mathrm{T}}\boldsymbol{X})^{-1}\boldsymbol{XY} \tag{2-33}$$

用 PCR 方法处理以上问题时，首先将 $\boldsymbol{X}$ 矩阵分解为得分矩阵 $\boldsymbol{T}$ 与载荷矩阵 $\boldsymbol{P}$，即

$$\boldsymbol{X}=\boldsymbol{TP}^{\mathrm{T}}+\boldsymbol{F} \tag{2-34}$$

式中，矩阵 $\boldsymbol{T}$ 含有两两正交的潜在变量（latent variable，LV）或得分矢量。$\boldsymbol{F}$ 为 $\boldsymbol{X}$ 提取隐变量后的残差。由于提取的隐变量数一般都远小于 p，因此将降维后的 $\boldsymbol{T}$ 与因变量 $\boldsymbol{Y}$ 矩阵进行多元线性回归：

$$\boldsymbol{Y}=\boldsymbol{TB}+\boldsymbol{E} \tag{2-35}$$

回归系数矩阵 $\boldsymbol{B}$ 的最小二乘解为

$$\boldsymbol{B}=(\boldsymbol{T}^{\mathrm{T}}\boldsymbol{T})^{-1}\boldsymbol{TY} \tag{2-36}$$

PCR 中只对 $\boldsymbol{X}$ 矩阵分解，使得到的隐变量 t 的方差最大，消除 $\boldsymbol{X}$ 矩阵中无用的信息，而不考虑其和矩阵 $\boldsymbol{Y}$ 的关系。用 PLSR 方法时，需要用到矩阵 $\boldsymbol{Y}$ 的信息，即对 $\boldsymbol{Y}$ 和 $\boldsymbol{X}$ 作同样的分解，即

$$\boldsymbol{X}=\boldsymbol{TP}^{\mathrm{T}}+\boldsymbol{F} \tag{2-37}$$

$$\boldsymbol{Y}=\boldsymbol{UQ}^{\mathrm{T}}+\boldsymbol{E} \tag{2-38}$$

$\boldsymbol{T}$ 和 $\boldsymbol{U}$ 分别为 $\boldsymbol{X}$ 与 $\boldsymbol{Y}$ 的得分矩阵，$\boldsymbol{P}$ 和 $\boldsymbol{Q}$ 分别为 $\boldsymbol{X}$ 与 $\boldsymbol{Y}$ 的载荷矩阵。$\boldsymbol{E}$ 和 $\boldsymbol{F}$ 分别为残差阵。同样将降维后的 $\boldsymbol{T}$ 与 $\boldsymbol{U}$ 矩阵作线性回归：

$$\boldsymbol{U}=\boldsymbol{TB}+\boldsymbol{G} \tag{2-39}$$

$$\boldsymbol{B}=(\boldsymbol{T}^{\mathrm{T}}\boldsymbol{T})^{-1}\boldsymbol{TU} \tag{2-40}$$

$\boldsymbol{G}$ 为残差矩阵，回归系数矩阵 $\boldsymbol{B}$ 由最小二乘法确定。

PLSR 既提取了自变量矩阵 $\boldsymbol{X}$ 的主成分，也提取了因变量矩阵 $\boldsymbol{Y}$ 的主成分，因此，可以同时很好地解决多重相关性的问题。它是在自变量 $\boldsymbol{X}$ 中提取主成分 t，同时在因变量 $\boldsymbol{Y}$ 中提取主成分 u，分别进行 $\boldsymbol{X}$ 对 t 的回归和 $\boldsymbol{Y}$ 对 u 的回归，并且考虑了 t 对 $\boldsymbol{Y}$ 的最大相关性，因而能较好解决因子的多重相关性问题。

3. 主成分回归

在实际的近红外光谱分析中，构成光谱的因素很多，如样品的状态、样品的组分、组分之间的相互作用、光谱仪的影响（检测器噪声）和环境因素的影响等。因此，所收集的原始光谱集是一个多维的空间数据，包括了由组分产生的相关变量和由噪声产生的独立变量。同样，在牛肉表面散射图像的采集过程中影响因素也很多，采用主成分回归方法能够有效地解决多元线性回归中遇到的线性相

关、变量因子的自由度减少等问题在一定程度上解决了噪声滤除问题。

主成分回归是在 PCA 的基础上建立起来的。PCA[100] 的目的是将数据降维，以排除众多化学信息共存中相互重叠的信息。主成分是原来变量的线性组合，用它来表征原来变量时所产生的平方误差最小。第一个主成分所能解释原变量的方差量最大，第二个次之，余类推，各组主成分相互正交。主成分计算的方法较多，常用的算法是非线性迭代偏最小二乘法和协方差矩阵分解方法。

设自变量 $\boldsymbol{X}$ 和因变量 $\boldsymbol{Y}$ 与多元线性回归中的规定相同，先使用主成分分析对 $\boldsymbol{X}$ 矩阵运算求出载荷矩阵 $\boldsymbol{P}$（特征向量）和得分矩阵 $\boldsymbol{T}$：

$$\boldsymbol{T}=\boldsymbol{XP} \tag{2-41}$$

在所分解的主成分中，前边的主成分包含了 $\boldsymbol{X}$ 矩阵的绝大部分有用信息，而后边的主成分则往往与噪声和干扰影响因素有关。因此，在主成分回归时，只选取 $\boldsymbol{T}$ 矩阵中前面一些主成分组成新的矩阵 $\boldsymbol{T}_R$，维数远小于 $\boldsymbol{X}$ 矩阵。

将降维后的 $\boldsymbol{T}_R$ 与因变量 $\boldsymbol{Y}$ 矩阵进行多元线性回归：

$$\boldsymbol{Y}=\boldsymbol{T}_R\boldsymbol{B}+\boldsymbol{E} \tag{2-42}$$

其最小二乘解为

$$\boldsymbol{B}=(\boldsymbol{T}_R^T\boldsymbol{T}_R)^{-1}\boldsymbol{T}_R\boldsymbol{Y} \tag{2-43}$$

将得分矩阵 $\boldsymbol{T}$ 作为特征变量用于定量分析，如作为 MLR 的输入变量，即实现了主成分回归。主成分回归通过对参与回归的主成分的合理选取可以去掉噪声。由于 $\boldsymbol{T}$ 的各列互相正交，解决了多元线性回归中的共线性问题。但是，在主成分回归中，仅对 $\boldsymbol{X}$ 矩阵进行了降维处理，并没有考虑对 $\boldsymbol{Y}$ 矩阵的噪声。

4. 支持向量机回归

支持向量机（support vector machine，SVM）是在 20 世纪 90 年代后 Vapnik 等建立的统计学习理论（statistical learning theory，SLT）的基础上发展起来的一种新的模式识别方法[97]。支持向量机[97]可表示为如下的二次规划问题：

$$\min_{\alpha}\frac{1}{2}\sum_{i=1}^{l}\sum_{j=1}^{l}\alpha_i\alpha_j y_i y_j K(x_i,\ x_j)-\sum_{i=1}^{l}\alpha_i$$

$$\text{s. t. } \sum_{i=1}^{l}y_i\alpha_i=0,$$

$$0\leqslant\alpha_i\leqslant C,\quad i=1,\ 2,\ \cdots,\ l \tag{2-44}$$

而相应的判别函数式为

$$f(x)=\operatorname{sgn}(w^*\cdot\phi(x)+b^*)=\operatorname{sgn}\left(\sum_{i=1}^{l}\alpha_i^* y_i K(x_i,\ x)+b^*\right) \tag{2-45}$$

式中，$w^{*}=\sum_{i=1}^{l}\alpha_i^{*}y_i\phi(x_i)=\sum_{\alpha_i^{*}>0}\alpha_i^{*}y_i\phi(x_i)$，

$$b=-\frac{1}{2}\left\{\max_{\substack{0<\alpha_i^{*}<C\\ y_i=-1}}\left[\sum_{\alpha_j^{*}>0}\alpha_j^{*}y_jK(x_i, x_j)\right]+\min_{\substack{0<\alpha_i^{*}<C\\ y_i=1}}\left[\sum_{\alpha_j^{*}>0}\alpha_j^{*}y_jK(x_i, x_j)\right]\right\}。$$

不同的核函数表现为不同的支撑向量机算法，常用的内积函数有以下几类。

（1）d 阶非齐次多项式核函数和 d 阶齐次多项式核函数为

$$K(x, x_i)=[(x\cdot x_i)+1]^{d}$$

$$K(x, x_i)=(x\cdot x_i)^{d} \tag{2-46}$$

（2）高斯径向基核函数为

$$K(x, x_i)=\exp\left[-\frac{\|x-x_i\|^2}{\sigma^2}\right] \tag{2-47}$$

（3）S 型核函数为

$$K(x, x_i)=\tanh[\nu(x\cdot x_i)+c] \tag{2-48}$$

（4）指数型径向基核函数为

$$K(x, x_i)=\exp\left[-\frac{\|x-x_i\|}{\sigma^2}\right] \tag{2-49}$$

（5）线性核函数为

$$K(x, x_i)=x\cdot x_i \tag{2-50}$$

线性核函数是核函数的一个特例。

Vapnik 的 SLT 的核心内容包括下列四个方面：①经验风险最小化原则下统计学习一致性的条件；②在这些条件下关于统计学习方法推广性的界的结论；③在这些界的基础上建立的小样品集归纳推理原则；④实现这些新的原则的实际方法（算法）。

设训练样品集为 (y_1, x_1)，…，(y_n, x_n)，$x\in\mathbf{R}^m$，$y\in\mathbf{R}$，其拟合（建模）的数学实质是从函数集中选出合适的函数 $f(x)$，使风险函数：

$$R[f]=\int_{\mathbf{X}\times\mathbf{Y}}[y-f(x)]^2P(x, y)\mathrm{d}x\mathrm{d}y \tag{2-51}$$

为最小。但因其中的几率分布函数 $P(x, y)$ 为未知，导致上式无法计算，更无法求其极小。传统的统计数学遂假定上述风险函数可用经验风险函数 $R_{\mathrm{emp}}[f]$ 代替：

$$R_{\mathrm{emp}}[f]=\frac{1}{n}\sum_{i=1}^{n}[y-f(x_i)]^2 \tag{2-52}$$

根据大数定律，式（2-52）只有当样品数 n 趋于无穷大且函数集足够小时才成

立。这实际上是假定最小二乘意义的拟合误差最小作为建模的最佳判据，结果导致拟合能力过强的算法的预报能力反而降低。为此，SLT 用结构风险函数 $R_{\mathrm{h}}[f]$ 代替 $R_{\mathrm{emp}}[f]$，并证明了 $R_{\mathrm{h}}[f]$ 可用下列函数求极小而得：

$$\min_{S_h}\left\{R_{\mathrm{emp}}[f]+\sqrt{\frac{h(\ln 2n/h+1)-\ln(\delta/4)}{n}}\right\} \tag{2-53}$$

式中，n 为训练样品数目；S_h 为 VC 维空间结构；h 为 VC 维数，即对函数集复杂性或者学习能力的度量；$1-\delta$ 为表征计算的可靠程度参数。SLT 要求在控制以 VC 维（Vapnik-Chervonenkis dimension）为标志的拟合能力上界（以限制过拟合）的前提下追求拟合精度。控制 VC 维的方法有三大类：①拉大两类样品点集在特征空间中的间隔；②缩小两类样品点各自在特征空间中的分布范围；③降低特征空间维数。一般认为特征空间维数是控制过拟合的唯一手段，而新理论强调靠前两种手段可以保证在高维特征空间的运算仍有低的 VC 维，从而保证限制过拟合。

对于分类学习问题，传统的模式识别方法强调降维，而 SVM 与此相反。对于特征空间中两类点不能靠超平面分开的非线性问题，SVM 采用映照方法将其映照到更高维的空间，并求得最佳区分二类样品点的超平面方程，作为判别未知样品的判据。这样，空间维数虽较高，但 VC 维仍可压低，从而限制了过拟合。即使已知样品较少，仍能有效地作统计预报。

对于回归建模问题，传统的化学计量学算法在拟合训练样品时，将有限样品数据中的误差也拟合进数学模型。针对传统方法这一缺点，SVR 采用“不敏感函数”，即对于用 $f(x)$ 拟合目标值 y 时，目标值 y_i 拟合在时，即认为进一步拟合是无意义的。这样拟合得到的不是唯一解，而是一组无限多个解。SVR 方法是在一定约束条件下，以取极小的标准来选取数学模型的唯一解。这一求解策略使过拟合受到限制，显著提高了数学模型的预报能力。

线性回归情形：设样品集为 $(y_1, x_1), \cdots, (y_l, x_l)$，$x\in\boldsymbol{R}^n$，$y\in\boldsymbol{R}$，回归函数用下列线性方程来表示：

$$f(x)=w^{\mathrm{T}}x+b \tag{2-54}$$

最佳回归函数通过求以下函数的最小极值得出

$$\Phi(w, \xi^*, \xi)=\frac{1}{2}\|w\|^2+C\left(\sum_{i=1}^{l}\xi_i+\sum_{i=1}^{l}\xi_i^*\right) \tag{2-55}$$

式中，C 是设定的惩罚因子值；ξ，ξ^* 为松弛变量的上限与下限。

Vapnik 提出运用下列不敏感损耗函数：

$$L_{\mathrm{e}}(y)=\begin{cases}0, & |f(x)-y|<\varepsilon\\ |f(x)-y|-\varepsilon, & \text{其他}\end{cases} \tag{2-56}$$

通过下面的优化方程：

$$\max_{\alpha,\ \alpha^*} W(\alpha,\ \alpha^*) =$$

$$\max_{\alpha,\ \alpha^*}\left\{-\frac{1}{2}\sum_{i=1}^{l}\sum_{j=1}^{l}(\alpha_i-\alpha_i^*)(\alpha_j-\alpha_j^*)(x_i \cdot x_j)+\sum_{i=1}^{l}\alpha_i(y_i-\varepsilon)-\alpha_i^*(y_i+\varepsilon)\right\} \tag{2-57}$$

在下列约束条件下：

$$0\leqslant \alpha_i \leqslant C,\ i=1,\ \cdots,\ l$$

$$0\leqslant \alpha_i^* \leqslant C,\ i=1,\ \cdots,\ l$$

$$\sum_{i=1}^{l}(\alpha_i-\alpha_i^*)=0$$

求解：

$$\langle \bar{\alpha},\ \bar{\alpha}^* \rangle = \arg\min$$

$$\left\{\frac{1}{2}\sum_{i=1}^{l}\sum_{j=1}^{l}(\alpha_i-\alpha_i^*)(\alpha_j-\alpha_j^*)(x_i^T x_j)-\sum_{i}^{l}(\alpha_i-\alpha_i^*)y_i+\sum_{i}^{l}(\alpha_i+\alpha_i^*)\varepsilon\right\} \tag{2-58}$$

由此可得拉格朗日方程的待定系数 α_i 和 α_i^*，从而得回归系数和常数项：

$$\bar{w}=\sum_{i=1}^{l}(\alpha_i-\alpha_i^*)x_i$$

$$\bar{b}=-\frac{1}{2}\bar{w}(x_r+x_s) \tag{2-59}$$

2.5.4　模型预测性能的评价标准

建立预测模型后，采用相关系数（R）、校正集标准分析误差（standard error of calibration，SEC）、验证集标准分析误差（standard error of prediction，SEP）和交叉验证标准分析误差（standard error of cross validation，SECV）对光谱预测模型进行评价与验证。

1. 相关系数

设有 n 个样品，其定量分析的标准测量值为 y_1，y_2，…，y_n。而由光谱分析法通过预测模型定量结果为 z_1，z_2，…，z_n，定义 n 个样品两种定量结果的相关系数如下

$$R=\frac{\sum_{i=1}^{n}(z_i-\bar{z})(y_i-\bar{y})}{\sqrt{\sum_{i=1}^{n}(z_i-\bar{z})^2}\sqrt{\sum_{i=1}^{n}(y_i-\bar{y})^2}} \tag{2-60}$$

式中，

$$\bar{z}=\frac{1}{n}\sum_{i=1}^{n}z_i \tag{2-61}$$

$$\bar{y}=\frac{1}{n}\sum_{i=1}^{n}y_i \tag{2-62}$$

相关系数是描述两个定量结果相关程度的一个统计量，但是当一种定量方法结果存在系统误差时，则相关系数 R 不能完全用于评价预测模型的预测结果的好坏。

2. *标准分析误差*

校正集标准差（SEC）是衡量预测效果的重要指标，验证集标准差（SEP）和交叉验证标准差（SECV）是衡量光谱预测模型预测精度的重要指标。

$$\mathrm{SEC}=\sqrt{\frac{1}{n-p-1}\sum_{i=1}^{n}(y_i-\hat{y}_i)^2} \tag{2-63}$$

$$\mathrm{SEP}=\sqrt{\frac{1}{m}\sum_{i=1}^{m}(y_i-\hat{y}_i)^2} \tag{2-64}$$

$$\mathrm{SECV}=\sqrt{\frac{1}{m}\sum_{i=1}^{m}(y_i-\hat{y}_i)^2} \tag{2-65}$$

式中，n 为校正集样品数；m 为验证集样品数；$\hat{y}_i$ 为第 i 个样品被测值的预测值；y_i 为第 i 个样品被测值的真值；p 为主成分数。

模型优劣的主要指标为包括校正集相关系数（R_c）、校正集标准差（SEC）。对已经建立的校正模型，一般通过验证集样品判断模型质量的优劣，常用验证集相关系数（R_p）和验证集标准差（SEP）评价。相关系数的值越大，校正/验证标准差的值越小，所建立的模型越好。

3. *相对标准差*

相对标准差（relative standard deviation，RSD）可分为校正相对标准差和预测相对标准差，其中预测相对标准差为

$$\mathrm{RSD}=\mathrm{SEP}/\bar{y}\times 100\% \tag{2-66}$$

式中，$\bar{y}$ 为验证集参考值的平均值，SEP 为验证集标准差。一般情况下，RSD

越小，测定值之间的接近程度越好，也就是精密度越高。

4. 相对分析误差

相对分析误差（relative percent deviation，RPD）的计算公式如式（2-67）所示：

$$RPD = SD/SEP \tag{2-67}$$

式中，SD 为验证集参考值的标准差；SEP 为验证集标准差。当 RSD<10%且 RPD>2.5 时表明预测效果良好，预测精度高，所建立的预测模型可用于实际检测；如果 RSD<10%，1.5<RPD<2.5，则说明用 NIRS 分析技术对该成分进行定量分析是可行的，但其模型预测能力普通，预测精度有待进一步提高，只可对其进行实际估测；如果 RSD>10%或 RPD<1.5，则说明该预测模型难以应用于 NIRS 定量检测分析，需要对该定标模型进行进一步优化和改进。

参考文献

[1] Stark E，Luchter K，Margoshes M. Near-infrared analysis (NIRA)：a technology for quantitative and qualitative analysis. Applied Spectroscopy Reviews，1986，22 (4)：335～399

[2] Cen H Y，He Y. Theory and application of near infrared reflectance spectroscopy in determination of food quality. Trends in Food Science and Technology，2007，18 (2)：72～83

[3] Lu R F，Peng Y K. Hyperspectral scattering for assessing peach fruit firmness. Biosystems Engineering，2006，93 (2)：161～171

[4] Peng Y K，Lu R F. Analysis of spatially resolved hyperspectral scattering images for assessing apple fruit firmness and soluble solids content. Postharvest Biology and Technology，2008，48 (1)：52～62

[5] Liu L，Ngadi M O，Prasher S O，et al. Categorization of pork quality using Gabor filter-based hyperspectral imaging technology. Journal of Food Engineering，2010，99 (3)：284～293

[6] Park B，Lawrence K C，Windham W R，et al. Performance of hyperspectral imaging system for poultry surface fecal contaminant detection. Journal of Food Engineering，2006，75 (3)：340～348

[7] Elmasry G，Sun D W，Allen P. Chemical-free assessment and mapping of major constituents in beef using hyperspectral imaging. Journal of Food Engineering，2013，117 (2)：235～246

[8] 李震，洪添胜，吴春胤，等. 高光谱图像技术在农畜产品品质无损检测中的应用. 2007 年中国农业工程学会学术年会论文摘要集，2007

[9] 彭彦昆，张雷蕾. 农畜产品品质安全高光谱无损检测技术进展和趋势. 农业机械学报，2013，44 (4)：137～145

[10] 张若宇. 番茄可溶性固形物和硬度的高光谱成像检测. 杭州：浙江大学，2014

[11] Tao F T，Peng Y K. A nondestructive method for prediction of total viable count in pork

meat by hyperspectral scattering imaging. Food and Bioprocess Technology，2014，8（1）：17～30

[12] Feng Y Z，Sun D W. Application of hyperspectral imaging in food safety inspection and control：a review. Critical Reviews in Food Science and Nutrition，2012，52（11）：1039～1058

[13] Qin J W，Chao K L，Kim M S，et al. Hyperspectral and multispectral imaging for evaluating food safety and quality. Journal of Food Engineering，2013，118（2）：157～171

[14] 陈玉伦. 拉曼光谱仪的研制及预处理方法研究. 杭州：浙江大学，2006

[15] 安岩. 手持式拉曼光谱仪的光机系统技术研究. 北京：中国科学院大学，2014

[16] Dhakal S，Li Y Y，Peng Y K，et al. Prototype instrument development for non-destructive detection of pesticide residue in apple surface using Raman technology. Journal of Food Engineering，2014，123（2）：94～103

[17] 郭浪花，彭彦昆，李永玉，等. 利用拉曼光谱技术识别溴氰菊酯和啶虫脒农药的研究. 食品安全质量检测学报，2014，5（3）：697～702

[18] Dhakal S，Li Y Y，Peng Y K，et al. Nondestructive detection of pesticide residue concentration in apple by Raman spectral technology. ASABE Annual International Meeting，July 21-24，2013，Paper No. 131587022，Kansas City，Missouri，USA

[19] Dhakal S，Li Y Y，Peng Y K，et al. System development for detection of pesticide in apple. ASABE Annual International Meeting，July 29-August 1，2012，Paper No. 121341178，Dallas，Texas，USA

[20] Zhai C，Dhakal S，Li Y Y，et al. Detection of chlorpyrifos pesticide in apple surface by surface-enhanced Raman spectroscopy. ASABE and CSBE/SCGAB Annual International Meeting，July 13-16，2014，Paper No. 141896067，Montreal，Quebec，Canada

[21] 唐向阳，张勇，李江有，等. 机器视觉关键技术的现状及应用展望. 昆明理工大学学报（理工版），2004，29（2）：36～39

[22] 段峰，王耀南，雷晓峰，等. 机器视觉技术及其应用综述. 自动化博览，2002，（3）：59～62

[23] 贾云得. 机器视觉. 北京：科学出版社，2000：1～15

[24] 关胜晓. 机器视觉及其应用发展. 自动化博览，2005，22（3）：88～92

[25] 吴建虎. 利用高光谱成像技术预测新鲜牛肉品质参数. 北京：中国农业大学，2010

[26] 朱虹. 近红外光谱仪产品样机测控系统的研制. 长春：吉林大学，2006

[27] Park B，Chen Y R，Hruschka W R，et al. Near-infrared reflectance analysis for predicting beef longissimus tenderness. Journal of Animal Science，1998，76（8）：2115～2120

[28] Byrne C E，Downey G，Troy D J，et al. Non-destructive prediction of selected quality attributes of beef by near-infrared reflectance spectroscopy between 750 and 1098 nm. Meat Science，1998，49（4）：399～409（11）

[29] Andrés S，Murray I，Navajas E A，et al. Prediction of sensory characteristics of lamb meat samples by near infrared reflectance spectroscopy. Meat Science，2007，76（3）：509～516

[30] 胡耀华，熊来怡，蒋国振，等. 基于可见光和近红外光谱鲜猪肉蒸煮损失和嫩度检测的研究. 光谱学与光谱分析，2010，30（11）：2950～2953

[31] Andrés S，Silva A，Soares-Pereira A L，et al. The use of visible and near infrared reflectance spectroscopy to predict beef M. longissimus thoracis et lumborum quality attributes. Meat Science，2008，78（3）：217～224

[32] Ripoll G，Albertí P，Panea B，et al. Near-infrared reflectance spectroscopy for predicting chemical，instrumental and sensory quality of beef. Meat Science，2008，80（3）：697～702

[33] Barlocco N，Vadell A，Ballesteros F，et al. Predicting intramuscular fat，moisture and warner-bratzler shear force in pork muscle using near infrared reflectance spectroscopy. Animal Science，2006，82（1）：111～116

[34] Anderson N M，Walker P N. Measuring fat content of ground beef stream using on-line visible/NIR spectroscopy. American Society of Agricultural Engineers，2003，46：117～124

[35] Alomar D，Gallo C，Castaneda M，et al. Chemical and discriminant analysis of bovine meat by near infrared reflectance spectroscopy（NIRS）. Meat Science，2002，63（4）：441～450（10）

[36] 侯瑞锋，黄岚，王忠义，等. 用近红外漫反射光谱检测肉品新鲜度的初步研究. 光谱学与光谱分析，2006，26（12）：2193～2196

[37] Chen Q S，Cai J R，Wan X M，et al. Application of linear/nonlinear classification algorithms in discrimination of pork storage time using Fourier transform near infrared（FT-NIR）spectroscopy. LWT-Food Science and Technology，2011，44（10）：2053～2058

[38] Ellis D I，Broadhurst D，Kell D B，et al. Rapid and quantitative detection of the microbial spoilage of meat by Fourier transform infrared spectroscopy and machine learning. Applied and Environmental Microbiology，2002，68（6）：2822～2828

[39] Ellis D I，Broadhurst D，Goodacre R. Rapid and quantitative detection of the microbial spoilage of beef by Fourier transform infrared spectroscopy and machine learning. Applied and Environmental Microbiology，2002，7：2822～2828

[40] Ammor M S，Argyri A，Nychas G J E. Rapid monitoring of the spoilage of minced beef stored under conventionally and active packaging conditions using Fourier transform infrared spectroscopy in tandem with chemo metrics. Meat Science，2009，81（3）：507～514

[41] 王硕，袁洪福，宋春风，等. 小西瓜糖度表征与漫反射近红外检测方法的研究. 光谱学与光谱分析，2012，32（8）：2122～2125

[42] 刘燕德，应义斌. 苹果糖分含量的近红外漫反射检测研究. 农业工程学报，2004，20（1）：189～192

[43] 赵杰文，张海东，刘木华. 利用近红外漫反射光谱技术进行苹果糖度无损检测的研究. 农业工程学报，2005，21（3）：162～165

[44] 李小昱，陶海龙，高海龙，等. 马铃薯缺陷透射和反射机器视觉检测方法分析. 农业机械

学报，2014，45 (5)：191～196

[45] 武建劳，郇宜贤，傅克德，等. 表面增强拉曼散射概述. 光散射学报，1994，(1)：52～62

[46] Farrell T J, Patterson M S, Wilson B. A diffusion theory model of spatially resolved, steady-state diffuse reflectance for the noninvasive determination of tissue optical properties *in vivo*. Medical Physics, 1992, 19 (4): 879～888

[47] Wu J H, Peng Y K, Li Y Y, et al. Prediction of beef quality attributes using VIS/NIR hyperspectral scattering imaging technique . Journal of Food Engineering, 2012, 109 (2): 267～273

[48] Tao F F, Peng Y K, Li Y Y, et al. Simultaneous determination of tenderness and *Escherichia coli* contamination of pork using hyperspectral scattering technique. Meat Science, 2012, 90 (3): 851～857

[49] Tao F F, Peng Y K. A method for nondestructive prediction of pork meat quality and safety attributes by hyperspectral imaging technique. Journal of Food Engineering, 2014, 126 (1): 98～106

[50] 吴建虎，彭彦昆，江发潮，等. 牛肉嫩度的高光谱法检测技术. 农业机械学报，2009，40 (12)：135～138

[51] 吴建虎，彭彦昆，高晓东，等. 基于 VIS/NIR 高光谱散射特征预测牛肉的嫩度. 食品安全质量检测技术，2009，1 (1)：20～26

[52] 吴建虎，彭彦昆，陈菁菁，等. 基于高光谱散射特征的牛肉品质参数的预测研究. 光谱学与光谱分析，2010，30 (7)：1815～1819

[53] 张雷蕾. 基于高光谱成像技术预测猪肉新鲜度的研究. 北京：中国农业大学，2011

[54] Peng Y K, Zhang J, Wang W, et al. Potential prediction of the microbial spoilage of beef using spatially resolved hyperspectral scattering profiles. Journal of Food Engineering, 2011, 102 (2): 163～169

[55] Tao F F, Peng Y K. A nondestructive method for prediction of total viable count in pork meat by hyperspectral scattering imaging. Food and Bioprocess Technology, 2014, 8 (1): 17～30

[56] Tao F F, Peng Y K, Carmen L, et al. A comparative study for improving prediction of total viable count in beef based on hyperspectral scattering characteristics. Journal of Food Engineering, 2015, 162: 38～47

[57] 宋育霖，彭彦昆，陶斐斐，等. 生鲜猪肉细菌总数的高光谱特征参数研究. 食品安全质量检测学报，2012，3 (6)：595～599

[58] 单佳佳，吴建虎，陈菁菁，等. 基于高光谱成像的苹果多品质参数同时检测. 光谱学与光谱分析，2010，30 (10)：2729～2733

[59] Qin J W, Lu R F. Measurement of the absorption and scattering properties of turbid liquid foods using hyperspectral imaging. Applied Spectroscopy, 2007, 61 (4): 388～396

[60] 李栋. 液态碳氢燃料红外光谱性质的透射法实验研究. 哈尔滨：哈尔滨工业大学，2013

[61] 刘福莉，陈华才，姜礼义，等. 近红外透射光谱聚类分析快速鉴别食用油种类. 中国计量学院学报，2008，19 (3)：278～282
[62] 于海燕，应义斌，傅霞萍，等. 近红外透射光谱应用于黄酒酒龄的定性分析. 光谱学与光谱分析，2007，27 (5)：920～923
[63] 张静，程玉来，重滕和明. 利用近红外透射光谱技术测定苹果糖度的研究. 食品科技，2007，32 (2)：245～247
[64] 张楠，程玉来，李东华，等. 近红外透射光谱测定水晶梨糖度的初步研究. 食品工业科技，2007，28 (3)：215～216
[65] 张若宇，饶秀勤，高迎旺，等. 基于高光谱漫透射成像整体检测番茄可溶性固形物含量. 农业工程学报，2013，29 (23)：247～252
[66] 陈锋. 近红外透射光谱技术在小麦品质测试中的应用. 郑州：河南农业大学，2003
[67] 周竹，李小昱，高海龙，等. 漫反射和透射光谱检测马铃薯黑心病的比较. 农业工程学报，2012，28 (11)：237～242
[68] 李小昱，陶海龙，高海龙，等. 马铃薯缺陷透射和反射机器视觉检测方法分析. 农业机械学报，2014，45 (5)：191～196
[69] 汤修映，牛力钊，徐杨，等. 基于可见/近红外光谱技术的牛肉含水率无损检测. 农业工程学报，2013，29 (11)：248～254
[70] 张海云，彭彦昆，王伟. 生鲜猪肉水分含量的快速无损检测. 食品安全质量检测学报，2012，3 (1)：23～26
[71] Liu Y L，Lyon G B，Windham W R，et al. Prediction of color，texture，and sensory characteristics of beefsteaks by visible and near infrared reflectance spectroscopy. A feasibility study. Meat Science，2003，65：1107～1115
[72] Wang W，Peng Y K，Huang H，et al. Application of hyperspectral imaging technique for the detection of total viable bacteria count in pork. Sensor Letters，2011，9 (3)：1024～1030
[73] 陶斐斐，王伟，李永玉，等. 冷却猪肉表面菌落总数的快速无损检测方法研究. 光谱学与光谱分析，2011，30 (12)：3405～3409
[74] Feng Y Z，Sun D W. Determination of total viable count (TVC) in chicken breast fillets by near-infrared hyperspectral imaging and spectroscopic transforms. Talanta，2013，15 (105)：244～249
[75] Peng Y K，Lu R F. An LCTF～based multispectral imaging system for estimation of apple fruit firmness：part I. Acquisition and characterization of scattering images. Transactions of the ASABE，2006，49 (1)：259～267
[76] 李永玉，彭彦昆，孙云云，等. 拉曼光谱技术检测苹果表面残留的敌百虫农药. 食品安全质量检测学报，2012，3 (6)：672～675
[77] Li Y Y，Sun Y Y，Peng Y K，et al. Rapid detection of pesticide residue in apple based on Raman spectroscopy. Sensing for Agriculture and Food Quality and Safety IV，April 23，2012，836901，Baltimore，Maryland，USA

[78] 周彤，彭彦昆. 牛肉大理石花纹图像特征信息提取及自动分级方法. 农业工程学报，2013，29 (15)：286～293

[79] 高晓东，吴建虎，彭彦昆，等. 基于高光谱成像技术的牛肉大理石花纹的评估. 农产品加工·学刊，2009，187 (10)：33～37

[80] 赵娟，彭彦昆. 基于高光谱图像纹理特征的牛肉嫩度分布评价. 农业工程学报，2015，31 (7)：279～286

[81] 周彤，彭彦昆，赵娟. 苹果表面伤痕与果梗和花萼的辨识及检出方法. 农产品加工·学刊，2012，11：198～201

[82] 赵娟，彭彦昆，Dhakal S，等. 基于机器视觉的苹果外观缺陷在线检测. 农业机械学报，2013，44 (增刊 1)：260～263

[83] 陈菁菁，彭彦昆，李永玉，等. 基于高光谱荧光技术的叶菜农药残留快速检测. 农业工程学报，2010，26 (2)：1～4

[84] 彭鸽威，郑红. 傅里叶变换近红外分析汽油辛烷值模型优化研究. 现代科学仪器，2002，5：58～60

[85] 覃旭松. 基于拉曼光谱的汽油辛烷值测定方法. 杭州：浙江大学. 2004

[86] Barnes R J，Dhanoa M S，Lister S J. Standard normal variate transformation and de-trending of near-infrared diffuse reflectance spectra. Applied spectroscopy，1989，43 (5)：772～777

[87] Isaksson T，Næs T. The effect of multiplicative scatter correction (MSC) and linearity improvement in NIR spectroscopy. Applied Spectroscopy，1988，42 (7)：1273～1284

[88] Chen J Y，Iyo C，Terada F，et al. Effect of multiplicative scatter correction on wavelength selection for near infrared calibration to determine fat content in raw milk. Journal of Near Infrared Spectroscopy，2002，10 (4)：301～307

[89] 卢小泉，莫金垣. 分析化学计量学中的新方法——小波分析. 分析化学，1996，9：1100～1106

[90] Bakshi B R. Multiscale analysis and modeling using wavelets. Journal of Chemometrics，1999，13 (3-4)：415～434

[91] 秦侠，沈兰荪. 小波分析及其在光谱分析中的应用. 光谱学与光谱分析，2000，20 (6)：892～897

[92] Tao F F，Tang X Y，Peng Y K，et al. Classification of pork quality characteristics by hyperspectral scattering technique. ASABE Annual International Meeting，July 29-August 1，2012，Paper No. 121341184，Dallas，Texas，USA

[93] Peng Y K，Lu R F. Modeling multispectral acattering profiles for prediction of apple fruit firmness. Transactions of the ASAE，2005，48 (1)：235～242

[94] Peng Y K，Lu R F. An LCTF～based multispectral imaging system for estimation of apple fruit firmness：part II. Selection of optimal wavelengths and development of prediction models. Transactions of the ASAE，2006，49 (1)：269～275

[95] Peng Y K，Lu R F. Prediction of apple fruit firmness and soluble solids content using char-

acteristics of multispectral scattering images. Journal of Food Engineering, 2007, 82 (2): 142～152

[96] Peng Y K, Lu R F. Improving apple fruit firmness predictions by effective correction of multispectral scattering images. Postharvest Biology and Technology, 2006, 41: 266～274

[97] 宋育霖，彭彦昆，郭辉，等. 光学扩散特征的生鲜肉细菌总数的无损检测方法，光谱学与光谱分析，2014，34 (3)：741～745

[98] Qin J W, Lu R F. Monte Carlo simulation for quantification of light transport features in apples. Computers and Electronics in Agriculture, 2009, 68 (1): 44～51

[99] 王志瑞，闫彩良. 图像特征提取方法的综述. 吉首大学学报（自然科学版），2011，32 (5)：43～47

[100] 褚小立. 化学计量学方法与分子光谱分析技术. 北京：化学工业出版社，2011

[101] Haaland D M, Thomas E V. Partial least-squares methods for spectral analyses-1. relation to other quantitative calibration methods and the extraction of qualitative information. Analytical Chemistry, 1988, 60 (11): 1193～1202

[102] Haaland D M, Thomas E V. Partial least-squares methods for spectral analyses-2. application to simulated and glass spectral data. Analytical Chemistry, 1988, 60 (11): 1202～1208

[103] 王惠文. 偏最小二乘回归方法及其应用. 北京：国防工业出版社，1999

第3章 水果品质安全的光学检测技术

水果品质主要包括三个方面的内容[1]：一是反映水果外表特征的外部品质（如表面颜色、表面缺陷、表面污染、外表形状以及尺寸大小等）；二是反映水果内部特征的内部品质（如硬度、成熟度、酸度、内部缺陷、营养成分以及口感等）；三是反映水果食用性的安全指标（如农药残留、抗生素、重金属等）。

3.1 水果的品质安全参数及其检测方法

3.1.1 水果品质安全参数

1. 外部品质

外观品质的评价指标主要有颜色、大小、形状及表面缺陷等，对水果的市场竞争力起着重要作用，直接影响果品销售。国内普遍采用的人工分级方法所用设备简单，能最大限度地减少水果的损伤，但需要大量的劳动力，劳动强度大，成本比较高。除人工方法外，对于水果的大小、重量等指标可通过设计专用机械进行测量，但对水果颜色、纹理和表面缺陷等无法做出评价，且该装置专用性强，利用率低，检测时水果常发生碰撞，容易导致水果的损伤。

2. 内部品质

内部品质是指果实内部含有的、满足人感官和营养价值方面的指标，主要包括硬度、糖度、酸度以及维生素、矿物质、蛋白质含量等[2]。早期传统的检测方法采用人工筛选，效率低、成本高，且容易人为产生二次污染。近年来，机器视觉技术的应用使得果品的品质检测自动化程度有了很大提高，但是水果内部变质（如水心病、内部腐败、虫害等）仅从外观特征往往不能很好的检测出来，而内部变质情况占水果病变 60%以上[3]。与机器视觉技术不同，光谱技术尤其是近红外光谱技术、高光谱成像技术，非常适合农产品内部品质的检测，如硬度、糖度、酸度、可溶性固形物等。

3. 安全品质

由于外在环境及病虫害因素的影响，会导致水果产量不高、外观品质不优，大大降低了水果的市场竞争力，造成经济损失。因此种植者为了追求经济效益，在水果种植过程中，越来越依赖于农药、抗生素和激素等外源物质，而激素、农药、重金属等有害物质残留超标，会导致消费者急性中毒或慢性中毒。传统的水果安全参数检测方法，主要有于化学法和仪器法，这些方法检测可靠、精度高、但是耗费时间长，随机性大，并且需要对样品进行破坏性操作。

3.1.2　利用光学特性水果品质安全参数基本检测方法

1. 光学特性检测水果原理

由于水果的内部成分及外部特性不同，在不同波长射线的照射下，会产生不同的吸收或反射。当一束光照射到水果表面时，一部分光从水果表面反射回来，另一部分被水果的不同组织成分吸收，吸收量与水果的组织成分、波长及照射路径有关[4]。水果光学无损检测是指在不破坏被检测水果的情况下，基于水果的物理属性和生化成分的光学特征对其内外部品质和安全指标进行无损评价，并按一定的标准对其进行分选。

2. 水果的光学检测方法

1）机器视觉检测技术

机器视觉技术主要通过从水果图像中提取特征信息来进行品质检测，一般常用于水果外部品质检测。利用机器视觉技术对水果进行分级不仅能够提高水果质量，而且能节省劳动力、提高检测分级效率。

2）可见/近红外光谱检测技术

可见/近红外光谱检测技术是一种利用在不同波长射线照射下，水果内部不同成分对光的吸收、散射、反射和透射等特性不同的原理，来检测水果内部品质的无损检测技术。可见/近红外光谱技术较早地应用在水果检测中，研究对象涉及苹果、梨、桃子、柑橘类、甜瓜、哈密瓜、香蕉和芒果等多个品种。

3）高光谱成像技术

高光谱成像检测技术结合了传统的图像技术和光谱学技术。光谱技术能检测水果的物理参数、化学成分等，图像技术又能全面反映水果的外在特征及表面的缺陷及污染情况。在水果检测中，高光谱成像系统可以用来检测大小、颜色、缺陷、糖分、硬度、可溶性固形物、表面农药残留等参数。能对水果的综合品质与食用安全性进行全面、快速地检测。另外，高光谱荧光技术利用合适的激发光诱导含有荧光物质的水果发射荧光，通过对荧光光谱的分析检测水果质量。

4）多光谱成像技术

多光谱成像技术在原理上同高光谱成像技术类似，同样可以获得水果的图像信息和光谱信息。但多光谱成像技术通过采用滤光片，大大减少了检测的数据量，提高了检测速度，在水果品质检测的实际应用中相较于高光谱成像系统得到了更广泛的应用。

5）X射线检测技术

X射线检测技术主要用于果品含水量测定、内部病虫害和异物检测。X射线断层扫描成像技术（X-ray computed tomography，X-CT）能更直观地反映水果结构缺陷和变化方面的内部品质，因此常用于水果的内部空洞、缝隙、虫害、苹果水心病及内部成分等检测。

6）拉曼光谱检测技术

拉曼光谱和红外光谱一样，都可以提供分子振动频率的信息，但是它们的物理过程不同，所以拉曼光谱分析技术具有红外光谱不具备的一些优越性。在水果品质检测中，拉曼光谱技术可以定性、定量检测果蔬中重金属、农药残留等安全品质参数，具有无需化学试剂、无需制备试样、无需专业人员、操作简便、快捷、环保等优势。

3.2　水果外部品质的光学检测技术

水果的表面缺陷、损伤、形状及颜色是其外部品质的重要特征，利用机器视觉技术检测，不仅可以检测单一的参数指标，还可以进行多参数指标同时检测。通过视觉技术采集水果图像，应用图像处理、模式识别等技术，测算出水果的大小、形状、颜色、缺陷等指标参数，根据这些参数测算结果确定水果外观品质。

3.2.1　大小、形状、颜色的无损检测

水果大小、形状、颜色是商业化分级的重要依据之一。颜色不仅是衡量水果外部品质的一个重要指标，同时也间接反映了水果的成熟度和内部品质。按果实大小、形状、颜色进行分级检测，确保选出的果实外观品质基本一致，有利于包装储存和加工处理。实践证明，柑橘、苹果等球形水果在销售、加工或储藏前通过外观品质分级，实现商品规格化，有利于按等级论价，提高商品等级和竞销能力。

机器视觉系统一般由CCD（charge-coupled device）相机、图像采集卡、计算机、光照系统以及专用图像处理软件等组成。利用CCD相机获取一定光源照射下水果的形状、颜色、缺陷等视觉图像信息，通过图像采集卡转换成数字信号输入计算机，进行图像分割、特征值提取，建立特征值参数与水果形状、颜色、缺陷等品质指标之间的关系模型，即可确定其品质等级[5]。该技术具有快速、准确、无损等显著的特点，一次可同时完成多项品质指标的检测，有利于设计制造自动分级生产线，在水果的外形、缺陷、颜色、大小等品质的自动识别上具有较

好的应用前景[4]。

Blasco 等[6]基于机器视觉技术实现了对柑橘、桃子和苹果的大小、颜色、果梗位置及外部缺陷的检测及评价。计算机视觉系统是由一个 3CCD 彩色相机、数据采集卡及计算机等部件组成。照明系统由内部涂成亚光白的一个荧光半球形暗室组成，顶部开辟一个洞状位置放置相机。水果进入检测室之前，首先对水果进行单个分离然后被分离的单个水果通过一组可旋转、移动的真空果杯，真空果杯吸附水果后对水果进行旋转，使果实在相机视野范围内能呈现 4 个不重叠位置，每个水果拍摄 4 幅图像，以便尽可能检测水果整个表面，提高检测精度。水果果杯的定向旋转位置及相机布局位置如图 3-1 所示，图 3-1（a）～（d）分别表示水果被旋转至不同角度时相机能采集到的 4 个不同位置。

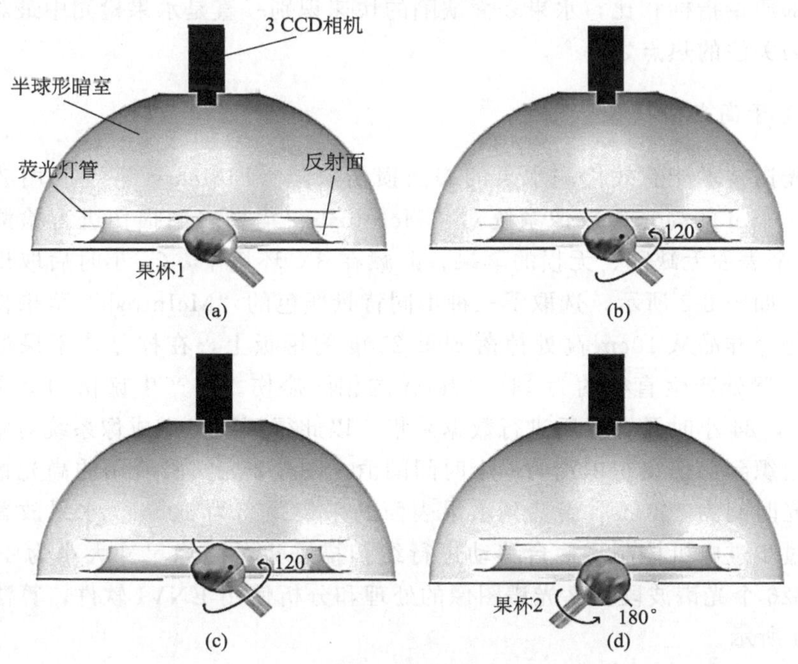

图 3-1　水果定向检测系统[6]

（a）采集第一幅图像；（b）果杯 1 旋转 120°采集第二幅图像；（c）果杯 1 再旋转 120°采集第三幅图像；（d）果杯 2 旋转 180°采集第四幅图像

利用贝叶斯判别分析法从背景中提取出水果，对水果果梗位置的判定与缺陷检测取得了较好的结果。以苹果为例，对在线检测系统进行了测试，结果表明，对苹果缺陷检测的预测精度为 86％，对苹果大小的估计精度为 93％。Bennedsen 等[7]在此研究基础上对该水果定向检测系统进行了改进，在水果定向系统环节末端增加了一个监控相机，当水果进入图像采集前，此相机优先对定位过的水果拍照，如果发现水果没有准确定位，则被循环进行重新定位，如果水果已被准确定位，则进入图像采集系统进行缺陷检测，从而提高水果表面缺陷检测的准确率。

3.2.2 表面损伤缺陷的无损检测

水果在采摘或运输过程中，因外力的作用使其表皮受到机械损伤，这是一种水果主要的表面缺陷。其特征为损伤处表皮未破损、伤面有轻微凹陷、色泽变暗、肉眼难以察觉。随着时间的延长、轻微损伤部位逐渐褐变，最终导致整个果实腐烂并影响其他果实[8]。水果表面缺陷是水果分级的重要指标之一，也是决定水果价格最有力的因素之一，因为外部缺陷是对水果品质最直接的反映，国家标准对水果表面缺陷数量和面积大小有严格的规定。与水果的大小、颜色、形状等其他外部质量指标相比，水果表面缺陷的快速识别一直是水果检测中最难、研究人员最为关注的热点之一[9]。

1. 基于高光谱技术

高光谱技术能有效检测水果的表面损伤缺陷。ElMasry 等[10]利用波段范围 400～1000nm 的高光谱成像系统对“McIntosh”苹果表面损伤进行检测。实验选取 30 个表面无缺陷、无损的苹果，贮藏在 3℃环境下，24 小时后取出进行瘀伤处理。如图 3-2 所示，选取了三种不同背景颜色的“McIntosh”苹果作为实验对象。每个样品从 10cm 高处掉落到重 250g 的钢板上，在样品位于果梗与花萼的中间位置处产生直径约为 14～18mm 的相同瘀伤。将产生瘀伤的苹果分别放置 1，12，24 小时及 3 天后进行数据采集，以此得到高光谱成像系统对苹果表面从正常组织到瘀伤组织识别的一个时间阈值。图 3-3 为实验所用的高光谱成像系统，曝光时间为 200ms，镜头到水果表面的采集距离为 40cm。水果放置在托盘上，通过步进电机控制平移台移动进行线扫描采集，图像尺寸大小为 400×400 像素，826 个光谱波段。高光谱图像的处理和分析使用 ENVI 软件，算法流程图如图 3-4 所示。

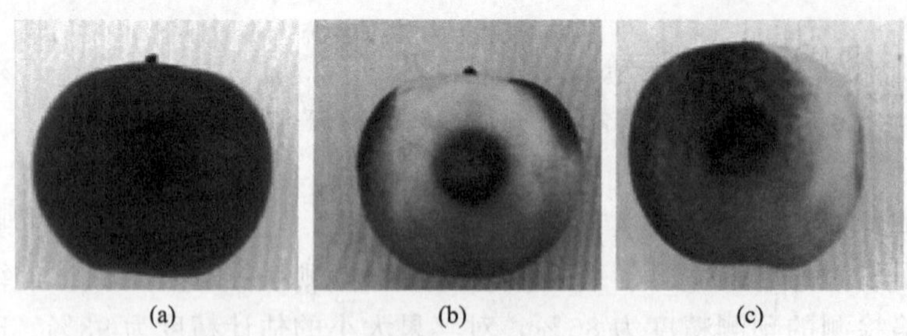

图 3-2 苹果在不同背景颜色下的瘀伤[10]

(a) 红色；(b) 绿色；(c) 偏红

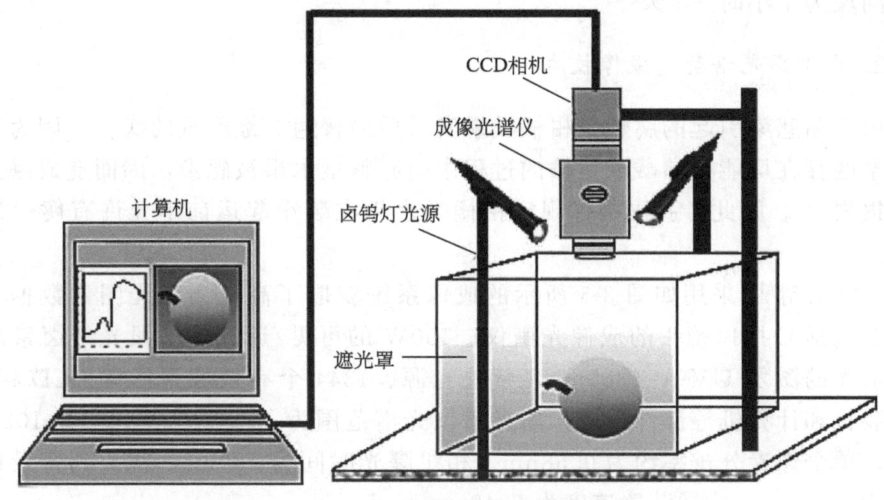

图 3-3　高光谱成像系统[10]

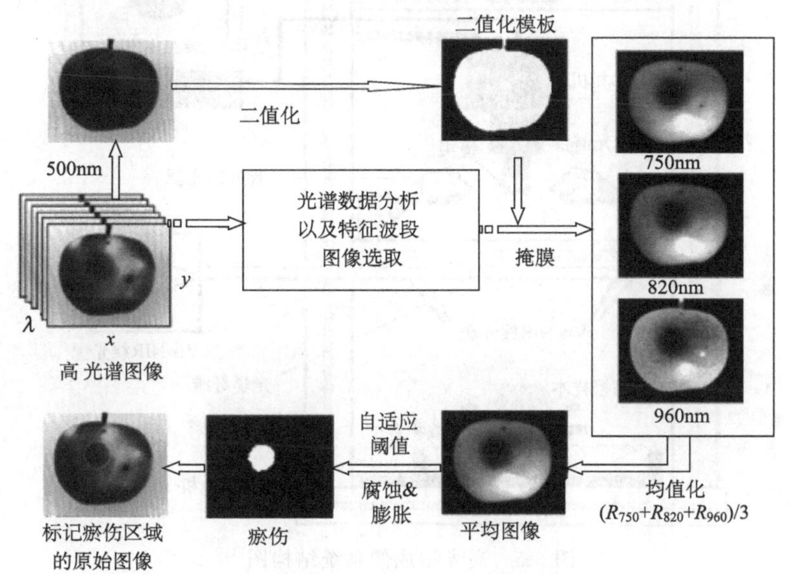

图 3-4　苹果瘀伤检测算法流程图[10]

利用高光谱成像技术结合逐步回归算法及偏最小二乘算法，提取水果表面正常组织和瘀伤组织的光谱特征，对高光谱数据进行降维分析，反射图像的数据被减少到三个最佳波长（750nm、820nm、960nm）。这三个特征波长可用在多光谱成像系统中检测苹果表面瘀伤。实验验证了这种技术可以预测苹果表面的瘀伤的时间段为 1 小时～3 天[10]。

2. 基于高光谱荧光成像技术

由真菌感染引起的腐烂是柑橘类果实采后最普遍、最严重的病害，因为一个腐烂果的存在可能在储藏或运输的过程中引起整批水果被感染，因而造成巨大的经济损失[11]。因此，我国国标规定柑橘类水果在装箱起运前不允许有腐烂果的存在。

李江波等[11]采用如图 3-5 所示的成像系统获取了高光谱荧光图像数据。系统主要包括 C 接口镜头的成像光谱仪、150W 的可见/近红外波段光纤卤素灯光源、荧光的激发 UV-A（365nm）紫外光源、1344 个有效像素线阵 CCD 相机、输送装置和计算机等部件组成。高光谱仪光谱范围为 400～1000nm，共 1024 个波段，单个像素分辨率约为 0.58nm。相机曝光时间为 500ms，镜头到背景板的距离为 47.5cm，输送装置速度为 0.42mm/s。

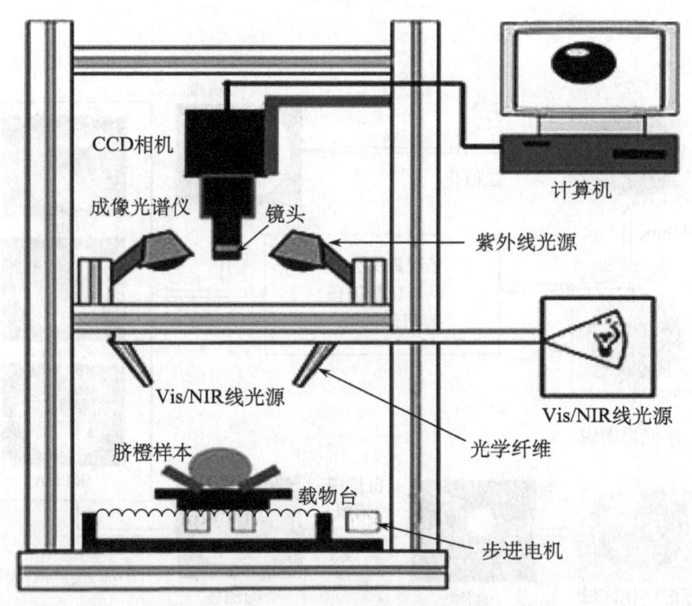

图 3-5 高光谱成像系统结构图[11]

以脐橙为研究对象，利用高光谱荧光成像技术检测早期腐烂果。实验样品进行人为的真菌提取，接种后将样品放在一个相对湿度为 70%，温度为 25℃的环境中使其感染。采用 450～700nm 的光谱段对获取的 120 幅（腐烂果和梗伤果各 60 幅）高光谱荧光图像进行分析。波长比算法用来降低水果表面不均匀照度的影响，用以突出感兴趣区域（region of interest，ROI）的重要特征，该算法表达式如式（3-1）所示。利用最佳指数 OIF（optimum index factor）理论选取识别腐烂果的最优波段组合，图 3-6 为腐烂果的 RGB 图像与最优波段比图像的分割结果比较。基于最优波段（498.6nm 和 591.4nm）的波段比图像及双阈值分割算法，对腐烂果识别率达到 100%。

$$BV_{i,j,r} = BV_{i,j,g}/BV_{i,j,h} \tag{3-1}$$

式中，$BV_{i,j,g}$和 $BV_{i,j,h}$ 分别为第 g 和第 h 波段相同位置像素（i，j）的灰度值；$BV_{i,j,r}$为该位置下像素（i，j）的比值。

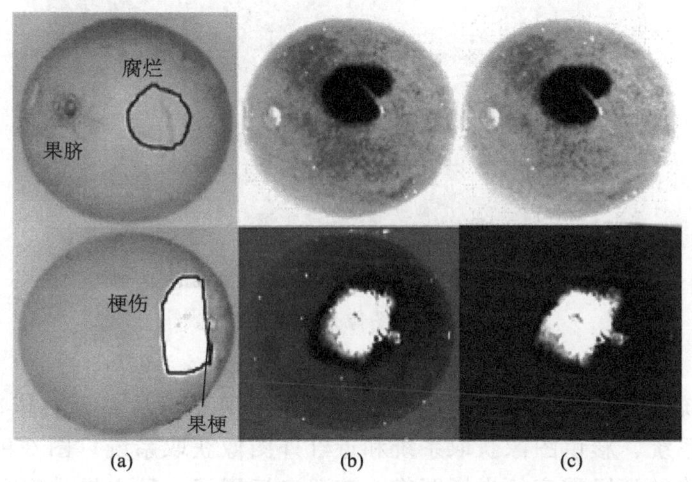

图 3-6　腐烂和梗处损伤的脐橙 RGB 图像与波长比图像[11]

(a) RGB 图像；(b) 456.2nm 和 601.2nm 波长比图像；(c) 498.6nm 和 591.4nm 波长比图像

3. 基于机器视觉技术

机器视觉技术是检测水果表面损伤缺陷的最重要技术之一。Blascoa 等[12]利用多光谱计算机视觉识别技术对柑橘的常见缺陷进行分级，提取在可见光、近红外、紫外和荧光等不同波长下柑橘常见缺陷的特征。可见光检测系统使用 3CCD 相机（Sony XC-003P）采集样品的彩色图像，图像大小为 768×576 像素，照明系统包括 8 个 25W 日常型灯管和极化过滤器。荧光图像获取使用同一彩色 CCD 相机，照明系统由 8 个的 18W 的荧光灯管组成，荧光灯管的辐射波段在 350～400nm，激发荧光峰在 370nm，在相机镜头前放置一个 560nm 的滤光片采集样品的荧光图像。近红外图像的采集使用 BeamFinder Ⅲ C5332-01 相机，响应范围为 400～1800nm，输出的图像大小为 768×576 像素，照明系统由 2 个 25W 的白炽灯组成，为了避免可见光的干扰，在相机镜头前添加了 700nm 的滤光片。紫外图像的获取使用一个 Proxicam HL1 增强型 CCD 相机，采集的图像大小为

756×581 像素，光谱响应范围在 200～800nm，照明系统使用采集荧光图像的光源，为了避免可见光辐射的影响，在相机镜头前添加了 400nm 的截止滤光片。相机被安装在输送带上方，如图 3-7 所示，同一水果需要通过四个图像系统获取缺陷信息。

图 3-7 水果图像采集检测暗室[12]

视觉系统中相机和光源的排列位置如图 3-8 所示。从左到右依次为紫外/荧光图像获取系统、彩色图像获取系统和近红外图像获取系统。图 3-9 分别为四个图像系统采集的染绿霉病的柑橘图像。该研究运用了一种水果排序算法，结合不同的光谱信息（包括可见光）对水果不同的缺陷进行分类，结果表明，紫外和近红外部分的信息。可提高的缺陷检测和判别；紫外图像可以有效地识别水果梗部损伤；而近红外图像可以更好地识别真菌感染引起的缺陷和炭疽病，相比彩色图像检测，检测精度增加至 86%；荧光图像可以对蓟马、疤痕、腐烂等进行准确识别，相比彩色图像检测技术，荧光图像技术检测绿霉病，其准确度由 65% 增加至 94%[12]。

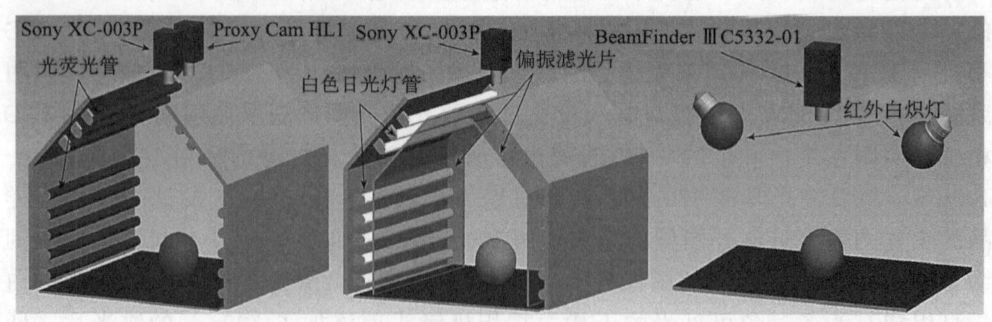

图 3-8 视觉系统中相机和光源的排列位置[12]

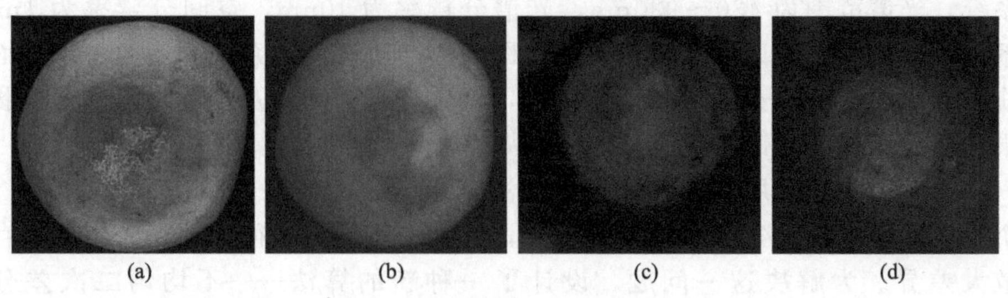

图 3-9　染绿霉病的柑橘图像[12]
(a) 可见光；(b) 近红外；(c) 荧光；(d) 紫外

3.2.3　表面污染、腐烂、疤痕的无损检测

水果在其生长和收获阶段容易接触到动物的粪便造成表面污染，而清洗处理虽然能减少水果这类型污染，但是不能完全消除[13]。

利用高空间分辨率（0.5～1nm）的高光谱成像系统能检测苹果表面污染、腐烂、疤痕等缺陷。Mehl 等[14]以四类苹果（蛇果、金冠、嘎啦和富士苹果）作为研究对象，苹果被储存在 0～4℃环境中。图 3-10 为美国农业部仪器与传感技术实验室（instrumentation and sensing laboratory，ISL）开发的一套高光谱成

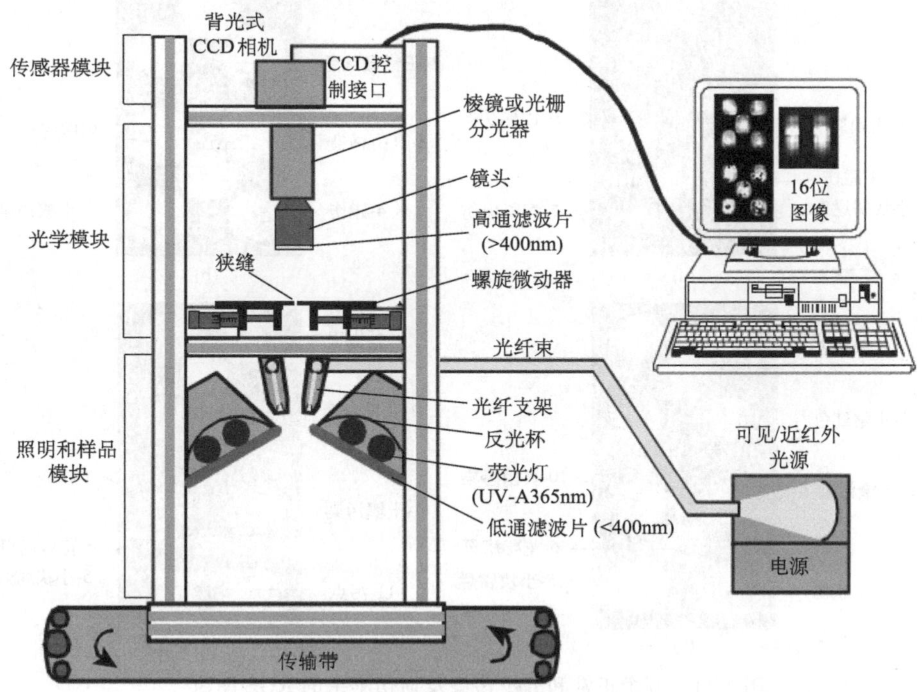

图 3-10　高光谱成像检测系统[14]

像系统，光谱范围为 430～930nm，光谱分辨率为 10nm，空间分辨率为 1mm，该系统可以采集高光谱反射图像和荧光图像。通过高光谱系统对四类苹果表面的损伤、腐烂、疤痕和土壤污染进行检测，确定完好苹果以及带有缺陷和污染物的苹果不同目标处的光谱特征波长。

通过实验发现利用主成分分析法检测苹果的表面情况（损伤、污染等）时，多个主成分图像均受到苹果种类的影响，在某一特定波长得到的高光谱图像存在着较大差异。为解决这一问题，设计了一种新的算法——不均匀二次差分法(asymmetric second difference，ASD)，如公式（3-2）所示。基于一个叶绿素吸收波长（685nm）和两个近红外波长（722nm 和 869nm）的不均匀二次差分理论可以独立于苹果的种类和颜色，较好地识别缺陷或污染的区域。如图 3-11 所示，各图上部为外表无损或无污染的正常苹果，下部为外表有损伤或污染的苹果。利用不对称二次差分分析法（$\lambda_n = 726$nm，$g_1 = 11$，$g_2 = 44$）和主成分分析法处理四种苹果表面缺陷和污染的高光谱图像的结果如图 3-12 所示，通过对比发现，应用 ASD 法能够在很大程度上消除苹果种类的影响，只需要三个波长变量，相比主成分分析法，要求简单，不需要更多的数据处理时间，提高了检测

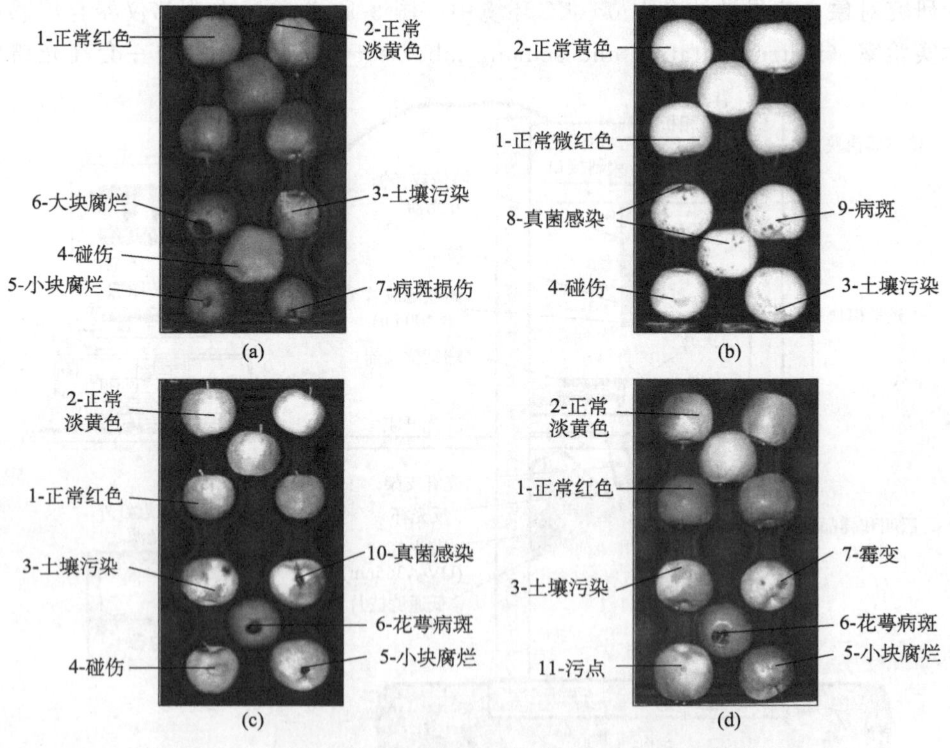

图 3-11 五个正常和五个污染及损伤苹果的 RGB 图像[14]

(a) 蛇果；(b) 金冠；(c) 嘎啦；(d) 富士

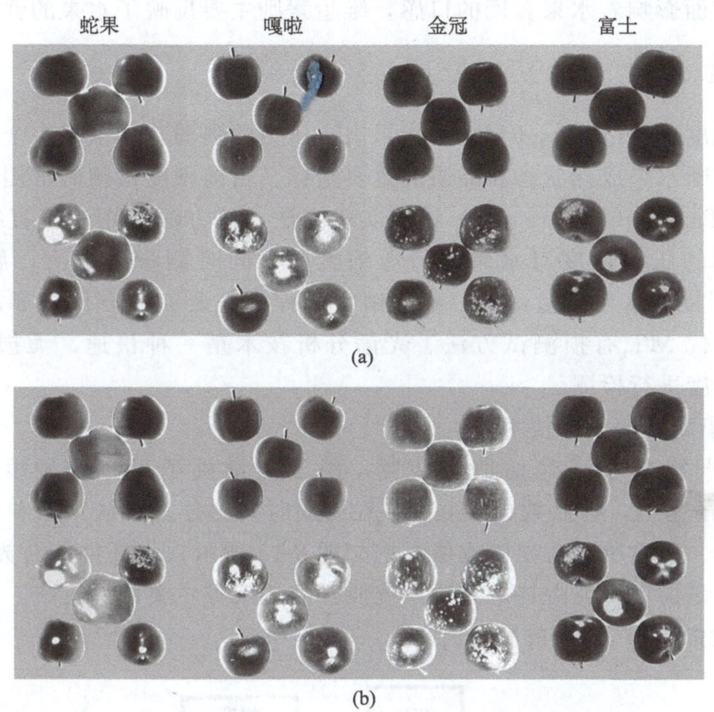

图 3-12　四种苹果表面缺陷和污染的高光谱图像分析结果[14]
(a) 不对称二次差分分析图像；(b) 第三主成分分析图像

的准确性，可以容易地运用到多光谱成像检测中。

$$S''_b(\lambda_n, g_1, g_2) = [g_1 S(\lambda_n - 3.6763g_1) - (g_1 + g_2) S(\lambda_n) + g_2 S(\lambda_n + 3.6763g_1)] / (g_1 + g_2) \quad (3\text{-}2)$$

式中，$S''(\lambda_n, g)$ 为中心波长 λ_n 处的二次差分图像灰度值；$S(\lambda_n)$ 为中心波长 λ_n 处的图像灰度值；g_1、g_2 为波长间隔。若 $g_1 = g_2$，为均匀差分，对中心波长采用相同波长间隔的方式，不均匀二次差分方法在二次差分方法的基础上，对中心波长的较高波长和较低波长使用不同的波长间隔[14]。

3.3　水果内部品质的光学无损检测

3.3.1　水果内部品质参数的无损检测

水果内部品质的检测参数主要包括硬度、糖度、酸度、可溶性固形物、维生素及多种成分等。苹果硬度和可溶性固形物含量是评价其品质的重要指标，直接影响着水果的保质期和消费者的认可度。酸度和糖度一方面可以反映水果的成熟度，另一方面影响着水果食用的口感，维生素则主要反映了水果的营养价值。

1. 硬度

水果硬度（firmness，FM）是指果肉抗压力的强弱，是水果一个重要的物理属性，是判断水果成熟状态和品质的重要指标。目前硬度检测的常用方法是 MT（Magness-Taylor puncture test）戳穿实验方法。该方法是用一定直径的钢制压头，按一定的压缩速度对水果进行压缩实验，同时测量压缩力，属于有损检测[15]。为了提高水果质量，在贮藏和销售过程中需要一种方便可靠的硬度无损技术，以取代 MT 有损测试方法。光谱分析技术是一种快速、无损检测方法，可对水果硬度进行检测。

1）基于高光谱成像技术

Lu 等[16]搭建了高光谱散射装置，用于测量桃子果实的硬度。以“Red Haven”桃子为例，样品数为 450 个，在 1 周时间内分三次从果园和农场手工采摘桃子样品。实验所用高光谱成像系统如图 3-13 所示，由高性能背光式 CCD 相机、成像光谱仪、石英卤钨灯光源系统及样品托架等主要部件组成。光源为直径 1.6mm，发散角小于 17°的圆形光束。

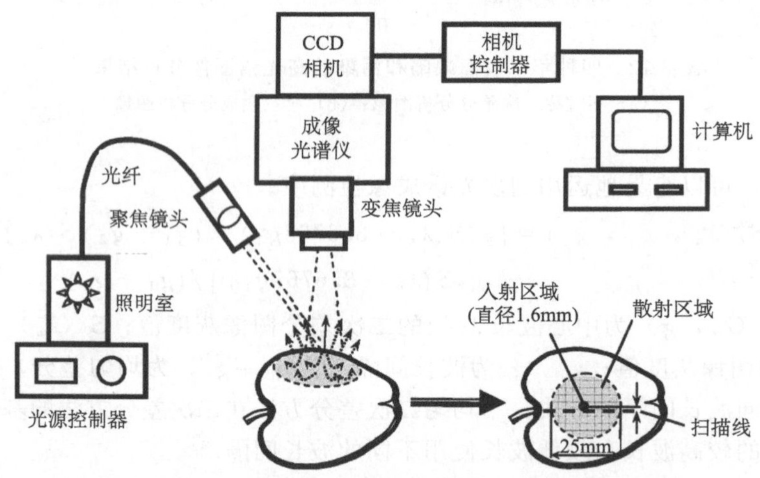

图 3-13　高光谱成像系统获取桃子表面散射图像示意图[16]

当光束击中水果表面时，在水果表面产生一个反向散射图像，调整相机合适的曝光时间和增益值，为确保光束中心的高强度信号不会在 CCD 检测器上的像素达到饱和，把扫描线设定为距入射光束中心为 1.5mm 处。光谱系统的有效覆盖区域为 500～1000nm，获取的高光谱二维图像，横向表示空间变化，纵向表示光谱分布，图 3-14（a）为采集的水果原始高光谱图像，图 3-14（b）为提取水果高光谱图像不同空间位置处的反射曲线，图 3-14（c）为提取水果高光谱图像不同波长处的扩散曲线。水果以梗萼水平方向放置在直径 30mm 的托架上，每个样品采集 4 次光谱图像进行平均。光谱采集后对样品相同的检测区域进行 MT 硬度测量获得硬度的实测值。为提高信噪比，512×512 散射图像被缩小至 256×256，每一个散射图像选择空间维度为 30mm，光谱范围为 500～1000nm 的区域进行水果信息提取分析。利用洛伦兹函数方程如式（2-21）拟合各样品的高光谱散射轮廓，获得每个波长下的洛仑兹参数的峰值 b 和半波带宽 c。然后，从洛仑兹参数光谱选择 10 个最佳波长（603nm、616nm、629nm、642nm、648nm、664nm、671nm、677nm、690nm、707nm）去建立分析模型。

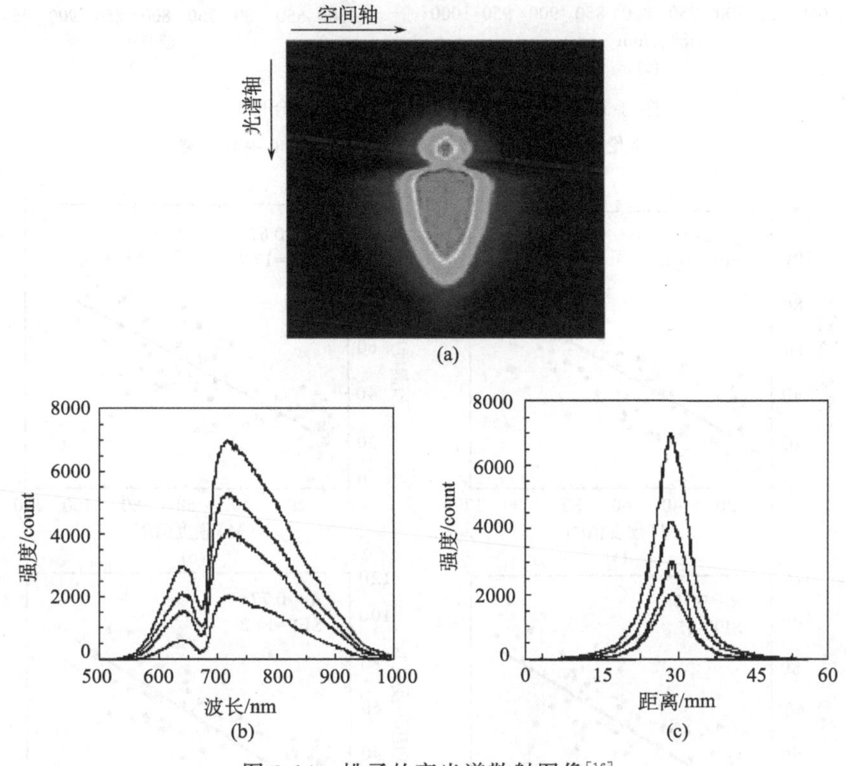

图 3-14　桃子的高光谱散射图像[16]

（a）原始高光谱图像；（b）不同空间位置处的反射曲线；（c）不同波长处的扩散曲线

提取桃子样品的洛伦兹参数 b 和 c 光谱曲线如图 3-15 所示。参数 b 和 c 作为独立变量进行 b、c 以及 $b\times c$、$b\&c$ 等组合形式分别与 MT 值建立多元线性回归（multivariable linear regression，MLR）模型，其中 b，c 及组合变量 $b\times c$ 通过式（3-3）建立 MLR 预测模型，组合变量 $b\&c$（表示同时采用 b、c）通过式（3-4）建立 MLR 预测模型。洛伦兹参数 b 和 c 及变量组合建立的桃子硬度预测模型的相关系数和标准误差如图 3-16 所示，对桃子的硬度预测相关系数 R_p^2 是 0.77，标准误差是 14.2。

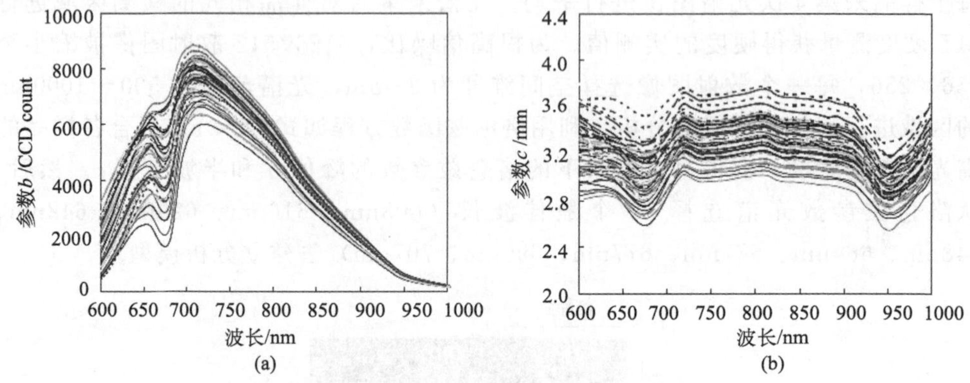

图 3-15 桃子样品的洛伦兹参数拟合曲线[16]

(a) 洛伦兹参数的峰值 b；(b) 洛伦兹参数的半波带宽 c

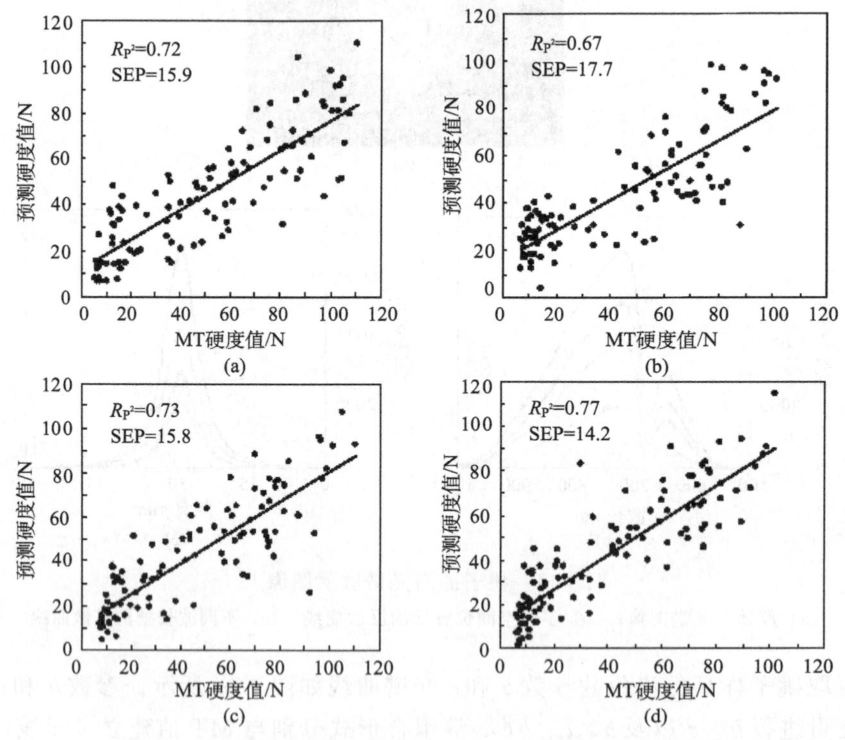

图 3-16 洛伦兹参数不同组合形式对桃子硬度的预测结果[16]

(a) 洛伦兹参数峰值 b；(b) 洛伦兹参数半波带宽 c；(c) 组合参数 $b\times c$；(d) 组合参数 b &c

$$F = K_0 + \sum_{i=1}^{J} K_j X_{w_j} \tag{3-3}$$

$$F = K_0 + \sum_{j=1}^{J} K_j b_{w_j} + \sum_{j}^{J} D_j c_{w_j} \tag{3-4}$$

式中，F 为硬度预测值；K_0，K_j，D_j 为当 $j=1$，2，3…时的回归系数；J 为每个模型选择的最优波长数；X 表示洛伦兹参数 b、c 或 $b\times c$ 拟合参数矩阵；w_j 为选择的拟合波长；式（3-4）中，b 和 c 为洛伦兹拟合参数。

2）基于多光谱成像技术

多光谱成像相比高光谱成像技术成本低，图像的获取和处理时间短，在水果检测实际应用上更具有优势。它的硬件主要包括 CCD 相机，成像光谱仪，光源系统，滤光片轮以及多个优选的滤光片。如图 3-17 所示，Peng[17] 采用了液晶可调波长滤光器（liquid crystal tunable filter，LCTF）构建了多光谱成像系统。光源照射样品后散射的光进入 LCTF，然后通过近红外增强型 CCD 相机成像，通过 LCTF 可以快速获得多个波长处的图像。

另外，多光谱成像系统还可以采用多路分光器同时获得多光谱图像。多路分光器能将一束光按完全一致的模式分成 4 份（或更多）相同的光束，且同时在一个相机中成像。这样一次可以在一张图像上得到多个不同波长的散射图像，在分析散射光谱信息时减少了数据量，提高了检测速度。

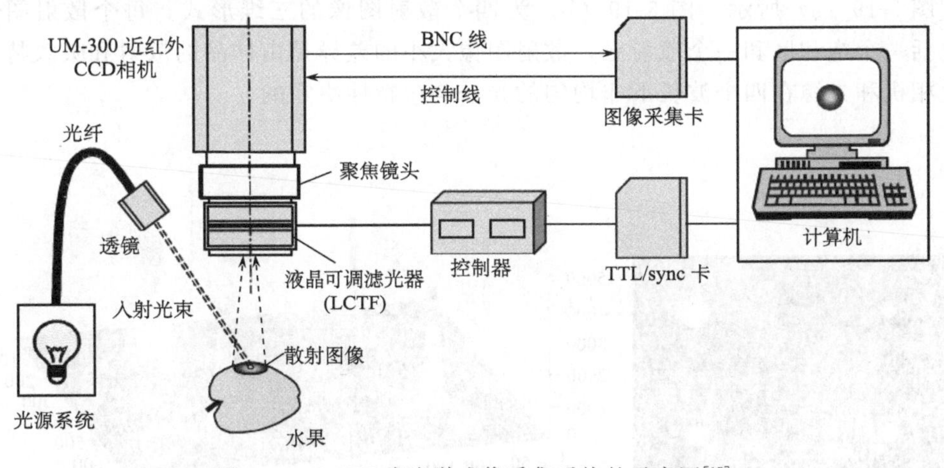

图 3-17　LCTF 多光谱成像采集系统的示意图[17]

Peng 等[18] 利用共孔径多光谱成像光谱仪（optical insights，LLC，Tucson，AZ）构成的多光谱成像系统对苹果的硬度、可溶性固形物含量进行预测。改进的多光谱成像系统如图 3-18 所示，利用带有 4 个波长滤光片的共孔径多光谱成像光谱仪来替代 LCTF 多光谱成像系统。实验样品为 650 个金冠苹果，检测前

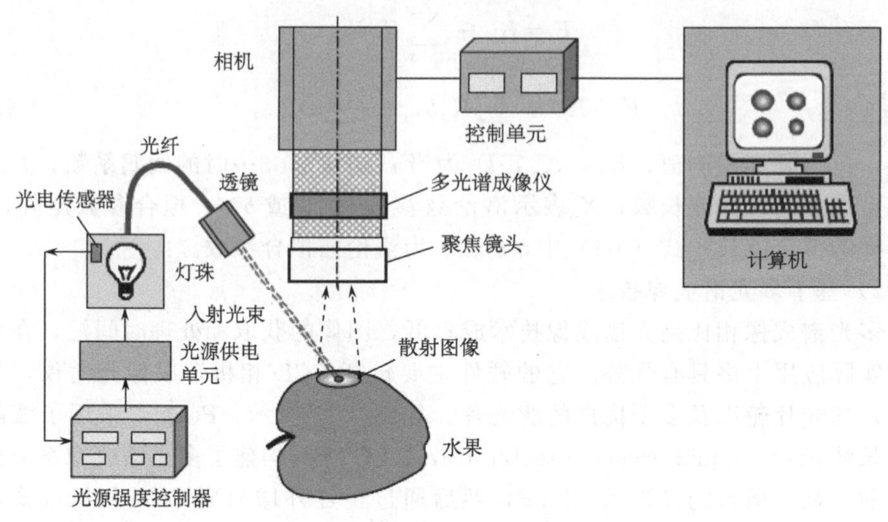

图 3-18 共孔径多光谱成像采集系统的示意图[18]

样品保存在室温（21℃）下 15h，样品的平均果径范围为 67.50～82.78mm，每次测量 150 个样品。多光谱系统可以连续采集一个苹果四个波长（680nm、800nm、900nm 和 950nm）散射图像，曝光时间为 1s。四个波长原始散射图像如图 3-19（a）所示，图 3-19（b）为四个散射图像的三维形式。每个散射图像包括一个饱和区和一个散射区，散射图像大小的差异是由样品的散射和吸收特性及相机和光源在四个波长下非均匀的光谱响应特性决定的。

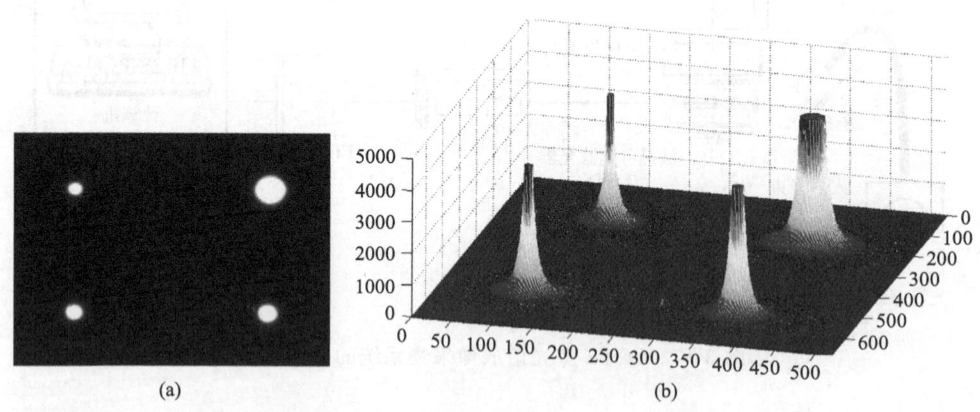

图 3-19 采集一个苹果的一幅多光谱图像[18]

（a）二维形式的原始散射图像；（b）三维形式下的光谱图像

注：图右上为 680nm，右下为 800nm，左下为 900nm，左上为 950nm

进一步，作者利用多元线性回归和交叉验证法，分别计算洛伦兹函数和冈珀茨函数单参数及多参数组合的硬度、可溶性固形物的预测相关系数以及标准误差值。650 个金冠苹果样品被分成两组，434 个苹果作为校正集，216 个作为验证集。通过对比单参数及组合参数的预测结果，得出，利用冈珀茨 3 参数组合（全散射宽度 ε，斜率 δ，渐近值 α）对苹果硬度的预测结果最佳，冈珀茨 4 参数组合（斜率 δ，全散射宽度 ε，渐近值 α，上限值 β）的对可溶性固形物的预测结果最佳。如图 3-20 所示，硬度预测相关系数为 0.896，标准误差是 6.50N，可溶性固形物的预测相关系数是 0.816，标准误差是 0.92%[18]。

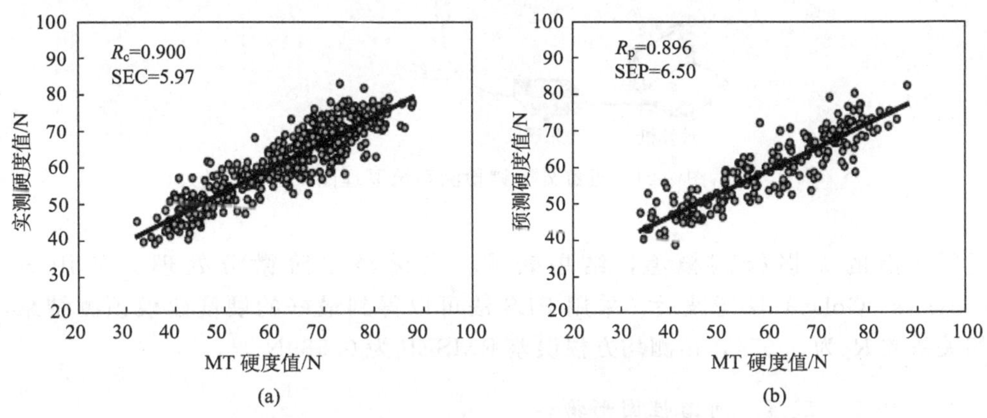

图 3-20 冈珀茨函数，3 参数和 4 参数分别预测苹果的硬度[18]

(a) 硬度校正集；(b) 硬度验证集

3）基于近红外光谱技术

利用可见/近红外漫透射光谱进行西瓜硬度的无损检测研究，基本原理如图 3-21 所示，主要包括特制光源、光纤光谱仪、西瓜柔性支撑物、检测探头、光纤及用于存储光谱信息的计算机。盛放西瓜的托盘固定有柔性支撑物，既对入射光线起到密封作用，又可以适应不同形状的西瓜。光源发出的光线进入西瓜内部组织中，从西瓜内部出来的漫透射光谱信号经检测探头和光纤进入光谱仪，光谱仪与计算机连接，采用插入式光谱采集卡，漫透射光谱信号通过光谱采集卡采集到计算机中，由光谱处理软件进行处理。

每个西瓜进行 3 次光谱测量，分别位于花萼处、横径最大处（赤道）和靠近果梗处（保证果梗不影响光谱的采集）。实验总共 103 个样品，其中校正集样品数 73 个，验证集样品数 30 个，实验环境条件为：温度 22℃，相对湿度 55%。对样品进行光谱采集后，样品进行 MT 硬度测定。选取 650～950nm 的光谱波段范围对西瓜数据进行分析，采用偏最小二乘法（partial least squares，PLS）和主成分回归法（principal component regression，PCR）建立了 FM 测量值与漫

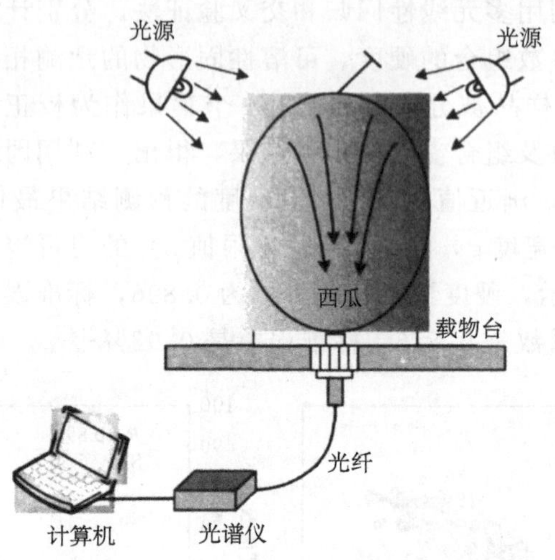

图 3-21　近红外光谱检测系统原理图[19]

透射光谱的无损检测模型，结果表明：光谱经二阶微分处理并使用 SG（Savitsky-Golay）法滤波后，采用 PLS 法可以得到最好的硬度建模预测结果，相关系数 R_p 为 0.974，预测均方根误差 RMSEP 为 0.589N[19]。

2. 糖度、酸度、可溶性固形物

糖度、酸度含量是水果内部品质分级检测的重要指标，一方面可以反映水果的成熟度，另一方面影响着水果食用的口感。水果可溶性固形物（soluble solids content，SSC）包含能溶于水的糖、酸、维生素和矿物质等多种成分，对水果口感有着很大的影响，是评价水果内部品质的重要指标之一[20]。目前，水果传统的糖度、酸度、可溶性固形物检测方法主要依靠破坏性取样进行，不但工作量大，而且难以实现快速、准确和连续测量，难以满足大批量水果在线检测与分级的需求。光谱技术具有无损检测、分析效率高、速度快、重现性好，适于现场检测和在线分析等特点，已在提高水果生产技术自动化水平和质量方面发挥了重要作用[21]。

1）基于高光谱成像技术

一个集成高光谱反射成像和荧光成像技术的苹果成熟度检测装置，如图 3-22所示[22]。光谱范围为 500～1000nm，光谱检测装置主要包括增强型 CCD 相机、成像光谱仪、光源、检测器、光纤等。成像系统包括两个光源，可以分别在反射或荧光模式下进行图像采集，408nm 的激光二极管用于荧光成像光源（micro laser systems），石英卤钨灯光源（oriel instruments）用于反射成像光源。卤钨灯光源的光束大小为 1.0mm，激光光源光束大小为 0.5mm，在镜头前安装，430nm 的高通滤光片阻止激发光进入成像光谱仪。

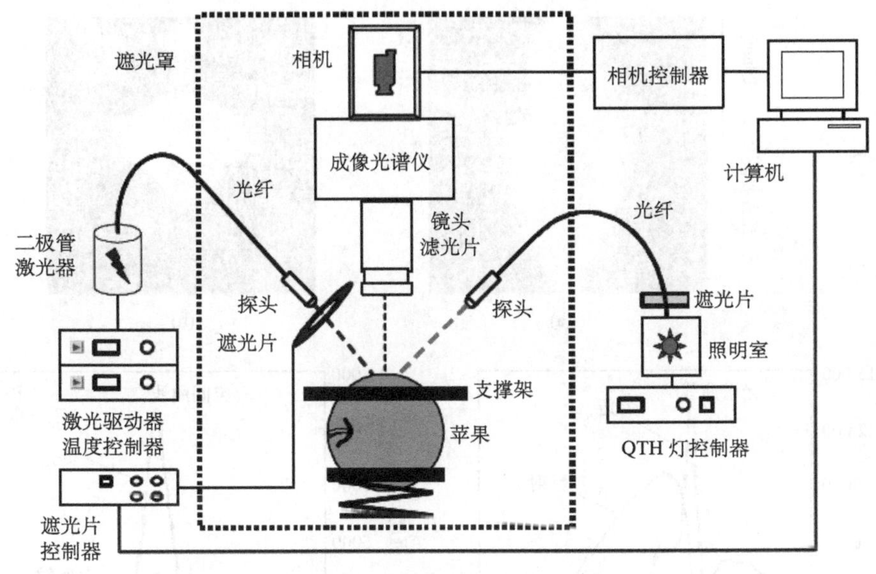

图 3-22　高光谱反射和激光诱导荧光成像系统[22]

作者利用光在水果表面的反射和荧光两种特性，互补性的测量水果品质。通过实验可以获取高光谱激光诱导荧光图像和反射图像，实现对多个成熟度参数(果肉和表皮的颜色、硬度、可溶性固形物、淀粉指数、酸度）测量。选取 750 个金冠苹果样品用于实验，苹果收获后 24 小时之内进行成熟度测试，果皮和果肉颜色使用色差仪在直径 8mm 的圆形区域测定（其中果肉测定在同一区域去掉 2mm 厚果皮测定)；硬度测定使用配有 11mm MT 探针的质构仪，探针以 2.0mm/s 速度穿透去皮区域 9.0mm 测定；可溶性固形物测定使用手持数字折光仪；淀粉指数（starch index，SI）测定使用理化方法。酸度采用化学滴定法进行测定。对获得的水果反射和荧光散射图像，提取其光谱曲线和空间散射曲线，如图 3-23 所示。

利用洛伦兹函数［式（2-21）］拟合水果 680nm 波长下光谱的反射和荧光散射特性如图 3-24 所示。实验结果表明：单独利用荧光特性预测成熟度模型的相关系数低于反射特性预测模型，荧光和反射特性相结合预测水果成熟度高于单一特性预测，尤其对于酸度的预测相关系数提高最为明显[22]。

黄文倩等[23]开发的高光谱图像采集系统由高光谱分光仪、150W 卤素灯光源，像素为 1004×1002 的面阵 EMCCD 相机、精密移动平台和计算机等组成。高光谱成像区域为 320～1100nm，光谱分辨率为 2.8nm，采集曝光时间 55ms，平台移动速度 0.7mm/s，物距为 410mm，将苹果放置于移动平台上，将样品标

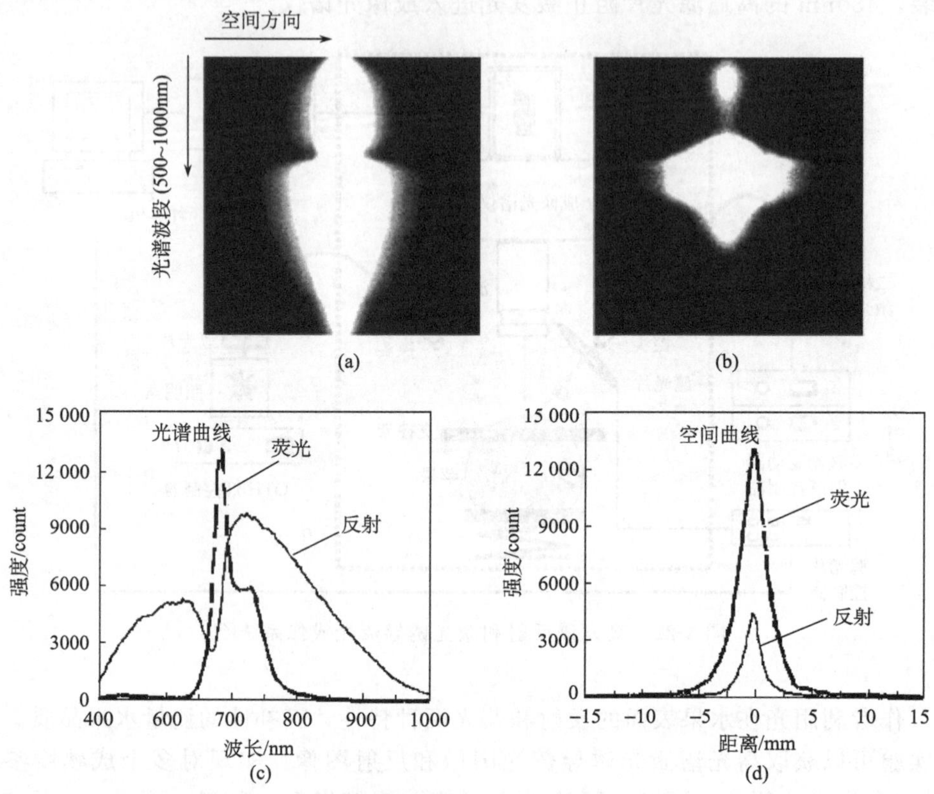

图 3-23　原始图像及拟合特征曲线[22]

(a) 反射散射图像；(b) 荧光散射图像；(c) 光谱曲线；(d) 空间散射曲线

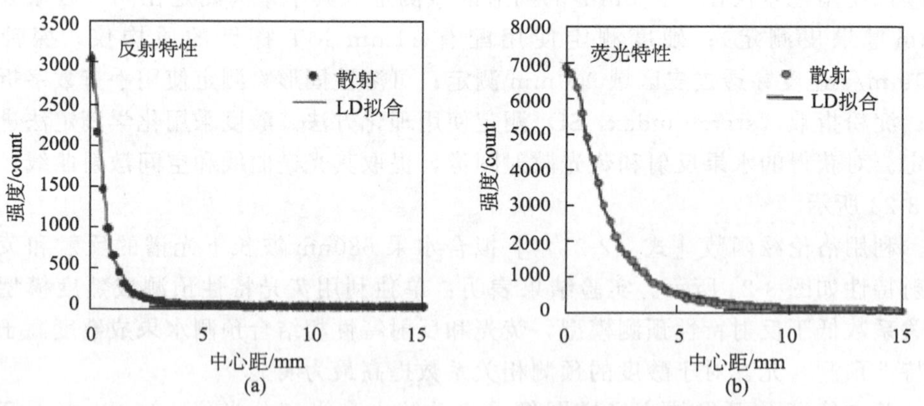

图 3-24　洛伦兹 2 参数函数在 680nm 波长的散射轮廓拟合结果[22]

(a) 反射散射轮廓拟合结果；(b) 荧光散射轮廓拟合结果

记点对准相机放置。每个苹果采集包含 2 个赤道位置的高光谱图像，160 个苹果样品共计 320 幅图像。SSC 含量使用数字阿贝折光仪测定，每个样品测 2 个点，2 个点的平均值作为样品 SSC 的真实测量值。

高光谱图像中 100×100 像素的感兴趣区域平均光谱作为建模的输入光谱，如图 3-25 所示。采用连续投影算法（successive projections algorithm，SPA）对全波长光谱进行筛选，得到最优的 40 个特征波长。SPA 波长筛选是根据校正集内部均方根误差 RMSE 值确定最佳的变量数。图 3-26（a）表示 SPA 分析后获得的波长点分布。图 3-26（b）表示 SPA 所选的不同变量在进行 MLR 建模时的 RMSE 分布。利用 SPA-MLR 可建立稳定的苹果 SSC 预测模型，其验证集相关系数 R_p^2 为 0.95，标准差 RMSEC 为 0.30。

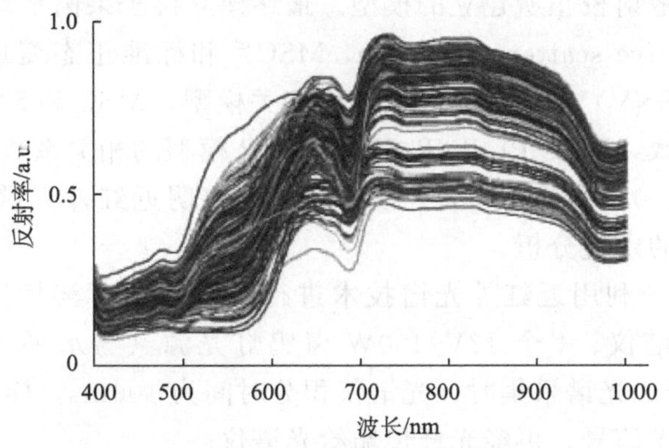

图 3-25　苹果样品的原始光谱曲线[23]

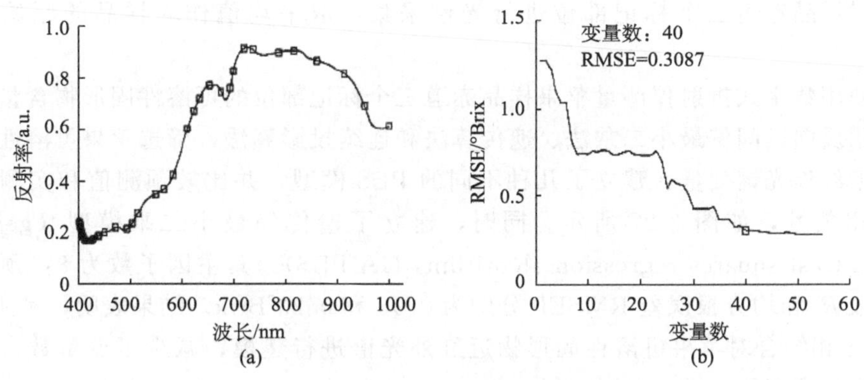

图 3-26　SPA 算法选择波长[23]

（a）SPA 分析后的波长点分布；（b）MLR 建模的 RMSE 分布

2）基于近红外光谱技术

马广等[24]应用近红外漫反射光谱定量分析技术对金华大白桃的糖度检测进行了研究。120 个桃子样品用于光谱采集，桃子的糖度使用数字折光仪进行测量。实验采用的 NIR 漫反射光谱检测系统主要包括 FTIR 光谱仪、双叉光纤、样品光纤支架和计算机。光谱仪内置 50W 石英卤素灯光源，扫描次数 64，分辨率 $16cm^{-1}$。

实验通过比较果汁和不同部位果肉所建立的相关模型的预测结果发现，用水果 3 个部位（顶部、中部、底部）共 9 个检测点的果肉平均光谱和糖度平均值建立的模型结果比果汁或单独某个部位果肉（3 个检测点）所建立的模型结果要好。对光谱数据进行散射校正处理有助于提高模型的预测性能，各项指标都略优于原始光谱未经散射校正所建立的模型。最终建立桃子果肉平均光谱经多元散射校正（multiplicative scatter correction，MSC）和标准正态变量变换（standard normal variate，SNV）散射校正后糖度的相关模型，MSC 和 SNV 校正对建模结果的影响基本一致，MSC-PLSR 和 SNV-PLSR 模型的相关系数 R_p 和交叉验证相关系数 R_{cv} 分别为 0.997 和 0.939。该研究结果表明近红外光谱检测技术可用于金华大白桃糖度的定量分析。

欧阳爱国等[25]利用近红外光谱技术进行了水果的可溶性固形物检测研究，采集系统包括光谱仪、4 个 12V/100W 卤钨灯光源（与水平方向成 45°夹角）、1000μm/2m 光纤。光谱采集时，光谱仪积分时间为 100ms，样品置于橡胶垫上，下方由探头接收光信号，再经光纤传输给光谱仪。

实验苹果选用无疤痕的样品 100 个，在样品的赤道部位标记三点（间隔约 120°）。将苹果放置在温度 20℃、湿度 60％的实验环境下，待样品达到室温时，分别对样品赤道三个标记部位进行光谱采集，取平均值作为样品的原始光谱数据。

使用数字式折射仪测量苹果样品赤道三个标记部位的可溶性固形物含量。分别采用反向区间偏最小二乘法、遗传算法和连续投影算法，筛选苹果可溶性固形物的近红外光谱变量，建立了几种不同的 PLS 模型，并比较预测值和实测值之间的相关性，如图 3-27 所示。同时，建立了遗传偏最小二乘模型（genetic-partial least squares regression algorithm，GA-PLS），其主因子数为 8，预测相关系数 R_p 和均方根误差 RMSEP 分别为 0.96 和 0.23°Brix。结果表明，利用 GA 与 PLS 相结合对苹果可溶性固形物近红外光谱进行建模，减少了变量数，提高了模型的预测能力[25]。

3．*病虫害*

水果内部生理失调和病虫害的侵入，影响着水果的品质，并且这些问题很难

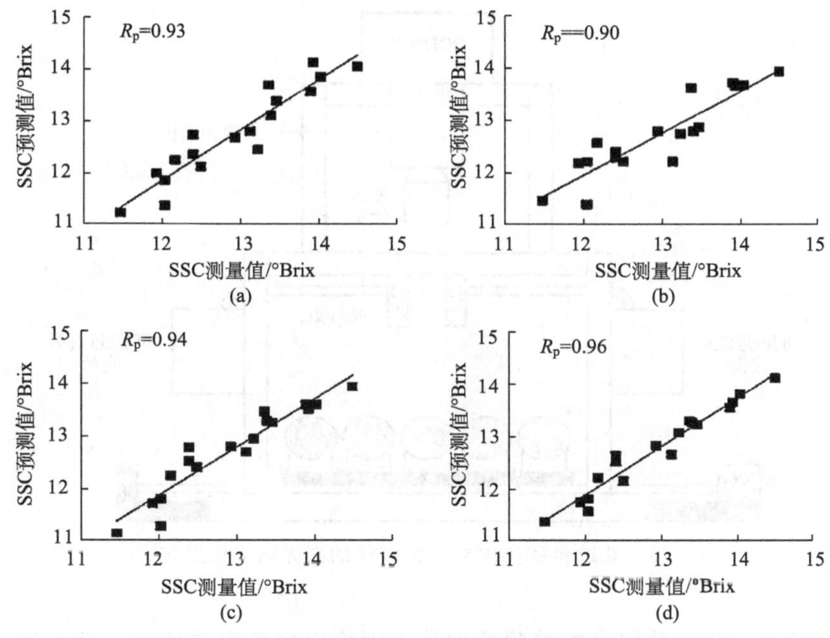

图 3-27　不同 PLS 模型下的近红外光谱验证集结果[25]

(a) 偏最小二乘法；(b) 连续投影偏最小二乘法；

(c) 反向区间偏最小二乘法；(d) 遗传偏最小二乘法

通过外部视觉进行判断和剔除，已经成为影响水果内部品质的主要因素。例如，苹果水心病、鸭梨内部的黑心病变等，发病时在果实外观上一般没有明显反应，其病变初期在果心外可发现褐色斑块，逐渐扩展到整个果心，严重时果肉部分也会出现界限不明的褐变，这些缺陷果不仅影响贮藏保鲜的时间和品质而且会对健康果造成危害。

1）基于高光谱成像技术

柑橘类水果的溃疡病是一种最具破坏性的疾病，严重影响柑橘类水果的质量等级。基于高光谱成像技术，利用光谱信息散度（spectral information divergence，SID）分类理论，能识别柑橘类水果果皮缺陷中的溃疡病斑。如图 3-28 所示，Qin 等[26]开发了一个线扫描高光谱成像检测系统采集葡萄柚的反射图像，包括 EMCCD 相机、光谱成像仪、C 接口镜头、两个 21V/150W 的卤钨灯、一个可编程控制二维平移台。光谱仪狭缝为 30μm，光谱空间分辨率为 2.8nm，相机分辨率为 1004×1002 像素。

正常、溃疡病等 5 个常见的病变水果表皮样品如图 3-29 所示，这些病害在水果表皮上呈现不同的症状。对每一种病害特征选取 30 个检测样品，共选取 210 个样品进行实验，所有样品表面进行清洗后用氯和邻苯基苯酚钠处理后贮藏

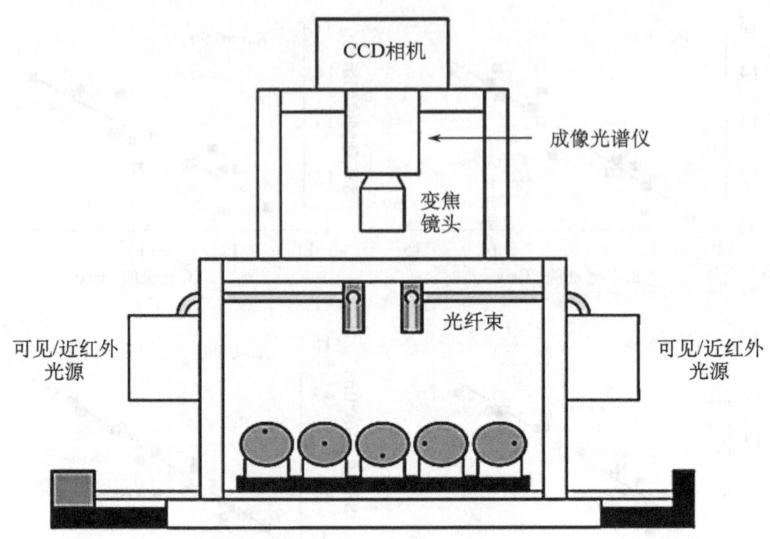

图 3-28 获取柑橘类水果反射图像的高光谱成像系统[26]

在 4℃环境下。图像数据采集前葡萄柚从冷库移出放置室温条件下 2 小时，图像采集时，样品放置在固定的橡胶托杯上，确保每个水果表面的病变区朝上。

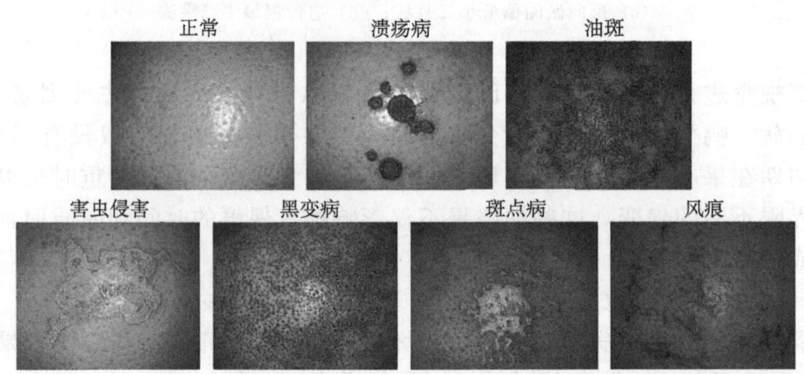

图 3-29 正常和典型病变的柚子皮样品[26]

实验中，作者将 210 个样品分为 30 个“溃疡病”和 180 个“无溃疡病”，通过感兴趣区域获得的溃疡病平均反射光谱作为参考光谱，图 3-30 为 7 种测试样品果皮光谱参考值的 SID 值，以及使用参考光谱对葡萄柚图像的 SID 掩膜图像。图 3-31 以一个带有溃疡病变和伤疤的水果为例，介绍了图像处理和分类识别的柑橘溃疡病的主要程序流程。研究表明：基于高光谱成像技术及 SID 图像分类方法可用于识别柑橘类水果溃疡病。利用特定的参考光谱，SID 方法可以从高光谱图像中提取有用的特征信息，使用一个最优化的 SID 阈值（0.008），总分类精度可以达到 96.2%[26]。

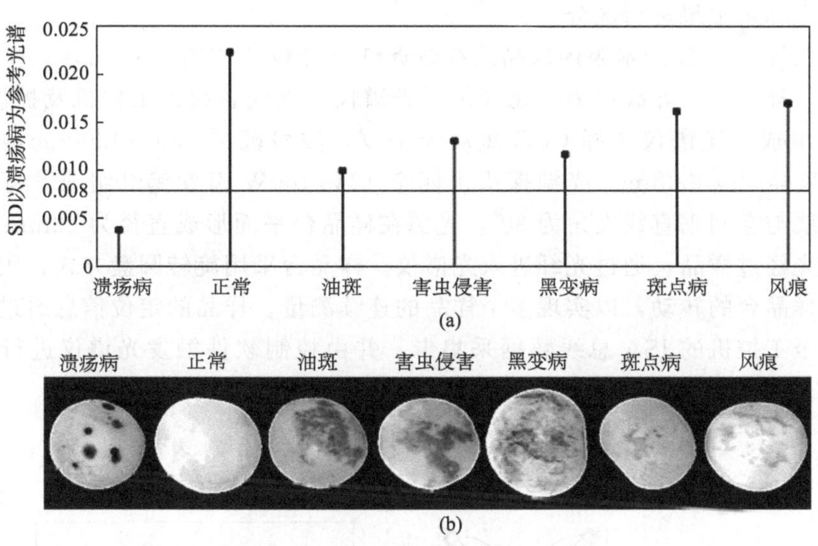

图 3-30　测试样品的 SID 值选取[26]

(a) 7 种测试样品果皮光谱参考值的 SID 值；(b) 葡萄柚样品的 SID 掩膜图像

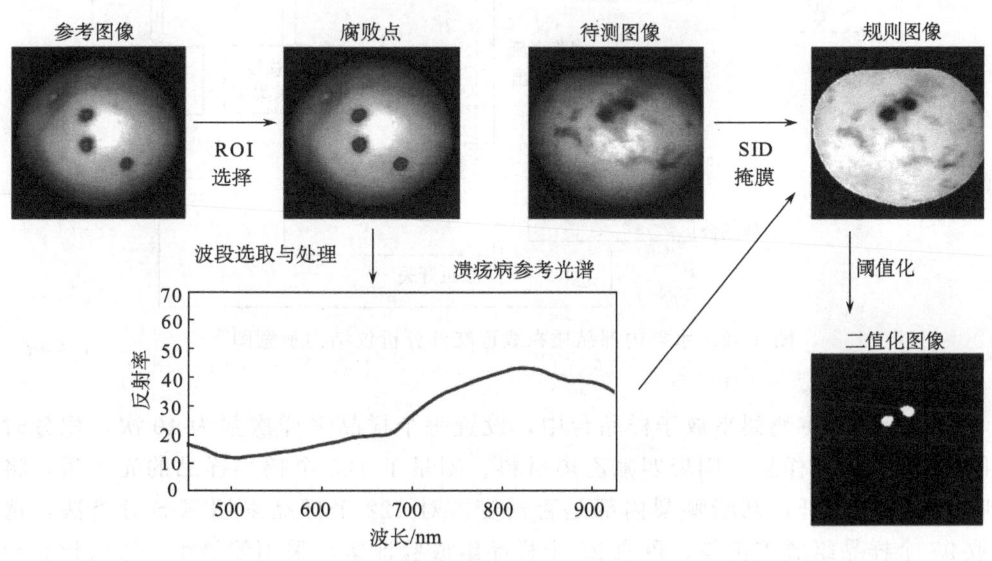

图 3-31　葡萄柚的检测分析流程图[26]

2）基于近红外光谱技术

水果主要由碳水化合物、水分、纤维等组成，这些组成成分含有近红外活性基团，在近红外区域有特征吸收。病变的水果与正常果内部理化特性存在差异，对应的近红外光谱的吸光度值存在差异。通过分析水果吸光度光谱的变化，可以对病变果和正常果进行区分。

王欣等[27]开发的水果内部品质在线近红外分析仪如图 3-32 所示，主要由光源探头、样品台、在线仪表单元（包括光谱仪、电气系统、工控机及控制软件）三部分组成。光谱仪选择 CCD 短波光谱仪，波段范围 650～1200nm，分辨率 5nm，采样间隔 0.3nm。光源探头由四个 12V/100W 卤素钨灯组成，每个钨灯的光轴线与空间垂直线夹角为 30°，光源在样品台平面形成直径为 42mm 的均匀光斑，光经过样品，通过光纤进入光谱仪。样品台采用旋转圆盘方式，用直流电机控制样品台的转动，以实现多个样品的连续测量。样品的定位信息通过接近开关传送至工控机的 ISA 总线数据采集卡，并由控制软件触发光谱仪进行光谱同步采集。

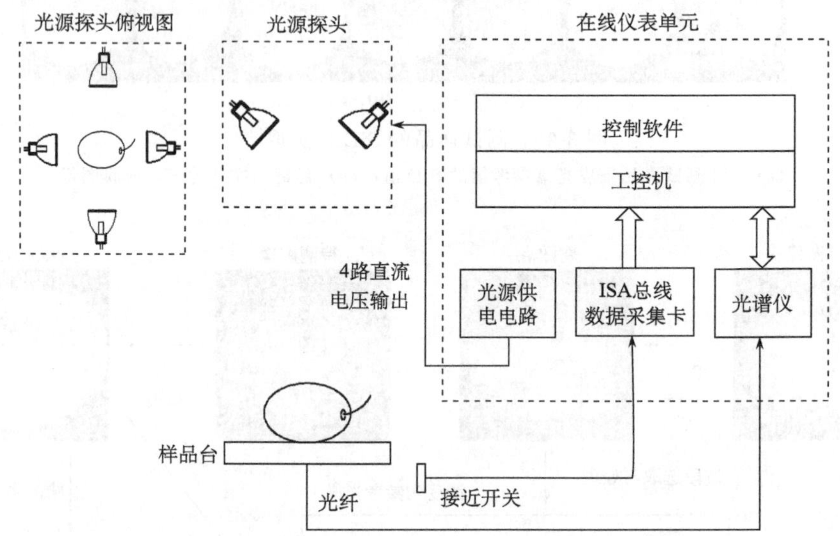

图 3-32 水果内部品质在线近红外分析仪结构示意图[27]

实验中，将鸭梨平放于样品台中，设置每个样品采样次数为 10 次，积分时间 10ms，参照样品选用聚四氟乙烯材料。测量了 122 个鸭梨样品的光谱后，将鸭梨沿横径切开，判断鸭梨内部是否褐变。对 122 个样品采用 K-S 分类法，选取 97 个样品组成校正集，剩余 25 个样品组成验证集，采用偏最小二乘法建立判别模型，判别准确率为 96％[27]。

3）基于 X 射线成像技术

通过 X 射线成像检测技术，可以分辨水果的内部结构变化。近年来 X 射线对于水果的内部空洞、缝隙、虫害、内部成分及苹果水心病等检测取得了重要的研究进展[28]。

X射线实时成像包含两个过程：一是X射线穿透样品后被图像增强器所接收，图像增强器把不可见的X射线检测信号转换为光学图像；二是用相机摄取光学图像，输入计算机进行A/D转换，转换为数字图像[29]。如图3-33所示，该检测系统主要有X射线发生器、线阵检测器、输送系统、图像采集卡、主控计算机，传送机械装置和射线保护装置等几大部分组成。实验参数为：X射线发生器电压、电流分别为65kV、0.6mA，检测器积分时间2.22ms。

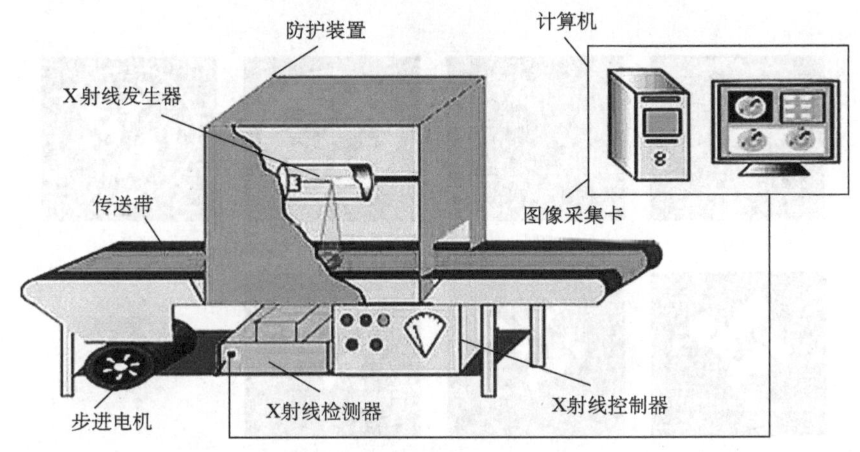

图3-33　X射线检测系统原理图[30]

实验样品为256粒甘栗，首先对每个样品进行编号，采集X射线图像，然后剖开果壳进行人工观察，观察结果为正常甘栗168粒，病害甘栗88粒，采集得到的甘栗图像如图3-34所示。对甘栗的X射线图像采用3×3高斯滤波器进行图像去噪，运用自适应阈值法分割甘栗病害区域，再通过分析样品病害区域面积，设定判定阈值，实现对板栗是否有病害的定性判别，并用该阈值识别病害果与正常果，具体分析流程如图3-35所示。

作者进一步将256粒样品随机分为校正集和验证集，校正集171粒，其中正常甘栗112粒，病害甘栗59粒；验证集85粒，其中正常甘栗56粒，病害甘栗29粒。根据校正集样品提取的病害区域面积参数确定判定阈值，判定阈值需满足使校正集总体误判率最低，面积大于该阈值的判定为病害甘栗，小于该阈值的判定为正常甘栗。通过对校正集样品分析，判定阈值设定为48，运用阈值法分割出病害区域，并利用面积判定阈值实现病害甘栗检测，总体预测正确率为91.8%[30]。

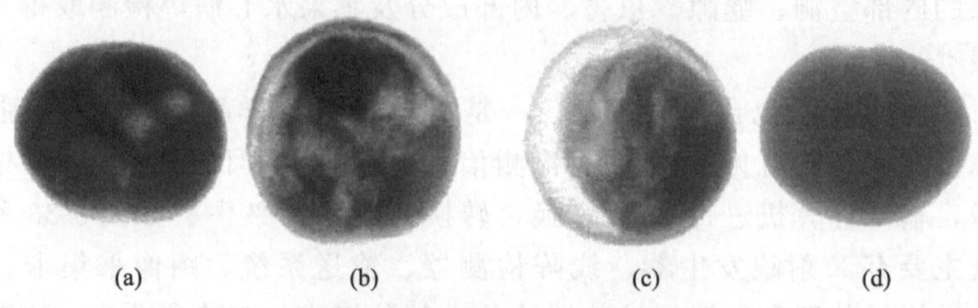

图 3-34 甘栗的 X 射线图像[30]

(a) 虫害甘栗；(b) 霉烂甘栗；(c) 风干甘栗；(d) 正常甘栗

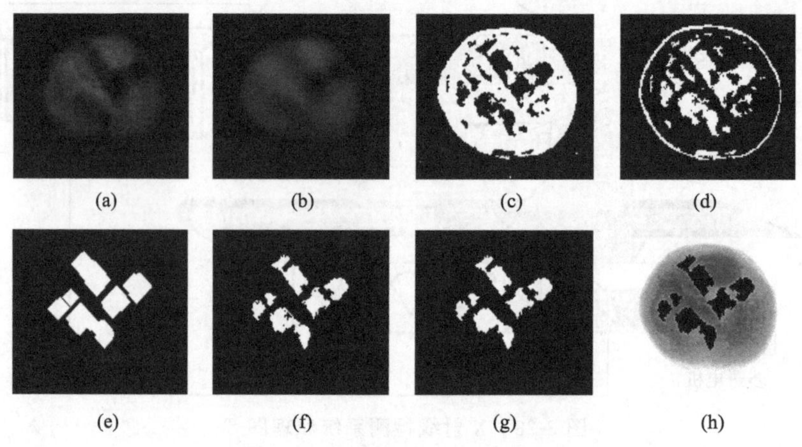

图 3-35 甘栗图像的分割流程算法[30]

(a) 负片图像；(b) 阈值图像；(c) 初步分割图像；(d) 图 (a) 与图 (c) 相减的图像；(e) 腐蚀膨胀后图；(f) 图 (d) 与 (e) “与”运算图像；(g) 病害分割图像；(h) 标识病害的甘栗图像

4. 营养品质

维生素含量是衡量水果营养品质的重要指标之一。目前，国内外对柑橘维生素 C 含量的测定通常采用有损的化学方法，该方法存在样品预处理繁琐，化学试剂耗费量大，检测周期长和成本高等问题。

基于近红外光谱技术能有效检测柑橘维生素含量[31]。在室温条件下，将柑橘整果置于石英样品杯口部并适当压紧，测量部位选在柑橘最大横向直径处，每个样品在“赤道”部位相对 90°进行 4 次光谱采样，采样时尽量避免表面明显的斑点、疤痕等缺陷。根据国标 GB/T 6195-1986 维生素 C 含量测定法，采用 2，6-二氯靛酚滴定法测定柑橘维生素 C 含量。通过不同分解水平的 Daubechies-3 小波变换，对 100 个柑橘样品的近红外光谱信号进行去噪处理，并利用去噪后的重构光谱对柑橘维生素 C 含量进行偏最小二乘法交叉验证（partial least squared-cross validation，PLS-CV）。结果表明，小波分解尺度水平不同，PLS-CV 效果各不相同，在分解水平为 4 时，PLS-CV 效果最好，如图 3-36 所示，其预测值与标准值的相关系数 R 达到 0.9574，交叉验证预测均方差 RMSECV 为 3.9mg/100g。因此，小波去噪后建立的近红外光谱模型能准确地对柑橘维生素 C 含量进行无损快速的定量分析[30]。

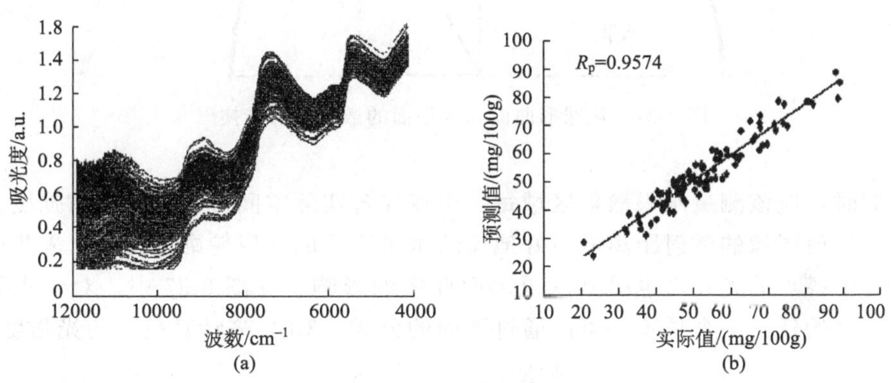

图 3-36　柑橘维生素 C 含量的预测结果[31]

(a) 柑橘原始平均光谱图；(b) db3 函数 4 分解尺度下预测值与实际值的关系

3.3.2　内部品质检测中的建模修正方法

目前，在水果光谱无损检测中，数据建模的方法主要包括数据预处理、变量筛选、特征提取、定性识别及定量分析等步骤。选择不同数据处理方法的目的都是为了能够在庞大的数据中准确的提取出能够反映水果本身品质的重要信息。

由于水果表面的曲度影响，利用光谱成像系统采集的水果散射（或反射）图像可能会出现两种类型的光强度失真现象：一种是散射距离的失真，一种是散射强度的失真。Peng 等[32]提出了一种修正水果大小/形状影响的方法，把圆形水果的形状近似看作一个球体，来修正水果大小/形状对光谱强度影响。如图 3-37 所示，光强度和距离的失真都跟相机采集方向（垂直）和水果表面之间的角度 θ 有关。关于散射距离，实际的散射距离为 z，因为径向圆带的宽度大于水平直线距离 x。z 可以从方程（3-5）计算出：

$$z = s \tan^{-1} \frac{x}{\sqrt{s^2 - x^2}} \tag{3-5}$$

式中，s 为水果的半径；x 为平面散射距离；z 为曲面散射距离。在定量分析散

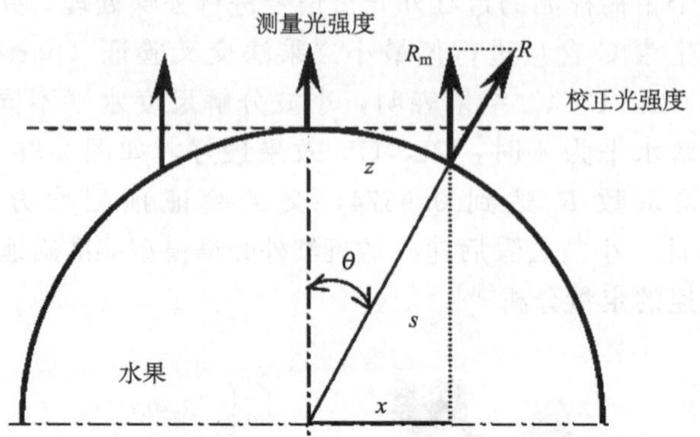

图 3-37 从球形曲面到水平面的散射轮廓转换[32]

射轮廓时，应该测量水果散射区域每一个点在各实际空间位置的漫反射强度。通过修正散射图像的散射距离能更好地反映水果表面的散射轮廓。另外，采集的散射图像中各点的光强度也受到水果表面曲率的影响。在图 3-37 中，对于水果表面上给定的任何一个位置，可以通过下面的公式（3-6）来计算校正的光强度。

$$R=\frac{R_m}{\cos\theta}=R_m\frac{s}{\sqrt{s^2-x^2}} \tag{3-6}$$

式中，R_m为测量的光强度，R 为修正后的光强度。对圆形水果利用光谱成像进行品质检测时，首先通过式（3-5）和式（3-6），将平面散射距离 x 和每个径向圆带测量的光强度 R_m 转换成圆形的散射距离 z 和修正后的光强度 R。然后进行预测建模建立。Peng 等[32]利用修正后的散射距离和光强度，通过提取洛伦兹散射参数进行了苹果硬度的预测，结果如图 3-38 所示。

除了水果大小/形状对光谱强度影响外，光学检测系统的结构（如光学探头与样品的距离、探头的扫描幅度、检测范围等）也会影响采集信息的真实性。关于水果内部品质的高光谱检测，Peng 等[33]提出了有效的光谱强度修正方法。

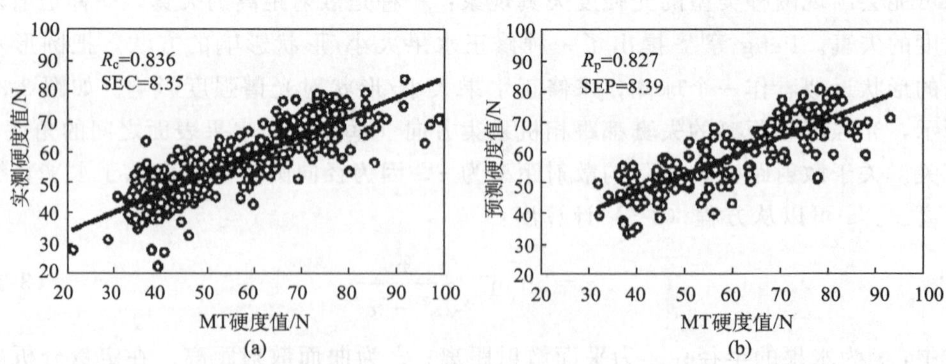

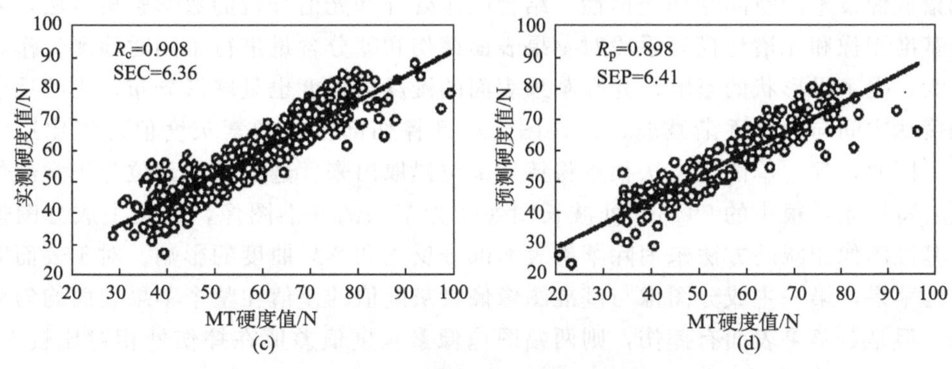

图 3-38　苹果硬度预测相关系数[32]

(a) 修正前校正结果；(b) 修正前验证结果；(c) 修正后校正结果；(d) 修正后验证结果

水果内部品质检测主要通过各种光学无损检测系统获得有效的特征数据信息，并且选择合适有效的数据处理方法来建立一个稳定、可靠的预测模型去判定品质好坏。

3.4　水果内外部品质同时检测的光学技术

基于单一技术的水果品质检测，在某些要求不高的特定场合下是有效的，但它检测到的质量信息是有限的。例如检测水果颜色、形状、尺寸等外观特征是计算机视觉技术之所长，但对于外观无显著异常，内部已变质或腐烂的水果难以检测，更无法得到水果的糖酸度等内部信息。因此如果检测水果外部品质的同时，又可检测水果的内在品质，然后综合外部和内部的品质参数对水果的质量作出综合的评价，这样能有效地提高水果生产技术水平[34]。

3.4.1　多信息融合技术

多信息融合技术可以发挥水果各种无损检测技术的优势，实现信息的互补，对水果进行全面的检测。邹小波等[34]利用计算机视觉、电子鼻、近红外光谱三种技术融合检测系统对苹果的品质等级进行评定。将水果的颜色、形状、尺寸等外观信息与其糖度、酸度等内部信息以及散发出来的气味信息融合起来，然后对照知识库中的专家知识和经验，对苹果质量进行综合判别。

3.4.2　高光谱成像技术

高光谱成像技术在实现水果综合品质的检测方面具有很大的发展潜力，利用高光谱的这一特性，可以实现水果的内外品质同时检测。单佳佳等[35]利用了高光谱成像技术的空间性和光谱性，结合图像处理和光谱分析的数学解析方法，采用基准图像和光谱建模等手段对苹果表面摔伤和糖分含量进行了同时检测。作者认为，受苹果形状的影响，光在苹果表面的漫反射强度也呈球形分布，光的反射强度从中间向边缘逐渐减弱，即在图像中部摔伤部位的像素灰度值可能比边缘高，因此，仅用单阈值方法很难将摔伤部位提取出来。选取摔伤部位与正常部位反射特性差异很小的794nm处波长图像作为苹果的基准图像，采用主成分图像与基准图像相减的方法来消除苹果表面部分反光和苹果曲度的影响。对于表面完好的苹果，第一主成分图像与基准图像像素灰度值的差值在整个苹果表面均匀分布。但是若苹果表面有摔伤，则两幅图像像素灰度值差值在摔伤处相对比较大，因此将两幅图像相减，再通过单阈值分割法就可以将摔伤部位提取出来。图 3-39（a)是苹果480～1016nm波段内第一主成分图像，图 3-39（b）是794nm波长下的图像，图 3-39（c）为两幅图像相减后，进行3×3均值滤波处理，单阈值方法提取摔伤部位的结果。苹果第一主成分图像与794nm的图像相减后进行去噪和阈值分割处理，摔伤检测的准确率为92.6％。

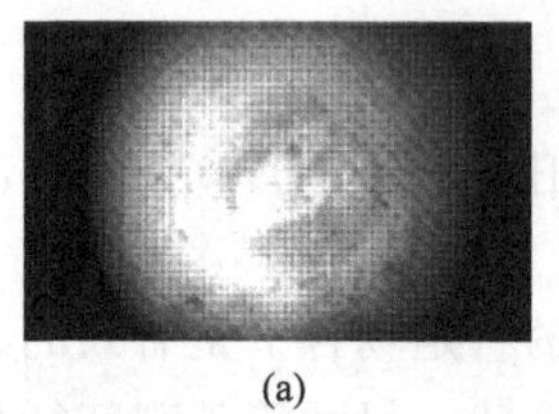
(a)

(b)

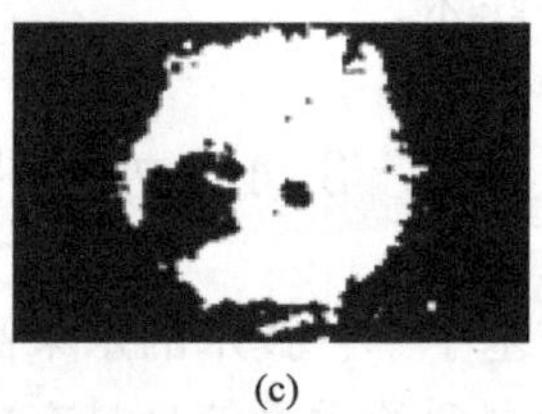
(c)

图 3-39　苹果外部损伤的图像分析[35]

(a) 第一主成分图像；(b) 794nm处的高光谱图像；(c) 图像处理结果

关于糖分的预测，采用从感兴趣区域提取反射光谱的方法建立预测模型。由于苹果中间区域的漫反射强度大，信噪比高，每幅图像从相对中间较亮部位选取50×50的区域作为感兴趣区域，如图 3-40（a）（“□”为ROI区域）所示。因为所选感兴趣区域面积较小，因此忽略了该区域内苹果曲度的影响。为了保证数据的一致性，对于摔伤苹果，把除摔伤面以外完好的3个面的感兴趣区域进行平均，完好的苹果任意取3个面的感兴趣区域平均，获取其平均反射光谱曲线。

选择480～1016nm波段内的光谱建模，图 3-40（b）为原始反射光谱曲线。采用多元散射校正、一阶导数和SG平滑等方法对反射光谱进行不同的预处理，利用偏最小二乘回归方法建立苹果糖分的预测模型。使用留一交叉验证法确定偏最小二乘回归建模的主成分数，结果如表 3-1 所示。

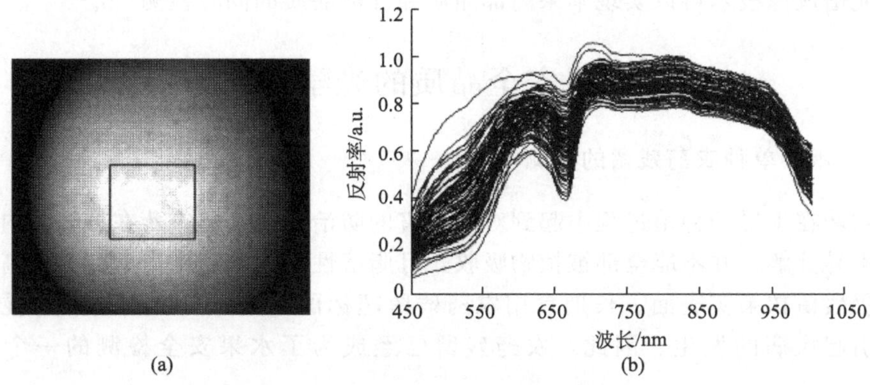

图 3-40　样品信息的选取[35]

(a) 感兴趣区域的选取；(b) 原始光谱反射曲线

表 3-1　不同的数据处理方法校正和预测结果

数据处理方法	主成分数	R_c	SEC/°Brix	R_p	SEV/°Brix
MSC	15	0.97	0.31	0.90	0.70
MSC ＋一阶导数处理	8	0.95	0.37	0.90	0.71
MSC ＋一阶导数 ＋ SG 平滑处理	8	0.93	0.41	0.92	0.67

结果表明，原始反射光谱＋MSC＋一阶导数＋SG 平滑处理后的模型相对稳定，建模效果较好。采用 PLSR 的方法，选取 8 个主成分，校正集和验证集相关性结果如图 3-41 所示。校正集糖分含量的相关系数为 R_c 为 0.93，SEC 为 0.47°Brix，验证集糖分含量的相关系数 R_p 为 0.92，SEP 为 0.67°Brix。可见，利

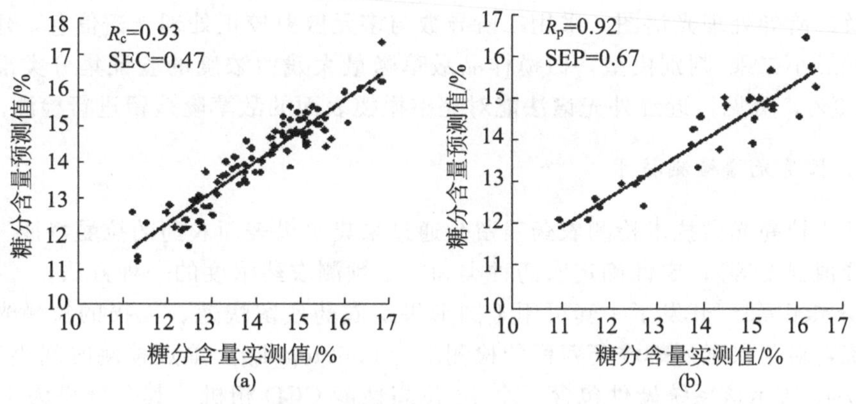

图 3-41　偏最小二乘法的苹果内部品质预测结果[35]

(a) 校正集预测结果；(b) 验证集预测结果

用高光谱成像技术可以实现苹果内部品质和外部品质的同时检测[35]。

3.5 水果安全品质的光学检测技术

3.5.1 水果单种农药残留的检测

农药在水果的种植过程中起到对病虫害的防治作用，但农药在植物体内、土壤中不易分解，并不能全部被植物吸收，且脂溶性强的农药施用后残留量高，大部分仍残留在果实表面。长期食用农药残留超标的水果，可能引起人的慢性中毒，引起疾病的发生。因此，农药残留已经成为了水果安全检测的一个重要方面。

1. 近红外光谱法

近红外光谱技术具有无损、操作简便、检测成本低、速度快等优势，可以有效地弥补传统农药残留测试方法的缺陷，在农药残留的检测和监测方面是一种新型的检测技术。

Lourdes 等[36]采用近红外光谱法直接测定橄榄表面除草剂敌草隆的残留。该研究制备了大于和小于敌草隆最大残留限量（0.2ppm）的不同浓度农药添加到216 个橄榄样品表面用于实验。橄榄样品被放置在 70cm×40cm 的单层薄铝盘上，采用喷枪对橄榄表面喷洒相同体积的敌草隆，通过晃动托盘使得橄榄表面与除草剂充分接触，无农药橄榄样品 108 个，有农药样品 108 个。近红外光谱采集系统包括一个 FNS-6500 扫描光栅单色仪，在 400～2500nm 光谱范围内，每个样品采集 32 个点，获取平均光谱，光谱采集完成后，利用气相色谱与质谱联用(GC-MS/MS) 测定橄榄样品敌草隆含量。图 3-42 为采集整个橄榄样品的原始光谱图及二阶导处理光谱图。采用二阶导数与多元散射校正处理光谱信息，建立全光谱偏最小二乘-判别模型，橄榄样品敌草隆最大残留浓度的验证集分类准确率为 85.9%，可见，近红外光谱法能对完整橄榄表面的敌草隆残留进行检测。

2. 拉曼光谱检测技术

基于拉曼光谱技术检测农药残留是通过采集水果表面农药的拉曼特征（峰位置及峰值强度等)，定性确定农药种类和定量预测农药浓度的一种方法。

Dhakal 等[37]开发了一套可用于圆形果蔬农药残留快速、无损的拉曼光谱检测系统，对苹果毒死蜱农药残留的检测限为 6.69mg/kg，单点检测时间小于 3s。如图 3-43 所示该系统硬件包含一个 16 位高性能 CCD 相机，其分辨率为 1024×256 像素，冷却温度为－65℃，相机与光谱仪及计算机相连，用于采集拉曼散射数据信息。一个强度稳定的 785nm 激光器作为系统的激发光源，Y 型光纤分叉

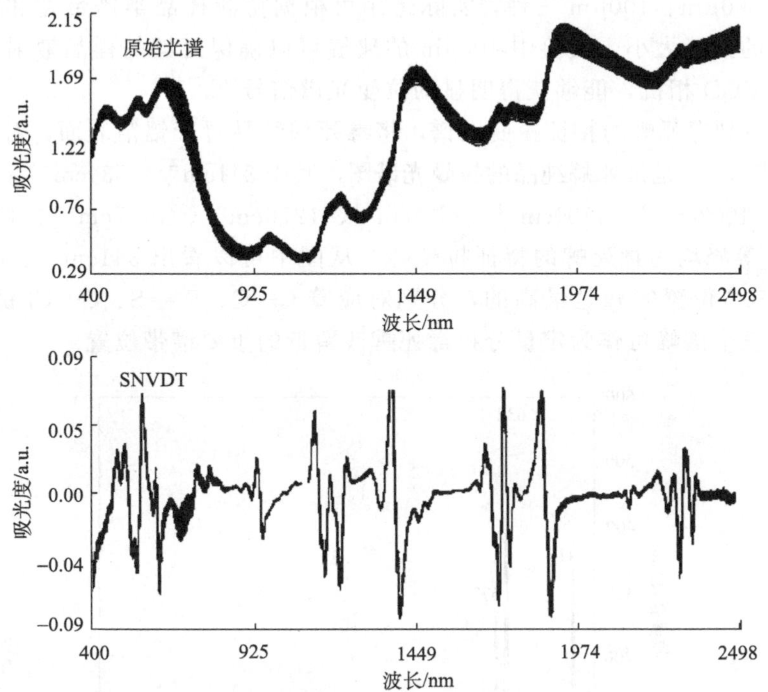

图 3-42　橄榄样品集的原始光谱和二阶导光谱[36]

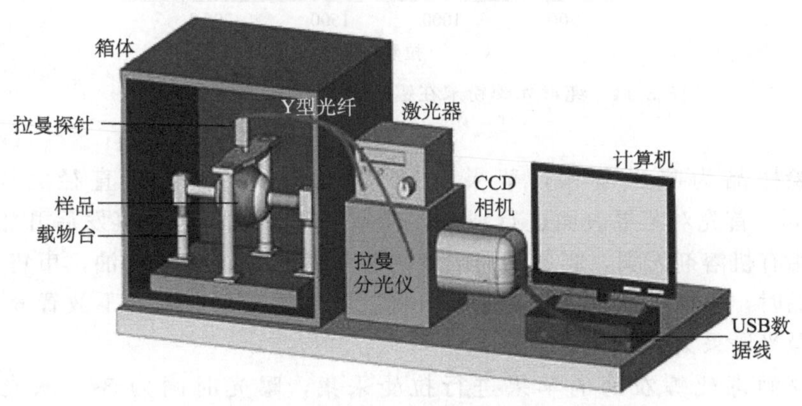

图 3-43　果蔬农药残留拉曼无损检测系统结构示意图[37]

端分别与激光器和光谱仪相连，用于传输光信号。激光器产生的稳定激光经 Y 型光纤传至拉曼探针，并照射到待测样品上产生散射光。拉曼探针接收其中部分散射光并经 Y 型光纤传至光谱仪进行分光。拉曼探针被夹持在竖直可调夹具上，确保激光垂直照射到样品上。Y 型光纤与光谱仪之间通过狭缝连接，狭缝大小分为 25μm、50μm、100μm 三种，实际运用可根据待测样品半谱带宽和散射强度选择合适的狭缝大小。实验中 100μm 的狭缝可以确保足够的样品散射光通过光谱仪进入 CCD 相机，能够获得明显的拉曼光谱信号。

为了得到毒死蜱的特征拉曼图谱，将毒死蜱纯品置于铝箔表面，对其进行拉曼检测，图 3-44 是毒死蜱纯品的拉曼光谱图，其中 $341cm^{-1}$、$534cm^{-1}$、$632cm^{-1}$、$677cm^{-1}$、$1002cm^{-1}$、$1100cm^{-1}$、$1237cm^{-1}$、$1276cm^{-1}$、$1457cm^{-1}$、$1568cm^{-1}$、$2933cm^{-1}$等峰均为毒死蜱的特征拉曼峰。从图中可以看出 $341cm^{-1}$、$632cm^{-1}$、$677cm^{-1}$三个位置的峰是最高的，分别对应着 C—C、P ═S、C—Cl 键的伸缩。因此，这三个谱峰可作为定量分析毒死蜱残留量的重要谱带位置。

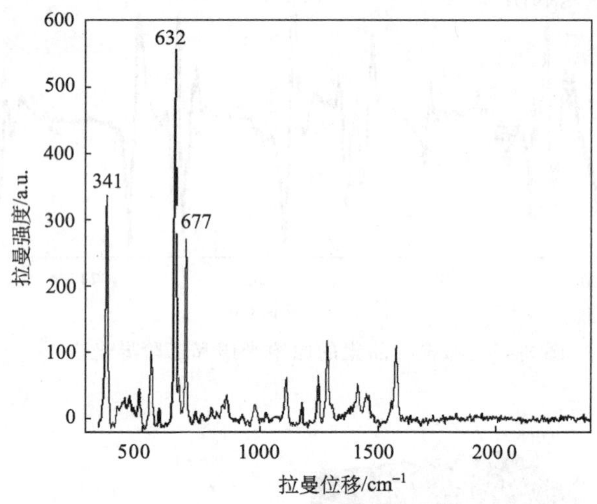

图 3-44 纯毒死蜱粉末在铝箔上的原始拉曼光谱图[37]

实验样品为嘎啦苹果，苹果重量为 183.3～211.8g，直径为 72.47～80.26mm。首先对苹果表面进行清洗，在室温下待表面水分蒸发后开始样品制备。利用有机溶剂丙酮，制备不同浓度的毒死蜱农药（48%乳油，市售）样品，制备样品时，模拟实际农药喷洒方法，将制备好的样品在室温下放置 6 小时后，进行拉曼光谱采集。

对喷洒毒死蜱农药的苹果进行拉曼采集，曝光时间为 3s，激光强度为 450mW，探头与苹果表面距离为 7mm。每个苹果表面采集 20 个点，每个点采集 3 次数据，将每一个苹果采集的所有光谱数据进行平均，得到平均光谱曲线。图 3-45（a）是嘎啦苹果的原始光谱曲线。图 3-45（b）是原始光谱经 SG 平滑去噪后的光谱曲线，曲线的信噪比明显提高，在 $677cm^{-1}$处的拉曼信号得到加强。对 SG 平滑后的曲线进行 8^{th}多项式拟合，去除荧光背景，得到图 3-45（c）。信号采集完毕，每个浓度选取 3 个苹果进行高效液相色谱法测定整个苹果的毒死蜱含量，浓度分布范围为 14.40～0.33mg/kg。选取 677cm^{-1}附近一段范围内的波段作为感兴趣区域，建立多元线性回归模型。实验表明，先经过 SG 平滑，再经 8th多项式拟合扣除背景的预处理方法得到的校正集和验证集的相关系数均大于 0.90，验证结果如 3-45（d）所示。

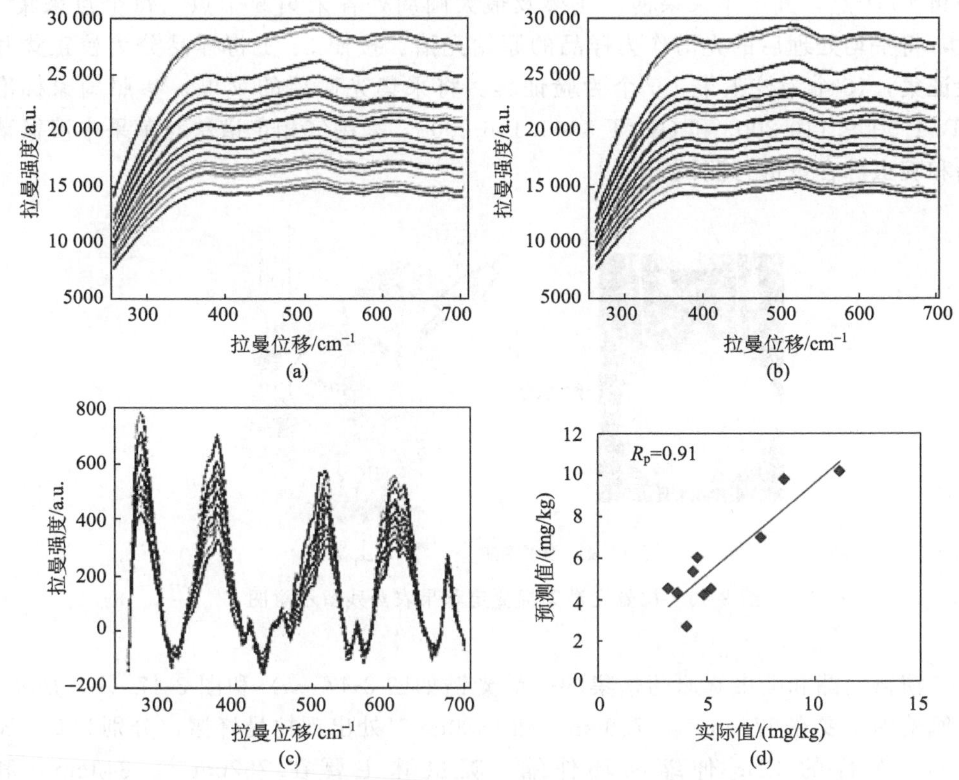

图 3-45　毒死蜱含量不同的嘎啦苹果上的拉曼光谱[37]

（a）原始光谱；（b）SG 平滑后光谱；（c）去荧光背景后光谱；（d）验证集 MLR 预测结果

3.5.2　农药残留种类识别及浓度预测

翟晨等[38]利用拉曼光谱对苹果上混合农药残留预测进行了研究。实验以溴氰菊酯（乳油状，有效成分含量 25g/L）和啶虫脒（微乳剂状，有效成分含量 10%）两种农药为检测目标。将不同质量的溴氰菊酯和啶虫脒农药置于 2L 大烧杯中，加入丙酮溶液定容至 1L，混合均匀，制备不同浓度的溴氰菊酯和啶虫脒混合溶液。从农贸市场购买重量和形状基本一致的 20 个红富士苹果，先清洗苹果表面，再用去离子水进行冲洗，放置阴凉处风干。将苹果浸入制备好的溴氰菊酯和啶虫脒混合溶液几秒后，迅速取出，再将苹果悬空放置 6 小时后采集拉曼光谱。

进一步，利用自行搭建的拉曼检测系统[37]采集样品的拉曼光谱曲线，无损检测示意图如图 3-46 所示。实验中光谱测量范围为$-176\sim2400cm^{-1}$，分辨率为$2cm^{-1}$，激光波长为 785nm，激光功率为 450mW，曝光时间为 3s。每个苹果采集 15 个点，其中苹果果梗、花萼及最大圆周处各采集 5 个点，每个点采集 3 次，将平均处理后的光谱作为样品的原始光谱。按照 3：1 将样品分为校正集和验证集，15 个为校正集，5 个为验证集。将采集光谱后的苹果，参照国家标准 GB/T 5009.110-2003 和 GB/T 5009.146-2008，采用气相色谱法对苹果中溴氰菊酯和啶虫脒含量进行测试。

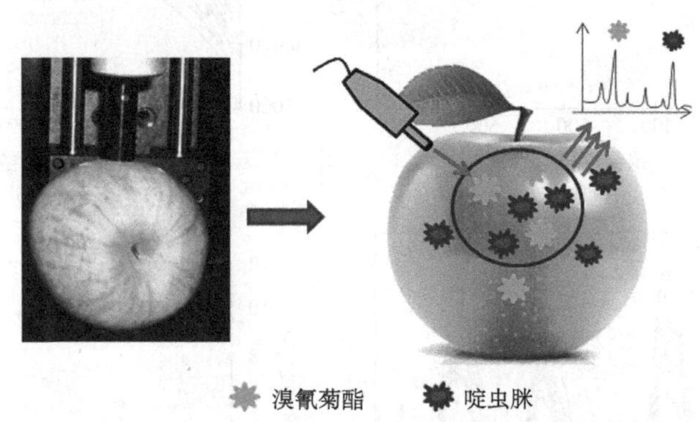

图 3-46 拉曼光谱无损测定苹果农药残留示意图[38]

溴氰菊酯和啶虫脒原药采集的拉曼光谱如图 3-47（a）和图 3-47（b）所示。溴氰菊酯主要在$574cm^{-1}$、$736cm^{-1}$和$1380cm^{-1}$处出现拉曼峰谱，分别为 C—Br 伸缩、对称的 CBr_2 伸缩和环伸缩。啶虫脒主要在 $752cm^{-1}$、$843cm^{-1}$ 和 $1022cm^{-1}$处出现拉曼峰谱，分别是 C—Cl 伸缩、环振动和环“呼吸”。图 3-47（c）和图 3-47（d）分别为无农药苹果样品和丙酮的拉曼光谱曲线，从图中可知苹果表面没有明显的拉曼峰，而丙酮的拉曼峰主要在 $536cm^{-1}$、$790cm^{-1}$、$1070cm^{-1}$和 $1226cm^{-1}$，与两种农药的特征峰无重叠。

对不同混合浓度农药含量的 20 个苹果样品进行拉曼信号采集，得到的原始光谱图，如图 3-48（a）所示。对原始光谱曲线采用一阶导数、二阶导数、8^{th}多项式拟合法基线扣除，信号极小极大值自适应缩放法基线扣除及 SNV 共 5 种预处理方法扣除荧光信号，其拉曼光谱图如图 3-48（b）～图 3-48（f）所示。选取$550\sim850cm^{-1}$波段范围的拉曼光谱进行分析，选取 $574cm^{-1}$ 为溴氰菊酯的特征峰，$843cm^{-1}$ 为啶虫脒的特征峰。由于苹果在检测时，丙酮已经挥发完全，因此

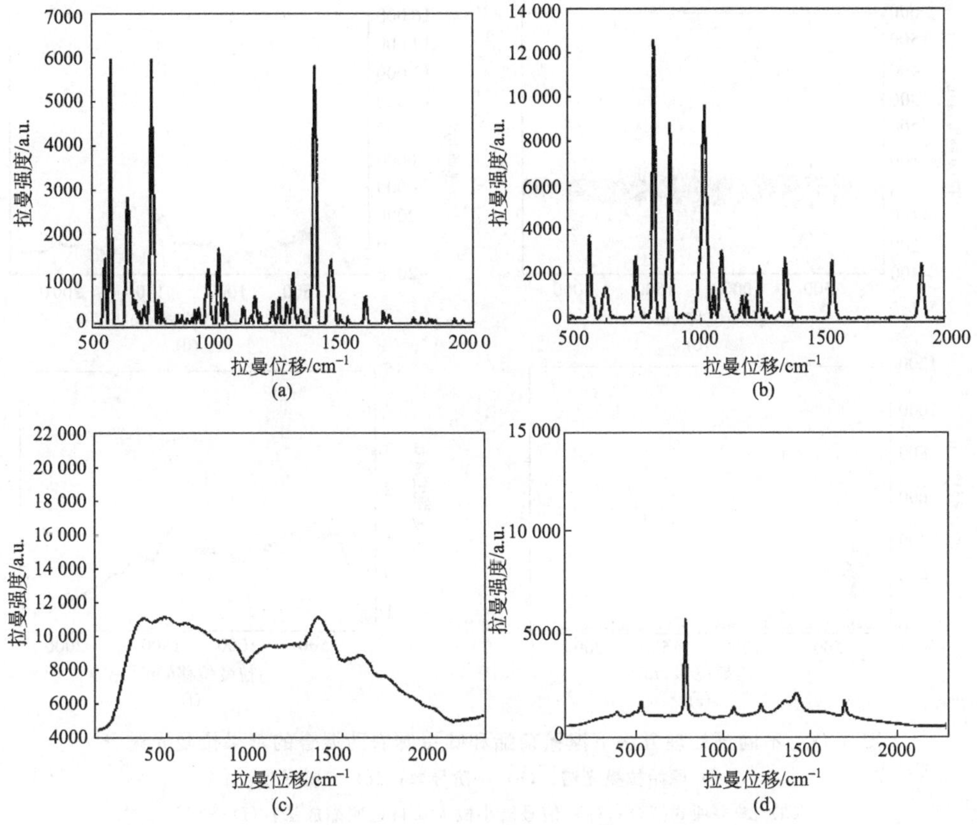

图 3-47　拉曼原始光谱图[38]

(a) 溴氰菊酯；(b) 啶虫脒；(c) 无农药苹果；(d) 丙酮

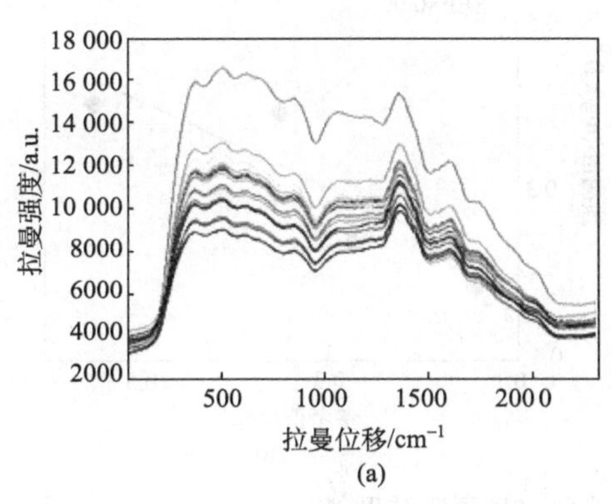

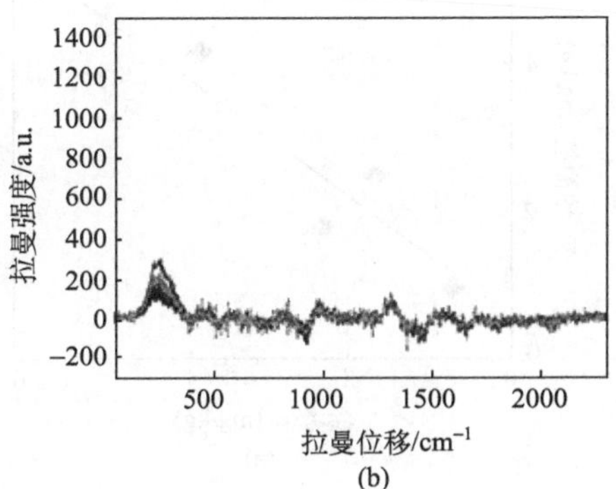

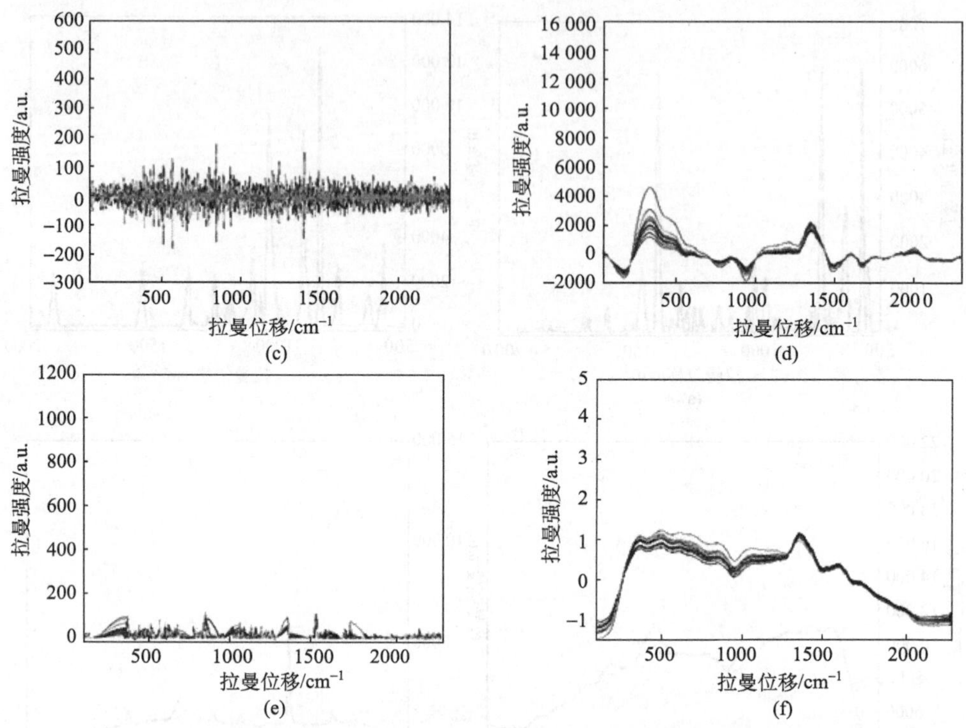

图 3-48　不同预处理方法下溴氰菊酯和啶虫脒农药混合的苹果拉曼光谱[38]

(a) 原始拉曼光谱；(b) 一阶导数；(c) 二阶导数；

(d) 8th多项式拟合；(e) 信号极小极大值自适应缩放法；(f) SNV

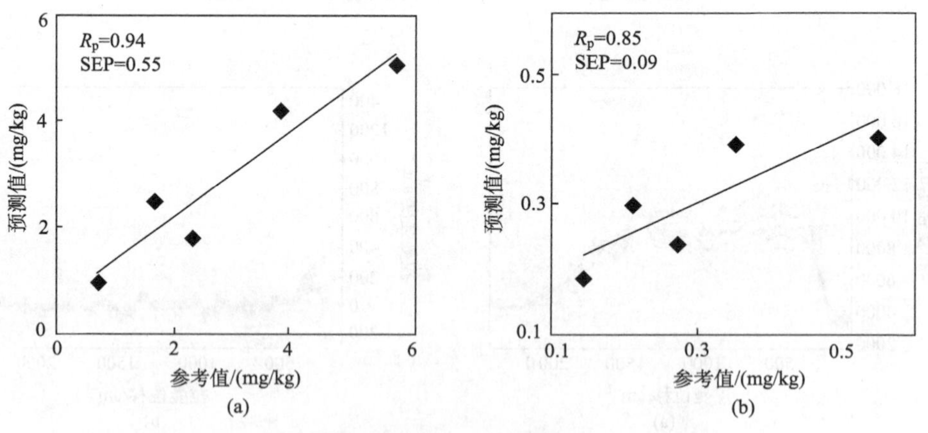

图 3-49　苹果中多种农药残留定量预测结果[38]

(a) 溴氰菊酯；(b) 啶虫脒

对农药检测无影响。当苹果中溴氰菊酯的含量为0.78mg/kg，啶虫脒的含量为0.15mg/kg时，在扣除荧光背景的拉曼光谱中仍可以清晰地分辨出两种农药的特征峰。因此，在定量预测苹果农药残留浓度之前，可根据农药的拉曼特征峰定性确定农药的种类，然后再对其进行定量分析。

为了建立定量预测模型，采用气相色谱法检测样品溴氰菊酯和啶虫脒的含量，得到的农药浓度范围，溴氰菊酯为6.7～0.67mg/kg，啶虫脒为0.68～0.092mg/kg。根据拉曼特征峰进行农药种类定性识别后，可以采用不同的预处理方法结合偏最小二乘法建立定量预测模型。采用8^{th}多项式拟合基线校准的预处理方法建立了PLS模型对两种农药进行预测，如图3-49所示，溴氰菊酯验证集相关系数为0.94，啶虫脒验证集的相关系数为0.85。由此可见，采用拉曼光谱可无损快速定量预测水果中的多种农药残留。

3.6 水果品质安全光学检测技术的应用

美国俄勒冈州的ALLE Electronics公司开发了果实、蔬菜等分选装置。该装置采用高晰像度的CCD相机，能对在传送带上移动的样品，识别1mm大小的变色部分和缺陷部分[39]。

意大利成功研制了果实色泽、重量分级机并应用于商业化生产中。其工作特点是将自动化色泽分级和大小分级相结合。首先是在带有可变孔径的传送带上进行大小分级，在传送带的下边装有光源，传送带上按不同尺寸落下的果实经光源照射，将反射光传送给计算机。计算机基于反射光把果实分为全绿果、半绿半红果、全红果等级别，每小时分选理苹果15～20t[39]。

日本MAKI公司生产的分选设备，利用了光学原理对苹果进行在线检测，可以同时检出多个品质指标（糖度、酸度、大小、质量等），并可判断苹果内部是否有异常（水心病、霉心病、褐变），检测速度大于3个苹果/s[39]。

浙江大学[40,41]开发了水果品质机器视觉实时检测与分级生产线，每小时能检测和分级3～6t水果，能够均匀翻转、输送水果，同时实现果品大小、形状、色泽、果面缺陷等多项外部指标的同步检测和分级，可用于柑橘、胡柚、苹果等。

美国农业部仪器与传感技术实验室利用开发的一套线扫描高光谱成像系统对表面粪便污染、大小、颜色、缺陷的水果进行实时在线检测[42]。该高光谱成像系统安装有荧光光源和反射光源两套照明装置，实际检测中可以通过光源的交替变换一次采集水果的荧光图像和反射图像，检测速度3个水果/s。图3-50（a）为在线高光谱成像检测系统的示意图，图3-50（b）为结合商用水果输送机和分类机械构成的在线检测系统实物图。利用荧光和反射两大特性，以检测苹果为例，采集的苹果不同波长下的荧光图像如图 3-51（a）所示，对苹果荧光高光谱图像的分析过程及结果如图 3-51（b）所示，取 660nm 和 530nm 处的荧光图像进行波长比运算，然后再对其波长比图像进行二值化运算（阈值为 0.99），可以快速地将苹果表面受污染的区域检测出来。利用采集的苹果反射高光谱图像对苹果的缺陷进行分析，如图 3-51（c）所示，取近红外区域 800nm 和 750nm 波长下的反射图像，分析方法同荧光图像分析方法类似，取这两个波长下的波长比图像进行分析，能准确的提取出苹果表面的缺陷区域。

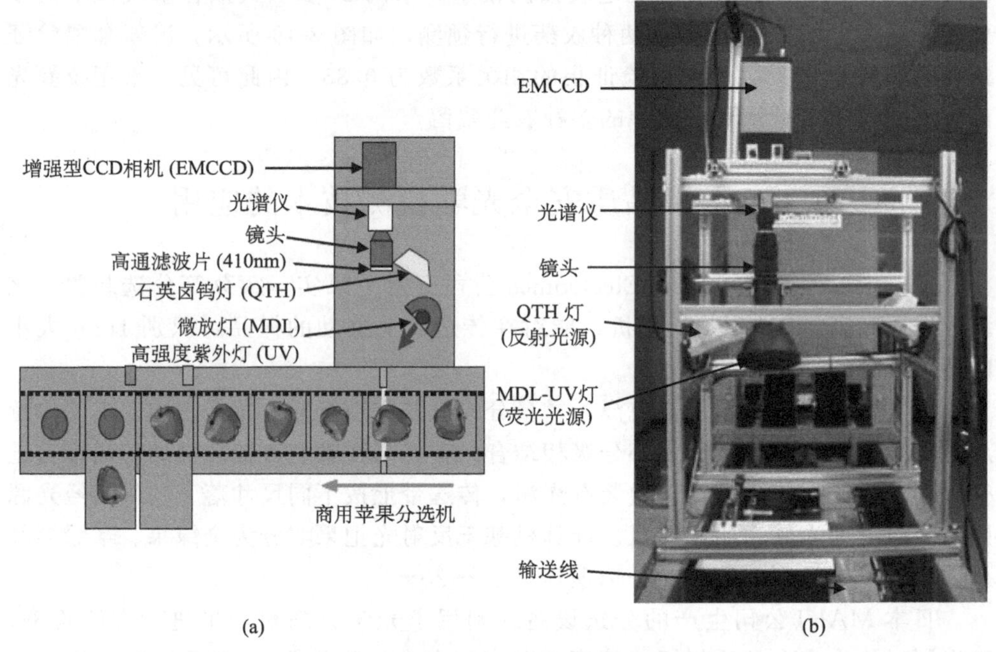

图 3-50　线扫描高光谱成像系统[42]

（a）系统示意图；（b）系统实物图

日本在农产品计算机视觉检测领域一直处于领先地位，已经研制出用于番茄、苹果、桃、梨、黄瓜、葡萄、柑橘、草莓等果蔬的视觉检测设备，部分已经进入实用阶段。Naoshi[43] 和 Toru[44] 等研发了计算机视觉检测设备，包括照明系统、机械装置、图像设备、处理算法等。针对苹果、桃、梨等多个水果品种，分别制定了颜色、形状、大小、纹理、外部损伤的计算机视觉分级标准，图 3-52和图 3-53 为日本研制的在线实用水果分选装置。

利用吸盘分级（图 3-53）的果实分选机器人操作系统如图 3-54 所示。利用该视觉系统采集的一个桃子的 6 幅图像（上、下图像和侧面 4 幅图像），如图 3-55（a)所示，左上角的图像是由固定在上方的相机拍摄的在生产线上以

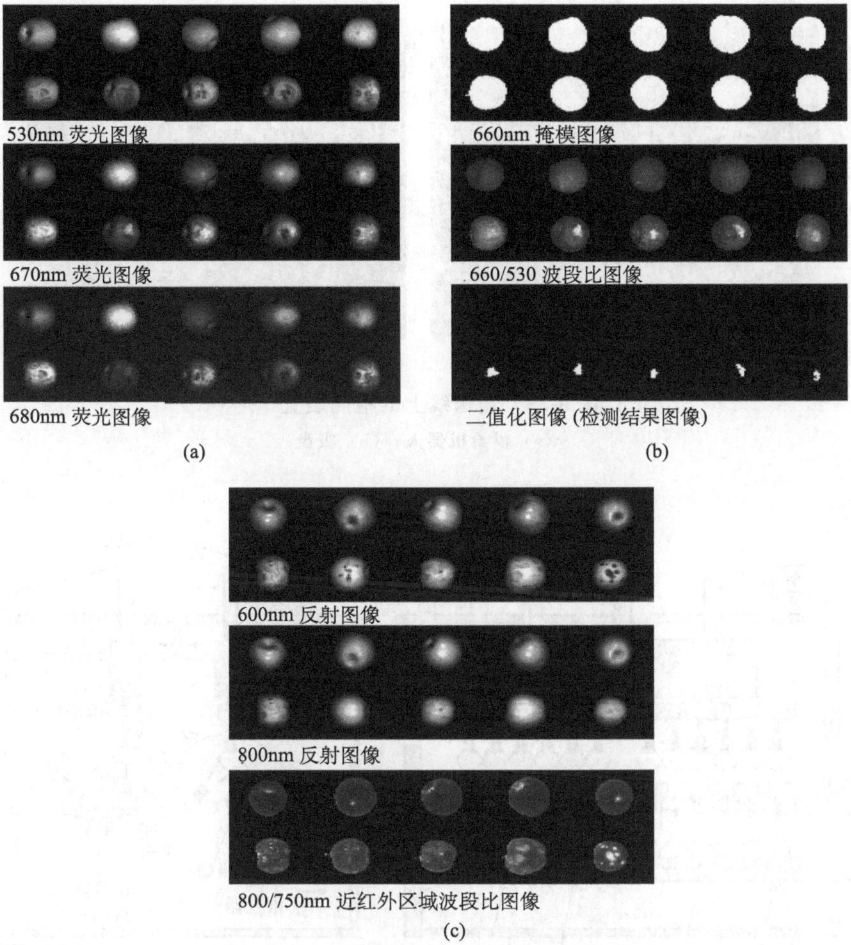

530nm 荧光图像

670nm 荧光图像

680nm 荧光图像

(a)

660nm 掩模图像

660/530 波段比图像

二值化图像 (检测结果图像)

(b)

600nm 反射图像

800nm 反射图像

800/750nm 近红外区域波段比图像

(c)

图 3-51　采集的苹果的样品图像[42]

(a) 采集的荧光图像；(b) 荧光图像的分析结果；(c) 采集的反射图像及结果分析

图 3-52　利用机器视觉技术柑橘实时在线检测[43]

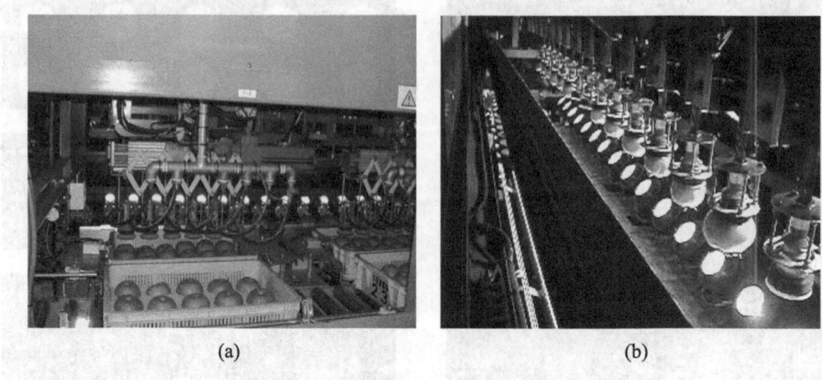

(a)　　(b)

图 3-53　输送线上的检测装置[43]

(a) 供给机器人；(b) 吸盘

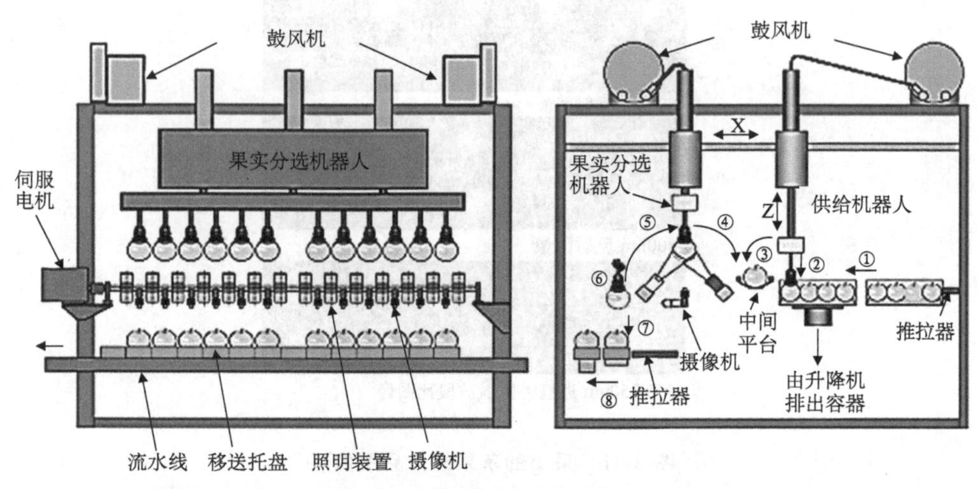

图 3-54　果实分选机器人系统[44]

30m/min移动的托盘，左下角的图像是从下方的回转相机拍摄的分选机械手吸附果实后移动中的状态（⑤）。其他四幅图像是回转相机对应于机械臂的动作处于水平朝向时，并且当机械臂的回转关节带动果实绕轴 0.6s 旋转期间（⑥），4 次拍摄的侧面图像。如图 3-51 所示，该机械手一次可以同时进行 12 个果实的抓取操作与图像输入，机械手利用吸盘吸住果实至放回到移送托盘的距离为 1165mm。移动时间约为 2.7s，包括等待时间等在内机械手返回到初始状态的时间为 4.25s，即每秒能处理 3 个果实，工作效率相当于人工作业的 10 倍。图 3-55 (b)为采集的桃子原始图像基于 HIS 变换后的颜色变换图像，如右侧颜色带所示，红、黄、绿的颜色所表示的区域为正常部位，蓝色系的颜色所表示的区域为缺陷部位。进一步，在蓝色系的颜色所表示的区域上再结合其他处理方法判定最终的缺陷区域，得到如图 3-55（c）所示的缺陷区域判定结果（用白色表示）。

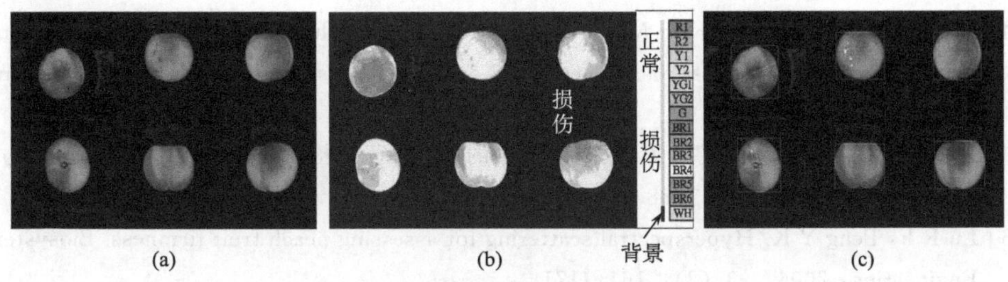

图 3-55 采集的桃子样品图像[44]

（a）桃子的样品图像；（b）颜色变换图像；（c）图像处理结果

参考文献

[1] 陈君. 农产品品质的无损检测技术. 长春工业大学学报（自然科学版），2006，27（3）：262～266

[2] 任永新，单忠德，张静，等. 计算机视觉技术在水果品质检测中的研究进展. 中国农业科技导报，2012，14（1）：98～103

[3] 郭文川，朱新华，郭康权. 果品内在品质无损检测技术的研究进展. 农业工程学报，2001，17（5）：1～5

[4] 樊军庆，张宝珍. 浅谈水果品质的无损检测技术. 世界农业，2007，3：56～58

[5] 康宁波，贺晓光，张冬. 基于机器视觉在果品无损检测技术方面的研究进展. 宁夏工程技术，2010，9（2）：166～169

[6] Blasco J，Aleixos N，MoltÓ E. Machine vision system for automatic quality grading of fruit. Biosystems Engineering，2003，85（4）：415～42

[7] Bennedsen B S，Peterson D L. Performance of a system for apple surface defect identification in near-infrared images. Biosystems Engineering，2005，90（4）：419～431

[8] 赵杰文，刘剑华，陈全胜，等. 利用高光谱图像技术检测水果轻微损伤. 农业机械学报，2008，39（1）：106～109

[9] 李江波. 脐橙表面缺陷的快速检测方法研究. 杭州：浙江大学，2012

[10] ElMasry G，Wang N，Vigneault C，et al. Early detection of apple bruises on different background colors using hyperspectral imaging. LWT，2008，41：337～345

[11] 李江波，王福杰，应义斌，等. 高光谱荧光成像技术在识别早期腐烂脐橙中的应用研究. 光谱学与光谱分析，2012，32（1）：142～146.

[12] Blascoa J，Aleixos N，Gómeza J A，et al. Citrus sorting by identification of the most common defects using multispectral computer vision. Journal of Food Engineering，2007，

83 (3)：384～393

[13] Kim M S，Lefcourt A M，Chao K L，et al. Multispectral detection of fecal contamination on apples based on hyperspectral imagery Part Ⅰ：application of visible and near-infrared reflectance imaging. Transaction of the ASAE，2002，45：2027～2037

[14] Mehl P M，Chen Y R，Kim M S，et al. Development of hyperspectral imaging technique for the detectionof apple surface defects and contaminations. Journal of Food Engineering，2004，(61)：67～81

[15] 傅霞萍，应义斌，刘燕德，等. 水果坚实度的近红外光谱检测分析实验研究. 光谱学与光谱分析，2006，26 (6)：1038～1041

[16] Lu R F，Peng Y K. Hyperspectral scattering for assessing peach fruit firmness. Biosystems Engineering，2006，93 (2)：161～171.

[17] Peng Y K，Lu R F. An LCTF-based multispectral imaging system for estimation of apple fruit firmness Part Ⅰ：acquisition and characterization of scattering images. Transcation of the ASABE，49 (1)：259～267

[18] Peng Y K，Lu R F. Prediction of apple fruit firmness and soluble solids content using characteristics ofmultispectral scattering images. Journal of Food Engineering，2007，82：142～152

[19] 田海清，应义斌，陆辉山，等. 可见/近红外光谱漫透射技术检测西瓜坚实度的研究. 光谱学与光谱分析，2007，27 (6)：1113～1117

[20] 朱伟兴，江辉，陈全胜，等. 梨可溶性固形物含量 NIR 与变量筛选无损检测. 农业机械学报，2010，41 (10)：129～133

[21] 孙通，徐惠荣，应义斌. 近红外光谱分析技术在农产品/食品品质在线无损检测中的应用研究进展. 光谱学与光谱分析，2009，29 (1)：122～126

[22] Noh H K，Peng Y K，Lu R F. Integration of hyperspectral reflectance and fluorescence imaging for assessing apple maturity. Transactions of the ASABE，2007，50 (3)：963～971

[23] 黄文倩，李江波，陈立平，等. 以高光谱数据有效预测苹果可溶性固形物含量. 光谱学与光谱分析，2013，33 (10)：2843～2846

[24] 马广，傅霞萍，周莹，等. 大白桃糖度的近红外漫反射光谱无损检测实验研究. 光谱学与光谱分析，2007，27 (5)：907～910

[25] 欧阳爱国，谢小强，周延睿，等. 苹果可溶性固形物近红外光谱检测的偏最小二乘回归变量筛选研究. 光谱学与光谱分析，2012，32 (10)：2680～2684

[26] Qin J W，Burks T F，Ritenour M A，et al. Detection of citrus canker using hyperspectral reflectance imaging with spectral information divergence. Journal of Food Engineering，2009，93：183～191

[27] 王欣，谢锦春，韩东海，等. 水果内部品质在线近红外分析仪的研制. 现代科学仪器，2009，6：11～13

[28] 韩平，潘立刚，马智宏，等. X 射线无损检测技术在农产品品质评价中的应用. 农机化研究，2009，10：6～10

[29] Diene R G, Mitchell J P, Rhoten M L. Using an X-ray image to scan to sort bruised apples. Agricultural Engineering, 1970, 51 (6): 356～361

[30] 吕强，蔡健荣，赵杰文，等. 基于 X 射线成像技术的板栗内部品质检测. 江苏大学学报（自然科学版），2009，3 (2)：124～128

[31] 夏俊芳，李小昱，李培武，等. 基于小波变换的柑橘维生素 C 含量近红外光谱无损检测方法. 农业工程学报，2007，23 (6)：170～174

[32] Peng Y K, Lu R F. Improving apple fruit firmness predictions by effectivecorrection of multispectral scattering images. Postharvest Biology and Technology, 2006, 41: 266～274

[33] Peng Y K, Lu R F. Analysis of spatially resolved hyperspectral scattering images for assessing apple fruit firmness and soluble solids content. Postharvest Biology and Technology, 2008, 48: 52～62

[34] 邹小波，赵杰文. 农产品无损检测技术与数据分析方法. 北京：中国轻工业出版社，2008，176～192

[35] 单佳佳，彭彦昆，王伟，等. 基于高光谱成像技术的苹果内外品质同时检测. 农业机械学报，2011，42 (3)：140～144

[36] Salguero-Chaparro L, Gaitán-Jurado A J, Ortiz-Somovilla V, et al. Feasibility of using NIRspectroscopy to detect herbicide residues in intact olives. Food Control, 2013, 30: 504～509

[37] Dhakal S, Li Y Y, Peng Y K, et al. Prototype instrument development for non-destructive detection of pesticide residue in apple surface using Raman technology. Journal of Food Engineering, 2014, 123: 94～103

[38] 翟晨，彭彦昆，李永玉，等. 基于拉曼光谱的苹果中农药残留种类识别及浓度预测的研究. 光谱学与光谱分析，2015，35 (8)：2180～2185

[39] 韩东海，刘新鑫，涂润林. 果品无损检测技术在苹果生产和分级中的应用. 世界农业，2003，1：42～44

[40] 浙大研制水果品质机器视觉检测分级生产线. 中国教育和科研计算机网，http：//www.edu.cn/cheng_guo_zhan_shi_1085/20060323/t20060323_98497.shtml [2004-07-09]

[41] 饶秀勤. 基于机器视觉的水果品质实时检测与分级生产线的关键技术研究. 杭州：浙江大学，2007

[42] Kim M S, Chen Y R, Cho B K, et al. Hyperspectral reflectance and fluorescence line-scan imagingfor online defect and fecal contamination inspection of apples. Sensing and Instrumentation for Food Quality and Safety, 2007, 1: 151～159

[43] Kondo N. Robotization in fruit grading system. Sensing and instrumentation for food quality and safety, 2009, 1 (3): 81～87

[44] ToruIshii, Toita H, Kondo N, et al. Deciduous fruit grading robot (part 2) -development of image processing system-development of image processing system. Journal of JSAM, 2003, 65 (6): 173～183

第4章　蔬菜品质安全的光学检测技术

蔬菜在我国居民膳食结构中具有重要的地位，其品质安全状况不仅关系到国民的营养水平以及身体健康，同样影响到我国农产品出口创汇以及在国际市场上的竞争力。随着国民生活质量的提高，人们对蔬菜品质的要求也越来越高。消费者对蔬菜的色、香、味、形、营养等方面提出了更高的要求。同时由于我国近年来蔬菜质量安全问题频发，导致公众对蔬菜安全的不信任。传统的蔬菜品质安全检测方法多采用精密检测仪器，如高效液相色谱仪、气-质联用仪等，由于需要较复杂的样品前处理过程，较长的检测时间，因此无法对蔬菜的生产、运输、销售等环节的品质与安全做出快速响应。另外，传统方法需要专业人员进行操作，检测过程多数需要对样品进行破坏，因此只能进行抽样检测，造成了一定程度的浪费。新兴的蔬菜品质安全光学检测技术，如机器视觉技术、近红外光谱技术、高光谱技术以及拉曼光谱技术，可实现蔬菜的无损检测，避免了常规检测手段复杂的前处理过程，并且检测速度快，可用于蔬菜生产加工过程的在线检测。近几年，通过机器视觉、光谱等光学检测手段对果蔬进行品质安全无损检测已成为研究的热点，本章以马铃薯、番茄、油菜等主要蔬菜为研究对象，介绍其品质、安全参数的光学无损检测技术。

4.1　蔬菜的品质安全参数及其光学无损快速检测方法

蔬菜品种繁多，常见品种有菠菜、莴苣等叶菜类，胡萝卜、马铃薯等根菜类，茄子、番茄等果菜类，双孢蘑菇、香菇等食用菌。蔬菜品质安全参数通常分为外部品质、内部品质和安全品质。据调查统计，消费者购买蔬菜最关注的是蔬菜的新鲜度，其次为大小、形状、颜色等，并且随着人们生活水平的提高，蔬菜的食用安全性也成为消费者关注的焦点。表4-1为蔬菜常见品质安全参数，以及对应的常规检测手段和光学无损检测手段。

表4-1　蔬菜品质安全参数及其常用检测手段和光学检测手段

分类	参数	常规检测手段	光学检测手段	代表蔬菜
外部品质	大小、形状、颜色、表面损伤、整齐度等	人工、色差仪、分光光度法等	机器视觉技术、高光谱成像技术、荧光激发光谱技术等	番茄、马铃薯、油菜等

续表

分类	参数	常规检测手段	光学检测手段	代表蔬菜
内部品质	新鲜度、口感、坚实度、含水量、营养成分（如蛋白质、脂肪、矿物质、纤维素、可溶性固形物、叶绿素、β胡萝卜素等含量）、内部腐烂、空心等	原子光谱法、分光光度法、色谱法等	可见/近红外光谱技术、高光谱成像技术、荧光激发光谱技术等	大白菜、黄瓜、番茄、辣椒等
安全品质	农药残留、重金属、硝酸盐等	色谱法、分光光度法等	可见/近红外光谱技术、荧光激发光谱技术、拉曼光谱技术等	菠菜、油菜等

4.2　蔬菜外部品质检测

在蔬菜的种植运输过程中，由于种种原因不可避免会产生一些外观品质损伤，表现为表面缺陷、着色较差、擦伤以及病害导致的病斑等。蔬菜在采后通过分级、清洗、上色、打蜡、包装等步骤的处理，使其成为商品化程度高的产品。在蔬菜的优选分级过程中，光学成像检测技术能够有效提高优选效率，同时达到较高的准确度，保障蔬菜产品的优质供给。表 4-2 为近年来采用光学技术对蔬菜外部品质进行检测的研究现状。可以看出，蔬菜外部品质检测主要集中在大小、形状、颜色、重量等外形检测，以及冻伤、擦伤、酶促褐变等表面损伤。机器视觉技术在检测蔬菜颜色、形状、大小或者相对明显的损伤等方面具有明显的优势，但是对于冻伤、轻微损伤、酶促褐变等损伤却难以辨别，采用高光谱或者多光谱技术则较为准确。图 4-1 为用于蔬菜品质检测的高光谱系统，当不需要光谱检测时，可将成像光谱仪去除，使相机和镜头相连，组成机器视觉系统。

表 4-2　蔬菜外部品质光谱无损检测研究现状

品种	检测指标	检测技术	准确度
番茄	颜色	机器视觉[1]	—
	形状	机器视觉[2]	—
	颜色	多光谱成像[3]	—
	表皮缺陷	高光谱荧光成像[4]	>99%

续表

品种	检测指标	检测技术	准确度
马铃薯	缺陷检测	机器视觉[5]	89.6%
	形状	机器视觉[6]	100%
	外部缺陷	机器视觉[7]	95%
	畸形识别	机器视觉[8]	98.1%
	损伤	高光谱成像[9]	97.39%
	损伤	高光谱成像[10]	—
茄子	质量分级	机器视觉[11]	78.0%
	色泽	机器视觉[12]	80.6%
辣椒	体积	机器视觉[13]	—
双孢蘑菇	损伤检测	高光谱成像[14]	>79%
	酶促褐变	高光谱成像[15]	—
	冻伤	高光谱成像[16]	>95%
酸黄瓜	损伤检测	高光谱成像[17]	>75%
黄瓜	冻伤	高光谱成像[18]	90%

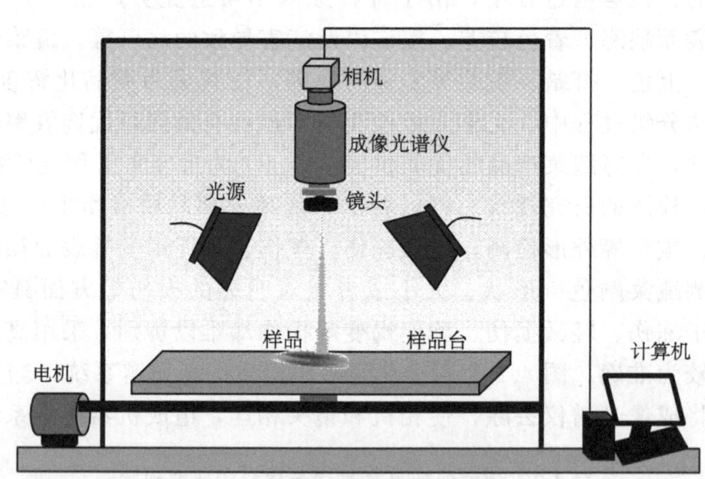

图 4-1 蔬菜品质检测高光谱系统[19]

4.2.1 蔬菜形态检测

根据大小、形状对蔬菜进行分级分选，有利于提高蔬菜的商品价值，目前常用方法为人工挑选分级，速度慢，正确率低。机器视觉技术具有快速、实时以及无损等优点，可作为蔬菜在线检测分级的重要手段。机器视觉技术首先通过图像传感器，如 CCD（charge-coupled device）、CMOS（complementary metal oxide semiconductor）等，采集蔬菜图像，然后进行图像的预处理，最后进行特征参数提取。郝敏等[20]采用机器视觉技术实现了马铃薯薯形的检测分类，研究将 Zernike 矩作为特征参数并利用支持向量机建模，对薯形良好和畸形的检测正确率达 93%和 100%。黄星奕等[21]根据正常和畸形秀珍菇的形状特征，通过逐步回归提取分形维数、相对位移、菌盖偏心率以及菌柄弯曲度等 4 个特征变量，采用支持向量机模式识别方法建立畸形秀珍菇判别模型，识别率高达 96.67%。陈红等[22]也采用机器视觉技术，将花菇的菇柄长度、形状类别和菌盖面积作为分选指标，对花菇进行分级，正确率为 92.2%。李长勇等[23]首先通过三维机器视觉测量设备获取番茄的点云数据，并对其深度进行归一化处理，然后通过关联被分割出的番茄区域信息与深度信息得到番茄的深度图，并对该深度图进行极坐标采样。通过在笛卡尔直角坐标下对采样结果进行傅里叶变换，获得了基于深度图像的通用傅里叶形状描述子，并用于番茄的分级实验，分级精度达到 92%以上。可见，采用机器视觉技术对蔬菜的形态检测具有较高的准确度。

关于马铃薯的形态检测，周竹等[24]为获得足够多的马铃薯表面信息，设计了基于 V 形平面镜的马铃薯图像采集系统。该系统中，CCD 相机与支撑架顶端的垂直距离为 620mm，两面平面镜呈 V 形分布在支撑架的两边。对马铃薯进行图像采集，对获取的原始图像，首先选用 Gamma 校正非线性灰度变换方法进行马铃薯的图像增强；其次采用中值滤波（5×5 算子）的方法对马铃薯图像进行滤波操作，随后确定以 Metric 自动阈值分割法对马铃薯图像进行分割。由于马铃薯受自身及外界的干扰，导致分离出来的二值图像往往由多个离散部分组成，因此应用高级形态学的去除细小微粒运算及去除边界运算消除颗粒和边界干扰。

对马铃薯的大小和形状特征进行提取，分别采用最小外接柱体体积法和最长径外接矩形的宽高比法。如图 4-2 和图 4-3，通过 V 形平面镜一次性获取马铃薯的三面图像［图 4-2（b），图 4-3（b）］，最小外接柱体底面积可以通过中间一幅马铃薯图像的面积 A_M计算求出，如图 4-2（b）所示，马铃薯的最小外接柱体体积可以通过式（4-1）表示。

$$V=kA_Mh \tag{4-1}$$

式中，V 为马铃薯的最小外接柱体体积；A_M为中间马铃薯图像的面积；h 为两侧马铃薯外接矩形的宽度中最大值 max（h_1，h_2）；k 为图像标定常系数，取值为 1.18（由于平面镜与水平面存在一定的夹角，两侧马铃薯图像的高度并不能反应马铃薯的实际高度，需要乘以一个系数 k）。最小外接柱体体积作为马铃薯大小的表征参数。对马铃薯的形状特征进行提取，如图 4-3 所示，求出三面图像中每幅马铃薯图像的最长径外接矩形的宽高比（W/H），其最小值作为马铃薯的形状评价特征。通过该方法可以实现将马铃薯按大、中、小进行分级，并同时实现了类圆形、椭圆形以及长形马铃薯的分类。

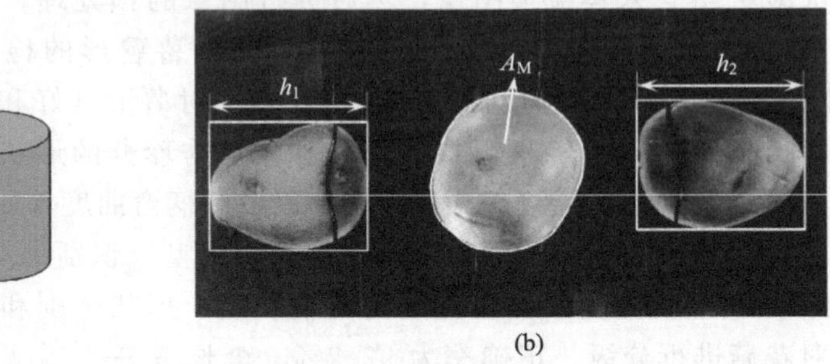

图 4-2　马铃薯大小评价方法[24]

(a) 最小外接柱体；(b) 大小特征提取示意图

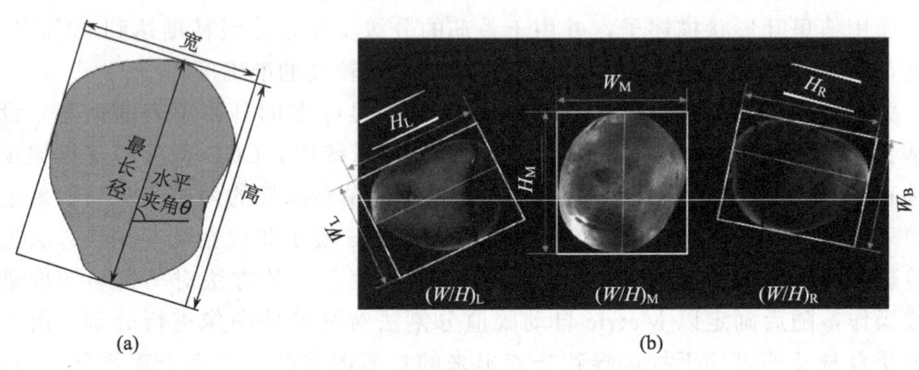

图 4-3　马铃薯形状评判方法[24]

(a) 最长径外接矩形；(b) 形状特征提取示意图

Lino 等[1]采用机器视觉采集番茄的颜色以进行成熟度的判断，图 4-4 为番茄的 RGB 图像，以及红、绿、蓝和亮度特征的处理过程，在番茄的成熟过程中，亮度、蓝以及绿增强达到最高值后，开始降低，相反红色值开始升高。在番茄成熟过程中，其各个颜色范围不断发生变化，红色范围越来越大，绿色范围越来越小，说明叶绿素逐渐降低，番茄红素逐渐升高。通过该方法可以有效辨识番茄的成熟阶段。

机器视觉技术对蔬菜的外部品质鉴定具有较好的实际效果，能够快速无损地对蔬菜的大小、是否畸形等做出鉴别，为蔬菜在线快速分级做出依据，随着消费者对果蔬的外观品质要求越来越严格，机器视觉应用于蔬菜的外部品质检测具有重要的实际价值。

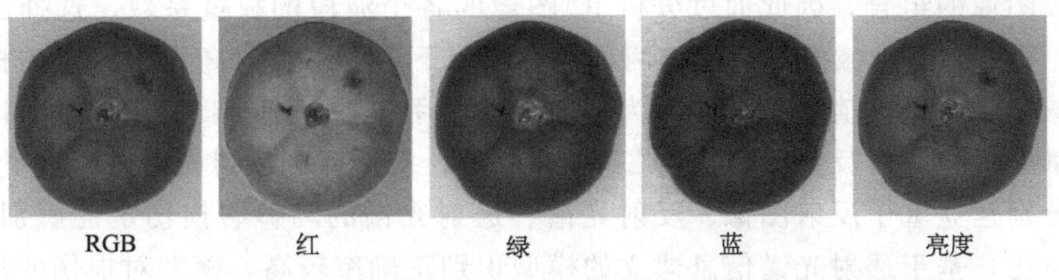

图 4-4　番茄的 RGB 图像以及红、绿、蓝、亮度的处理过程[1]

4.2.2　蔬菜缺陷识别

蔬菜缺陷包括机器损伤、病害、冻伤、腐烂等。对蔬菜缺陷进行检测有利于提高蔬菜的附加值，降低储藏成本以及避免病虫害损失。传统人工辨别方法，速度慢且正确率低，采用光学技术可以有效缩短检测时间，提高检测正确率。相比蔬菜的大小、形状、颜色等形态检测，这类检测由于缺陷区域的颜色、纹理等信息和正常区域处的高度相似，仅基于机器视觉效果较差。因此缺陷检测多采用高光谱/多光谱反射、透射以及荧光等技术。Owen 等[16]搭建了推扫式线扫描高光谱反射成像系统（如图 4-5），该系统波长覆盖 400～1000nm 范围，使用主成分分析和线性判别分析方法检测蘑菇的早期冻伤，其中非冻伤样品 100％检出，冻伤样品的检测正确率为 97.9％。

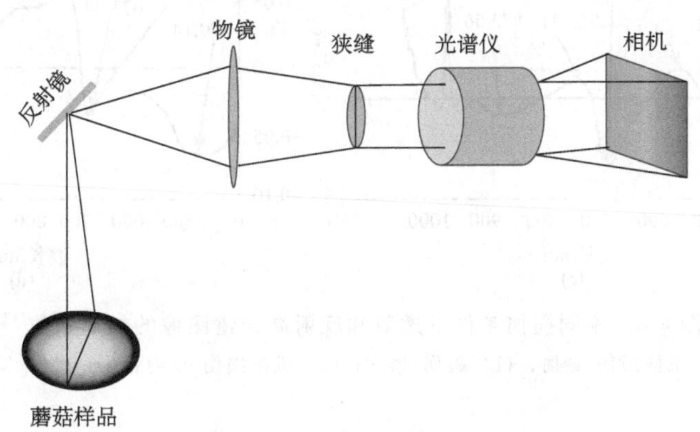

图 4-5　推扫式线扫描高光谱图像系统[25]

高海龙等[9]应用透射和反射高光谱成像技术对马铃薯损伤部位进行检测，采用独立成分（independent component，IC）法对高光谱原始数据进行分析，得到一系列含有噪声信息的 IC 图像，研究了从 4 个 IC 分析图像（IC1～IC4）中寻找最易判别损伤的图像，最终选取最佳 IC 图像用作后续分析。每个 IC 图像都是各个波段图像的组合，因此通过分析 IC 图像的各个波段的权重系数，选择出特征波长，图 4-6 为机械损伤和碰伤两种损伤情况下透射和反射高光谱图像的权重系数，图中每一个极值点都可能作为特征波长，用于进行进一步的图像分析以及光谱变量的优选。对反射图像进行二次 IC 分析，对透射和反射光谱进行变量选择，最终分别建立基于反射图像、反射光谱、透射光谱的马铃薯损伤定性识别模型，通过对比，基于透射光谱信息建立的模型识别正确率较高，模型对损伤的总体识别正确率为 97.39%。高光谱成像技术的空间信息和光谱信息相结合弥补了传统成像技术的缺点，近年来被越来越多的应用于农产品表面缺陷的检测。

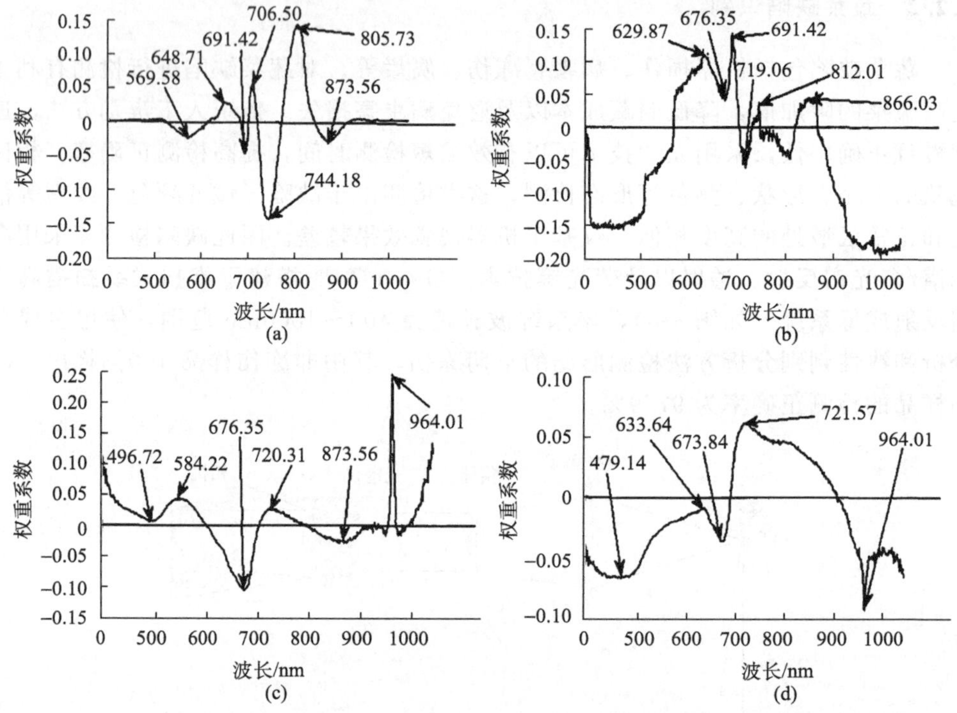

图 4-6 不同损伤条件下透射和反射高光谱图像的权重系数[9]

(a) 机械损伤-透射；(b) 碰伤-透射；(c) 机械损伤-反射；(d) 碰伤-反射

Cho 等[4]搭建了用来检测番茄缺陷的高光谱荧光成像检测系统。该系统包括一台成像光谱仪（VNIR 同轴成像光谱仪）、一台电子倍增 CCD 数字相机（Luca R DL-604M，14-bit）、CCD 分辨率是 1002×1004 像素。该系统使用一对 UV-A 紫外光源（365nm，EN-280 L/12）作为荧光光谱的激发光源。对被测物体表面进行逐行扫描，将采集到的高光谱线扫描图像转化为三维立方体图像，即高光谱三维荧光光谱图像，如图 4-7 所示。

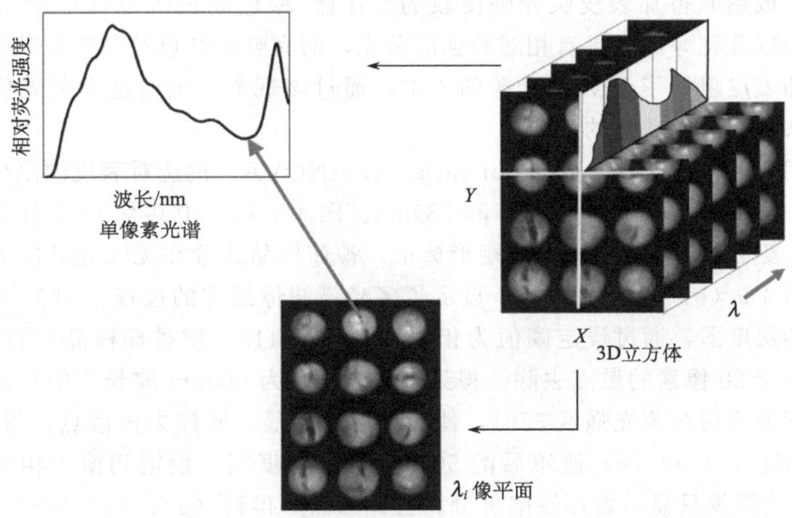

图 4-7　高光谱 3D 荧光光谱图像（X，Y 为空间轴，λ 为光谱轴）[4]

每次扫描 12 个番茄样品作为一批，每个样品沿花萼的水平方向放置，并垂直于高光谱的扫描线。图 4-8 为缺陷番茄（表皮裂缝）、完整番茄、花萼以及背景在 UV-A 光源激发下的平均荧光发射光谱，番茄在成熟过程中，叶绿素 a 和番茄红素的含量一直在发生变化，叶绿素 a 在成熟的番茄中含量较少，而大量存在于花萼中，因此，在红色波长区域（640～780nm）花萼部分具有较高的荧光

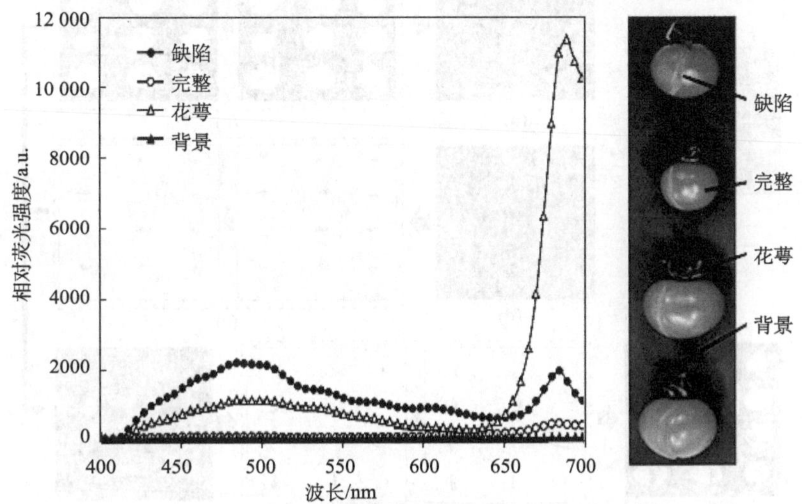

图 4-8　缺陷番茄、完整番茄、花萼以及背景在 UV-A 光源激发下的平均荧光发射光谱[4]

强度，而成熟的番茄表皮荧光强度较弱。在蓝-绿色波长区域（470～525nm），缺陷番茄以及花萼部分具有相对较强的荧光，而完整的红色番茄荧光较弱，其原因为番茄表皮阻挡了 UV-A 光源的入射，通过该现象，说明这种荧光传感技术可以用来检测表皮缺陷的番茄。

采用方差分析法（analysis of variance，ANOVA）挑选对表皮缺陷检测的最佳波长，分别为 503nm、670nm 和 689nm。图 4-9（a）中共有 12 个样品，其中 2 个样品表皮无缺陷，在图中用矩形标记，番茄样品放置在无荧光效应的黑背景板上，图 4-9（b）～图 4-9（h）显示了多光谱图像处理的过程：（b）为 670nm 波长下的灰度图，通过设定阈值为相对荧光强度 118，使番茄样品与背景区分，并且将小于 20 像素的散点去除，得到（c）；（d）为 689nm 波长下的灰度图，通过设定阈值为相对荧光强度 3761，使花萼区域突显，同样去掉散点，得到（e）；（f）为经过（c）和（e）遮罩后的 503nm 下的灰度图，设定阈值为相对荧光强度 545，使图像只显示番茄缺陷部分，去掉散点后得到（g）；（g）结合（c），使缺陷部分与整个番茄组装，最终得到（h）。通过图像处理，成功地检测到缺陷区域的大部分像素。该研究结合方差分析以及主成分分析法，对缺陷样品的识别取得较好的结果，正确率大于 99%。研究表明多光谱荧光技术在番茄表面缺陷识别方面，具有明显的优势，可以开发成实时在线多光谱系统用于番茄采收后的质量评定。

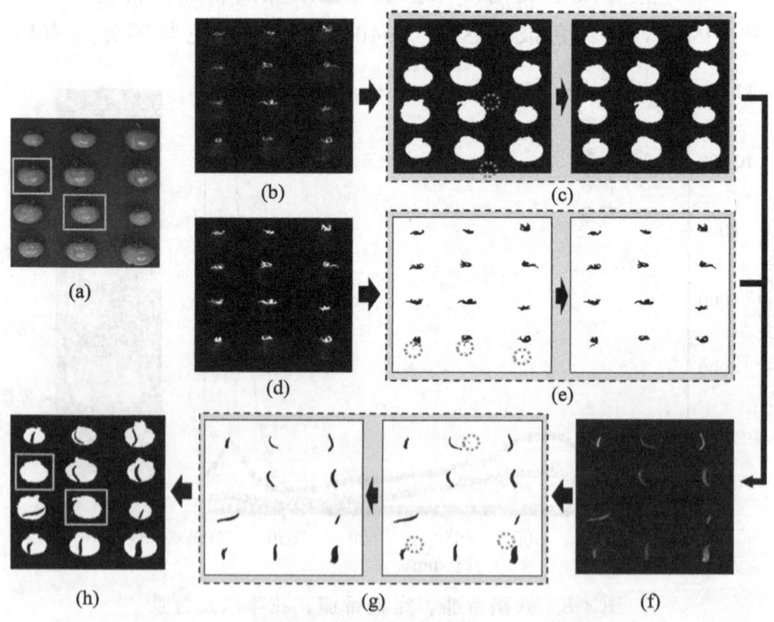

图 4-9　番茄样品的多光谱图像处理过程[4]

4.3　蔬菜内部品质检测

蔬菜的内部品质包括蔬菜营养成分以及内部缺陷等，影响着蔬菜的营养价值、口感以及可食用性，是消费者非常重视的品质指标。传统检测方法需要对蔬菜进行破坏性前处理，造成极大浪费，且无法满足蔬菜的在线分级分选。近年来，光学无损技术越来越多的应用于蔬菜内部品质检测。表 4-3 为近几年光学技术无损检测蔬菜内部品质的研究现状。从表中可见，检测蔬菜内部品质多采用高

表 4-3　蔬菜内部品质光学无损检测研究现状

品种	检测指标	检测技术	准确度
双孢蘑菇	水分	高光谱成像[25]	87%
	多酚氧化酶活性	可见/近红外高光谱[26]	—
西兰花	硫代葡萄糖苷总量	高光谱成像[27]	—
青椒	可溶性固形物、总叶绿素、类胡萝卜素和抗坏血酸含量	高光谱成像[28]	95%，95%，97%，72%
	维生素 C	可见/近红外光谱，短波红外光谱[29]	87%
黄瓜	果蝇虫害	高光谱成像[30]	82%～93%
	水分	高光谱成像[31]	90%
毛豆	虫害	高光谱成像[32]	86%～97%
	水分	高光谱成像[33]	90%～97%
菠菜	货架期	高光谱成像[34]	—
	品质劣化	多光谱[35]	—
生菜	水分	高光谱成像[36]	—
	氮素含量	高光谱[37]	90%
马铃薯	淀粉含量	近红外光谱[38]	—
	空心病	高光谱成像[39]	100%
	品种鉴别	拉曼光谱[40]	100%
番茄	可溶性固形物含量、pH、坚实度（压力、穿刺力）	可见/近红外光谱[41]	90%，83%，81%，83%
	成熟度	可见/近红外光谱[42]	71%，85%
	类胡萝卜素	拉曼光谱[43]	95%
	番茄红素和β-胡萝卜素	傅里叶拉曼光谱[44]	95%，94%
辣椒	胡椒、精油、α-pinene、β-pinene 和柠檬烯	拉曼光谱[45]	91%～92%
	可溶性固形物和维生素 C	近红外光谱[46]	97%，90%

光谱和可见/近红外光谱等技术，这些技术具有无损、非接触、快速等优势，并且可以同时对蔬菜多个品质参数进行检测，适合应用于蔬菜的在线实时分选和分级。

4.3.1 蔬菜营养成分检测

蔬菜的营养成分包括蔬菜中蛋白质、脂肪、可溶性固形物以及类胡萝卜素、维生素 C 等物质，首先采用光谱手段对蔬菜样品进行无损采集，结合化学计量学，使蔬菜营养成分的快速、准确检测成为可能。刘燕德等[46]应用傅里叶变换近红外光谱技术实现了鲜辣椒中可溶性固形物和维生素 C 含量的无损检测，对可溶性固形物的检测，其验证集相关系数 R 为 0.97，对维生素 C 的检测，其验证集相关系数 R 为 0.90（图 4-10）。张若宇等[47]采用高光谱漫透射成像技术检测番茄可溶性固形物含量，首先采集不同姿态下的番茄漫透射光谱，番茄姿态如图 4-11 所示，然后对各姿态图像以及组合图像进行单波段背景分割，获取目标区域，图 4-12 是不同姿态下获取的番茄漫透射光谱与其可溶性固形物含量在全波段（400～1000nm）的相关系数分布图，利用偏最小二乘回归方法，对番茄可溶性固形物分别在 450～720nm、720～990nm、450～990nm 三个波段进行定量分析。结果表明，其相关系数 R 最优可以达到 0.90。涂静等[48]应用近红外光谱技术无损检测莲藕的淀粉含量，采用偏最小二乘（partial least square，PLS）和联合区间偏最小二乘法（synergy interval partial least square，siPLS）建立了莲藕淀粉含量的近红外光谱分析模型，其中 siPLS 模型比 PLS 模型的预测性能好，验证集的相关系数 R 和均方根误差分别为 0.92 和 1.05。

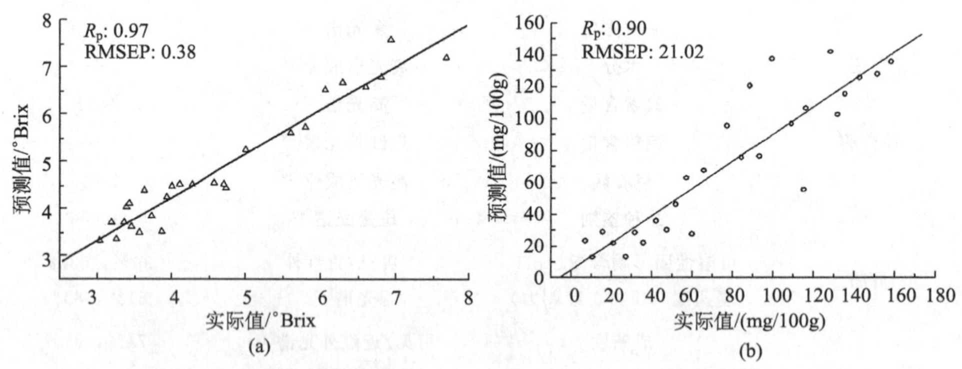

图 4-10 辣椒中可溶性固形物和维生素 C 的最佳模型预测结果[46]

（a）可溶性固形物；（b）维生素 C

番茄果实中的类胡萝卜素含量与番茄的成熟度有关，包括叶黄素、番茄红素以及 β-胡萝卜素等，在成熟过程中，类胡萝卜素含量发生变化，随后外部颜色逐

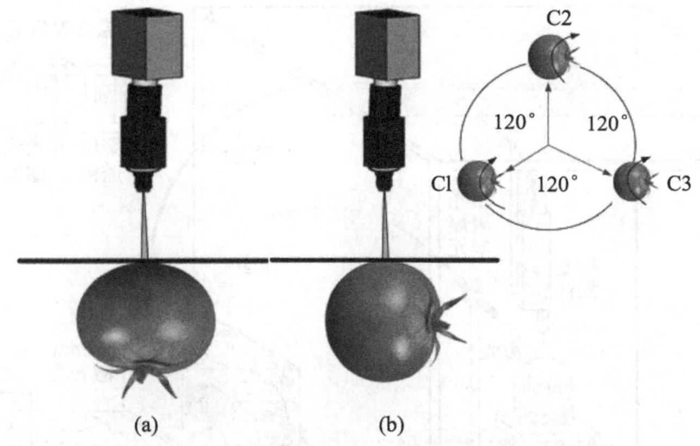

图 4-11　番茄高光谱漫透射成像姿态[47]

(a) 姿态 BS；(b) 姿态 C1、C2 和 C3

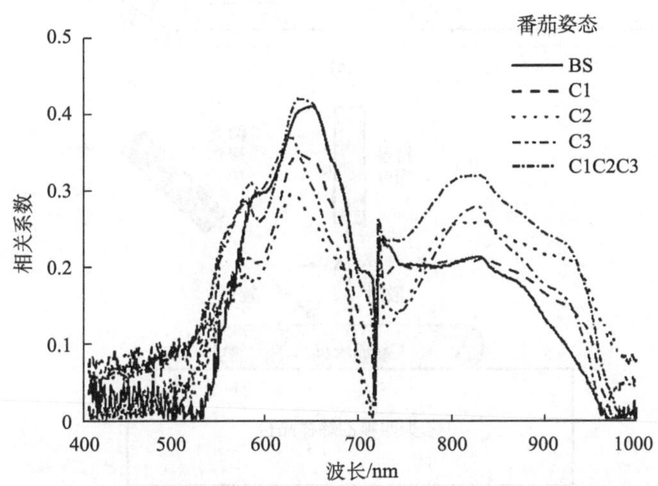

图 4-12　不同姿态番茄漫透射光谱与其可溶性固形物含量相关系数[47]

渐发生变化，特别是破色期之前，难以通过表皮颜色判断成熟阶段，而准确的判断番茄处于哪个成熟阶段对于增加番茄的产量、判断采摘期以及提高品质具有重要作用。Qin 等[49]搭建了拉曼系统，采用空间位移拉曼技术对番茄成熟阶段进行判断，具有较高的正确率。空间位移拉曼技术可以通过采集样品表面散射光谱无损获取样品表皮内部的信息。拉曼系统如图 4-13（a）所示，该系统包括一台 16 位 CCD 相机（Newton DU920N-BR-DD，USA），分辨率为 1024×256 像素，拉曼成像光谱仪（Raman Explorer 785，USA），拉曼位移的接收范围是－98～

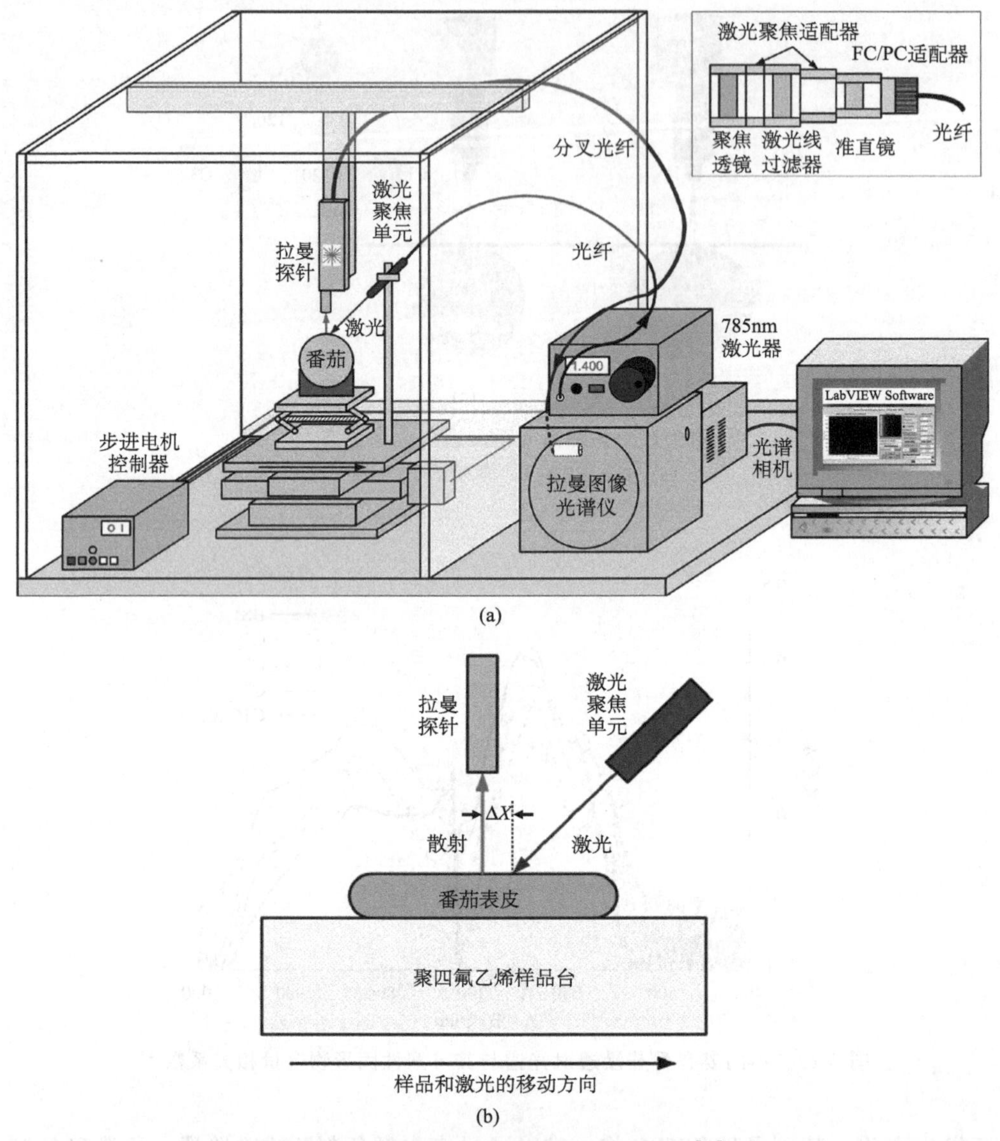

图 4-13 空间位移拉曼光谱系统示意图[49]

(a) 拉曼系统构成示意图；(b) 置于聚四氟乙烯样品台的番茄表皮空间位移拉曼实验示意图

3998cm^{-1}，光谱分辨率为 3.7cm^{-1}，激光光源为 785nm。番茄样品置于聚四氟乙烯材料的样品台中，系统通过二维平移台控制样品和激光聚焦单元的移动，获得激发点样品表面上的空间位移拉曼光谱，空间位移为 0～5mm，步长为 0.2mm，每个样品采集 26 条光谱曲线，如图 4-13（b）。整个系统放置于黑色暗箱中，防止外界光线的影响。

对 7 种不同成熟阶段的完整番茄进行拉曼信号采集，激光点与拉曼探针的距离为 0～5mm。如图 4-14 所示，随着激光点与探针距离的增大，其拉曼的信号强度和荧光背景均逐渐下降。从未成熟阶段番茄的拉曼光谱图中可以观察到一些肩峰，但是很难观察到类胡萝卜素的特征峰，随着番茄逐渐成熟，类胡萝卜素的特征峰越来越明显，特别是番茄红素的特征峰，如 1151cm^{-1}和 1513cm^{-1}。在未熟期、绿熟期以及破色期，番茄果皮中的类胡萝卜素含量很低，图 4-14（b）和图 4-14（c）显示的拉曼峰来自番茄内部的类胡萝卜素，从转色期开始，果皮中的类胡萝卜素含量越来越高，图 4-14（d）～（g）中的拉曼光谱既包含了果皮的拉曼信息，也包含了番茄内部的信息。

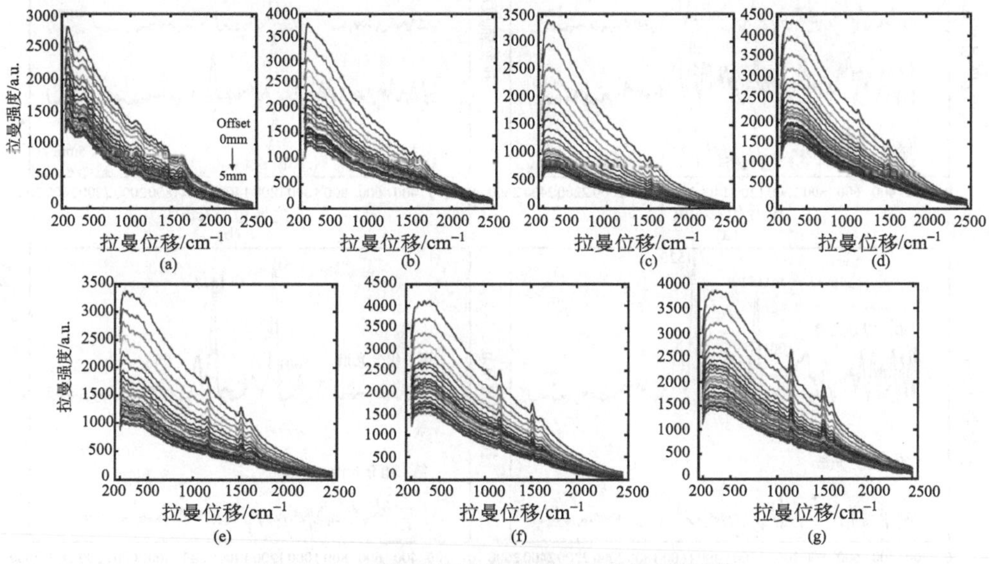

图 4-14　不同成熟度番茄样品的拉曼光谱[49]

（a）未熟期；（b）绿熟期；（c）破色期；（d）转色期；
（e）红熟前期；（f）红熟中期；（g）红熟后期

对图 4-14 中拉曼光谱通过 8th多项式拟合法进行荧光背景校正，并且采用自模型混合物分析法（self-modeling mixture analysis，SMA）提取混合拉曼信号信息。图 4-15（a）和图 4-15（b）为破色期和红熟后期番茄的校正拉曼信号。虽然随着激光点与拉曼探针的距离的增大，噪声信号越来越明显，但是类胡萝卜素的特征峰均可在距离为 5mm 时明显辨别。在图 4-15（c）中，对破色期番茄的校正拉曼峰进行双组分自模型混合物分析，三个类胡萝卜素拉曼特征峰（1001cm^{-1}、1151cm^{-1}和 1520cm^{-1}）均可以在第一组分光谱中被辨别。其中

1520cm^{-1}为β-胡萝卜素的特征峰，说明通过该方法可以无损检测到番茄内部的物质含量，第二组分光谱可能为番茄表皮的拉曼信号，并未观察到明显的拉曼特征信号。图 4-15（d）为红熟后期番茄的第一组分和第二组分光谱，其中 1001cm^{-1}、1151cm^{-1}和 1513cm^{-1}均为番茄红素的拉曼特征峰。与破色期番茄 SMA 分析不同，红熟后期番茄的第一组分光谱既包含了番茄表皮，也包含了番茄内部的类胡萝卜素信息，第二组分光谱没有明显的拉曼特征信号，说明成熟番茄中不存在其他具有敏感拉曼信号的类胡萝卜素。

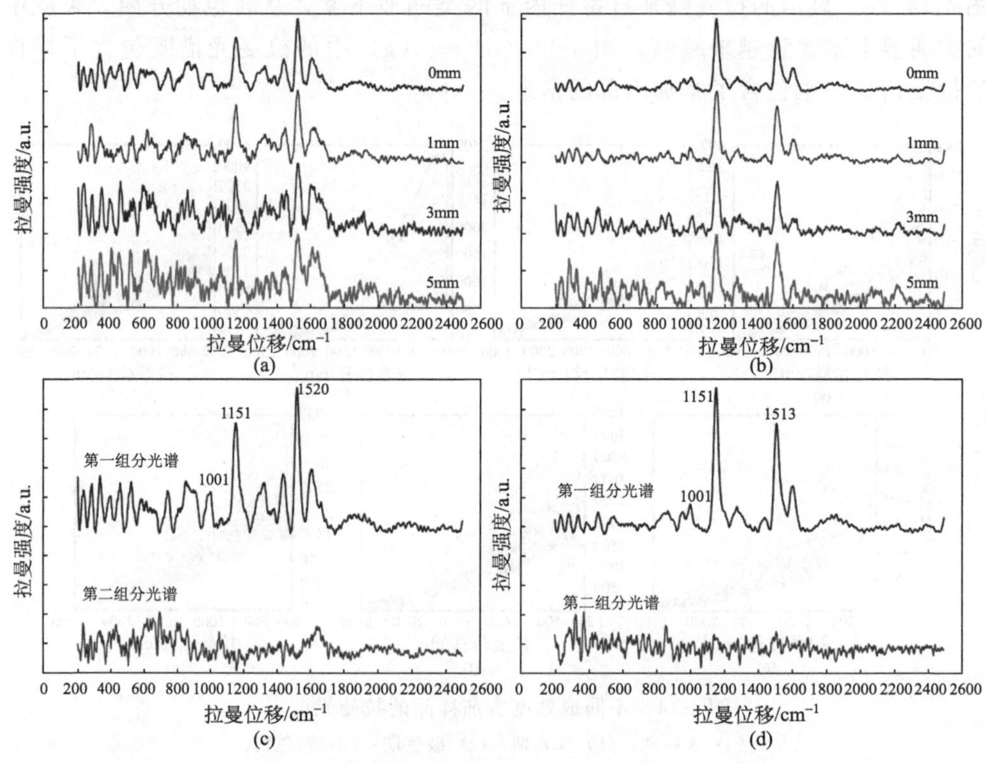

图 4-15　破色期和红熟后期番茄的拉曼信号分析[49]

（a）破色期番茄的校正拉曼信号；（b）红熟后期番茄的校正拉曼信号；（c）破色期番茄拉曼信号 SMA 分析后的组分光谱图；（d）红熟后期番茄拉曼信号 SMA 分析后的组分光谱图

通过 SMA 法分析不同成熟阶段的番茄拉曼光谱，第一组分光谱的拉曼位移以及强度随着番茄的成熟不断发生变化，其中番茄红素的特征峰强度随着番茄的成熟度增加而增强，在红熟后期达到最大，因此，可以通过比较番茄与番茄红素纯品的拉曼光谱差异判断番茄的成熟阶段。对 160 个番茄的第一组分光谱与番茄红素相对拉曼光谱之间的光谱信息散度值（spectral information divergence,

SID）进行计算，如图 4-16 所示，SID 值随着番茄成熟而逐渐下降，说明番茄与番茄红素纯品的光谱差别越来越小，当 SID 值达到最低时，番茄达到最成熟的阶段。图 4-16 中 SID 值可以用来判断番茄的成熟阶段，特别是番茄未熟期、绿熟期和破色期，很难通过番茄表皮颜色进行判断。选取 0.87 和 0.65 作为区分这三个阶段的 SID 阈值，判别正确率为 93.8%，该方法对于准确判断番茄收获时间具有实用价值。

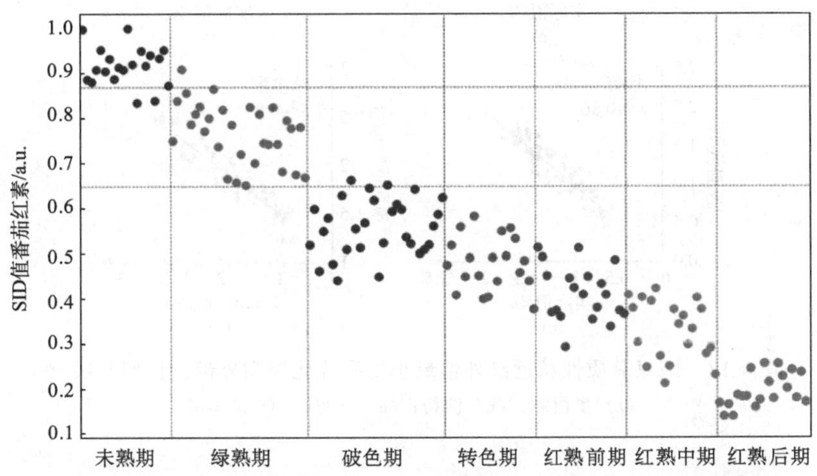

图 4-16　番茄的第一组分光谱与番茄红素纯品相对拉曼光谱之间的 SID 值[49]

近红外光谱技术也可用于对蔬菜的营养成分检测。王姣姣等[50]在研究中采用傅里叶变换近红外光谱技术对豌豆的蛋白质、淀粉、脂肪和总多酚含量进行预测，对完整的豌豆进行光谱扫描后，采用不同的预处理方法，表 4-4 为各检测指标的最优光谱范围和预处理方法，经过偏最小二乘法建立近红外光谱与豌豆成分的预测模型，如图 4-17 所示，R^2 在 0.86～0.94 范围内，其预测模型相关性较好。该研究说明近红外技术检测蔬菜营养成分具有较好的预测效果，并且可以同时检测多种营养成分。

表 4-4　豌豆近红外模型建立的优化条件[50]

品质性状	优化光谱范围/cm^{-1}	优化光谱预处理
蛋白质/%	6 078.8～12 489.4；4 597.7～5 592.8	一阶导数+乘法散射矫正法
淀粉/%	7 498.3～12 265.7；4 597.7～6 102	线性补偿差减法
脂肪/%	7 737.4～8 663.1；5 438.6～6 595.7	一阶导数+矢量归一法
总多酚/mg/g	7 498.3～12 489.4；4 597.7～6 102	线性补偿差减法

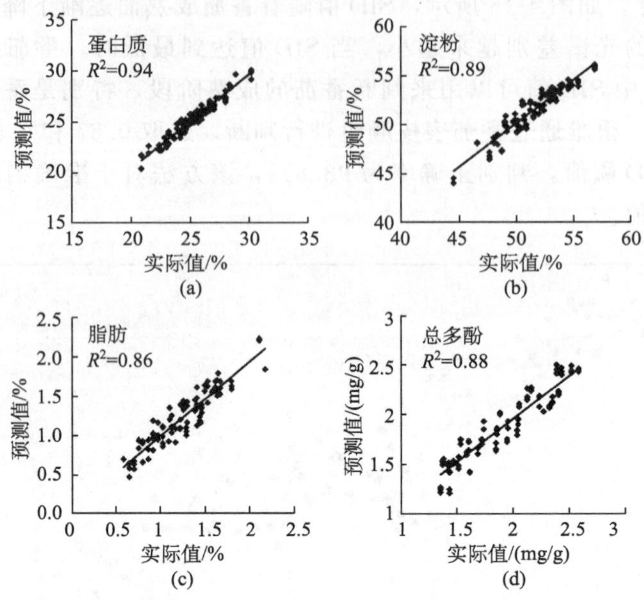

图 4-17　豌豆品质性状近红外偏最小二乘优化模型外部验证回归线[50]

(a) 蛋白质；(b) 淀粉；(c) 脂肪；(d) 总多酚

4.3.2　蔬菜内部缺陷检测

黄瓜是一种常见的蔬菜，从其外观很难判断内部品质好坏，高光谱技术能够较为准确的判断内部损害。Lu 等[30]采用高光谱透射技术检测黄瓜内部是否存在果蝇虫害，图 4-18 为检测装置结构图，主要包括高光谱成像单元和高精度 12 位 CCD 相机，光谱成像范围是 400～1000nm，同时采集样品的反射信息（400～

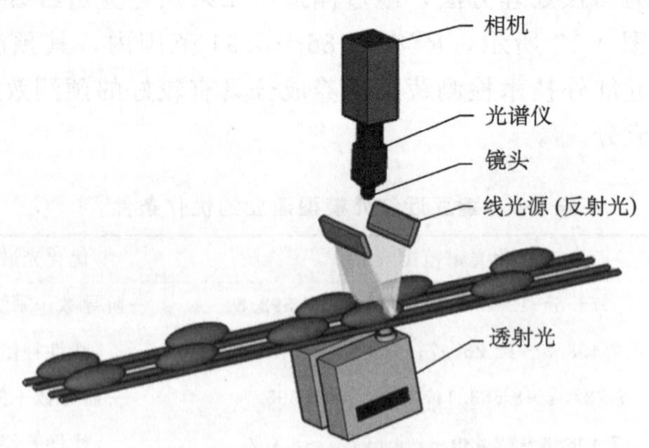

图 4-18　黄瓜果蝇虫害高光谱检测装置示意图[30]

675nm）和透射信息（675～1000nm），150W 的卤钨灯连接双通道光纤作为系统的反射外置线光源，两个线光源平均分布在相机轴的两侧以保证样品光照均匀。410W 的卤钨灯透射光源放置在样品下方并与相机同轴，在光源和光纤之间放置 675nm 的滤光片，用来避免反射信息和透射信息的重合，采集图像时，样品传送带的速度是 110mm/s，通过线扫描，获取每个样品的光谱信息和空间图像信息。采用该技术检测黄瓜果蝇虫害其正确率可以达到 75%，高于人工分拣方法。

马铃薯空心病是发生在马铃薯块茎内部的一种生理性病害，外部无任何症状。针对马铃薯空心病难以检测的问题，黄涛等[39]提出了一种基于半透射高光谱成像技术的检测方法，首先采集马铃薯样品半透射高光谱图像，如图 4-19 所示，为 149 个合格样品与 75 个空心病样品在 390～1040nm 波长范围的平均光谱曲线，由图可知，合格样品与空心病样品的光谱曲线存在较明显差异，最终确定人工鱼群算法结合支持向量机模型为马铃薯空心病的最优识别模型，该模型总体识别率达到 100%。

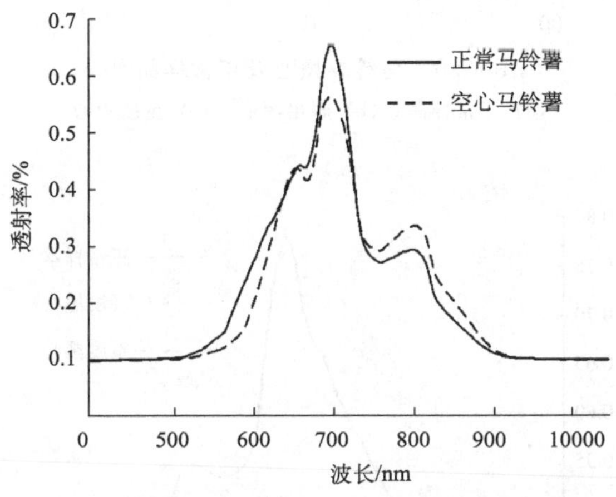

图 4-19　正常马铃薯和空心病马铃薯的光谱曲线[39]

4.4　蔬菜内外部品质同时检测

高光谱技术将图像和光谱信息融合在一起。图像信息能反映蔬菜外部特征、表面缺陷和污染，光谱信息能检测蔬菜内部化学成分和内部缺陷等，因此蔬菜内外部品质同时检测多采用高光谱技术。高海龙等[51]通过透射高光谱成像技术对马铃薯内部黑心病和马铃薯重量同时进行检测。高光谱成像仪的透射采集单元由 6 个 50W 直流卤素灯、透射暗箱及光源强度调节器构成。其中 6 个直流卤素灯均匀分布在环形灯架上，每个灯与竖直方向呈 45°向上照射。图像采集时，马铃薯放置在透射暗箱上方，透射暗箱内光源透过样品，由高光谱成像仪采集透射图像。图 4-20 为马铃薯重度、轻度黑心病样品及正常样品，图 4-21 为三种马铃薯样品的光谱曲线，可见黑心样品和正常马铃薯样品的光谱曲线存在较大的区别，正常样品在 700nm 处存在较大的峰，但是由于黑心样品光谱透射率较低，在 700nm 的峰很小甚至消失。因此可以通过透射光谱信息对马铃薯是否黑心进行鉴别。

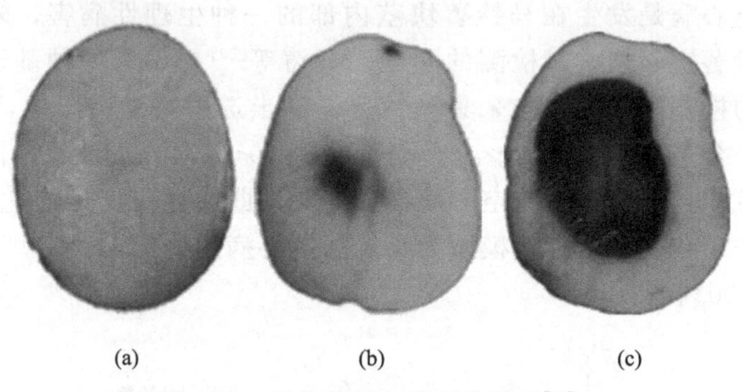

图 4-20 马铃薯黑心及正常样品[51]

(a) 正常样品；(b) 轻度黑心；(c) 重度黑心

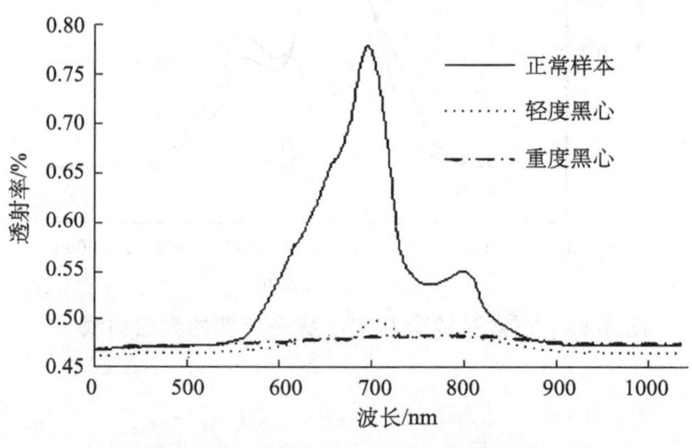

图 4-21 马铃薯样品光谱曲线[51]

为了建立较为准确的判别模型，首先对光谱预处理方法进行探讨，经过分析和比较，变量标准化方法效果最好。为了满足在线检测的目的，采用无信息变量消除法和连续投影算法，将原来的 520 个变量筛选至 9 个变量。建立模型前，应用蒙特卡罗交叉验证法剔除两个异常黑心样品，采用多种建模方法，见表 4-5，最终确定偏最小二乘判别分析所建模型最优，对 198 个马铃薯进行检测，对黑心和正常样品识别率为 100%。

表 4-5　不同建模方法下马铃薯黑心病检测结果[51]

建模方法	黑心样品		正常样品		总正确率/%
	错误数	正确率/%	错误数	正确率/%	
K 邻近分类法	13	78.57	1	98.08	93.94
偏最小二乘判别分析	0	100	0	100	100
软独立模式分类	4	71.43	3	94.23	89.39
支持向量机分类	1	92.90	0	100	98.48

对马铃薯内部黑心病进行检测的同时，对马铃薯的重量进行预测。马铃薯的重量受两方面影响，一方面与马铃薯大小有关，另一方面与内部品质有关，因此该研究结合面积参数以及透射光谱所含信息建立预测模型。对 204 个样品采集透射高光谱图像，采用无信息变量消除法，结合自适应重加权法，将 520 个变量筛选为 9 个变量。由研究可知，在 700nm 处的透射光强度最大，因此提取马铃薯在 700nm 处的高光谱图像，计算其面积，如图 4-22 所示。将光谱的 9 个变量以及面积参数作为建模的变量集，建立偏最小二乘模型，其相关性系数 R 可以达到 0.94。因此采用高光谱技术可以对蔬菜的内部品质和外部品质进行同时检测，并可以达到较高的准确度。

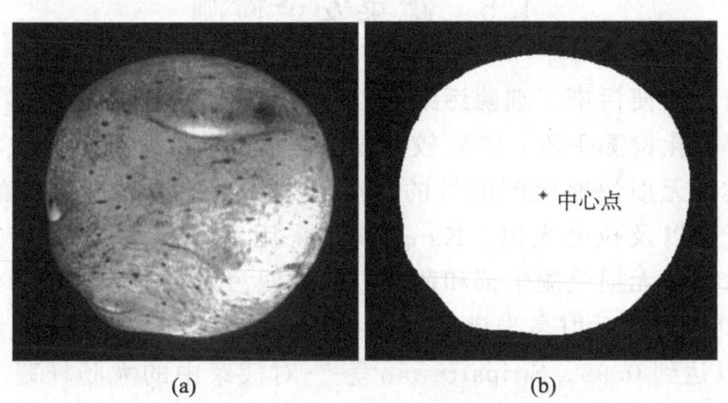

图 4-22　在 700nm 处马铃薯高光谱图像[52]

(a) 700nm 图像；(b) 图像轮廓

Ariana 等[52]采用高光谱反射和透射技术对黄瓜的颜色和内部损伤进行检测，图 4-23 所示为正常和有缺陷的腌黄瓜的平均光谱图，该图结合了样品反射光谱信息（500～675nm）和透射光谱信息（675～1000nm），从图中可看出，有缺陷腌黄瓜样品在透射光谱区域的透射率较正常腌黄瓜样品的透射率要高，这是因为有缺陷的腌黄瓜内部形成的空腔可能有更多的光透过。在主要反映颜色信息的可见光谱区域，正常腌黄瓜和有缺陷腌黄瓜的光谱反射率差异较小，黄瓜的颜色检测根据高光谱图像计算三刺激值（引起人体视网膜对某种颜色感觉的三种原色的刺激程度），正常和有缺陷的黄瓜样品其色度值平均为 15.5 和 15.0，色相角为 94.0°和 93.8°。对正常和有缺陷的黄瓜进行分级，其正确率为 86%，高于人工挑选。

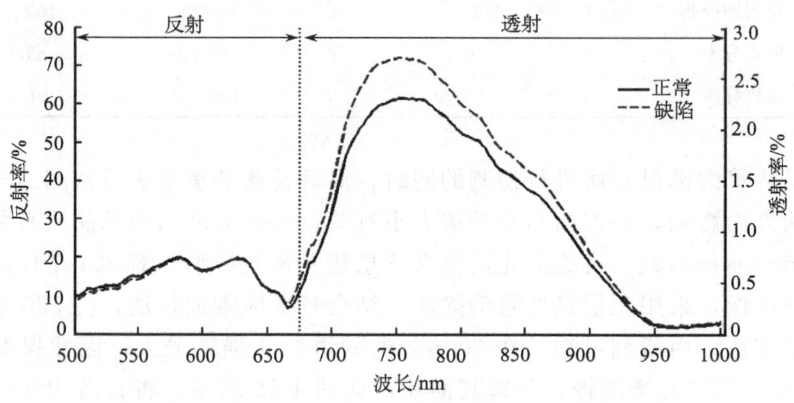

图 4-23　正常和有缺陷的腌黄瓜样品光谱图[52]

4.5　蔬菜安全检测

农药残留、粪便污染、细菌污染等为蔬菜安全检测的主要内容，常规检测方法为色谱法等理化检测手段，需要较为复杂的样品前处理，且为破坏性检测，光学技术能够实现无损快速检测的目的，在蔬菜安全检测方面常用的方法有高光谱、近红外光谱以及拉曼光谱。Kang 等[53]采用紫外激发（320～400nm）的高光谱荧光成像技术无损检测生菜和菠菜上的粪便污染，具有较好的效果。薛利红等[54]应用可见近红外反射高光谱技术无损检测菠菜叶片硝酸盐含量，其预测相关系数 R 可以达到 0.95。Siripatrawan 等[55]对菠菜中的大肠杆菌进行检测，采集 400～1000nm 波段处菠菜叶片的高光谱图像，其高光谱数据如图 4-24 所示，应用主成分分析法去除多余的光谱信息后，采用人工神经网络建立高光谱信息和大肠杆菌数量的关系，图 4-25 为所建模型对菠菜表面大肠杆菌含量的验证集结果，R^2为 0.97，可以看出采用该方法能较为准确的预测蔬菜中大肠杆菌含量。高光谱技术不仅可以检测蔬菜中细菌含量，还可以对蔬菜中的毒素进行检测，Kalkan 等[56]对红辣椒中是否含有黄曲霉进行识别，正确率为 80%。

在蔬菜安全检测中，农药残留是人们特别关心的指标。高光谱荧光成像[57]和拉曼技术[58]是常用的无损检测手段。

荧光的产生首要条件是该物质的分子必须具有能吸收激发光的结构，荧光通

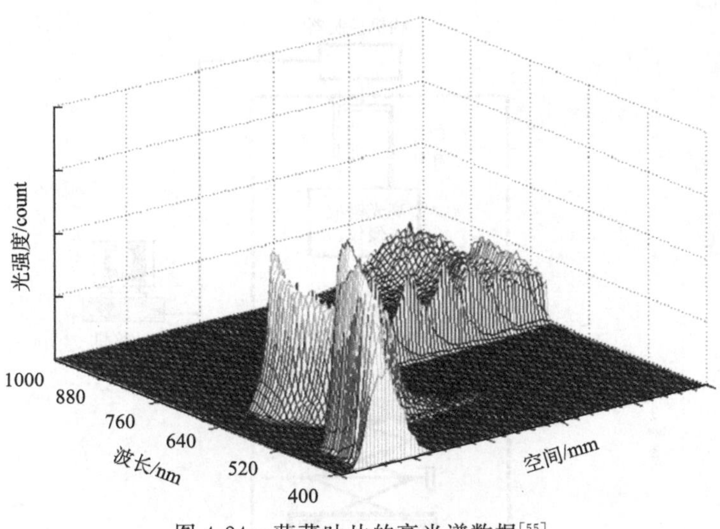

图 4-24　菠菜叶片的高光谱数据[55]

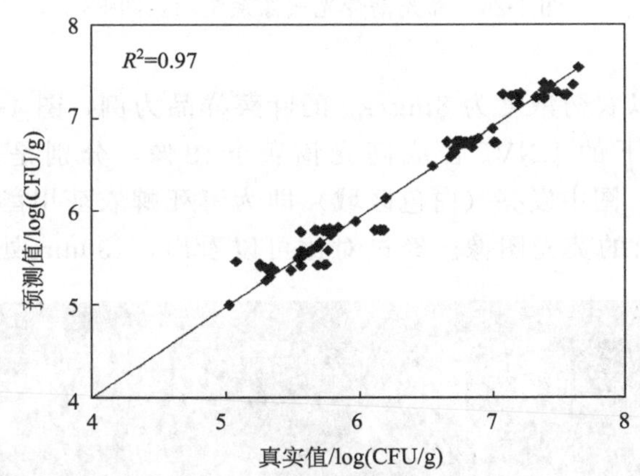

图 4-25　菠菜表面大肠杆菌验证集结果[55]

常发生在那些带有延伸 π 电子轨道的分子或带有共轭双键体系的有机分子中，农药毒死蜱具有刚性的、不饱和的、平面型的结构，理论上具有很强的荧光特性。因此，可以采用高光谱荧光技术检测蔬菜中的毒死蜱农药残留。陈菁菁等[57]搭建菠菜农药检测的高光谱系统，如图 4-26 所示，系统主要由高性能背照明 CCD 相机（SensiCamQE）、行扫描高光谱摄制仪（ImSpector V10E）、紫外光源、AH-STA02 型电动平移台、AH-STA02 型运动控制器、图像采集卡和控制计算机等组成。相机的分辨率为 1376×1040 像素，光谱仪的光谱范围是 400～1100nm。

研究首先获取了不同农药含量的叶菜样品在波长 400～1000nm 范围内的高

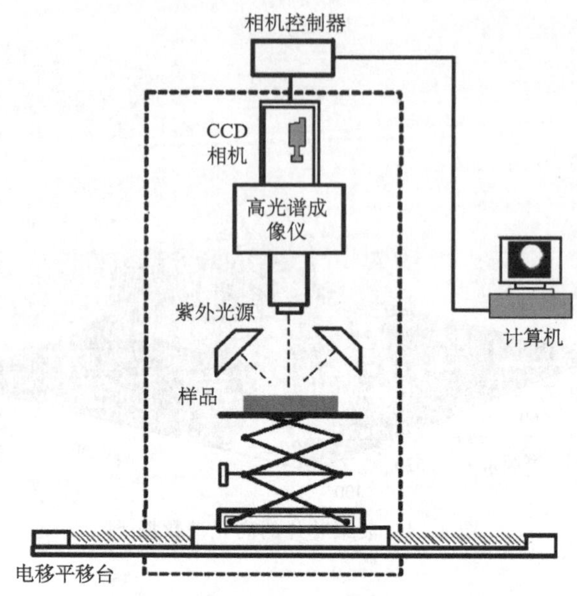

图 4-26　高光谱荧光成像系统示意图[57]

光谱荧光图像。以农药浓度为 8mg/kg 的叶菜样品为例，图 4-27 显示了该浓度样品在不同波长下的 ENVI 合成高光谱荧光图像，分别是 430nm、470nm、550nm 和 720nm，图中发亮（白色区域）即为毒死蜱农药甲醇混合溶液在紫外灯激发下所发射出的荧光图像。经过对比可以看出，430nm 处的荧光合成图像

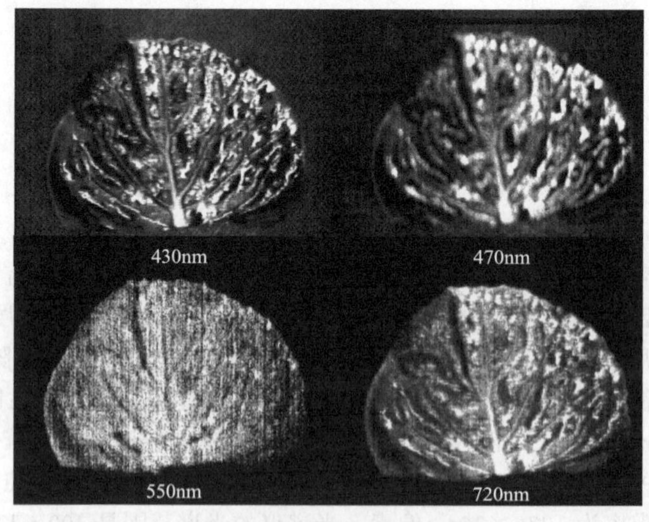

图 4-27　农药样品不同波长处高光谱荧光图像[57]

成像最为清晰，荧光区域和叶菜区域的反差较大，利用荧光感兴趣区域的信息提取，所以选择 430nm 处的图像作为基准图像进行后续分析。

使用 ENVI 4.3 软件提取样品的高光谱荧光图像上的荧光区域作为感兴趣区域（ROI）。本研究采用基于阈值的方法进行有效区域的分割。具体实现方法如下：以 8mg/kg 的样品为例，选择波段 430nm 的图像为基准图像，对该基准图像进行水平剖面提取，图 4-28（b）是提取的水平剖面图，和图 4-28（a）中的十字准线一一对应。从基准图像的水平剖面图可以看出，农药荧光区域的水平灰度值与非农药荧光区域的灰度值有显著的差异，非荧光区域的灰度值明显低于荧光区域的灰度值。选择一个合理的阈值范围作为农药荧光感兴趣区域选择的标准。相应地选取样品所有波长图像处的感兴趣区域，即将样品所有波段图像中的荧光区域分割出来，然后将所有波段图像分割出的感兴趣区域叠加后取平均，即得到每个样品荧光区域的平均光谱曲线。

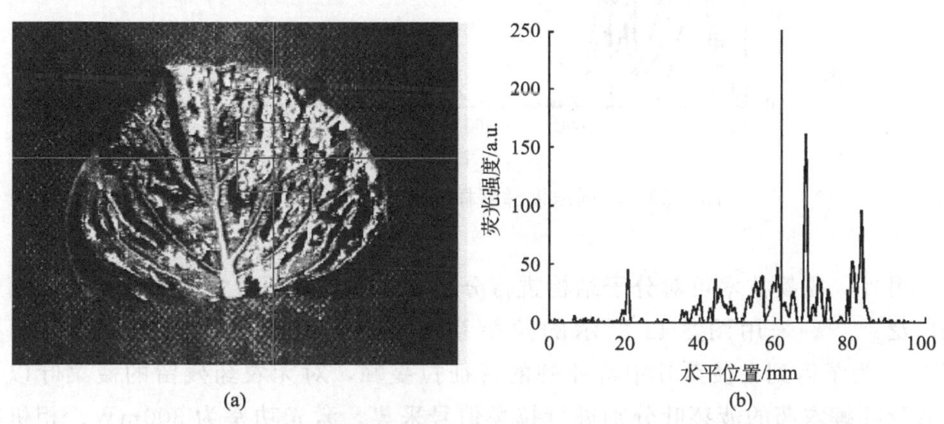

图 4-28　农药浓度为 8mg/kg 叶菜样品荧光图像及其水平剖面提取图[57]

（a）荧光图像；（b）水平剖面提取图

通过上述图像分析，得到所有样品的高光谱荧光图像和荧光光谱反射曲线，如图 4-29 所示。图中的 5 条光谱曲线分别表示了 5 个不同浓度梯度的叶菜样品的荧光光谱曲线。图中有两个比较明显的波峰分别位于 437nm 和 524nm，600nm 后的若干小的波峰则为光源的杂散光反射所致。从图中可见，不同浓度的毒死蜱农药的荧光光谱曲线都呈现相同的变化趋势，其中在 437nm 是毒死蜱农药的荧光发射特征波长，而对于 524nm 附近的波峰则被认为是毒死蜱农药中的其他添加剂成分的荧光发射波长，由于实验使用的毒死蜱农药为乳油状市售产品，其毒死蜱有效成分为 40%，其他成分则为各种化学添加剂。浓度越大的样品其荧光强度越强，而浓度越小的样品其荧光强度则越弱。根据这一特性，可实现对不同浓度的农药样品进行定量分析。因此，对于荧光物质的稀溶液，在一定频率和一定强度的光线照射下，溶液所产生的荧光强度与溶液中该荧光物质的浓度成正比，高光谱成像技术结合荧光激发技术能够获得较好的检测精度，实现叶菜表面农药浓度检测。

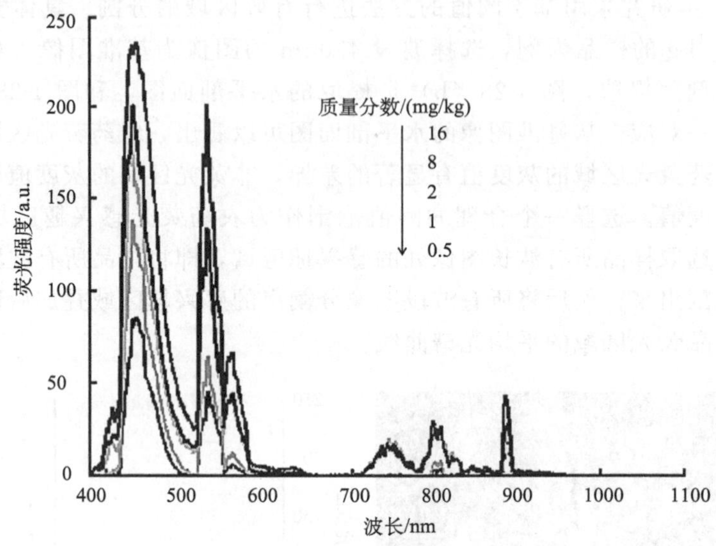

图 4-29　不同浓度梯度样品的荧光光谱曲线[57]

另外，拉曼技术可对分子结构进行分析，近几年在蔬菜农药残留检测方面应用广泛[58,59]。采用图 3-43 所示的拉曼系统可以对菠菜中毒死蜱农药进行检测[58]。为了得到在菠菜叶中毒死蜱的特征拉曼峰，对无农药残留的菠菜叶以及含有毒死蜱农药的菠菜叶分别进行拉曼信号采集，激光功率为 300mW、相机曝光时间为 2s。图 4-30 为采集的原始拉曼光谱图，从图中可以看出，含有毒死蜱的菠菜叶片其光谱曲线在 634.6cm^{-1}和 680.7cm^{-1}处有明显的拉曼峰，这两个峰均为毒死蜱的特征峰，而无农药的菠菜叶片其拉曼光谱在 634.6cm^{-1}和 680.7cm^{-1}处没有明显拉曼信号。

将不同浓度的毒死蜱溶液（毒死蜱含量为 0.02%～0.48%）滴涂在菠菜叶表面，自然干燥后，进行拉曼光谱采集，如图 4-31 所示，在 634.6cm^{-1}（P═S 键振动）和 680.7cm^{-1}（C—Cl 键振动）处均有明显的拉曼峰，且随着毒死蜱浓度的降低，634.6cm^{-1}和 680.7cm^{-1}处拉曼峰强度逐渐减弱。当毒死蜱溶液浓度为 0.04%时，毒死蜱特征峰信号仍清晰可辨，但是当毒死蜱溶液浓度为 0.02%时，634.6cm^{-1}和 680.7cm^{-1}处的信号强度与噪声相似，难以区分。研究以 634.6cm^{-1}和 680.7cm^{-1}处的拉曼峰为毒死蜱的主要特征峰与气相色谱法测得的菠菜中毒死蜱浓度建立模型，634.6cm^{-1}处的拉曼信号强度与毒死蜱的浓度存在

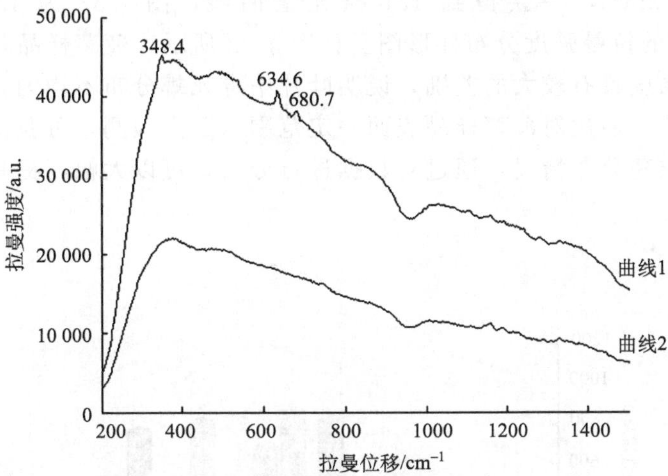

图 4-30　含有毒死蜱农药（曲线 1）以及不含毒死蜱农药（曲线 2）的菠菜叶片拉曼光谱图[58]

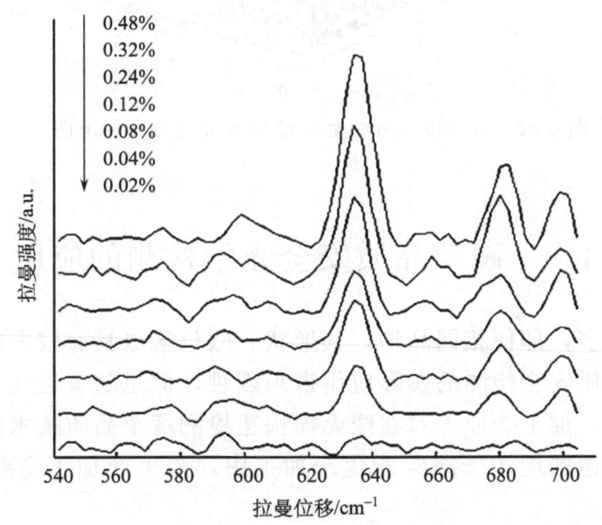

图 4-31　喷施不同浓度的毒死蜱菠菜叶片拉曼光谱图[58]

着明显线性关系，其相关系数 R 为 0.96；680.7cm^{-1}处相关性稍弱，R 为 0.78。这说明可以依据 634.6cm^{-1}处的拉曼信号强度建立菠菜中毒死蜱农药含量的预测模型。

由于农药分布存在不均匀性，通过逐点拉曼光谱分析可以更准确地得到蔬菜的农药含量[58]。对波菜样品在 20mm×20mm 范围内进行逐点拉曼信号采集，设置步长为 2mm，一共得到 121 条光谱曲线，图 4-32 为 121 条光谱中 680.7cm^{-1}处的拉曼强度分布柱形图。如图 4-32 所示，菠菜样品各检测点的毒死蜱特征峰强度具有较大的差别，说明叶片中毒死蜱分布不均匀，单点检测会导致较大误差。通过对菠菜样品表面一定范围内逐点检测，可获得样品在该范围内毒死蜱农药分布情况，通过对数据进行分析，可以大幅度提高农药的检测精度。

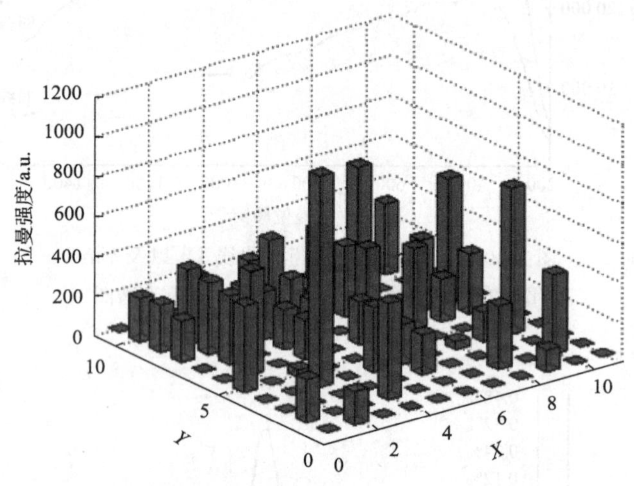

图 4-32 在 680.7cm^{-1}处拉曼信号强度分布柱形图[58]

4.6 蔬菜品质安全光学检测的应用

蔬菜品种繁多，即便相同品种，其形状、颜色等也具有较大的差异，这给光学技术在蔬菜品质安全检测的实际应用带来困难，但是随着近几年光学技术的发展以及蔬菜生产、加工企业等对在线无损快速检测蔬菜品质技术的迫切需求，光学技术越来越普遍的应用于蔬菜的生产加工中，为生产加工企业带来了方便和效益。

日本农林水产省的中央农业研究中心开发了甘蓝收获机器人[60,61]，采用彩色摄像机，在甘蓝上方拍摄图像，对图像进行处理，首先从 RGB 图像数据转成色调、饱和度、亮度图像，基于神经网络模型的二值化处理提取结球部分，进而与两个甘蓝模型模板对比，估计叶球的二维位置和球径。根据球径判断成熟度，对一幅 11 个甘蓝的图像进行处理，识别时间约为 8.8s。图 4-33 为机器视觉甘蓝收获机器人的作业图。

SI 精工株式会社开发了基于机器视觉技术的茄子分选装置[62,63]，如图 4-34

图 4-33　机器视觉甘蓝收获机器人的作业图

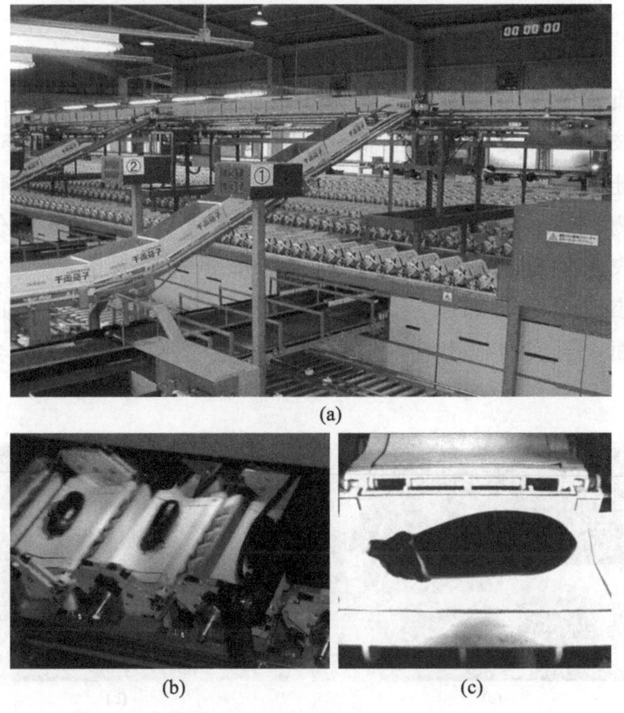

图 4-34　茄子分选生产线

(a) 流水线；(b) 采集茄子图像；(c) 茄子的图像

所示，生产线以 30m/min 移动，每个生产线有 6 台彩色摄像机和 4 台黑白摄像机，根据果实颜色、形状、大小、损伤、病虫害以及色泽对茄子进行分选，同时能实现黄瓜、苦瓜等的分选。同样，采用机器视觉技术可实现对番茄的分选，

图 4-35为番茄分选生产线，通过机器视觉，根据果实颜色、色斑、着色面积以及果实是否开裂等指标对番茄进行分选分级。

图 4-35　番茄分选生产线

北京农业质量标准与检测技术研究中心针对叶菜类蔬菜的品质与安全问题，采用光学无损技术，开发了农产品安全现场快速检测仪［图 4-36（a）］和便携式叶菜质量快速检测仪［图 4-36（b）］。农产品安全现场快速检测仪整合农产品质量快速检测、信号传输、数据挖掘、地理信息系统与空间定位等技术，对毒死蜱等有机磷农药的检出限可以达到国家标准要求的限值[64,65]。便携式叶菜质量速测仪体积小，无活动部件，结构优于光栅光谱仪，且成本低，内置预测模型，傻瓜式界面，可实时输出叶片叶绿素、氮素、水分含量，综合判定叶菜新鲜度和质量。

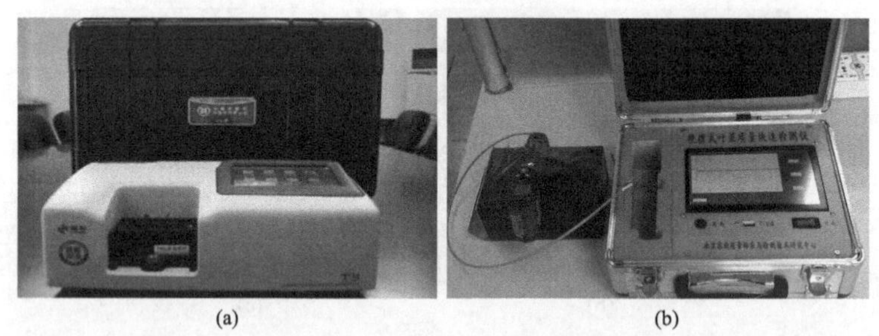

(a)　(b)

图 4-36　便携检测仪实物图

（a）农产品安全现场快速检测仪；（b）便携式叶菜质量快速检测仪

参考文献

[1] Lino A C L，Sanches J，Fabbro I M D. Image processing techniques for lemons and tomatoes classification. Bragantia，2008，67 (3)：785～789

[2] Brewer M T，Lang L，Fujimura K，et al. Development of a controlled vocabulary and software application to analyze fruit shape variation in tomato and other plant species. Plant Physiology，2006，141 (1)：15～25

[3] 薛风光. 番茄收获机器人视觉定位中多光谱图像融合方法的研究. 镇江：江苏大学，2008

[4] Cho B K，Kim M S，Baek I S，et al. Detection of cuticle defects on cherry tomatoes using hyperspectral fluorescence imagery. Postharvest Biology and Technology，2013，76：40～49

[5] Barnes M，Duckett T，Cielniak G，et al. Visual detection of blemishes in potatoes using minimalist boosted classifiers. Journal of Food Engineering，2010，98 (3)：339～346

[6] ElMasry G，Cubero S，Moltó E，et al. In-line sorting of irregular potatoes by using automated computer-based machine vision system. Journal of Food Engineering，2012，112 (1-2)：60～68

[7] Razmjooy N，Mousavi B S，Soleymani F. A real-time mathematical computer method for potato inspection using machine vision. Computers and Mathematics with Applications，2012，63 (1)：268～279

[8] 张保华，黄文倩，李江波，等. 基于I-RELIEF和SVM的畸形马铃薯在线分选. 吉林大学学报（工学版），2014，44 (6)：1811～1817

[9] 高海龙，李小昱，徐森淼，等. 透射和反射高光谱成像的马铃薯损伤检测比较研究. 光谱学与光谱分析，2013，33 (12)：3366～3371

[10] 汤全武，史崇升，吴佳. 基于小波递推最小二乘滤波算法的马铃薯高光谱图像去噪研究. 甘肃农业大学学报，2014，(2)：170～175，180

[11] Chong V K，Kondo N，Ninomiya K，et al. Features extraction for eggplant fruit grading system using machine vision. Applied Engineering in Agriculture，2008，24 (5)：675～684

[12] Chong V K，Nishi T，Kondo N，et al. Surface gloss measurement on eggplant fruit. Applied Engineering in Agriculture，2008，24 (6)：877～883

[13] Ngouajio M，Kirk W，Goldy R. A simple model for rapid and nondestructive estimation of bell pepper fruit volume. Hortscience，2003，38 (4)：509～511

[14] Gowen A，O'Donnell C P，Taghizadeh M，et al. Hyperspectral imaging combined with principal component analysis for bruise damage detection on white mushrooms (Agaricus bisporus). Journal of Chemometrics，2008，22 (3-4)：259～267

[15] Taghizadeh M，Gowen A A，O'Donnell C P. The potential of visible-near infrared hyperspectral imaging to discriminate between casing soil，enzymatic browning and undamaged tissue on mushroom (Agaricus bisporus) surfaces. Computers and Electronics in Agriculture，2011，77 (1)：74～80

[16] Gowen M，Taghizadeh M，O'Donnell C P. Identification of mushrooms subjected to

freeze damage using hyperspectral imaging. Journal of Food Engineering，2009，93（1）：7～12

[17] Ariana D P，Lu R F，Guyer D E. Near-infrared hyperspectral reflectance imaging for detection of bruises on pickling cucumbers. Computers and Electronics in Agriculture，2006，53（1）：60～70

[18] Liu Y L，Chen Y R，Wang C Y，et al. Development of hyperspectral imaging technique for the detection of chilling injury in cucumbers；spectral and image analysis. Applied Engineering in Agriculture，2006，22（1）：101～111

[19] Zhang B H，Huang W Q，Li J B，et al. Principles，developments and applications of computer vision for external quality inspection of fruits and vegetables：a review. Food Research International，2014，62：326～343

[20] 郝敏，麻硕士，郝小冬. 基于 Zernike 矩的马铃薯薯形检测. 农业工程学报，2010，26（2）：347～350

[21] 黄星奕，姜爽，陈全胜，等. 基于机器视觉技术的畸形秀珍菇识别. 农业工程学报，2010，26（10）：350～354

[22] 陈红，夏青，左婷，等. 基于机器视觉的花菇分选技术. 农业机械学报，2014，45（1）：281～287

[23] 李长勇，曹其新. 基于深度图像的蔬果形状特征提取. 农业机械学报，2012，43（S1）：242～245

[24] 周竹，黄懿，李小昱，等. 基于机器视觉的马铃薯自动分级方法. 农业工程学报，2012，28（7）：178～183

[25] Gowen A，O'Donnell C P，Taghizadeh M，et al. Hyperspectral imaging for the investigation of quality deterioration in sliced mushrooms（Agaricus bisporus）during storage. Sensing and Instrumentation for Food Quality and Safety，2008，2（3）：133～143

[26] Gaston E，Frias J M，Cullen P J，et al. Prediction of polyphenol oxidase activity using visible near-infrared hyperspectral imaging on mushroom（Agaricus bisporus）caps. Journal of Agricwltural and Food Chemistry，2010，58（10）：6226～6233

[27] Hernández-Hierro J M，Esquerre C，Valverde J，et al. Preliminary study on the use of near infrared hyperspectral imaging for quantitation and localisation of total glucosinolates in freeze-dried broccoli. Journal of Food Engineering，2014，126：107～112

[28] Schmilovitch Z，Ignat T，Alchanatis V，et al. Hyperspectral imaging of intact bell peppers. Biosystems Engineering，2014，117：83～93

[29] Ignat T，Schmilovitch Z，Fefoldi J，et al. Non-destructive measurement of ascorbic acid content in bell peppers by VIS-NIR and SWIR spectrometry. Postharvest Biology and Technology，2012，74：91～99

[30] Lu R F，Ariana D P. Detection of fruit fly infestation in pickling cucumbers using a hyperspectral reflectance/transmittance imaging system. Postharvest Biology and Technology，2013，81：44～50

[31] 李丹，何建国，刘贵珊，等. 基于高光谱成像技术的小黄瓜水分无损检测. 红外与激光工程，2014，43（7）：2393～2397

[32] Huang M，Wan X M，Zhang M，et al. Detection of insect-damaged vegetable soybeans using hyperspectral transmittance image. Journal of Food Engineering，2013，116（1）：45～49

[33] Huang M，Wang Q G，Zhang M，et al. Prediction of color and moisture content for vegetable soybean during drying using hyperspectral imaging technology. Journal of Food Engineering，2014，128：24～30

[34] Lara M A，Lleó L，Diezma B，et al. Monitoring spinach shelf-life with hyperspectral image through packaging films. Journal of Food Engineering，2013，119（2）：353～361

[35] Lunadei L，Diezma B，Lleó L，et al. Monitoring of fresh-cut spinach leaves through a multispectral vision system. Postharvest Biology and Technology，2012，63（1）：74～84

[36] 孙俊，武小红，张晓东，等. 基于高光谱图像的生菜叶片水分预测研究. 光谱学与光谱分析，2013，33（2）：522～526

[37] 孙俊，金夏明，毛罕平，等. 基于高光谱图像的生菜叶片氮素含量预测模型研究. 分析化学，2014，42（5）：672～677

[38] 李志新. 应用近红外品质分析仪测定马铃薯淀粉的研究. 黑龙江农业科学，2011，（11）：78～79

[39] 黄涛，李小昱，徐梦玲，等. 半透射高光谱成像技术与支持向量机的马铃薯空心病无损检测研究. 光谱学与光谱分析，2015，（1）：198～202

[40] 代芬，Bergholt M S，Benjamin A J V，等. 近红外激发荧光光谱与拉曼光谱快速鉴别马铃薯品种. 光谱学与光谱分析，2014，（3）：677～680

[41] Shao Y N，He Y，Gómez A H，et al. Visible/near infrared spectrometric technique for nondestructive assessment of tomato ‘Heatwave’（Lycopersicum esculentum）quality characteristics. Journal of Food Engineering，2007，81（4）：672～678

[42] Tiwari G，Slaughter D C，Cantwell M. Nondestructive maturity determination in green tomatoes using a handheld visible and near infrared instrument. Postharvest Biology and Technology，2013，86：221～229

[43] Bhosale P，Ermakov I V，Ermakova M R，et al. Resonance Raman quantification of nutritionally important carotenoids in fruits，vegetables，and their juices in comparison to high-pressure liquid chromatography analysis. Journal of Agricultural and Food Chemistry，2004，52（11）：3281～3285

[44] Baranska M，Schütz W，Schulz H. Determination of lycopene and beta-carotene content in tomato fruits and related products：Comparison of FT-Raman，ATR-IR，and NIR spectroscopy. Analytical Chemistry，2006，78（24）：8456～8461

[45] Schulz H，Baranska M，Quilitzsch R，et al. Characterization of peppercorn，pepper oil，and pepper oleoresin by vibrational spectroscopy methods. Journal of Agricultural and Food Chemistry，2005，53（9）：3358～3363

[46] 刘燕德，周延睿，潘圆媛. 基于最小二乘支持向量机的辣椒可溶性固形物和维生素 C 含量近红外光谱检测. 光学精密工程，2014，22（2）：281～288

[47] 张若宇，饶秀勤，高迎旺，等. 基于高光谱漫透射成像整体检测番茄可溶性固形物含量. 农业工程学报，2013，(23)：247～252

[48] 涂静，张憨，黄敏，等. 莲藕淀粉含量的近红外光谱无损检测方法. 食品与生物技术学报，2013，32（9）：972～977

[49] Qin J W，Chao K L，Kim M S. Nondestructive evaluation of internal maturity of tomatoes using spatially offset Raman spectroscopy. Postharvest Biology and Technology，2012，71：21～31

[50] 王姣姣，刘浩，任贵兴. 豌豆品质性状近红外模型建立及区域差异分析. 植物遗传资源学报，2014，15（4）：779～787，801

[51] 高海龙，李小昱，徐森淼，等. 马铃薯黑心病和单薯质量的透射高光谱检测方法. 农业工程学报，2013，(15)：279～285

[52] Ariana D P，Lu R F. Evaluation of internal defect and surface color of whole pickles using hyperspectral imaging. Journal of Food Engineering，2010，96（4）：583～590

[53] Kang S，Lee K，Son J，et al. Detection of fecal contamination on leafy greens by hyperspectral imaging. Procedia Food Science，2011，1：953～959

[54] 薛利红，杨林章. 基于可见近红外高光谱的菠菜硝酸盐快速无损测定研究. 光谱学与光谱分析，2009，29（4）：926～930

[55] Siripatrawan U，Makino Y，Kawagoe Y，et al. Rapid detection of *Escherichia coli* contamination in packaged fresh spinach using hyperspectral imaging. Talanta，2011，85（1）：276～281

[56] Kalkan H，Beriat P，Yardimci Y，et al. Detection of contaminated hazelnuts and ground red chili pepper flakes by multispectral imaging. Computers and Electronics in Agriculture，2011，77（1）：28～34

[57] 陈菁菁，彭彦昆，李永玉，等. 基于高光谱荧光技术的叶菜农药残留快速检测. 农业工程学报，2010，26（S2）：1～5，2

[58] 徐田锋. 基于拉曼光谱的菠菜毒死蜱农药残留快速检测方法研究. 北京：中国农业大学，2015

[59] Albuquerque C D L，Poppi R J. Detection of malathion in food peels by surface-enhanced Raman imaging spectroscopy and multivariate curve resolution. Analytica Chimica Acta，2015，879：24～33

[60] 村上則幸，大塚寛治，井上慶一. キャベツ収穫ロボットの開発（第 1 報）ロボットの作業速度. 農業機械学会誌，1999，61（5）：85～92

[61] 村上則幸，大塚寛治，井上慶一. キャベツ収穫ロボットの開発（第 2 報）ハンドによる収穫実験. 農業機械学会誌，1999，61（5）：93～100

[62] Kondo N，Ninomiya K，Kamata J. Eggplant grading machine by use of rotary trays. Proceedings of Automation Technology for Off-Road Equipment，2004，394～398

[63] Ninomiya K, Kondo N, Chong V K, et al. Machine vision systems of eggplant grading system. Proceedings of Automation Technology for Off-Road Equipment, 2004, 399～404

[64] Li W, Sun M, Li M Z. A Survey of determination for organ phosphorus pesticide residue in agricultural products. Advance Journal of Food Science and technology, 2013, (5): 381～386

[65] 陆安祥，栾云霞，王纪华，等. 基于图像处理的农药残留速测卡检测方法. 中国，专利号：ZL 201110427813.5，授权日：2013.11.06

第 5 章　牛肉品质安全的光学检测技术

牛肉是人们日常最重要的食品之一。因牛肉具有高蛋白质、低脂肪，且维生素及矿物质含量丰富等特点，深受消费者的青睐。但是作为牛肉生产大国，我国的牛肉产品在国际市场上的竞争力和影响力都远低于欧美发达国家。导致我国牛肉产品竞争力不强的因素很多，其中一个关键因素是我国的牛肉品质安全检测及分级技术落后于西方牛肉产业发达国家，导致牛肉的质量无法得到保证。牛肉品质安全通常是指生鲜牛肉及其肉制品所具有的外观、风味、营养、卫生等各种与加工和食用有关的生物、物理及化学性指标。检测牛肉品质安全的传统方法，包括微生物检验、气相色谱、高效液相色谱、薄层色谱、气相色谱-串联质谱和液相色谱-串联质谱法等常规理化方法，但这些方法存在检测效率低、所需时间长、产品破坏性大等问题。所以，牛肉品质安全检测技术应具备快速、准确、无损等特点。基于光学特性的牛肉品质安全参数无损检测是满足这些要求的新型技术，包括近红外光谱技术、高光谱成像技术、机器视觉技术、激光拉曼光谱技术和 X 射线荧光光谱技术等。鉴于牛肉品质安全光学检测技术具备无损、速度快、高通量、实时在线等优势，且易于实现自动化，因而较适于牛肉及产品生产加工的大规模产业化检测与分级系统。

5.1　牛肉的品质安全参数及常规检测方法

牛肉品质参数指标主要为大理石花纹、嫩度、含水率、系水力等。牛肉的安全参数主要有新鲜度，其主要决定于挥发性盐基氮（total volatile base nitrogen，TVB-N）、细菌总数（total viable count，TVC）、货架期（shelf life），还包含注入异物牛肉。重金属或违禁药物残留等。对于这些参数指标的测试分析，生产加工企业和质检部门一般是按照国家标准规定的人工抽检方法进行的，但是存在耗时、繁琐、人为误差大等问题。

5.1.1　牛肉大理石花纹及其检测方法

大理石花纹等级是评定牛肉品质的重要指标之一。大理石状脂肪与牛肉的嫩度和风味密切相关，大理石花纹越丰富，肉质越嫩。在同等育肥条件下，大理石花纹越多，肉品质越好[1]，大理石花纹的丰富与否直接影响牛肉的等级和价格的高低。针对大理石花纹，国家制定了农业行业标准 NY/T 676—2010《牛肉等级规格》[2]，标准规定选取第 5 肋至第 7 肋间，或第 11 肋至第 13 肋间背最长肌横切面，按照大理石花纹等级图谱评定背最长肌横切面处等级。大理石花纹从低到高分为 1、2、3、4、5 共五个等级，图 5-1 为大理石花纹等级标准图版，给出的是每个等级纹理的最低标准。

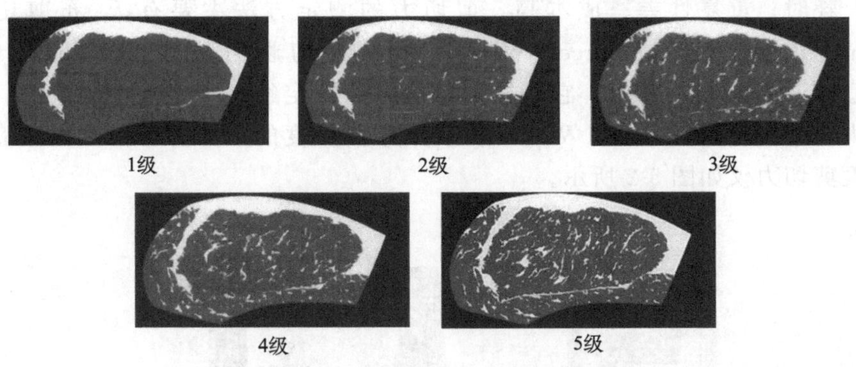

图 5-1　牛肉大理石花纹评级标准图版[2]

美国牛肉的质量级别依据牛肉的品质（以大理石纹为代表）和生理成熟度（年龄）将牛肉分为特优、特选、优选、标准、商用、可用、切碎和制罐 8 个级别。日本根据大理石花纹的丰富程度将牛肉分为精选特等、上等、中等、下等 4 个大等级共 12 个小等级[3]。

国内牛肉屠宰加工企业对牛肉大理石花纹的评估基本上都是利用传统方法进行评级，即由专门培训的分级员利用视觉感官或参照牛肉大理石花纹标准图版来完成。很多经营企业或单位也会根据自己的需要减少或者增加评定等级（减少为 3 个级别或者增加至 7 个级别）。评定部位为背最长肌的横截面，评定时间为屠宰后 1～2 小时的新鲜牛肉样品，或屠宰后在 4℃冰箱存放 24 小时的冷却肉样。这种方法既耗费劳动力，分级精度又会受人的主观因素影响，且分级速度慢。加上分级是在较低的温度下（0～4℃）进行，所以工作环境也比较恶劣。近年来，国内外诸多学者开始研究利用高光谱成像技术和机器视觉技术对牛肉大理石花纹进行自动、快速、准确的评价与分级。

5.1.2　牛肉嫩度及其检测方法

嫩度是衡量牛肉食用品质的重要指标之一，是指肉在食用时口感的老嫩，它反映了肉的质地，由肌肉中各种蛋白质结构决定，是消费者评判肉质优劣的最常用指标。牛肉的嫩度随着胴体的成熟逐渐发生变化，刚宰后的热鲜肉的柔软性最好，大约在 48 小时后，进入僵直期，牛肉的嫩度达到最低程度。然后随着解僵、成熟，大约在成熟 7 天后，肉的嫩度恢复到原来的 80%左右。随后，肌肉的嫩度趋于稳定，在冷藏状态下变化很小，所以这时是检测牛肉嫩度的合理时间。

目前牛肉嫩度检测的常规方法是感官评定和剪切力方法。前者一般是由经过训练的评级员或消费者组成的品尝小组来判定，利用该方法评定牛肉嫩度，主观性强、耗时、重复性差、成本高。剪切力的测定方法主要有沃-布剪切力法（Warner-Bratzler shear force，WBSF）和片层剪切力法（slice shear force，SSF）。其中前者较为常用，它是按照相应方法测定经过一定条件蒸煮的、特定尺寸大小的牛肉剪切力，以 WBSF 值表示牛肉嫩度的一种客观检测方法，常见的嫩度剪切力仪如图 5-2 所示。

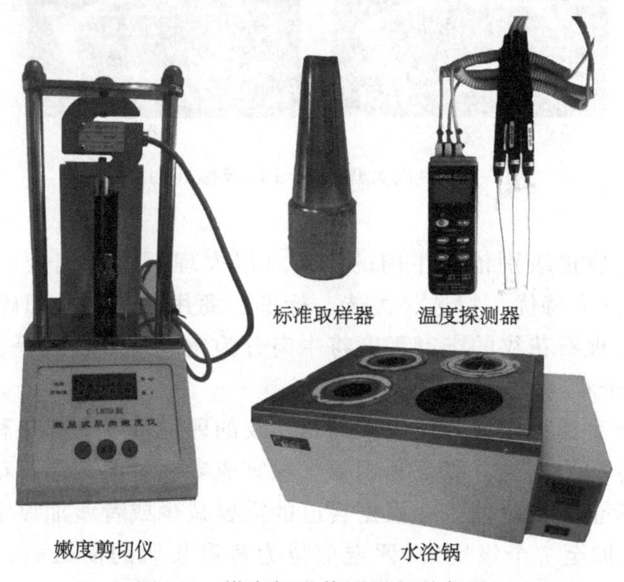

图 5-2　嫩度标准值测量相关仪器

按照《肉嫩度的测定剪切力测定法》[4]（NY/T 1180—2006）测定牛肉嫩度时，取样部位选择背最长肌处。在每个胴体腰部 11～14 椎骨间，垂直于肌肉纤维，用无菌刀切取 3～4cm 厚的背最长肌，保存在 4℃冰箱中成熟。牛肉嫩度的理化测量主要使用图 5-2 中的仪器，首先将牛肉样品用密封袋包裹在 80℃的水浴中加热，将温度探测器插入样品中心，保证肉块中心温度均达到 70℃左右，然后将煮好的肉块取出用密封袋密封在 4℃下冷却保存 12 小时。对每个冷却后的肉块沿着肌纤维方向用标准取样器（图 5-2）钻取 6 条直径为 3cm 的肉柱，尽量避开脂肪和结缔组织，用嫩度剪切仪对 6 条肉柱测量垂直于肌纤维的剪切力，分别得到剪切力峰值，求其平均值作为该牛肉样品的剪切力值。

上述的操作方法和过程相当繁琐、耗时、有损，且不能在牛肉生产流程现场实施。基于图像处理技术和光谱技术的牛肉嫩度研究已有报道[5-7]。当特定波长的光照射于牛肉样品时，其光谱（吸收光谱、散射光谱及透射光谱等）能反映牛肉嫩度信息。近年来，可见/近红外技术、高光谱技术、多光谱技术、机器视觉技术及荧光光谱等技术已成为牛肉嫩度检测的重要手段。

5.1.3　牛肉水分含量及其检测方法

水分含量对生鲜牛肉品质、口感等有直接的影响，并且是畜禽鲜肉加工、储藏、贸易与食用的一项重要质量指标。牛肉水分含量过高，细菌、霉菌繁殖加剧，容易引起肉品变质。而脱水干缩不仅使肉品失重，造成直接经济损失，而且影响肉的颜色、风味和组织状态，并引起脂肪氧化。牛肉含水量的传统检测方法为干燥法。根据国家标准 GB/T 9695.15—88《肉与肉制品　水分含量测定》[8]中关于生鲜肉水分含量的测定方法，将均质的样品置于（103±2)℃的干燥箱中恒温烘干 2 小时，冷却至室温后精确称量，再放入干燥箱中烘干 1 小时，并重复上述操作至前后两次连续称重结果之差小于 1mg。计算公式为

$$X=\frac{m_2-m_3}{m_2-m_1}\times 100\% \tag{5-1}$$

式中，X、m_1、m_2、m_3分别为样品水分含量、称量瓶质量、干燥前样品及称量瓶质量、干燥后样品及称量瓶质量。这种干燥方法耗时较长且对样品具有破坏性，质检效率低，经济效益差。

目前测量水分的光学检测方法主要包括可见/近红外光谱技术（visible/near-infrared，VIS/NIR）及高光谱技术。水分是肉的最主要组成成分之一，而水的O—H 键的二次倍频、一次倍频和合频吸收分布在 980nm、1450nm 和 1950nm 附近，可引起肉样光谱曲线出现吸收峰。通过近红外光谱的采集和分析，建立预测模型，可以实现牛肉水分含量的预测[9]。而通过高光谱图像的采集、反射光谱的提取及分析，建立预测模型，则可实现牛肉水分含量的预测及其分布的可视化显示[51]。

5.1.4　牛肉系水力及其检测方法

系水力（water holding capacity，WHC）指牛肉肌肉组织受到外力作用（如压力、切碎、加热、冷冻、融化等）时，保持其原有水分的能力，又称保水性、持水性。肌肉中含有的大量水分与蛋白质的极性基团结合形成水合离子而储留在蛋白质的空间结构中，形成了肌肉系水力，影响着肌肉的嫩度。系水力是衡量牛肉品质的主要指标之一，它不仅影响肉品加工的产量，还影响鲜肉的色泽、质地、嫩度、营养和风味等，有着重要的经济价值。系水力好的牛肉表现为色泽鲜亮、表面干爽，质地硬而有弹性。若牛肉系水力差，则从屠宰到烹调前的过程

中，肉会因失水而减重，同时由于失色等导致品质下降，给生产者和销售者造成经济损失。

传统的系水力测定方法较多，按样品处理手段可分为三类：第一类，利用外力改变牛肉的保水结构，然后对改变了的结构和水分的得失进行度量，如压力称重法、压力滤纸面积法、离心法、核磁共振法、膨胀法、毛细管法等；第二类，不加任何外力度量牛肉的液体流失，如滴水损失、滤纸法等；第三类，通过腌制或加温度量牛肉的失水程度，如蒸煮损失、熟肉率、拿破率（Napole yield）等。以较常用的第三类方法中的蒸煮损失法为例，首先测定新鲜牛肉样品的质量 w_1，然后将肉样置于聚乙烯塑料袋内后抽去袋内空气封住袋口，使肉样表面与塑料袋紧贴（无气泡）。将封口后的肉样袋置于 75℃水浴中保持 30 分钟，使肉样袋完全没入水中。水浴后的肉样袋置于 15℃流水中冷却 40 分钟，然后打开塑料袋用滤纸擦去肉样表面水分后测定样品的质量 w_2，牛肉样品的系水力 L 计算公式如式（5-2）所示。近年来，相关研究表明基于 VIS/NIR 技术和高光谱技术，通过建立牛肉光谱信息与牛肉系水力的关系，可实现牛肉系水力的快速、无损预测[52-54]。

$$L = \frac{w_1 - w_2}{w_1} \times 100\% \tag{5-2}$$

5.1.5 牛肉新鲜度及其检测方法

新鲜度是指肉品的新鲜程度，是衡量肉品是否符合食用要求的安全标准之一，也是消费者选购肉品的主要依据。TVB-N、菌落总数、pH、肉色均属于评价牛肉新鲜度的重要参数。其中 TVB-N 是我国食品法规规定的判定牛肉新鲜度的重要指标之一，但单一指标很难全面、准确地评价牛肉的新鲜度，应采用反映新鲜度的 TVB-N、pH、肉色等多项指标综合评价。

新鲜度涉及的各参数一般按照国家标准规定的理化实验方法测得。颜色参数包括 L^*、a^*、b^*（L^* 代表亮度变量，a^* 代表红-绿变量，b^* 代表黄-蓝变量），一般用精密色差仪测量，测量时要避开脂肪、结缔组织。pH 用 pH 计测量，测量前一般用温度计测量样品温度和 pH 计标定缓冲液的温度，保证两者温度一致，再用缓冲液对 pH 计进行标定进行样品测量。TVB-N 用凯氏定氮仪按照国家标准 GB/T 5009.44—2003[11] 中的半微量定氮法进行测量。按照国家标准 GB 2723 规定，TVB-N 小于 15mg/100g 为新鲜肉，15～25mg/100g 为次新鲜肉，大于 25mg/100g 为腐败肉。近年来随着光谱技术的发展，可见/近红外光谱技术和高光谱技术已成为预测牛肉的新鲜度，特别是通过预测 TVB-N、pH、色泽等综合评价牛肉新鲜度的有效方法[11-14]。

5.1.6　牛肉细菌总数及其检测方法

菌落总数定义为食品抽检样品经过处理，在一定条件下（如培养基、培养温度和培养时间等）培养后，所得每克（或 mL）检样中形成的微生物菌落总数。菌落总数除了反映肉品新鲜度之外，主要的作用是作为判定食品被细菌污染程度的标记，是反映肉品被污染和腐败状况的重要指标，在一定程度上标志着肉品卫生质量的优劣，可以估测出肉品腐败状况，为卫生学评价提供科学依据。

测定菌落总数的理化方法为中华人民共和国国家标准 GB 4789.2—2010[16]，按照标准，细菌总数测定采用平板计数法，以菌落形成单位（colony-forming units，CFU）表示每克样品中的微生物菌落总数，测定时间约为 48 小时。但是存在操作繁琐，费时费力的缺点，且计数时由于人工视觉的局限，准确率不高。近几年利用 VIS/NIR 及高光谱成像技术进行细菌总数无损检测的研究已有报道[17, 56]，具有速度快、成本低、无破坏性等特点，为牛肉细菌总数提供了新的检测评价手段。基于高光谱成像技术通过求取牛肉的散射和吸收特征参数，建立牛肉腐败过程中细菌总数变化与光学特征的关系，实现了细菌总数的高光谱预测。

5.1.7　牛肉剩余货架期及其预测方法

1. 货架期的含义

冷却牛肉的货架期是指从冷却肉包装入库到产品感官或质量上不能接受的一段贮存期，这段时间包括产品在厂内冷库贮存时间、运输时间、超市货架摆放时间以及消费者购回家中在冰箱存放的时间。肉品在加工流通过程中会受到各种微生物的污染，而食品腐败过程中起主导作用的是微生物的活动，所以控制微生物生长是延长牛肉货架期的最基本要求。消费意义上的货架期判断一般依据肉色泽、气味的劣变，牛肉表面黏液的产生以及组织软化、汁液流失等感官特征。但是感官评定经常受到消费者个人经济文化因素、个人感官敏锐性和个人承受度等因素的影响，在牛肉将要腐败和腐败早期，消费者很难判断出来。微生物的生长能够产生腐败代谢产物，如挥发性臭味和异味或黏液及变色等，这些腐败产物到达一定水平时导致产品不可接受的微生物数量即最小腐败量，而对牛肉腐败起主导作用的微生物称为特定腐败菌（specifics spoilage organisms，SSO）。在建立牛肉微生物生长模型的基础上，可以对牛肉的腐败程度进行预测，其核心是确定特定腐败菌。用光学方法预测牛肉的特定腐败菌或细菌总数，基于相应的生长模型可以来预测牛肉产品的货架期。

2. 货架期的预测

如前所述，货架期的预测关键在于微生物的生长模型的建立，图 5-3 为肉品微生物的生长规律及与 Gompertz 模型的拟合结果。微生物的生长模型种类较多，关于肉品货架期的预测，Gibson 等[18]证实冈珀茨（Gompertz）模型的预测结果要比 Logistic 模型好，而何帆[19]则通过 t 检验和 F 检验证实了 Gompertz 模型的预测结果要好于 Linear 模型。前期研究文献报道[17, 20]描述微生物生长模型的 Gompertz 经验方程如式（5-3）所示。

$$B = p + qe^{-e^{-k(t-m)}} \tag{5-3}$$

式中，B 是牛肉样品细菌总数（TVC 或者假单胞菌）；t 是贮藏时间（天）；p 是细菌初始值；q 是细菌生长的渐近值（最大值）；k 是细菌的最大生长速率；m 是对应最大生长速率的贮藏时间；$k \times m$ 则表示细菌生长能力。该经验方程是肉品贮藏时间的函数，因而被用于预测货架期[21]。Zhang 等[22]对 TVC 和假单胞菌的实验微生物生长数据进行了非线性回归分析，结果表明（图 5-3），Gompertz 模型能完美的拟合 TVC 和假单胞菌的微生物生长规律。若利用光学技术预知一定环境条件下某时间牛肉样品的 TVC 和假单胞菌，即可根据微生物生长模型式（5-3）推算出该肉品的剩余货架期。

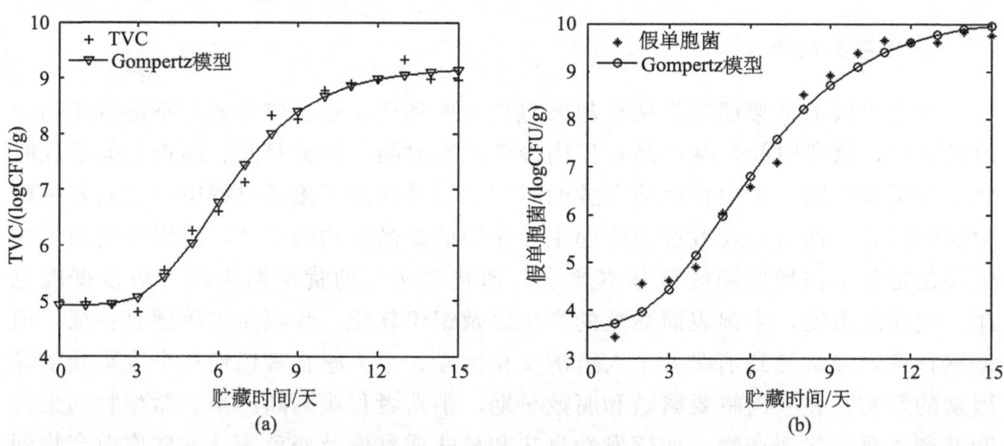

图 5-3　肉品微生物的微生物生长与 Gompertz 模型对比[22]

(a) TVC；(b) 假单胞菌

5.1.8　注胶肉、注水肉及其检测方法

牛肉的注胶和注水会严重破坏牛肉品质。注胶肉，就是在水里添加少量的卡拉胶，配成“胶水”混合物后注入。卡拉胶的主要成分为易形成多糖凝胶的半乳

糖、脱水半乳糖，能与蛋白质结合，形成巨大的网络结构，可保持自身重量10～20 倍的水分。一般一斤肉注二两卡拉“胶水”不会现形。杨红菊等[23]研究了基于近红外光谱透射技术判别注胶肉的方法，用一阶导数对光谱进行预处理，采用因子化法建立的定性判别模型能很好地对注胶肉和正常肉进行判别，模型的判别正确率为 100％。

注水肉是指在家畜屠宰前被强制地从口腔处灌注大量的水到其体内，或在宰后从家畜的心脏内直接高压灌注大量的水；家禽往往用注射器直接注水到肌肉内。胴体中充满大量水分后再上市销售，以增加重量。目前鉴别注水肉的方法主要是眼观和触摸等人工方法。通过电导原理测量注水肉的仪器已被开发，但是由于注入的水质及水中所含离子种类、数量有很大差异，因此不能正确测出注水量。杨志敏等[24]应用近红外光谱技术结合人工神经网络算法，建立原料肉和注水肉的判别模型，进行对原料肉注水的快速鉴别。

5.2　牛肉品质光学检测技术

牛肉品质参数指标主要为大理石花纹、嫩度、含水率、系水力等。如前所述，传统的理化方法虽然比较准确，但是耗时，步骤繁琐，利用可见/近红外光谱、高光谱成像和机器视觉等光学无损检测技术则颇具优势。

5.2.1　牛肉大理石花纹的光学检测

计算机视觉和高光谱成像技术是目前牛肉大理石花纹光学检测的两种重要的方法。它们都是对牛肉样品图像进行处理和分析，根据得到的大理石花纹与其特征参数或者纹理特征建立预测分级模型。根据特征参数的提取方法不同，研究人员用于评价大理石花纹丰富程度的特征参数的方法也不同。评价大理石花纹等级的特征参数主要包括大理石花纹面积比值、大脂肪颗粒个数和密度、中等脂肪颗粒个数和密度、小脂肪颗粒个数和密度、总脂肪颗粒个数和密度、脂肪分布均匀度等 10 个指标[25]，它们的定义如下：①大理石花纹比值：花纹总面积与有效眼肌面积的比值；②大、中、小、总脂肪颗粒个数：选择大脂肪颗粒面积大于 $14.88\mathrm{mm}^2$，中等颗粒脂肪面积为 $3.72\sim14.88\mathrm{mm}^2$，小脂肪颗粒面积小于 $3.72\mathrm{mm}^2$，总脂肪颗粒个数即所有脂肪颗粒个数的总和；③大、中、小、总脂肪颗粒密度：单位面积上的脂肪颗粒数量（个/cm^2），即相应大小的脂肪颗粒个数与有效眼肌部分实际面积的比值；④脂肪分布均匀度，即脂肪颗粒分布变异系数。设有效眼肌图像有 n 行，每行脂肪占总像素比例为 w_i ($i=1, 2, \cdots, n$)，平均值为 w，脂肪分布均匀度（C）为

$$C=\frac{1}{w}\sqrt{\frac{\sum_{i=1}^{n}(w_i-w)^2}{n-1}} \tag{5-4}$$

1. 基于计算机视觉技术

计算机视觉用于肉品质量检测和分级始于 20 世纪 90 年代，McDonald 等[26]在基于图像处理的牛肉大理石花纹分级方面进行了开创性研究，根据瘦肉和脂肪反射特性的不同，他们把背最长肌的瘦肉和脂肪分开并产生了二值化图像。Shiranita 等[27,28]定义大理石花纹比值、大中小脂肪颗粒数量和花纹的分布程度这 5 个特征参数来对牛肉大理石花纹进行评分。并建立对等级影响较高的其中 3 个变量（大理石花纹比值、大脂肪颗粒数量和花纹的分布程度）的线性回归方程来判定牛肉大理石花纹等级，回归方程判定的结果与专业评定师评出的等级基本一致。陈坤杰等[29,30]利用牛肉大理石花纹的面积比率、总脂肪颗粒数、大小脂肪颗粒数以及每个牛肉大理石花纹样品图像的几何维数和信息维数这些参数为基础，分别建立了牛肉大理石花纹等级判定的多元线性模型和多元多项式模型，两个模型预测正确率分别为 75.0％和 87.5％。郭辉等[31]针对牛肉屠宰加工企业的实际需求，选择中心波长为 530nm 的滤光片，进一步完善大理石花纹的检测评价算法，开发了基于多光谱与计算机图像处理技术相结合的牛肉大理石花纹检测系统。周彤等[25]通过图像处理和数值解析，提出一种快速准确提取牛肉大理石花纹和特征参数的实用算法，并利用能反映花纹全面信息的多个指标建立了预测模型，其大理石花纹等级预测模型的校正集相关系数 R_c和验证集相关系数 R_p分别为 0.92 和 0.88，实现了牛肉大理石花纹等级的有效判定。

1） 大理石花纹检测系统基本硬件构成

基于图像处理的牛肉大理石花纹检测系统主要包括硬件系统和软件系统两部分，硬件系统主要由检测装置、触发控制装置、计算机等组成，其硬件结构如图 5-4 所示。检测系统开始工作时，首先将检测装置对准要检测的样品，在检测装置摆放到位后，安装在检测探头上的样品位置传感器就会提示位置正确与否，这时从计算机上的实时图像采集窗口可以看到样品图像，然后由按下装设在手柄上的外触发开关，计算机接收到触发信号后，开始采集图像信息，然后将图像信息发送至计算机，经实时处理图像信息，求出样品的大理石花纹等级结果[25]。

2） 牛肉大理石分级算法

牛肉大理石花纹分级的基本过程，首先要将牛肉眼肌部分从背景中提取出来，准确求出大理石花纹的特征参数，并利用特征参数进行大理石花纹等级的评价判定。牛肉大理石花纹分级计算过程如图 5-5 所示：首先选择适当的预处理方法（如图像平滑、二值化、掩膜处理、图像增强等）去除背景得到牛肉图像，以

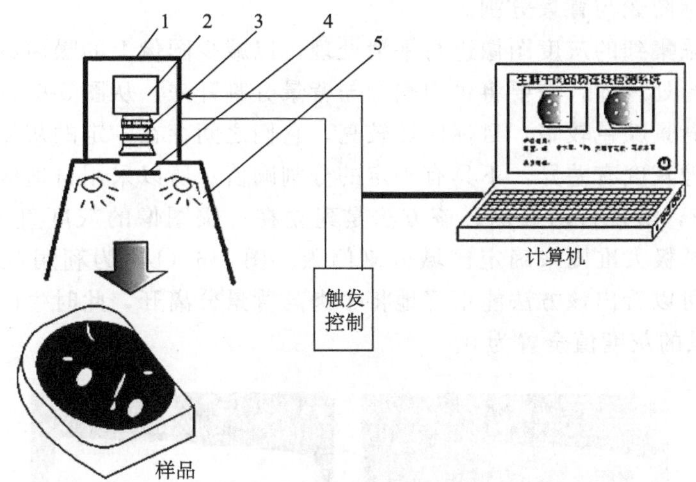

图 5-4　牛肉大理石花纹检测系统硬件构成示意图[25]

1. 检测装置外壳；2. 工业相机；3. 镜头；4. 滤光片；5. 光源

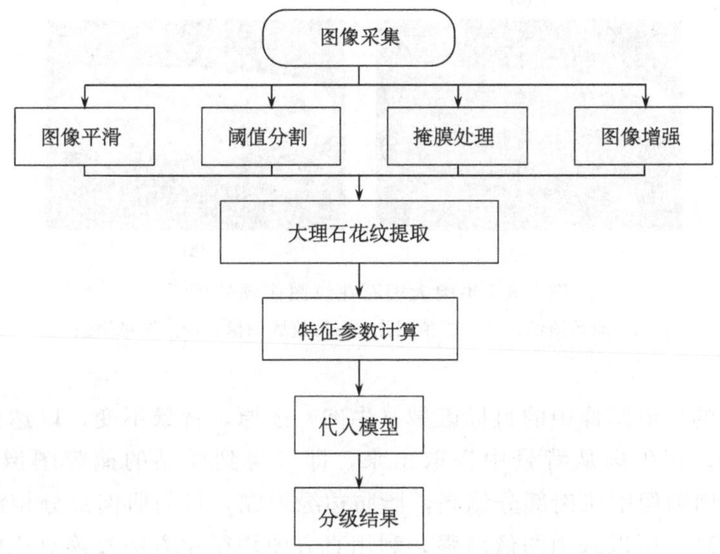

图 5-5　牛肉大理石花纹分级算法[25]

减少算法计算量；然后对分割后的大理石花纹图像，通过设定区域面积大小阈值去除眼肌外部脂肪，以快速得到有效眼肌部分（即等级评定区域）；再利用优化后的数学算法计算表征大理石花纹丰富程度的特征参数；最后利用分级效率较高的化学计量学方法建立预测模型，得到大理石花纹分级结果。

（1）目标图像与背景分割。

首先将采集到的灰度图像进行平滑处理，以减少图像上的噪声或者失真。对牛肉图像进行处理前，需要将牛肉图像与背景分割开来。从图 5-6（a）原始图像可以看出，背景颜色较暗，目标区域较亮，它们之间存在一定的灰度差别，但是每张样品图像灰度有差异，不具有确定的分割阈值。所以采用自适应阈值分割方法（otsu）[32]，实现自动分割。该方法是建立在一幅图像的灰度直方图基础上，依据类间距离极大准则来确定区域分割门限。图 5-6（b）为利用该方法得到的二值图像，可以看出该方法能很好地将牛肉与背景分离开，此时牛肉灰度值全置为 255，背景的灰度值全置为 0。

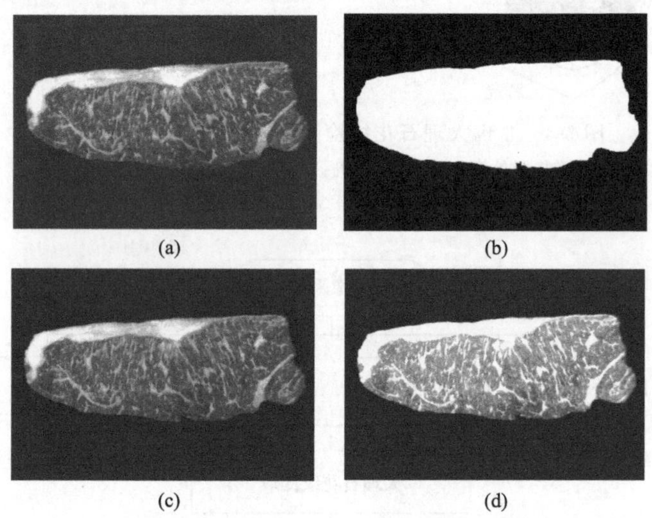

图 5-6　牛肉大理石花纹图像预处理[25]

（a）原始图像；（b）二值图像；（c）掩膜图像；（d）图像增强

将得到的二值图像中的目标区域（牛肉）还原，背景不变，以达到去除底板背景的目的。把牛肉从背景中提取出来，即可得到样品的掩膜图像。从图 5-6（c）看出牛肉图像中肌肉部分偏亮，脂肪边缘模糊，且与肌肉部分相混杂，不利于进一步处理，所以采用图像增强，利用直方图均衡化方法改善对比度使得肌内脂肪和肌肉的区别更加明显，细节清晰，边缘不模糊。直方图均衡化后结果如图 5-6（d），能很好地将牛肉从背景中提取出来，更有利于下一步的处理。

（2）大理石花纹提取。

完成牛肉图像与背景分割后，再利用迭代法对牛肉眼肌部分进行分割，背景不变，图 5-7（a）为大理石花纹分割图像。将大理石花纹分割图像进行形态学转换去除噪声，分别为两次腐蚀两次膨胀：腐蚀是将位于参考点中心 3×3 像素核与图像卷积，计算核覆盖的区域的像素点的最小值，并把该最小值赋值给参考点指定的像素；膨胀即腐蚀的反操作，将核覆盖区域的最大像素值赋给参考点。处理后，得到清晰的花纹区域［图 5-7（b）］，图中白色区域包括大理石花纹和无效的眼肌外敷脂肪，在提取特征参数时，需要将无效的脂肪去除。该外敷脂肪是最大的脂肪连通区，根据这一特征，将每个脂肪颗粒进行区域标记，并计算其面积［图 5-7（c）］，找到面积界限。周彤等[25]实施的实验得到脂肪颗粒的面积一般都在 8000 个像素以下，提取面积＞8000 个像素的区域即多余的牛肉外敷脂肪部分［图 5-7（d）］，提取面积≤8000 个像素的区域即大理石花纹图像［图 5-7（e）］。将图 5-6（d）与图 5-7（d）进行减运算则得到有效的眼肌区域［图 5-7（f）］。该方法能很好地去除无效的脂肪区域得到有效眼肌。对不同样品图像进行处理，该方法均能得到清晰、准确的花纹分割图像［图 5-7（e）］。

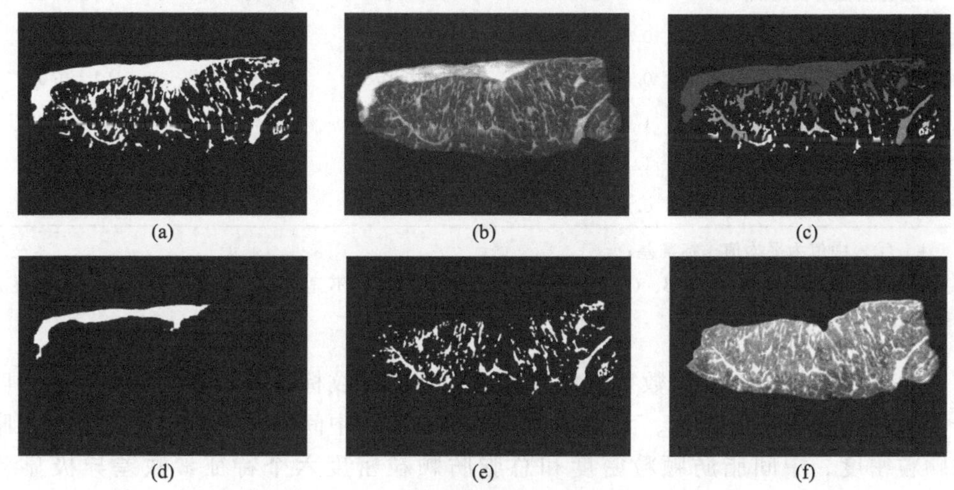

图 5-7　有效眼肌部分的提取[25]

（a）图像分割；（b）图像去噪；（c）区域标记；
（d）多余区域提取；（e）大理石花纹图像；（f）有效眼肌图像

（3）特征参数提取。

如前所述，为全面评价大理石花纹的丰富程度，需要对大理石花纹图像进行特征参数的提取，江龙建[33]则确定了大理石花纹比值（大、中、小颗粒脂肪面积和与有效眼肌面积的比值）、大脂肪颗粒面积比值（大脂肪颗粒总面积与有效眼肌面积比值）、中间脂肪颗粒面积比值（中间脂肪颗粒总面积与有效眼肌面积比值）、小脂肪颗粒面积比值（小脂肪颗粒总面积与有效眼肌面积比值）、大脂肪颗粒密度、中间脂肪颗粒密度、小脂肪颗粒密度、总脂肪颗粒密度、脂肪分布均匀度等 9 个图像特征参数指标，通过这些特征参数来表征大理石花纹等级。其对

1、2、3、4 级（参照标准 NY/T 676—2003）[34] 大理石花纹标准图板，用数码相机分别拍摄得到大理石花纹标准图板的数字图像（以下简称“标准图像”），每一等级拍摄 10 个，将这些图像通过预处理后提取得到的各特征参数取值范围见表 5-1。

表 5-1　不同等级标准图像特征参数[33]

图像特征参数	标准大理石花纹等级			
	1 级（$n=10$）	2 级（$n=10$）	3 级（$n=10$）	4 级（$n=10$）
大理石花纹比值/%	16.49 ± 0.85^{A}	10.46 ± 0.90^{B}	2.21 ± 0.21^{C}	0.24 ± 0.08^{D}
大脂肪颗粒面积比值/%	11.54 ± 1.46^{A}	6.78 ± 1.40^{B}	0.64 ± 0.14^{C}	0.00 ± 0.00^{C}
中间脂肪颗粒面积比值/%	3.19 ± 0.83^{A}	2.11 ± 0.49^{B}	0.99 ± 0.15^{C}	0.08 ± 0.09^{D}
小脂肪颗粒面积比值/%	1.77 ± 0.59^{A}	1.57 ± 0.26^{A}	0.59 ± 0.05^{C}	0.16 ± 0.03^{D}
大脂肪颗粒密度/(个/cm^2)	0.33 ± 0.02^{A}	0.21 ± 0.03^{B}	0.03 ± 0.01^{C}	0.00 ± 0.00^{D}
中间脂肪颗粒密度/(个/cm^2)	0.43 ± 0.10^{A}	0.27 ± 0.05^{B}	0.13 ± 0.02^{C}	0.01 ± 0.01^{D}
小脂肪颗粒密度/(个/cm^2)	1.20 ± 0.44^{A}	1.11 ± 0.18^{A}	0.46 ± 0.04^{C}	0.10 ± 0.03^{D}
总脂肪颗粒密度/(个/cm^2)	1.97 ± 0.52^{A}	1.60 ± 0.19^{B}	0.62 ± 0.05^{C}	0.12 ± 0.02^{D}
脂肪颗粒均匀度	0.17 ± 0.05^{A}	0.19 ± 0.06^{A}	0.21 ± 0.08^{A}	0.21 ± 0.07^{A}

注：①表中值为平均值±标准差；

②同一行中不同角标（A、B、C、D），字母相同者表示差异不显著，字母不同者表示差异极显著（$p<0.01$）。

由表中数据可知，由数字图像提取的大理石花纹标准图板的特征参数中，四个等级的大理石花纹比值、大脂肪颗粒面积比值、中间脂肪颗粒面积比值、大脂肪颗粒密度、中间脂肪颗粒密度和总脂肪颗粒密度六个特征参数差异极显著（$p<0.01$），表明由牛肉眼肌部位图像提取的大理石花纹特征参数可用于大理石花纹等级判定。

3）预测模型的建立

从牛肉大理石花纹图像中提取的特征参数被用于牛肉大理石花纹预测模型的建立。由于所提取的各特征参数对等级的贡献程度不同以及参数之间会有相互影响，为了不改变指标体系对花纹等级的解释程度，可采用主成分回归（principal component regression，PCR）将多个指标化为少数几个综合指标进行建模，也可利用多元线性回归（multiple linear regression，MLR）的方法建立预测模型。

PCR 模型建立时，随机选取建模样品中的 2/3 或 3/4 作为校正集用来建立大理石花纹等级预测模型，其余样品作为验证集用于模型验证。周彤等[25] 的研究用大、中、小脂肪颗粒个数代替大、中、小脂肪颗粒面积比值，又加入总脂肪颗粒个数，作为变量 X_1、X_2、X_3、X_4；大、中、小、总脂肪颗粒密度作为变

量 X_5、X_6、X_7、X_8；大理石花纹比值和脂肪分布均匀度作为变量 X_9 和 X_{10}。然后对这10个变量进行主成分分析，结果显示前3个主成分的特征值均大于1，且累计贡献率为88.9%，基本可反映全部参数的信息，所以用3个新变量代替原来的10个变量，每个新变量可以由原10个变量表示。然后将大理石花纹等级数据进行标准化，将主成分与该数据进行多元线性回归分析，可得到每个主成分的回归系数，以及主成分回归方程，然后将主成分还原为原始特征参数变量，最终得到的回归方程为

$$y=\sum_{i=1}^{10}a_iX_j \tag{5-5}$$

式中，y 为大理石花纹等级；$X_1\sim X_{10}$ 分别为10个特征参数；a_i 为对应的系数。将校正集的各特征参数代入式（5-5）所建立的主成分回归方程，计算出校正集样品的大理石花纹等级预测值，结果如图5-8（a）所示。

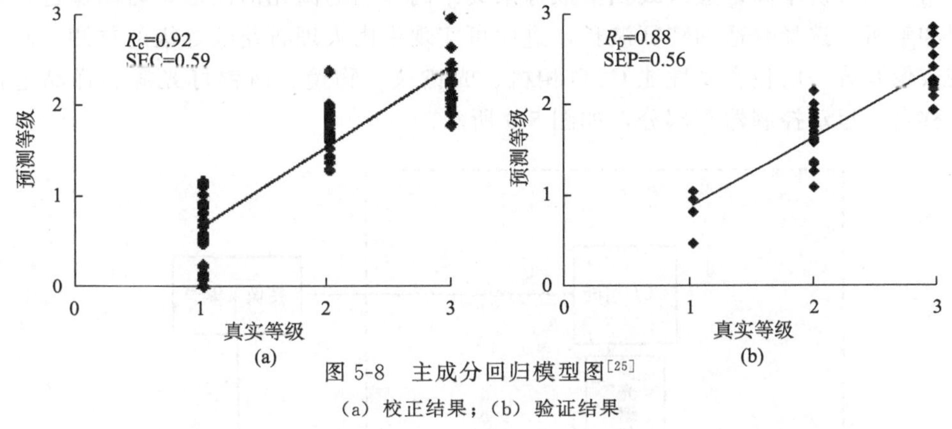

图5-8　主成分回归模型图[25]

（a）校正结果；（b）验证结果

由此可得校正集的相关系数 R_c 和标准误差SEC分别为0.92和0.59，同时利用得到的预测模型（式5-5）对剩余的样品进行预测验证，得到预测值，结合专业分级人员的判定结果，得到如图5-8（b）的验证集相关系数 R_p 和标准误差SEP分别为0.88和0.56，表明主成分回归模型预测结果与大理石花纹等级具有很高的相关性。通过分析，大理石花纹比值（X_1）的贡献率最大，因此其对等级的影响最大。目前，有的牛肉生产企业把大理石花纹等级只分为3级，根据PCR模型的预测结果和专业人员判定的大理石花纹等级，利用同级样品差异较小，不同级别样品差异较大的原则构建出3等级的Fisher线性判别函数：

$$\begin{aligned}d_1&=7.075y-3.230\\d_2&=19.625y-17.494\\d_3&=27.028y-32.195\end{aligned} \tag{5-6}$$

式中，d_i为相应 3 个等级的 Fisher 判别函数值；y 为样品大理石花纹的 PCR 模型（式 5-5）预测结果。将每个样品的模型预测值 y 分别代入 3 个 Fisher 判别函数进行计算，比较函数值大小，该样品属于函数值最大的组。进入第一组的样品，大理石花纹等级为 1 级，依次类推。通过统计样品的误判个数来计算总体判别正确率。结果表明，模型的识别率和稳定性都达到较好的水平。而发生误判的样品大部分在相邻的级别之间，这是由于等级相邻的样品特征指标相近，使得模型的判定结果产生一定的误差。实际应用时，将预测模型导入检测系统硬件中（图 5-4），可实现牛肉大理石花纹的光学快速无损检测。

2. 基于高光谱成像技术

高光谱成像是一个新兴的图谱技术，它结合了传统的成像和光谱学，可以同时获得检测对象的空间信息和光谱信息。高光谱图像的特点为波段多、光谱分辨率与空间分辨率高。通过线扫描成像采集牛肉样品的高光谱图像，对图像进行处理和解析，选择合适的特征波长，进而可实现牛肉大理石花纹等级的预测。高光谱成像系统一般包含高性能 CCD 相机、光谱仪、物镜、卤钨灯光源、样品电控平移台、运动控制器等部分，如图 5-9 所示。

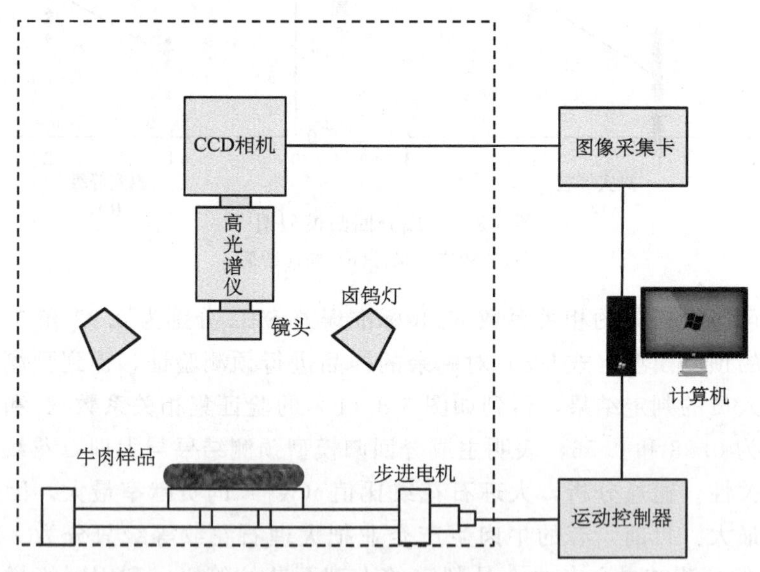

图 5-9　高光谱线扫描成像系统[35]

在使用高光谱成像系统前，需要设置好曝光时间、运动控制器速度和行程、光源强度、镜头焦距和光圈。在实验过程中，需要采集黑参考图像、全反射材料白参考图像。将牛肉样品放置于电动平移台上，通过控制软件在不同位置连续采集图像。每个牛肉样品可根据需要采集多个位置的图像。在样品不同位置采集的图像构成了高光谱立方体图像。

根据要检测的农畜产品品质安全指标，选用的高光谱仪和 CCD 相机的波长范围也不同，如 300～1100nm、1000～1700nm 等规格。利用高光谱成像进行牛肉大理石检测的一般采用前一种规格，可获取 300～1100nm 的多个波长的图像。图 5-10 是一块等级为 3 级的牛肉样品，图中前 7 幅图分别为的波长 470nm、550nm、600nm、660nm、720nm、850nm 和 950nm 处利用 ENVI4.3 进行 2% 线性拉伸后的图像［即去除图像中 DN（digital number）值小于 2%大于 98%的部分］，这样绝大多数的异常值会在拉伸时舍掉，第 8 幅图像为红（720nm）、绿（550nm）、蓝（470nm）三个波长的组合彩色图像。

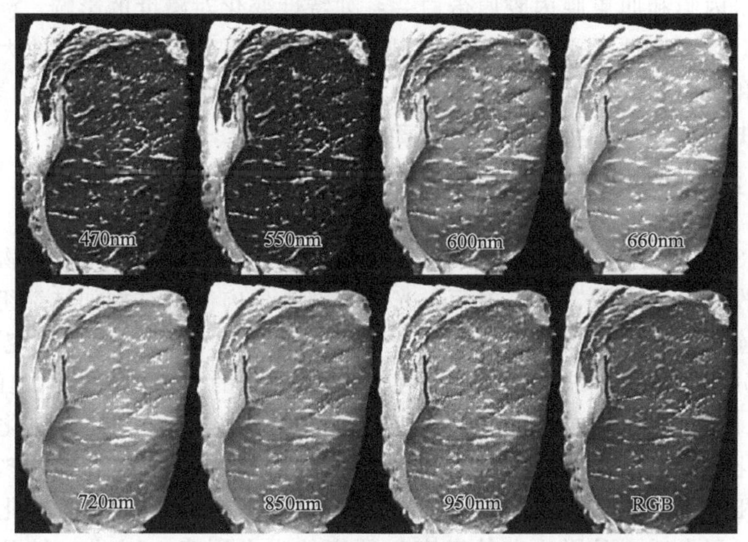

图 5-10　牛肉样品在 7 个波长处图像及其组合图像[35]

对比可见，牛肉样品在红色和近红外波段处，肌肉反射较强，亮度较高，而在绿色和蓝色等可见光处，肌肉和脂肪颜色反差较大。而颜色反差较大则有利于大理石花纹的分级。所以选择肌肉和脂肪比值最大的波长用于大理石花纹分级。脂肪和肌肉的反射强度在波长 530nm 处有最大的比值。此处为氧合肌红蛋白吸收波长，所以选择 530nm 处牛肉样品图像提取牛肉大理石花纹。但在实验过程中，采集到的图像一般存在噪声，常用多图像平均法、移动平均法、中值滤波法等算法去除图像的噪声。高晓东等[27]研究表明采用 3×3 邻域的中值滤波，能有效去除噪声的同时，还可保持大理石花纹的边缘，减少误差。其研究通过提取特征波长 530nm 处大理石花纹的 3 个特征参数（大颗粒脂肪密度、中等颗粒脂肪密度和小颗粒脂肪密度），建立 MLR 模型和正则判定函数模型，用全交叉验证方法验证模型的准确性。其 MLR 模型对大理石花纹等级的预测效果较好，验证集相关系数 R_{cv}^2 和标准差 SECV 分别为 0.92 和 0.45，总的分级准确率是 84.8%[35]。

5.2.2 牛肉嫩度的光学检测

嫩度主要由牛肉中结缔组织含量、肌纤维的类型和肌浆蛋白含量及化学结构所决定，许多研究发现通过采集牛肉的 VIS/NIR 光谱反射率可进行牛肉嫩度的预测。而高光谱技术由于能够同时获取牛肉的空间信息和光谱信息，在牛肉的嫩度的预测上具有很大的优势。肌内结缔组织对肉的嫩度起到重要的影响作用，主要表现为肌内膜和肌束膜内胶原蛋白一系列特性变化对嫩度的影响，涉及胶原蛋白的含量、热溶解性、交联程度以及热变性程度等[39]。肌纤维束的大小、结缔组织含量和肌肉的纹理特征相关，因此应用计算机视觉技术提取牛肉表面特征，建模预测牛肉嫩度是近年来肉品研究者的热点问题之一[29-31,33,36,38]。

1. 基于可见/近红外光谱技术

当 VIS/NIR 光进入牛肉内部时，一方面由于肌红蛋白及其降解物质等生物色素的吸收而发生衰减，另一方面，光在内部与牛肉微观结构如结缔组织和肌纤维之间的撞击而改变传播方向，引起光向不同的方向散射。相关研究[36]发现了与牛肉成分相关的特征波长。例如，在 430nm 附近的由肌红蛋白引起的吸收峰，980nm、1450nm 和 1950nm 处有水分引起的吸收峰，630nm 处有硫化肌红蛋白吸收的变化，910nm 处由于蛋白质变性引起的吸收变化等。肌肉成熟过程中的蛋白转化相关的波长主要集中在 400～1100nm 范围内，蛋白质的转化影响肉的颜色，同时蛋白质也是影响肉的嫩度和硬度的内在因素。因此，利用 VIS/NIR 光谱检测牛肉嫩度具有可行性。

关于牛肉嫩度检测系统构建，典型的 VIS/NIR 牛肉嫩度反射光谱检测系统主要由光源、光纤探头、光谱仪、计算机等组成。在 VIS/NIR 光谱检测中，一般检测光源可以分为内置光源和外置光源，内置光源则通过光纤传输到光纤探头并照射在样品表面上，外置光源一般在样品上方放置一个或者数个卤钨灯灯杯作为光源，光谱仪可根据要求选择。采集光谱时，被测点所在平面与光线轴线垂直，在样品表面选取不同的几个点，求取平均光谱曲线作为样品的反射光谱曲线。一般说来，原始反射光谱两端信噪比低，建模及分析时应采取措施去除。图 5-11为去掉噪声后牛肉反射原始光谱曲线。

在可见光范围内，光谱吸收的特征比较明显，例如，430nm 处存在明显的吸收峰，这主要是由于肌红蛋白的吸收产生的，这也间接说明了肉色在一定程度

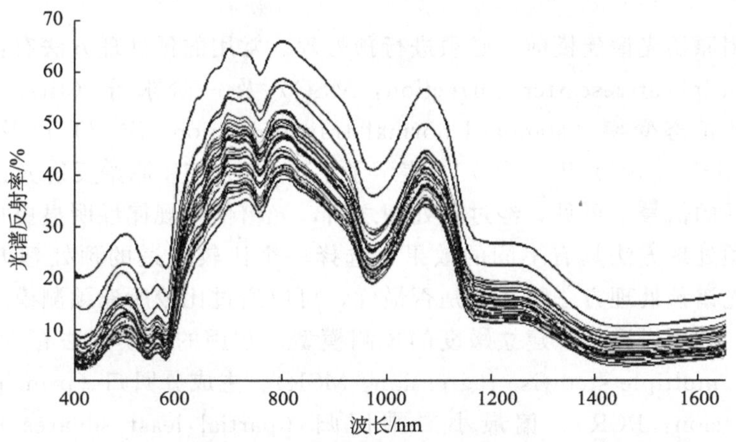

图 5-11　牛肉嫩度原始光谱[38]

上能反映牛肉的嫩度品质。在 730nm 和 910nm 附近，由于硫化肌红蛋白、蛋白质特性等作用，也出现了相应的波谷。为了将牛肉样品按照剪切力值大小分为不同嫩度等级，一般对其剪切力设置一个阈值，作为区别牛肉老嫩的界限，如剪切力值小于 44N 的认为是嫩牛肉（tender），大于 44N 的认为是老牛肉(tough)[37]。同时为了减少建模时自变量的个数，在有效光谱范围内，可进行牛肉反射光谱与剪切力值的单相关性分析。图 5-12 表示了老嫩牛肉平均反射光谱特征及其反射率差值。从图中可以看出，在 600～1400nm 波段范围，老嫩牛肉的反射光谱有明显的差异，在 670nm 处差值达到了最大，而在 400～600nm 及 1400～1600nm 波段范围内，老嫩牛肉光谱比较接近，在 425nm 处基本一致。从整体上可以看出，老牛肉的反射率较嫩牛肉的低，主要是由于老牛肉吸光度比嫩

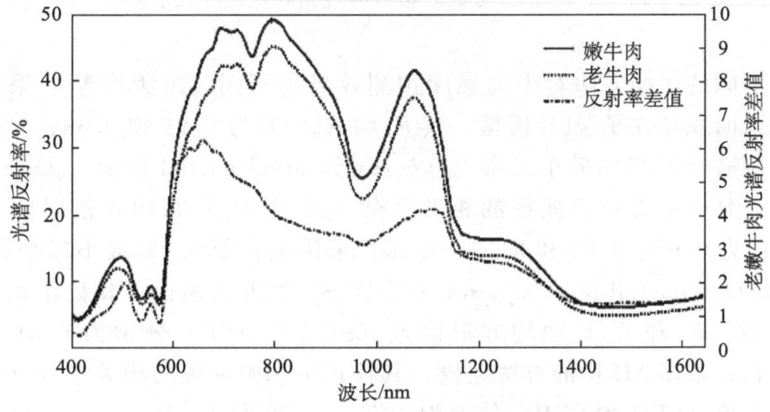

图 5-12　老嫩牛肉平均光谱及差值曲线[38]

牛肉高。

在使用原始光谱建模前，必须进行预处理。常用的预处理方法有：多元散射校正（multiplicativescatter correction，MSC）及一阶求导（first derivative，FD）、标准正态变换（standard normal transformation，SNV）以及 S-G 平滑（Savitzky-Golay，SG）等。图 5-13 表示了牛肉 VIS/NIR 原始反射光谱经一阶求导预处理后的信号。可见，经过预处理之后，光谱信号规律性明显更加一致，但是不同的预处理方法具有不同的效果，选择一个比较合适的预处理方法非常重要。验证光谱预处理方法的选择是否最优，可以通过比较所建预测模型的预测效果来决定。利用光谱信息建立嫩度的预测模型，常用的建模方法有 MLR、多元逐步回归（multiple stepwise regression，MSR）、主成分回归（principal component regression，PCR）、偏最小二乘回归（partial least squares regression，PLSR）、人工神经网络（artificial neural network，ANN）和支持向量机（support vector machine，SVM）等[40]。

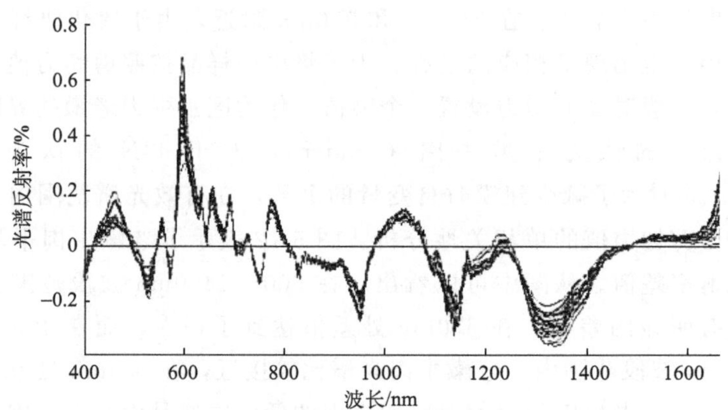

图 5-13 牛肉可见/近红外信号经过预处理后的光谱曲线[38]

采用不同的建模方法对牛肉嫩度预测效果也不同。田潇瑜等[38]采用一阶求导后的光谱曲线建立了 PLS 模型，其 R_c 和 R_p 分别为 0.93 和 0.89。对同样的光谱数据采用联合区间偏最小二乘（synergy interval partial least square，siPLS）进行建模，其校正集和验证集的相关系数（R_c 和 R_p）和均方根误差（SEC 和 SEP）分别为 0.97、0.84 和 3.09、7.90；采用遗传算法-偏最小二乘回归（genetic algorithm-partial least square，GA-PLS）的方法建模，其校正集和验证集的相关系数（R_c 和 R_p）和均方根误差（SEC 和 SEP）分别为 0.91、0.89 和 4.44、7.45；采用 MLR 的方法建模，其校正集和验证集的相关系数（R_c 和 R_p）和均方根误差（SEC 和 SEP）分别为 0.88、0.88 和 10.78、8.76。综合以上的结果，利用可见/近红外光谱与 GA-PLS 建模方法相结合，对牛肉嫩度的预测具有较好的结果。

2. 基于高光谱散射技术

基于高光谱散射成像系统能对牛肉嫩度进行检测，成像系统的硬件组成与图 5-9的硬件组成类似，主要区别在光源的构成上，针对嫩度的高光谱散射系统采用的是点光源，一般使用卤素灯直流点光源[39]。图 5-14 所示为典型的牛肉高光谱散射图像，图中纵轴为光谱轴，横轴是空间轴，图像的灰度值代表反射强度。图像中的某垂直线代表扫描线上对应点的反射光谱，水平线代表在某波长处的散射轮廓。

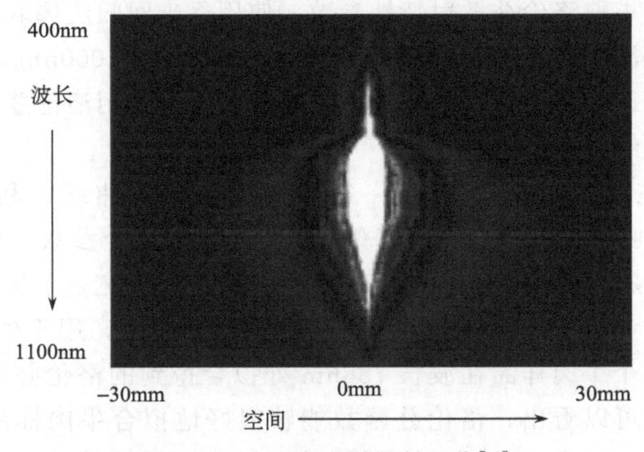

图 5-14　牛肉高光谱散射图像[41]

图 5-15（a）为牛肉样品在 550nm、635nm 和 760nm 三个不同波长处的散射

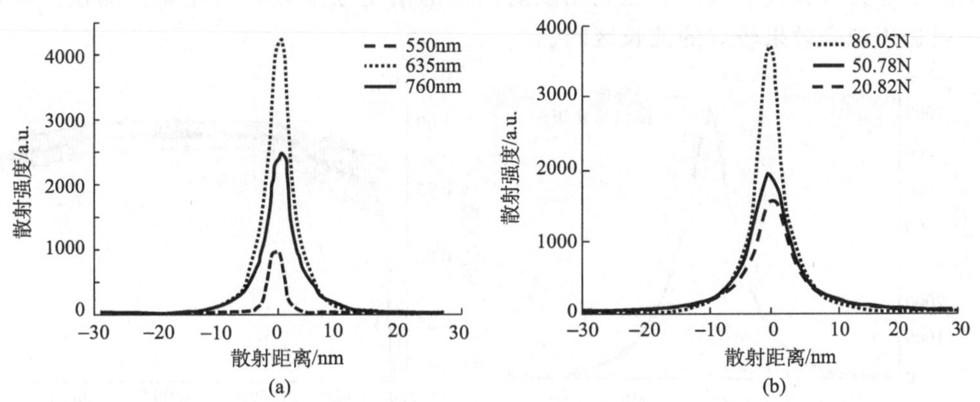

图 5-15　牛肉样品高光谱散射曲线[42]

（a）同一样品在不同波长处的散射曲线；（b）不同嫩度值牛肉在 760nm 波长处的散射曲线

曲线，这些散射曲线与扫描线的中心点对称，不同波长的散射曲线的形态有较大的不同。图 5-15（b）所示为不同嫩度的样品在波长 760nm 处的散射曲线，可以看出，随着嫩度的变化，散射曲线的峰值和半波带宽也随之变化，嫩度值最大样品的峰值最大，嫩度值最小样品的峰值最小，散射曲线的变化随着嫩度的不同进行有规律的变化。

1）利用光谱散射特性建模

利用高光谱散射成像系统，获取新鲜牛肉 400～1100nm 波段范围高光谱散射图像，进行牛肉嫩度预测和分级[43]。首先，从获取的高光谱散射图像中提取散射曲线，使用洛伦兹分布函数（Lorentzian distribution，LD）［式（2-22）］拟合散射曲线，求取洛伦兹散射特性参数，使用逐步回归法选取洛伦兹参数的优化组合，用于预测牛肉嫩度。通过研究得出，在 525～1000nm 波段范围内，洛伦兹分布函数可以较好的拟合牛肉的散射曲线。关于采用洛伦兹分布函数拟合牛肉的空间散射曲线方法详见第 2 章。

牛肉样品在每个波长处均有一条空间散射轮廓曲线，利用洛伦兹函数［式（2-22）］对曲线进行拟合，对每条曲线均可得到 3 个参数，即洛伦兹参数的渐进值 a、洛伦兹参数的峰值 b 和洛伦兹参数的半波带宽 c。通过在各波长处拟合得到的洛伦兹参数 a、b、c 作为每个样品的光谱曲线，用于牛肉嫩度的预测。图 5-16（a)为一个牛肉样品在波长 756nm 处拟合得到的洛伦兹曲线与原始散射曲线图，从图中可以看出，洛伦兹函数能够很好地拟合牛肉样品的空间散射曲线。图 5-16（b）为 29 个牛肉样品洛伦兹函数与不同波长处原始散射曲线拟合的相关系数分布。从图中可以看到，在 550～980nm 区间上，相关系数 R 的平均值超过 0.99，当波长小于 500nm 时，相关系数值较低，这是因为在这些谱段上光信号具有较高的噪声。在利用散射曲线的洛伦兹参数光谱建立预测模型时，一般选用拟合效果较好的波长区间。

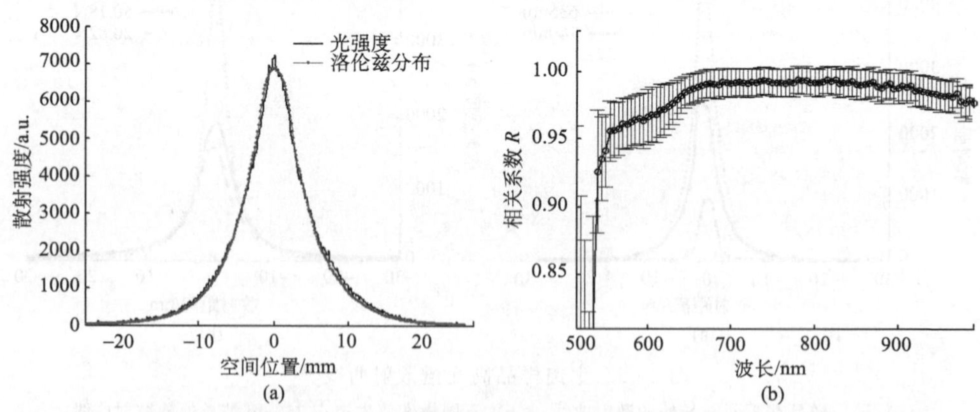

图 5-16 洛伦兹函数在 756nm 处散射轮廓拟合及在不同波长处的拟合相关系数[43]

（a）在 756nm 处散射轮廓曲线拟合；（b）在不同波长处拟合相关系数的分布

牛肉的空间散射曲线经洛伦兹函数拟合后得到的 LD 参数 a、b、c 在各波长处的光谱，即洛伦兹散射特性参数光谱曲线，进一步对其进行分析处理可以预测牛肉的嫩度。如图 5-17，其中图 5-17（a）为洛伦兹参数渐近值 a 的光谱曲线，图 5-17（b）为洛伦兹参数峰值 b 的光谱曲线，图 5-17（c）为洛伦兹参数 c 的光谱曲线。渐近值 a 在整个范围内的变化比较大，参数 b 的光谱曲线在 760 nm 处显示出微小的波谷，这可能因为该处为 O—H 的三级倍频吸收带[34]。图 5-17（b）和图 5-17（c）在 535nm 和 575nm 波长附近都有两个波谷，是肌红蛋白的吸收峰，使得该波长的光在样品中的衰减率较高，扩散的能力被削弱，扩散宽度变低。此外，在 980nm 波长附近，由于水的强吸收，散射宽度的也有较大的变化。

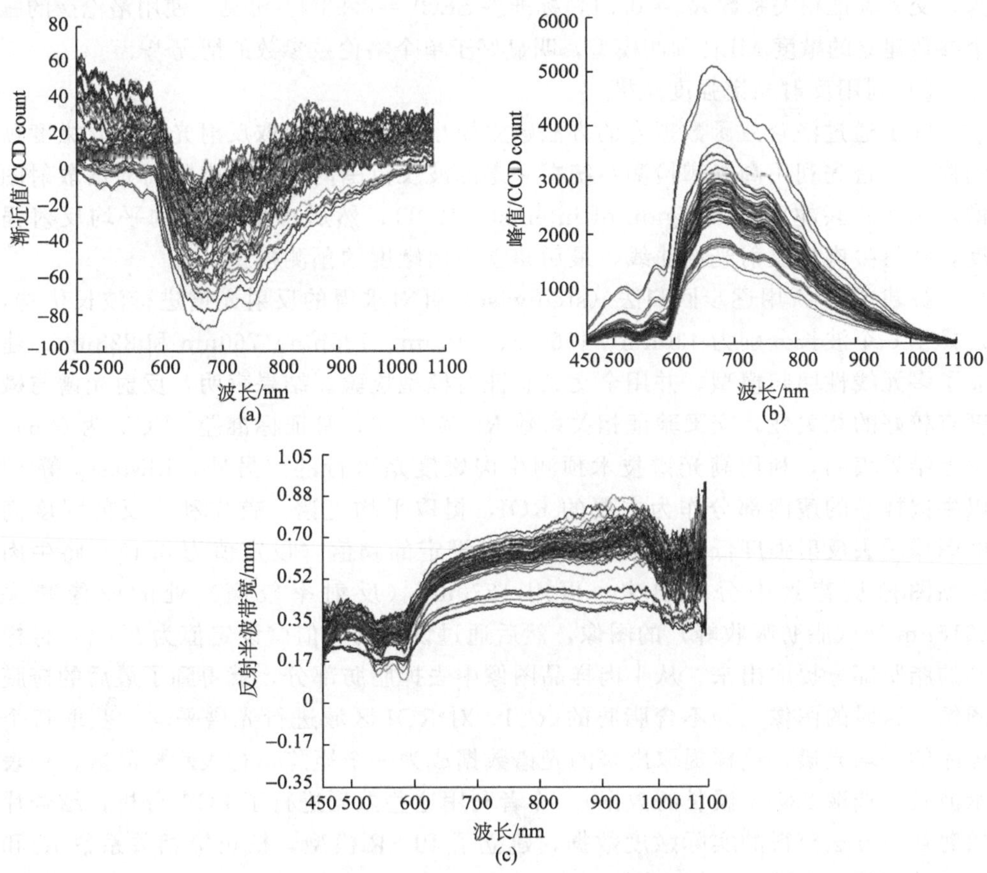

图 5-17　牛肉样品的洛伦兹参数光谱曲线[42]

（a）洛伦兹函数的渐进值 a 值；（b）洛伦兹函数的峰值 b 值；（c）洛伦兹函数的半波带宽 c 值

关于利用洛伦兹参数光谱进行牛肉嫩度的预测，吴建虎等[42]使用逐步回归法选择LD参数的优化组合建立MLR预测模型。选出的参数 a 对应的优化波长组合为 820nm、850nm、915nm；参数 b 对应的优化波长组合为 548nm、562nm、947nm、960nm、965nm、998nm；c 对应的优化波长组合为 737nm、750nm、768nm。分别使用了这三个参数的优化波长组合建立 MLR 预测模型，并用全交叉验证法验证预测模型。结果表明LD的三个参数都可以用来预测牛肉的嫩度，其中，参数 b 的预测结果较好（$R_{cv}=0.96$，SECV=11.7N），参数 c 的预测结果较差（$R_{cv}=0.75$，SECV=15.7N）。同时，作者还尝试了同时使用洛伦兹三个参数进行建模分析，由逐步回归法得出优化波长组合为 485nm、524nm、541nm、645nm、700nm、720nm、780nm、820nm，对嫩度的 MLR 模型预测结果为，交叉验证相关系数 $R_{cv}=0.91$，标准差 SECV=8.93N。可见，使用洛伦兹的三个参数建立的嫩度 MLR 预测模型，明显好于单个洛伦兹参数的情况[44]。

2）利用反射光谱强度建模

除了通过洛仑兹函数拟合的方法建立模型，也可以提取反射光谱建立嫩度预测模型。首先利用高光谱检测系统在一定的波长范围内采集牛肉的高光谱散射图像，选择感兴趣区域（region of interest，ROI），然后求出 ROI 的平均反射强度，获得牛肉的反射光谱曲线，最后建立牛肉嫩度的预测模型。

吴建虎等[32]用逐步回归法（step-wise）针对求得的反射光谱进行波长优选，选择了6个波长分别为 430nm、496nm、510nm、725nm、760nm 和 828nm，建立了多元线性回归模型，并用全交叉验证对模型检验。结果表明，反射光谱与嫩度有较好的相关性，交叉验证相关系数 R_{cv} 为 0.96，验证标准差 SECV 为 0.64。综上结果表明，利用高光谱技术预测牛肉嫩度是可行的。另外，ElMasry 等[45]以牛肉样品的瘦肉部分作为主要的 ROI，提取平均光谱。首先利用反射强度高的图像减去反射强度低的图像，然后通过设定的阈值（设定值为 0.12）将牛肉样品图像从背景中分割出来。再用 1270nm（反射率较高）处的图像减去 1215nm 处（脂肪吸收峰）的图像，然后通过设定的阈值（设定值为 0.04）将样品的脂肪部分提取出来。从牛肉样品图像中去掉脂肪部分，就得到了最后的掩膜图像，这时的图像成为不含脂肪的 ROI。对 ROI 区域进行光谱平均，获取每个样品的平均光谱，这样提取出来的光谱数据成为一个矩阵，行表示样品数，列表示波长（选取 237 个波长的数据）。作者利用这些数据进行了 PCA 分析，结合片层剪切力方法获得的实际嫩度数据，建立了 PLSR 模型，校正集相关系数 R_c 和交叉验证相关系数 R_{cv} 分别为 0.91 和 0.83。

3）利用高光谱图像纹理特征建模

鉴于可见/近红外光谱检测的缺点是基于点的信息采集和分析，系统实时预测的只是某一点的嫩度结果。而由于牛肉样品具有比较复杂的组织结构，且分布不均，把一个样品视为一个嫩度等级是不准确的。

赵娟等[46]利用牛肉的高光谱图像信息，提取牛肉样品的纹理特征参数，对整块牛肉的嫩度分布进行了预测分析。作者首先利用高光谱图像提取的反射信号进行特征变量的筛选，采用 GA 和逐步回归法相结合筛选出牛肉剪切力值的 8 个特征波长为 470nm、530nm、560nm、630nm、710nm、804nm、930nm、945nm。然后利用高光谱图像的灰度共生矩阵（gray level co-occurrence matrix，GLCM）从这 8 个特征波长提取牛肉纹理特征参数。GLCM 是一种常用的图像纹理特征提取分析的方法，它建立在估计图像二阶组合条件概率密度函数基础上。原理是基于灰度图像上任何两个像素点之间存在着一个灰度相关性，通过分析和统计它们之间按一定距离和方向上的相关性，可反映图像灰度在方向、相邻间隔、变化幅度及快慢上的综合信息，根据一定的规律进行纹理特征的抽取和分析。而不同的灰度图像的纹理尺度不同，其灰度共生矩阵也会有很大的差别。纹理粗的图像纹理尺度大，灰度相对较平滑，相邻的像素区域具有相同的亮度。因此通过灰度共生矩阵可以进行图像的二阶统计，反映不同灰度像素相对位置的空间信息。在对图像纹理特征分析中，赵娟等[46]从灰度共生矩阵中提取 14 种特征参数来描述不同的纹理特征，选取最常用的一些统计量：角二阶距、对比度/惯性矩、熵、协同性/逆差距、自相关性、均值、协方差、差异性等 8 种。从牛肉高光谱图像 ROI 提取 8 个纹理特征的步骤包括滑动窗口的确定、步距的确定、方向的选择、灰度级粗量化及最终的特征参数提取。每个特征波长的高光谱图像 ROI 的灰度共生矩阵均可提取出上述 8 个纹理特征，这样一共可得 64 个变量。而每个样品的 64 个变量之间存在着一定的相关性，在建模判别的时候会对模型的稳定性和判别精度有一定的影响，故作者在建模判别之前进行了主成分分析，当主成分数为 7 时，建立的 SVM 模型得到了较好的结果，判别模型的校正集和验证集精度分别达到 92.98%和 83.33%。然而，通过对特征波段图像提取纹理特征分析，数据量得到了减少，但是在筛选多波长图像的过程中可能会遗漏部分信息，影响模型的精度。

进一步，赵娟等[46]考虑一方面降低数据量，另一方面保证有效信息不遗漏，即先对原始有效波段的光谱图做主成分提取，然后做纹理分析。作者选择 480～1020nm 波段范围内的 394 幅图像经 PCA 降维优选了 3 个主成分，并提取其主成分图像的 8 个纹理特征。这样作者对样品的 24 个纹理特征建立了 SVM 和线性判别分析模型（linear discriminant analysis，LDA）。其结果显示 SVM 和 LDA 校正集的回判准确率都比较高，分别达到 94.73%和 97.37%，SVM 预测判别准确率为 88.89%，LDA 判别模型对牛肉嫩度等级的预测准确率达到了 94.44%。作者基于该模型，对样品的每一像素点都进行了可视化预测判别分析，在牛肉图像上用红色表示像素点的牛肉嫩度等级为老，用黄色表示像素点的牛肉嫩度等级为嫩，得到了整块牛肉的嫩度等级预测分布图（具体见第 2 章）。

5.2.3　牛肉水分含量光学检测

1. 基于可见/近红外光谱技术

牛肉的水分含量不仅会影响生鲜牛肉的口感和品质，牛肉的水分含量过高易引起变质，过低则可能影响牛肉的颜色、风味和组织状态。近年来，利用近红外技术进行牛肉水分含量测定的研究已有相关报道[47]。基于可见/近红外光谱的牛肉水分含量检测系统主要硬件结构同检测牛肉嫩度的情况类似，如果光谱仪波长范围符合要求可以进行两者同时检测。其主要硬件结构如图 5-18 所示，由光谱仪、光源、载物台和计算机等组成。系统的光源通常为卤钨灯光源，当照在样品上时，由光纤探头采集样品的反射光谱，通过光谱仪存入计算机中，进一步通过预测模型实现牛肉水分含量的快速、无损预测。

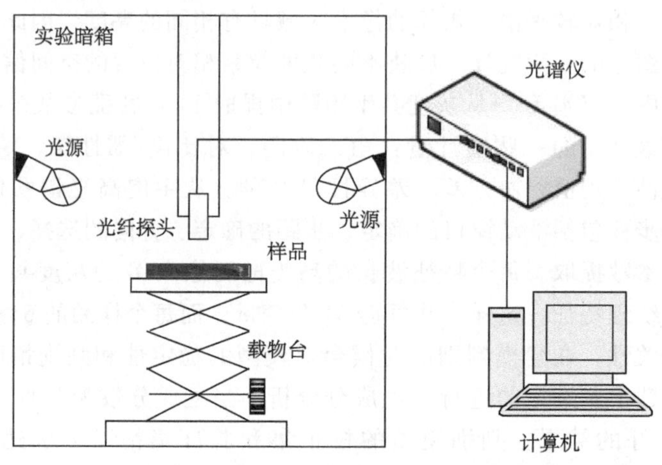

图 5-18　可见/近红外光谱牛肉水分检测系统[48]

建立牛肉水分含量模型时，选取里脊部位样品，分割成约 8cm×5cm×2.5cm 大小。光谱采集时，探头置于样品上方 10cm 处，每块肉样采集 3 次，取平均值作为最终采集光谱。对原始光谱去噪处理后，汤修映等[48]利用 980nm 和 880nm 波长处的牛肉近红外光谱反射率，进行 MLR 建模，获得校正集和验证集的预测相关系数（R_c和 R_p）和它们的均方根误差（SEC 和 SEP）分别为 0.91、0.87 和 0.011、0.009。在进行多元回归分析时，多重共线性问题会导致模型的预测精度降低。而 PLSR 可以利用完整原始变量信息，并且保证变量间不相关。进一步，作者在 400～1170nm 范围内利用经过 MSC 处理后的光谱，确定最佳主成分数，采用 PLSR 建立含水率模型，校正集和验证集相关系数均达到 0.92，表现出对牛肉含水率更好的预测能力。

另外，Shi 等[49,50]则利用了自行开发的双通道可见/近红外光谱系统对牛肉含水率进行了预测。该系统通过两个光谱仪（400～960nm 和 960～2600nm）覆盖了 400～2400nm 的可见/近红外波段范围（去除噪声波段后的有效范围），利用这个宽波段的光谱数据分别建立了含水率的 MLR、PCR、SVM、PLSR 模型，其中 SVM 模型结合 SNV 的预测效果最好，其校正集相关系数 R_c和验证集相关系数 R_p分别为 0.99 和 0.95，各模型的结果如表 5-2 所示。

表 5-2　不同的建模方法对含水率的预测结果[48,49]

建模方法	预处理方法	校正集		验证集	
		R_c	SEC	R_p	SEP
MLR	无处理	0.92	1.04	0.93	0.98
PCR	S-G＋一阶导数	0.92	1.15	0.89	1.15
SVM	SNV	0.99	0.01	0.95	0.01
PLSR	MSC	0.98	0.55	0.82	1.54

2. 基于高光谱技术

基于高光谱技术的牛肉水分含量和嫩度检测有较多类似之处，首先表现在硬件系统上，均与图 5-19 所示的高光谱图像类似。其次都是利用高光谱的反射特征对牛肉品质参数进行测定。ElMasry 等[51]利用覆盖 900～1700nm 的高光谱系统进行牛肉含水量的预测，牛肉样品图像的瘦肉部分作为主要的 ROI，其平均光谱作为样品的光谱数据，同时作者选取了 934nm、1048nm、1108nm、1155nm、1185nm、1212nm、1265nm、1379nm 8 个波长作为变量建立了水分的 PLSR 模型，与用全波段 237 个波长建立的 PLSR 模型对比，结果显示全波段 PLSR 模型的 R_{cv}和 R_p分别为 0.91 和 0.89，8 个波长 PLSR 模型的 R_{cv}和 R_p均为 0.89，说明选取的 8 个波长的数据能有效预测牛肉水分含量。然后作者将该模型代入高光谱图像的每个像素点对应的光谱数据，得到了每个像素点处

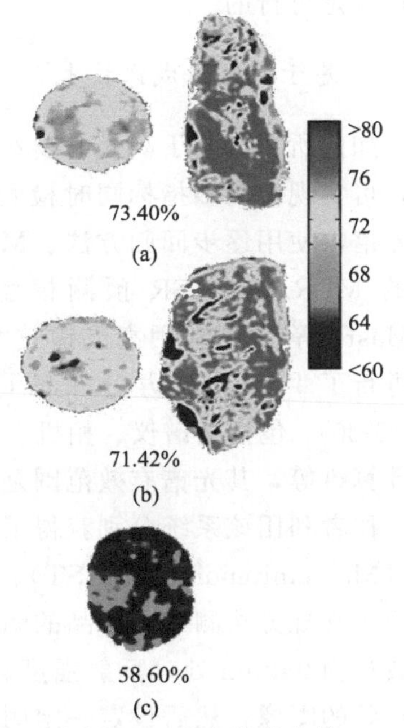

图 5-19　牛肉样品水分含量预测分布图[51]

(a) 样品 1 的均质后及均质前；(b) 样品 2 的均质后及均质前；(c) 第三个肌间脂肪较多的样品均质后

的水分含量，如图 5-19 所示。图 5-19（a）和图 5-19（b）分别是两个不同样品的水分含量分布图，其中左侧一列为样品均质后的水分含量分布图，右侧是牛肉块的水分含量分布图，图 5-19（c）是用肌间脂肪分布较多的样品均质后的水分含量分布图，图像利用从红色到蓝色的颜色变化表示水分含量的高低，所以右侧牛肉块图像中的蓝色部分则表明了肌间脂肪的分布。因此高光谱技术可以有效实现牛肉水分含量的快速、无损检测，并能可视化的清晰的显示牛肉水分含量分布。

5.2.4 牛肉系水力的光学检测

1. 基于可见/近红外光谱技术

基于可见/近红外的牛肉系水力的检测系统与牛肉水分检测系统类似，主要由光源、光纤探头、光谱仪、计算机等构成。Rosenvold 等[52]利用 400～1700nm 的可见/近红外光谱建立了牛肉系水力的 PLS 预测模型，预测结果为 R_c 和 R_p 均为 0.82，REC 和 REP 为 2.8。证实利用可见/近红外技术进行牛肉系水力检测是可行的。

2. 基于高光谱成像技术

如前所述，基于高光谱技术可以对牛肉的嫩度和水分含量获得较好的预测效果，可实现牛肉多指标同时检测。吴建虎[53]基于高光谱散射特征，即洛伦兹参数光谱，使用逐步回归方法、MSC 处理，选择优化波长组合，建立了牛肉系水力的 MLR 和 PLSR 预测模型，其结果显示 PLSR 模型好于 MLR 模型。ElMasry 等[54]则利用高光谱技术提取的反射光谱对牛肉的系水力进行了预测，并进行了牛肉系水力分布的可视化显示。作者采用了线扫描高光谱系统（图 5-20），包括光谱仪、相机、光源（两个 500W 的卤钨灯）、样品运动平移台和计算机等，其光谱有效范围是 910～1700nm（包含 237 个波长）。

作者利用该系统分别获得了牛背最长肌（M. longissimus dorsi，LD）、半腱肌（M. semitendinosus，ST）、腰大肌（psoas major）各 27 块的高光谱图像，然后用常规方法测定了样品的滴水损失（drip loss）作为系水力的参照值。作者用波长为 940nm 处（反射强度较高）的图像减去波长为 1415nm（反射强度较低）处的图像，然后设定一定阈值，将图像二值化，即可将牛肉样品图像从背景中分离出来。再以波长为 1270nm 处的图像减去波长为 1215nm 处的图像，然后设定一定的阈值，将图像二值化，即可将牛肉脂肪部分的图像分离出来。进一步将脂肪部分的图像从样品图像去除，即可得到只含牛瘦肉部分的掩膜图像。最后以得到的牛瘦肉光谱图像作为 ROI，取其平均光谱作为样品的原始反射光谱数

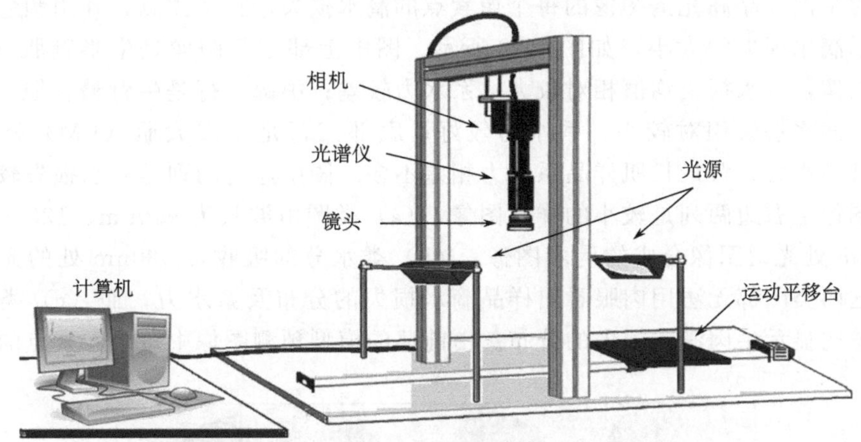

图 5-20　牛肉系水力高光谱线扫描检测系统[54]

据。对原始光谱数据进行了 PCA 分析，建立了 PLSR 模型，其校正集相关系数 R_c^2 和标准差 SEC 分别为 0.92 和 0.21%，交叉验证相关系数 R_{cv}^2 和标准差 SECV 分别为 0.89 和 0.26%，结果如图 5-21（a）所示。

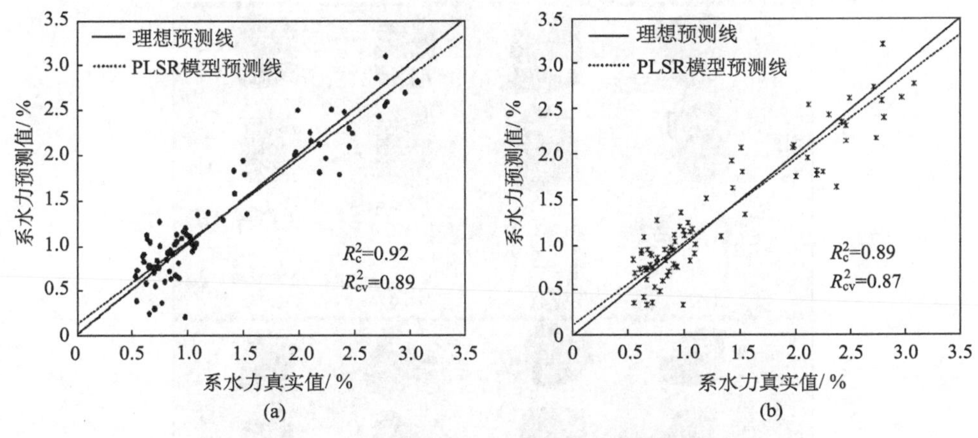

图 5-21　牛肉样品系水力 PLSR 模型预测结果[54]

（a）全波段模型；（b）优选波长模型

同时，作者还根据各个波长与牛肉样品滴水损失的相关系数的高低选择了 940nm、997nm、1144nm、1214nm、1342nm、1443nm 6 个波长建立了 PLSR 模型，校正集相关系数 R_c^2 和 SEC 分别为 0.89 和 0.25%，交叉验证相关系数 R_{cv}^2 和标准差 SECV 分别为 0.87 和 0.28%，结果如图 5-21（b）。从结果可以看出，利用优选波长建立的模型也可对牛肉系水力进行有效的预测。进一步，作者用该模型对牛肉样品高光谱图像的每个像素点的滴水损失进行了预测，并用颜色的不同表示滴水损失的大小，如图 5-22 所示。图中上部三行图像是牛半腱肌（ST）样品图像，滴水损失均值相对较大，系水力较差；中部三行是牛背最长肌（LD）图像，滴水损失相对较小，系水力较好；底部三行是牛腰大肌（PM）样品图像，其系水力与背最长肌样品系水力相差不多。图中左边两列是滴水损失较大的样品图像，右边两列是较小的样品图像。(a) 类图由波长为 950nm、1200nm 和 1300nm 处光谱图像合成的伪彩图像，(b) 类水分的吸收带 980nm 处的光谱图像，这两类图都无法用肉眼看出样品滴水损失的分布及系水力，而 (c) 类图则可清楚的显示牛肉滴水损失的分布。由前述的模型预测图像中每个像素点的滴水

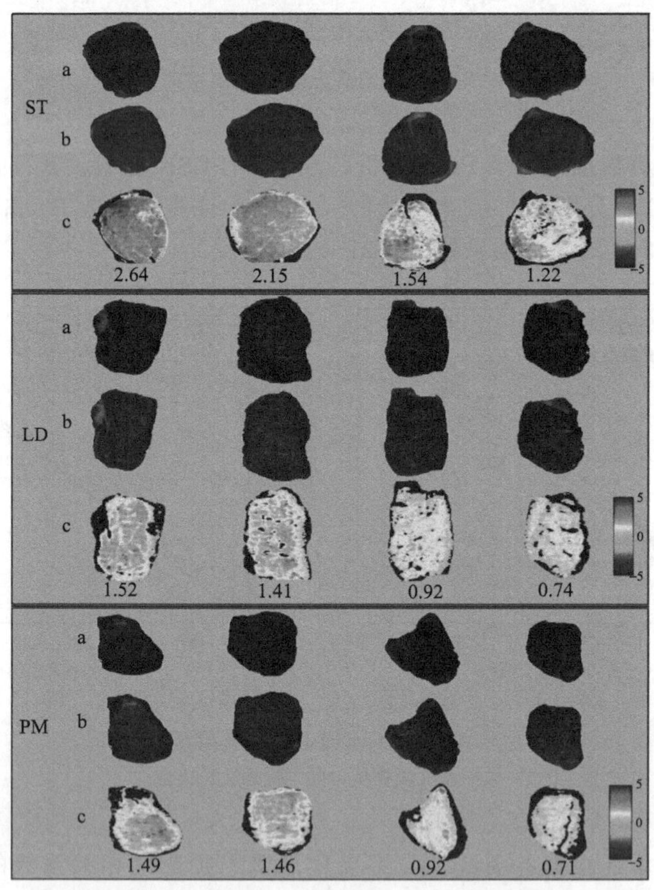

图 5-22　牛肉样品的滴水损失分布预测图像[54]

(a) 由 950nm、1200nm 和 1300nm 处光谱图像合成的伪彩图像；(b) 水分的吸收带 980nm 处的光谱图像；(c) 由优选波长建立的 PLSR 模型获得的滴水损失分布图

损失的大小，然后由红色到蓝色之间的深浅表示，颜色越偏红，滴水损失越多，表明样品的系水力越差，颜色偏蓝则反之，而牛肉脂肪部分没有滴水损失则设定一个定值表示。以上研究结果说明，用高光谱技术可以实现牛肉系水力快速、无损检测，且可以实现牛肉滴水损失分布的可视化显示[54]。

综上所述，可见/近红外光谱技术和高光谱技术都可以实现牛肉系水力的无损检测，前者通过某个点或者多个点的平均数据代表一块牛肉样品的系水力的好坏，而后者则可以通过伪彩图像显示整块牛肉滴水损失的分布。但是，高光谱检测系统一般体积都比较大，不易实现小型化和便携化，而随着近年来可见/近红外光谱仪体积的不断缩小，基于可见/近红外光谱技术的小型便携式的牛肉系水力检测装置将会登场。

5.3 牛肉安全的光学检测技术

5.3.1 牛肉新鲜度光学检测

1. 基于可见/近红外光谱技术

牛肉新鲜度包括多个指标，如挥发性盐基氮（TVB-N）、菌落总数、pH、肉色（L^*、a^*、b^*）等[55]。感官检查方便快捷，但易受主观因素的影响，理化指标检测方法准确，但操作专业性要求高、周期长、费用高、破坏样品等，因此开发牛肉新鲜度光学无损检测技术十分必要。马世榜等[56]采集了生鲜牛肉样品 350～1700nm 波段范围内的原始可见/近红外反射光谱，如图 5-23 所示，样品在波长 435nm、635nm、665nm、925nm、1230nm 和 1582nm 附近有较大的吸收峰，在 760nm、1035nm 附近有较小的吸收峰。在 435nm 附近的吸收峰是由肌红蛋白的吸收引起的，而 635nm 是硫化肌红蛋白吸收特征波长，661nm、

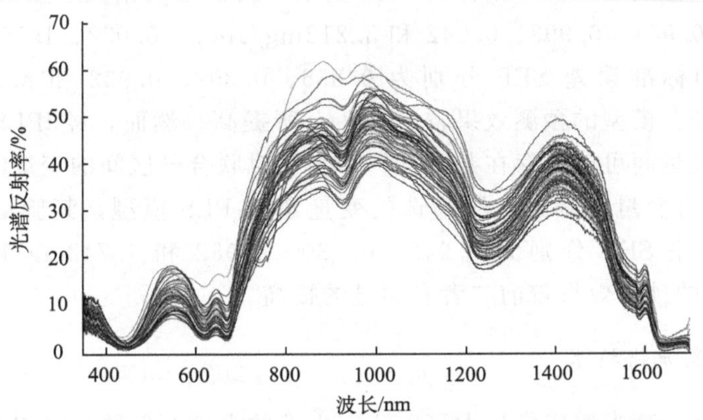

图 5-23　牛肉近红外原始反射光谱[56]

1035nm 特征波长分别是 NH_2 的三级倍频吸收特征波长和二级倍频吸收波长，928nm、1225nm 是 C—H 基的第三倍频和第二倍频吸收波长，760nm、1580nm 是 O—H 基的第三倍频和第一倍频吸收波长。牛肉样品反射光谱吸收带基本与水分、颜色、氮含量的吸收特征波长一致，表明获得的样品光谱能够反映新鲜度的 TVB-N、pH、色泽等特征。

作者在牛肉样品反射光谱 350～1700nm 波段范围内对每个波长与各个检测指标参数之间进行相关性分析。结果显示，对 TVB-N、pH、L^*、a^*、b^* 指标参数在 350～1700nm 整个波段范围内相关系数变化规律比较相似，其中 TVB-N 在 1420nm 附近与其他 4 个指标差异比较大。而菌落总数指标在低波段 350～1200nm 范围内的相关系数变化规律与上述 5 个指标的变化规律较相似，在高波段 1200～1700nm 范围内基本呈相反变化趋势。通过对原始反射光谱数据进行不同的预处理，对校正集采用 PLSR 方法建模，采用留一交叉验证（leave-one-outcross-validation）法确定偏最小二乘回归建模的主成分数，用验证集对模型精度进行验证评价。结果表明，对反映牛肉新鲜度的 TVB-N、pH、肉色 L^*、a^*、b^* 建立 PLSR 预测模型，各指标校正集的相关系数 R_c 和标准差 SEC 分别是 0.884、0.989、0.998、0.914、0.796 和 5.789mg/100g、0.476logCFU/g、0.033、0.297、1.589、0.857，验证集的相关系数 R_p 和标准差 SEP 分别是 0.840、0.883、0.919、0.861、0.623 和 4.358 mg/100g、0.355logCFU/g、0.063、1.071、1.068、0.559，其中 b^* 值的预测结果有待于提高。然后作者又尝试[56]用联合区间偏最小二乘（siPLS）的方法将全波段分为 20 个区间，取小于或接近全波段模型 RMSE（预测均方根误差）的联合子区间分别建立 TVB-N、pH 和 L^* 参数的 PLS 预测建模。对这三个指标用 iPLS 筛选出来的联合子区间分别是 [1 5 7 11 12]、[1 2 4 5 6 7 11 19 20]、[1 2 3 4 5 6 9 10 20]，用筛选出的联合子区间分别建立三个指标的 PLS 模型，其校正集相关系数 R_c 和标准误差 SEC 分别为 0.964、0.993、0.942 和 3.212mg/100g、0.032、1.758，验证集相关系数 R_p 和标准误差 SEP 分别为 0.856、0.892、0.932 和 8.301mg/100g、0.079、2.482，模型的预测效果较 PLSR 有所提高。然而，经 iPLS 选择出的各个子区间的变量间可能还存在共线性，作者又对联合子区间的变量继续用遗传算法（GA）进行变量的筛选，用筛选的变量建立 PLS 模型，其验证集相关系数 R_p 和标准误差 SEP 分别为 0.943、0.930、0.952 和 4.742mg/100g、0.070、1.477，模型的预测效果较前二者有明显的提高。

2. 基于高光谱技术

如前所述，高光谱成像技术可以测定牛肉的大理石花纹、牛肉的嫩度、水分含量和系水力，然而许多学者同时也应用高光谱技术对牛肉的新鲜度指标，如颜色和 pH 进行了研究。吴建虎等[37]利用高光谱技术检测牛肉嫩度（见 5.2.2 小节）的同时，提取高光谱图像在 400～1100 nm 波段范围的散射特征，利用洛伦兹分布函数拟合各个波长处的散射曲线，获取不同波长散射曲线的洛伦兹函数参数。使用逐步回归方法，选择优化波长及其相应的拟合参数，建立了 MLR 模型预测牛肉的 pH 和颜色（L^*、a^*、b^*），其交叉验证相关系数 R_{cv} 和标准误差 SECV 分别为 0.86、0.92、0.90、0.88 和 0.07、1.18、1.34、0.43，说明利用牛肉的散射特性可以预测牛肉的 pH 和颜色。而 ElMasry 等[45]基于类似 5.2.4 小节描述的高光谱硬件系统，及其利用全波段（900～1700nm，237 个波长数据）和特征波长建立牛肉系水力预测模型的同时，也建立了 pH 和颜色（L^*、b^*）的预测模型及各指标的分布图像，其校正集相关系数 R_c^2 及交叉验证相关系数 R_{cv}^2 分别是 0.75、0.88、0.81 和 0.71、0.88、0.80，各指标预测分布伪彩图像如图 5-24 所示。

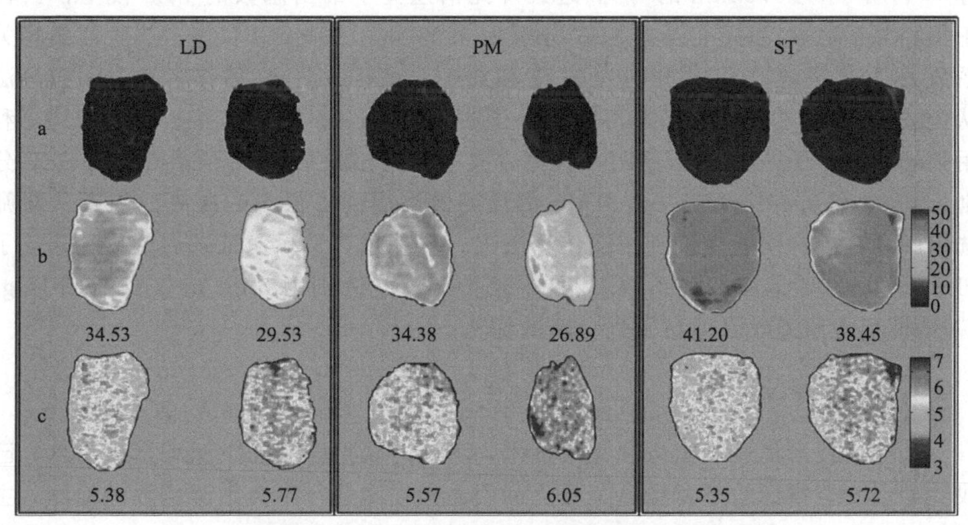

图 5-24　牛肉 pH 及 L^* 的预测分布图像[45]

综上可知，利用可见/近红外技术和高光谱技术可以有效预测牛肉的 TVB-N、pH、肉色 L^*、a^*，其中检测 TVB-N 指标是国标 GB 2707—2005 中检测判别肉类食品新鲜度的方法，规定 TVB-N≤15mg/100g 为新鲜肉，可以安全食用；TVB-N＞15mg/100g 为不新鲜肉，不可以食用，这是新鲜度常用的评价方式。牛肉的 pH 可作为判定肉品新鲜度的参考指标之一，宰后 1h 的肉的 pH 可降至 6.2～6.3，经 24h 后可降至 5.6～6.0，此 pH 在肉品工业中称为“排酸值”，它能维持到肉品发生变质分解之前。肉变质时由于蛋白质在细菌酶的作用下被分解为氨和胺类碱性物质，因而使肉的 pH 逐渐升高趋于碱性，排酸后的肉

pH 从新鲜肉的 5.7～6.2，上升为次鲜肉的 6.3～6.6，再上升为变质肉的 6.7 以上[57]。屠宰后的新鲜牛肉是鲜红色（肌红蛋白被氧化为氧合肌红蛋白呈现的颜色），但是随时贮藏时间的增加，暴露在空气中的牛肉，其含有的氧化肌红蛋白会被氧化成高铁肌红蛋白，呈褐色，使肉色变暗。因此，可结合牛肉样品的 TVB-N、pH 和颜色进行牛肉新鲜度的综合判断。

5.3.2 牛肉细菌总数光学检测

1. 基于可见/近红外光谱技术

微生物是造成牛肉腐败变质的根本原因，可用传统的理化方法（如 5.1.6 小节所示）测定细菌总数（TVC）指标，但是该方法人为因素影响大、效率低、周期长，而可见/近红外光谱技术可用于细菌总数的快速、无损检测。马世榜等[56]利用 350～1700nm 的可见/近红外光谱建立了细菌总数的 PLS 模型，其校正集相关系数 R_c和标准误差 SEC 分别为 0.93 和 0.32logCFU/g，其验证集相关系数 R_p和标准误差 SEP 分别为 0.77 和 0.45logCFU/g。然后作者通过 siPLS 法从全波段 20 个子区间内筛选出的联合子曲线为［1 2 3 6 8 9 10 11 14～20］，利用筛选的联合子区间建立了 PLS 模型，其验证集相关系数 R_p和标准误差 SEP 分别为 0.88 和 0.40logCFU/g，TVC 的预测效果得到了很大的提高。作者又对筛选出的联合子区间的变量利用遗传算法进一步筛选，然后对筛选后的变量建立了 PLS 模型，其验证集相关系数 R_p和标准误差 SEP 分别为 0.90 和 0.38logCFU/g，TVC 模型的预测效果得到了进一步的优化。

2. 基于高光谱技术

高光谱技术集成了图像和光谱技术，可同时获得样品的空间和光谱信息，已成为牛肉安全指标的重要检测工具。利用光谱技术进行牛肉细菌总数的检测，主要包括牛肉样品高光谱图像的采集、牛肉样品细菌总数的测定、样品图像的处理及牛肉细菌总数预测模型的建立等步骤。

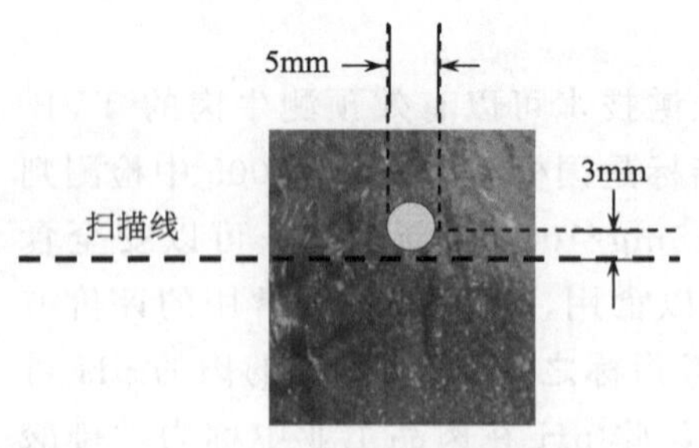

图 5-25　牛肉样品高光谱扫描线位置图[58]

1）高光谱图像采集及样品细菌总数的测定

Peng 等[58]采用直径 5mm 的点光源，对牛肉样品表面入射角度小于 20°。为避免高光谱图像出现饱和，扫描线不直接通过光斑中心，距光斑中心 3mm（图 5-25），曝光时间设为 25ms，扫描线长度为 56mm。光谱仪一次可采集牛肉样品表面一条扫描线上的光谱信息。

采集高光谱图像时，要确保牛肉样品表面与光谱仪和相机的轴线垂直，扫描线要避开脂肪和结缔组织。张静等[59]为提高图像的信噪比，对原始图像 1040×1376 像素作 2×2 像素组合（binning）处理，使图像降为 520×688 像素。每个样品表面平行选取 4 个不同位置的扫描线，每个位置采集 4 次，每次获取一张图像，每个样品共获取 16 个扫描图像，然后取它们的平均图像作为样品的最终采集图像。

牛肉样品高光谱图像采集完成后，按照 5.1.6 小节所描述的国家标准方法进行牛肉细菌总数的测定。细菌总数（单位是 CFU/g）的绝对数值一般较大，研究中通常对细菌总数取对数计量［$\log_{10}$（TVC）］，用对数值来建立预测模型。张静等[59]采集了从新鲜牛肉样品至保存两周的牛肉样品的细菌总数，其检测结果如图 5-26，由图 5-26 可见，随着贮藏时间的增加，牛肉中细菌总数呈上升趋势，最小值为 4.89（7.7×10^4CFU/g），最大值为 8.89（7.8×10^8CFU/g）。

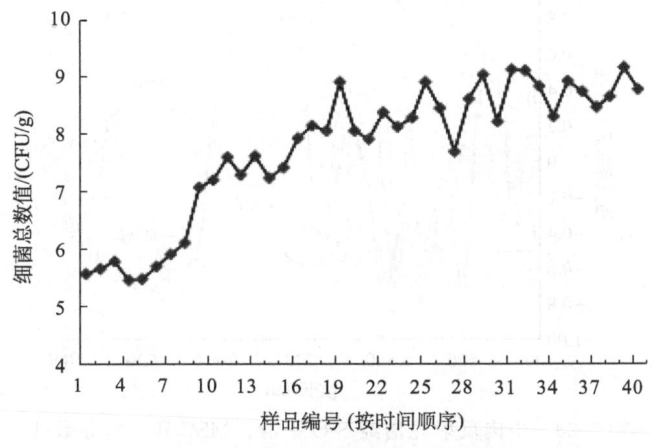

图 5-26　牛肉中细菌总数变化曲线[59]

2）基于反射光谱曲线的模型建立及分析

如前所述，高光谱图像既包含了牛肉样品的空间信息和光谱信息，所以光谱图像的预处理也可以分为空间预处理及光谱预处理两个部分，所谓的空间预处理就是 ROI 的选取。作者选择 ROI 为 400～1000nm 光谱范围和扫描线中部 20mm 大小的矩形区域，计算 ROI 区域中各点的平均反射光谱作为样品的反射光谱。在各波长处的反射光谱原始数据如图 5-27 所示。

将原始反射光谱曲线经过 S-G 平滑、MSC 处理和一阶导数处理后，求取光谱曲线与牛肉细菌总数的相关系数，如图 5-28 所示。三种处理方法得到的相关系数完全不同，尤其在 700～1000nm 波长范围内，通过 MSC 处理后的光谱得到

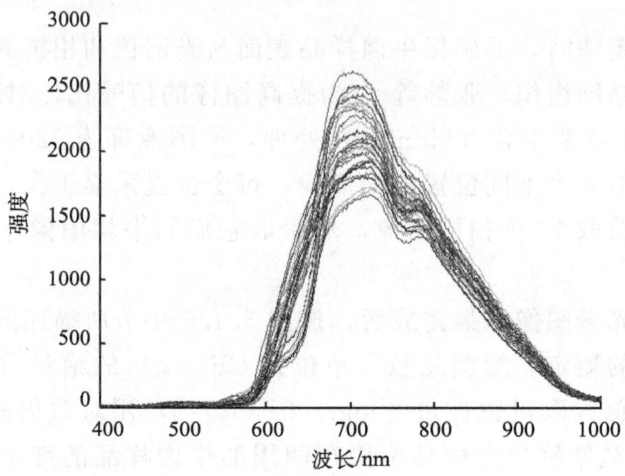

图 5-27 牛肉的原始反射光谱曲线[59]

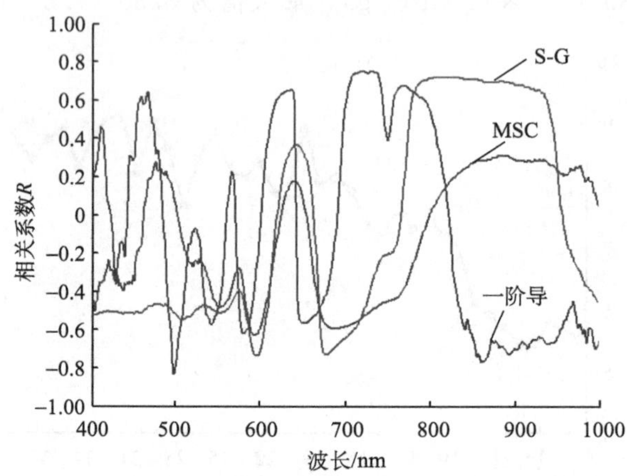

图 5-28 牛肉反射光谱经 S-G 平滑、MSC 和一阶导数处理之后与牛肉细菌总数的相关性[59]

的相关系数有一个较宽的峰带，这是由于经过 MSC 处理后光谱的吸收性会表现得更为明显，因而表现出较高的相关性。求导数的方法可以消除背景漂移的影响，但是对光谱数据求导时，光谱信号和噪声信号是同时增强的，因此利用导数计算后的光谱与牛肉细菌总数求得的相关系数在全波段范围内出现了一些波动。

张静等[59]利用逐步回归法对经过 S-G 平滑、MSC 和一阶导数处理后的光谱数据进行分析，基于所得特征波长建立了牛肉细菌总数模型。结果表明，三种预处理方法中 MSC 处理后的模型效果最好，其校正集相关系数 R_c^2 和标准误差 SEC 分别为 0.83 和 0.55logCFU/g，其验证集相关系数 R_p^2 和标准误差 SEP 分别为 0.77 和 0.52logCFU/g。

3）基于空间散射曲线的模型建立及分析

高光谱系统中，入射光在牛肉表面的散射信息，既能反映内部组分的化学性质，也体现了它的物理性质，因此从高光谱图像数据中提取散射曲线的洛伦兹参数，可用于牛肉细菌总数的无损检测[38]。对牛肉的散射信息进行洛伦兹拟合，求取洛伦兹参数峰值 b 和半波带宽 c，然后运用上文介绍的相关系数法选取特征波长。图 5-29 为参数 b、参数 c 和参数 $b\times c$（同时使用两者）与牛肉细菌总数之间的简单相关分析图，即分析每一波长处 b、c 和 $b\times c$ 与细菌总数的相关性。从图中可以看出，在 560～980nm 范围内，洛伦兹参数光谱与牛肉细菌总数的相关性有较大的变化，且表现出大致相同的趋势。在 560～800nm 范围内，洛伦兹参数与牛肉细菌总数负相关，而在 820～980nm 范围内，洛伦兹参数与细菌总数正相关，c 和 $b\times c$ 与细菌总数的相关性优于 b 与细菌总数的相关性。

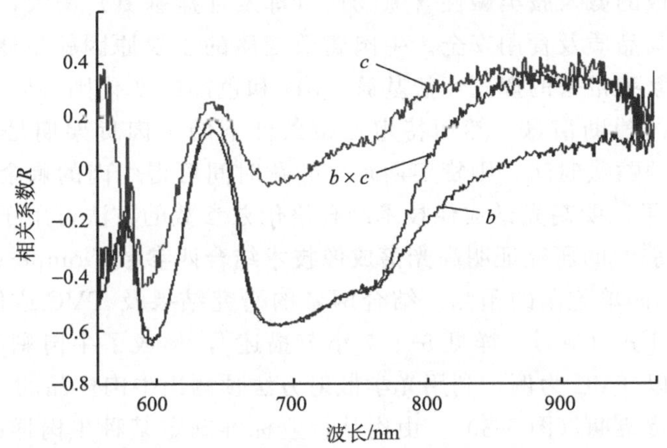

图 5-29　洛伦兹参数 b、c 和 $b\times c$ 与牛肉细菌总数的相关系数[59]

对 560～980nm 范围内的洛伦兹参数 b、c 和 $b\times c$，用逐步回归法选择最优波长，用于建立多元线性回归模型。Peng 等[58]建立的多元线性回归模型的结果如表 5-3 所示。最好的预测结果是基于参数 $b\times c$ 所建立的预测模型，验证集相关系数 R^2 和标准差 SEP 分别为 0.96 和 0.23。

表 5-3　用多元线性回归法建立模型的结果[60]

洛伦兹参数	选取的波长组合/nm	SEC	SEP	R^2	RSD
b	592，596，602，659，803，825	0.48	0.47	0.91	6.30%
c	596，838，905，913	0.70	0.62	0.69	8.31%
$b\times c$	596，822，838，841，889，900	0.44	0.23	0.96	3.08%

Tao 等[60]将采集自屠宰厂的新鲜牛肉样品在 4℃下保存 0～12 天，每天取 3～5 个样品利用 VIS/NIR 高光谱成像系统采集光谱，同时采取国标的方法进行细菌总数的测定，利用洛伦兹函数对牛肉样品的空间散射曲线进行拟合，用拟合得到的多个洛伦兹参数光谱进行牛肉细菌总数模型的预测。分别建立了细菌总数的 PCR、PLSR 和反向传播神经网络模型（backpropagation neural network，BPNN)，结果显示 BPNN 的建模结果最好，其验证集相关系数 R_p和标准差 SEC 分别为 0.90 和 0.88 logCFU/g。这项研究的结果证明，高光谱成像技术结合洛伦兹参数的方法可有效用于细菌污染牛肉的无损检测。

5.3.3 牛肉剩余货架期的光学预测

生鲜牛肉色泽鲜艳光亮，肉质呈中性或弱碱性。随着储存期的增长，微生物繁殖增多，生成的氨及胺类碱性含氮物质（挥发性盐基氮）增大，pH 升高，肉色变暗，影响其品质及食用安全。牛肉腐败变质的主要原因就是微生物的繁殖，但是微生物的繁殖带来的挥发性盐基氮、pH 和色泽的变化则可以作为牛肉剩余货架期的预测的辅助信息。然而特定贮藏条件下的牛肉货架期是确定的值[61]，如能确定牛肉的贮藏时间，则货架期减去贮藏时间可得牛肉的剩余货架期。Tao 等[60]研究的结果证明高光谱成像技术结合洛伦兹参数的方法可用于牛肉 TVC 的预测，Zhang 等[22]的研究证明高光谱成像技术结合四参数 Gompertz 函数可以用于牛肉 TVC 和假单胞菌的预测。结合两者的研究结果及 TVC 或假单胞菌的微生物生长模型［式（5-3），详见 5.1.7 小节描述］，形成了牛肉剩余货架期预测的有效方法。以 TVC 为例，利用光学散射方法预测出牛肉样品的 TVC，可进一步预测其剩余货架期（图 5-30）。由肉品行业标准确定某种牛肉样品的对应于货架期的 TVC 安全限值，再由式（5-3）计算出对应于的货架期时间终点 t_e。牛肉样品的实时 TVC 值由光学散射方法预测出，同样由式（5-3）计算出相应的贮藏时间 t_i。因此，牛肉样品的剩余货架期 T 可由式（5-7）预测得出。

$$T = t_e - t_i = t_e - \left\{ m - \frac{1}{k} \ln \left[- \ln \frac{1}{q} (B_i - p) \right] \right\} \tag{5-7}$$

Zhang 等[22]采集了 54 个肉样的高光谱散射图像，应用传统的平板计数标准方法得出样品的 TVC 值，样品的散射特征用四参数（α、β，ε、δ）的冈珀茨函数进行拟合，用拟合函数的四个 Gompertz 参数建立 TVC 和假单胞菌的 SVM 预测模型。作者用其中 40 个作为校正集用于建立预测模型，其余 14 个样品作为验证集用于模型验证。其结果显示，冈珀茨参数 δ 对 TVC 及假单胞菌的预测效果要优于其他参数，其验证集相关系数 R_p分别是 0.88 和 0.92，标准误差 SEP 分别是 0.85 和 0.92。而四参数综合建模达到最优结果，其对 TVC 和假单胞菌的验证集相关系数 R_p分别是 0.91 和 0.92，标准误差 SEP 分别为 0.91 和 0.88。作者的研究表明光谱散射图像结合 TVC 或假单胞菌的微生物生长模型可实现牛肉剩余货架期的光学无损预测。

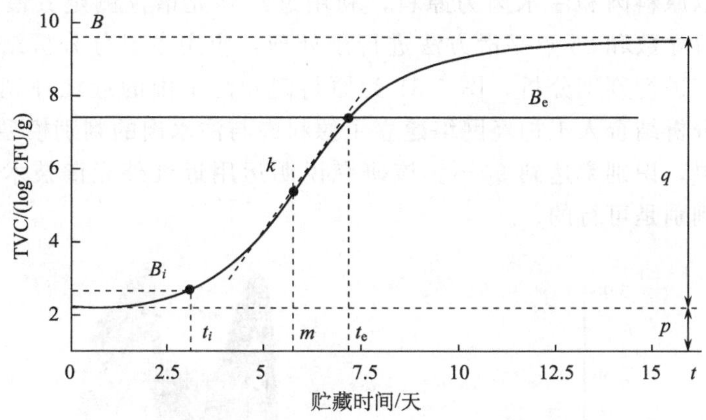

图 5-30　细菌总数生长曲线及货架期预测

5.3.4　注入异物牛肉的光学鉴别

1. 注胶肉

注胶肉用肉眼很难识别，其口感要比正常肉差很多，而且不易煮熟。杨红菊等[23]探讨了利用近红外漫透射光谱快速鉴别注胶肉的可行性，共制备了 101 个样品，其中 27 个为正常肉样品，74 个为注胶肉样品。样品的制作是把猪里脊肉去筋膜后绞成肉泥，每份称样 100g，在其中掺入 0%～20%的胶水（胶水浓度为 1%）。光谱数据采集使用德国 Bruker 公司生产的 MPA 型傅里叶变换近红外光谱仪，样品光谱采用培养皿旋转式扫描方式。采集近红外光谱时将肉样装入培养皿中，表面刮平。扫描分辨率为 $8cm^{-1}$，扫描次数为 64 次，扫描谱区为 7500～12 $000cm^{-1}$，扫描一个样品大约用时 30s。选用其中 12 个注胶肉样品和 4 个正常肉样品作为验证样品，其余 85 个样品用来建立注胶肉和正常肉判别模型。利用独立的验证集对判别分析模型进行了验证，结果表明，采用近红外透射光谱法结合一阶导数的预处理方法，基于因子化法建立的定性判别模型能很好地对注胶肉和正常肉进行判别，模型的正确判别率为 100%。虽然作者研究对象为猪肉，但是其采用近红外透射光谱和判别分析法相结合的方式为注胶牛肉的快速判别分析提供了一种快速有效筛选的参考方法。

2. 注水肉

注水肉的危害众所周知，对于注水牛肉的鉴别，较为直接的方法是测定牛肉的水分含量。国家标准对牛肉的水分含量具有限量的规定，要求其水分含量≤77%[62]。而杨志敏等[24]提出了一种用近红外光谱技术快速鉴别原料肉和注水肉的新方法。以原料肉和注水肉为原料，利用近红外光谱仪测定其漫反射光谱曲线，选取二阶导数和25点平滑方法进行预处理，应用主成分分析结合人工神经网络技术对其进行判别分析，图5-31为原料肉和注水肉的近红外光谱图。作者利用主成分分析结合人工神经网络建立了原料肉与注水肉的判别模型，得到了较好的预测效果，识别率达到90%。该研究说明运用近红外光谱技术对原料肉和注水肉进行判别是可行的。

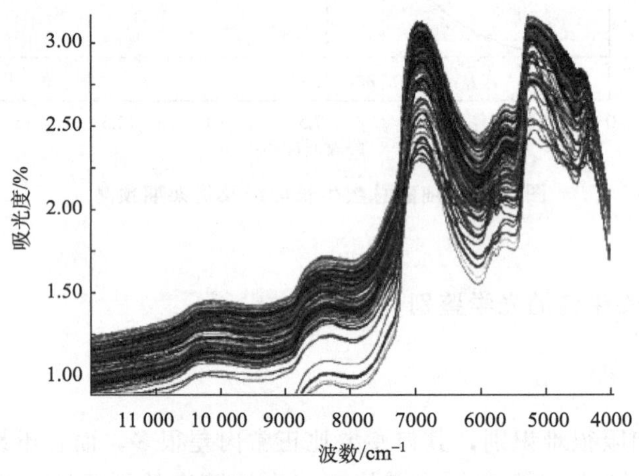

图 5-31 原料肉和注水肉的近红外光谱图[24]

另外，唐鸣等[63]采用生鲜牛肉外侧最长肌为样品，在900～2300nm波段内进行光谱检测和分析。利用基于粒子群算法（particle swarm optimization，PSO）的聚类分析方法，对光谱信息进行优化以减少计算量，提高预测模型精度。经过MSC、SNV等方法预处理后的光谱信息作为目标矩阵，以波长为对象进行聚类分析，根据聚类结果对不同波段进行重新组合，并建立偏最小二乘回归（PLSR）模型。其结果表明利用PSO聚类分析方法在900～1400 nm波段内获得的生鲜牛肉含水率预测模型最优，校正集相关系数R_c和验证集相关系数R_p均为0.92。证实该方法能够有效减少计算量，提升牛肉含水率模型的预测结果，进而于注水肉的检测。

5.4 牛肉品质安全光学检测的应用

国外对牛肉品质安全无损检测取得了一定的研究成果，而国内在该领域的研究起步相对较晚。下面主要介绍国内外 VIS/NIR 光谱技术、高光谱成像技术和机器视觉技术在牛肉品质安全检测中的应用进展，主要检测指标分别为大理石花纹、嫩度、水分、新鲜度、细菌总数等。

5.4.1　基于可见/近红外的牛肉多品质同时检测

20 世纪 90 年代中期，美国农业部肉类研究中心（US Meat Animal Research Center，MARC）开始利用近红外光谱技术对肉品品质检测进行应用研究，Shackelford 等[64]利用可见/近红外嫩度检测仪对美国精选牛肉背长肌的嫩度进行在线检测，实现对牛肉胴体的质量评价与产量分级，目前该嫩度分级系统已经在美国的一些牛肉生产企业中成功应用。阿根廷、巴西、乌拉圭、英格兰和爱尔兰的公司也在尝试应用此套嫩度分级系统。除了美国农业部已经成功开发出牛肉嫩度分级仪外，大多国家还处于研究阶段，其开发的用于可见/近红外光谱检测系统如图 5-32 所示。

图 5-32　美国农业部的在线光谱反射系统进行牛肉嫩度预测[64]

由 Shackelford[65] 研发的牛肉嫩度检测系统，包括小型光谱仪（Model A108310 LabSpec Pro 便携式光谱仪，包含三个检测器）、光纤（长度 2m，ASD Model 135090）、光源（色温为 2900 K 的卤钨灯）、高强度探头（ASD Model A122000）、采样视场控制器（ASDModel A122040）。该系统可覆盖 350～2500nm 的光谱范围，可采集牛肉样品直径为 50mm 的区域，用 SSF 代表牛肉嫩度，系统用一般线性模型（gcncral linear models，GLM）进行牛肉 SSF 的预测，尽管其预测准确率不高，但是该系统在牛肉嫩度上的优势可用于牛肉胴体评级。作者于 2012 年对该系统进行了优化：将三检测器光谱仪换成单检测器光谱仪，仅覆盖 350～1050nm 的光谱范围；减小采样探头的高度，以更好地适应牛胴体肋骨间的缝隙；在探头上加上一个触发按钮以及一个反馈指示灯，将光纤的长度延长至 4m。经过优化：样品检测时间由 7s 减少为 1.4s；光谱仪的成本也减少了一半；检测探头上的外触发可使仪器操作者通过外触发检测样品；反馈指示灯则可以通过亮、灭来指示样品的检测完成与否。

石力安[45-50]、郭辉[66]等基于研发的生鲜肉品质安全快速检测关键技术，构建牛肉品质和安全多参数指标（包括嫩度、水分含量、颜色和 pH 等）快速实时检测装置及相关配套操作软件系统。检测系统装置示意图如图 5-33 所示，其硬件主要由检测探头、计算机、光谱仪（400～960nm 波段）、光谱仪（900～2600nm 波段）、光源、三分叉光纤、触发控制器等组成。检测系统在开始工作时，首先由检测人员将检测探头对准待测样品，按下外触发开关，计算机接收到触发信号后，启动光谱采集，然后将光谱数据发送至计算机，通过分析软件进行光谱数据解析，提取有效的特征波长信息，最终求出样品的各待检品质安全参数。另外，也可将检测探头固定于样品经过的通道上方，通过样品到位传感器自动启动光谱采集。

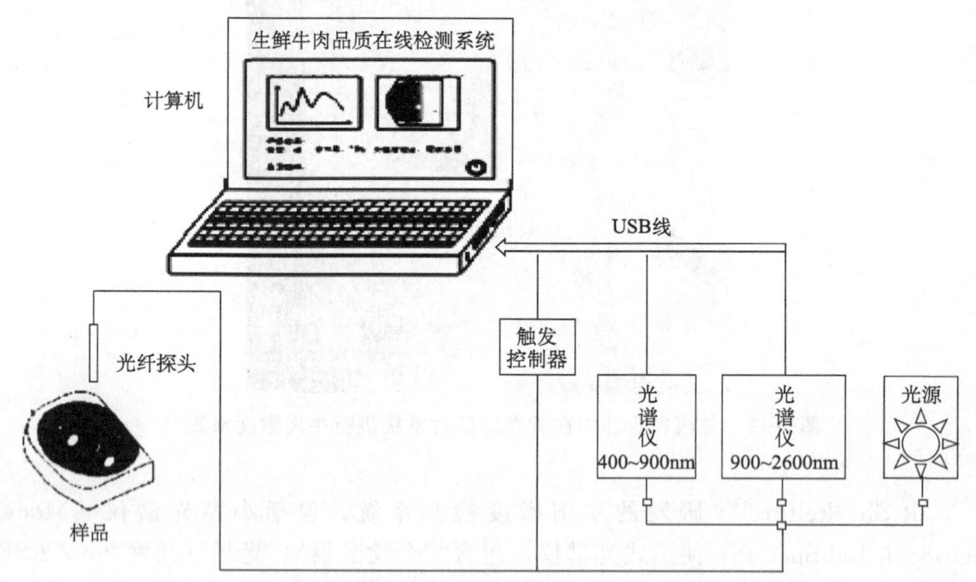

图 5-33　牛肉多品质快速无损检测系统[66]

牛肉水分嫩度实时检测系统人机交互界面如图 5-34 所示。使用操作前，首先进行仪器的初始设置（图 5-34 右上方），初始设置包括样品的种类和产区设置，还包含光谱仪器的积分时间、平均次数、平滑度等基本参数的设置和数据的存储路径。然后要对光谱进行光谱校正，包括黑白参考的校正。样品检测启动模式包括外触发模式及软件操作两项可选，外触发模式可直接在手持探头上按压触发按钮完成样品测定。测定样品时，软件界面左边实时显示样品的光谱图像，图像下方可以设置光谱图像的显示范围，右下方显示检测的结果，包括剪切力及嫩度等级、含水量、色泽参数（L^*、a^*、b^*）等。该系统装置的检测速度为 1～3 个样品/s。

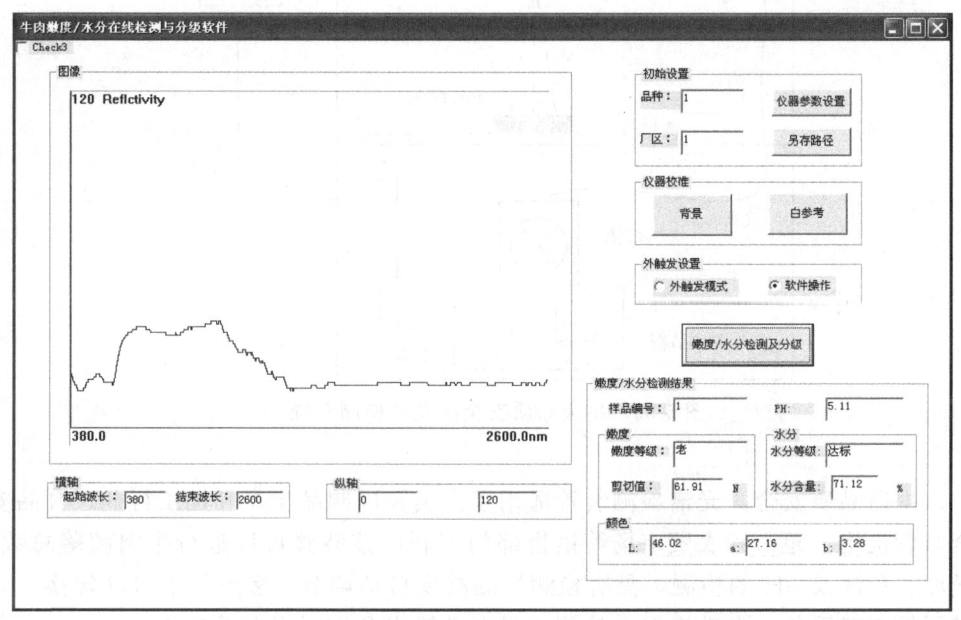

图 5-34　牛肉品质快速无损检测系统人机交互界面[66]

5.4.2　基于高光谱成像的牛肉品质安全检测

吴建虎等[67]以牛肉为研究对象，基于高光谱图像技术探索牛肉的可见光/近红外线光（VIS/NIR）的散射和吸收特征参数，利用牛肉肉质的光学特性和组织成分的分光机理，建立牛肉内部的质量和安全指标与光学特征的关系，研究了优于传统的人工化学检测的非接触式、快速的肉品质光学预测手法，开发了牛肉品质安全指标（嫩度、色泽、pH、细菌总数等）的无损、快速、实时检测技术和装置。

牛肉品质安全高光谱检测装置系统包括 CCD 数字相机、高光谱仪、样品移动平移装置、可调控光源等，其系统组成如图 5-35 所示。高光谱检测系统装置经过光谱和空间位置校正、调试，以及固化预测模型后，用于牛肉的无损快速检测。

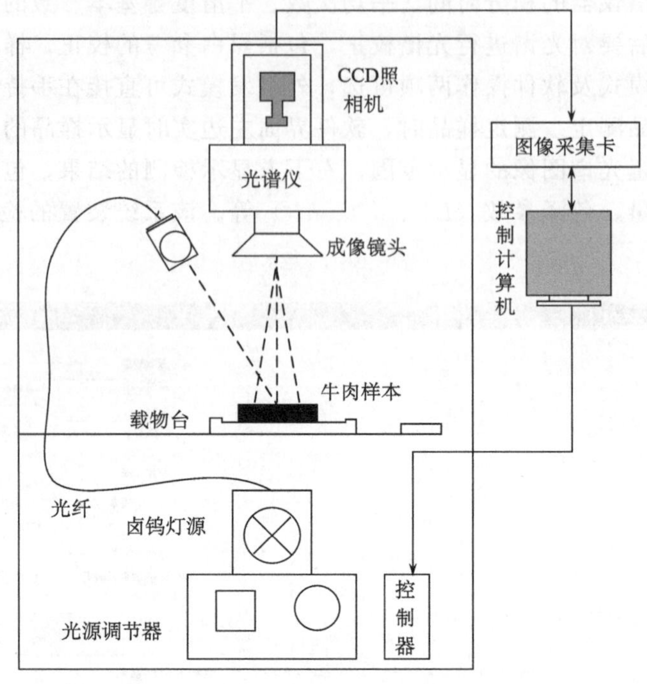

图 5-35　牛肉品质安全高光谱检测系统[67]

牛肉品质安全高光谱检测装置适用于肉类及肉制品生产和加工行业、食品安全监管机构、超市和农贸市场等销售部门。利用该装置可以进行牛肉菌落总数、嫩度、色泽及 pH 的检测，具有检测样品高度自动调节、多点位置自动转换、光谱图像实时采集、自动启停、检测结果自动输出和实时保存等功能。

使用该装置检测样品前，先开启 CCD 相机、光源系统等硬件设备，然后开启检测与分析软件。连接正确后，设定仪器的相关参数，放置好样品，开始对样品进行检测。软件采用一键式操作设计，选择检测肉样种类后，点击“检测”按钮，即可得到检测结果，并判断菌落总数是否超标，检测结果同时被自动保存到设定的路径下。该装置检测速度为＜1s/检测位置，检测精度≥90％，相对误差≤5％。

5.4.3　基于计算机视觉的牛肉嫩度及大理石花纹等级判定

美国农业部（USDA）与光学设备供货商 ASD（Analytical Spectral Devices Inc）公司进行合作，开发了一套在线式牛肉胴体分级的商业化系统，并在四家牛肉加工厂进行了验证。该系统主要由检测探头和计算机组成，检测速度为 2～3s/个样品，对成熟 14 天的牛肉样品嫩度的判定准确率为 85％～95％，可用于老嫩牛肉的辨别，并可对牛肉的花纹等级进行评分。图 5-36 为 USDA 联合 ASD 开发的牛肉嫩度及大理石花纹等级实时预测装置系统实物图。

图 5-36　美国农业部开发的牛肉嫩度及大理石花纹实时预测装置系统[68]

周彤等[25]利用机器视觉技术对牛肉大理石花纹进行了系统的研究，建立了牛肉大理石花纹等级评定模型，开发了手持式牛肉大理石花纹实时检测系统装置，包括相应的系统操作软件。便携式牛肉大理石花纹检测装置硬件部分由壳体和内部结构件组成。整体装置集图像采集模块、图像处理模块、外触发控制模块及供电模块于一体。装置尺寸为 350 mm×240 mm×150 mm（长×宽×高）（详见第 10 章相关描述）。使用该装置时，将检测探头对准检测部位，手动按下触发开关，控制程序启动相机采集图像、图像处理、提取特征参数，自动判定牛肉大理石花纹等级，检测结果显示在软件界面，同时保存数据结果。其检测精度＞95%，检测速度为 1～3 个样品/s。该装置可应用于肉牛屠宰厂、食品加工企业等机构在线检测牛肉大理石花纹等级，具有检测速度快、检测精度高、操作简便、方便快捷、稳定性高、抗干扰性强等特点，并且密封性好，有防潮效果。

参考文献

[1] 余梅，毛华明，黄必志. 牛肉品质的评定指标及影响牛肉品质的因素. 中国畜牧兽医，2007，34 (2)：33～35

[2] NY/T 676—2010. 牛肉等级规格

[3] JMGA. New Beef Carcass Grading Standards. Japan Meat Grading Association，Tokyo，Japan. 1988

[4] NY/T 1180—2006. 肉嫩度的测定剪切力测定法

[5] Hildrum K I，Nilson，B N，Mielnik M，et al. Prediction of sensory characteristic of beef by near-infrared spectroscopy. Meat Science，1994，38 (1)：67～80

[6] Park B，Chen Y R，Hruschka W R，et al. Near-infrared reflectance analysis for predicting beef longissimus tenderness. Journal of Animal Science，1998，76（8）：2115～2120

[7] Byrne C E，Downey G，Troy D J，et al. Non-destructive prediction of selected quality attributes of beef by near-infrared reflectance spectroscopy between 750 and 1098 nm. Meat Science，1998，49（4）：399～409

[8] GB/T 9695. 15-88. 肉与肉制品-水分含量测定

[9] 孙晓明，卢凌，张佳程，等. 牛肉化学成分的近红外光谱检测方法的研究. 光谱学与光谱分析，2011，31（2）：379～383

[10] GB/T 5009. 44—2003. 肉与肉制品卫生标准的分析方法

[11] Prieto N，Andrés，S，Giráldez F J，et al. Ability of near infrared reflectance spectroscopy（NIRS）to estimate physical parameters of adult steers（oxen）and young cattle meat samples. Meat Science，2008，79（4）：692～699

[12] Cozzolino D，Murray L. Effect of sample presentation and animal muscle species on the analysis of meat bynear infrared reflectance spectroscopy. Journal of Near Infrared Spectroscopy，2002，10（1）：37～44

[13] Liu Y，Lyon B G，Windham W R，et al. Prediction of color，texture，and sensory characteristics of beef steaks by visible and near infrared reflectance spectroscopy，a feasibility study. Meat Science，2003，65（3）：1107～1115

[14] Ammor M S，Argyria A，Nychas G E. Rapid monitoring of the spoilage of minced beef stored under conventionally and active packaging conditions using Fourier transform infrared spectroscopy in tandem with chemometrics. Meat science，2009，81（3）：507～514

[15] Ellis D，Broadhurst D，Goodacre R. Rapid and quantitative detection of the microbial spoilage of beef by Fourier transform infrared spectroscopy and machine learning. Analytica Chimica Acta，2004，514（2）：193～201

[16] GB 4789. 2—2010. 食品安全国家标准-食品微生物学检验 菌落总数测定

[17] McDonald K，Sun D W. Predictive food microbiology for the meat industry：a review. International Journal of Food Microbiology，1999，52（1-2）：1～27

[18] Gibson A M，Bratchell N，Roberts T A. The effect of sodium chloride and temperature on the rate and extent ofgrowth of Clostridium botulinum type A in pasteurized porkslurry. Journal of Applied Bacteriology，1987，62（6）：479～490

[19] 何帆. 冷却猪肉贮藏过程中的品质变化及货架期预测模型研究. 南京：南京农业大学，2010

[20] Kreyenschmidt J，Hübner A，Beierle E，et al. Determination of the shelf life of sliced cooked ham based on the growth of lactic acid bacteria in different steps of the chain. Journal of Applied Microbiology，2010，108（2）：510～520

[21] Bhowmick A R，Bhattacharya S. A new growth curve model for biological growth：some inferential studies on the growth of Cirrhinusmrigala. Mathematical Biosciences，2014，

254：28～41

[22] Zhang L L，Peng Y K，Dhakal S，et al. Spoilage detection of chilled meat during shelf life by using hyperspectral imaging technique. ASABE Annual International Meeting，2013，Paper Number131587037，Missouri，USA

[23] 杨红菊，姜艳彬，侯东军，等. 注胶肉的近红外光谱快速判别分析. 肉类研究，2008，117（11）：62～64

[24] 杨志敏，丁武，张瑶. 应用近红外技术快速鉴别原料肉注水的研究. 食品研究与开发，2012，33（5）：118～121

[25] 周彤，彭彦昆. 牛肉大理石花纹图像特征信息提取及自动分级方法. 农业工程学报，2013，29（15）：286～293

[26] McDonald T P，Chen Y R. Separating connected muscle issue with images of beef eyes carcass，Trans ofASAE，1990，33（6）：2059～2065

[27] Shiranita K，Hayashi K，Otsubo A，et al. Grading meat quality by image processing. Pattern Recognition，2000，33（1）：97～104

[28] Shiranita K，Hayashi K，Otsubo A. Determination of meat quality by image processing and neural network techniques. Journal of Robotcs and Mechatronics，2000，12（4）：474～479

[29] 陈坤杰，姬长英. 基于图像运算的牛肉大理石花纹分割方法. 农业机械学报，2007，38（5）：195～196

[30] 陈坤杰，吴贵茹，於海明，等. 基于分形维和图像特征的牛肉大理石花纹等级判定模型. 农业机械学报，2012，43（5）：14～151

[31] 郭辉，彭彦昆，江发潮，等. 手持式牛肉大理石花纹检测系统. 农业机械学报，2012，43（S1）：207～210

[32] Ostu N. A threshold selection method from gray-level histogram. IEEE Transactions on System，Man and Cybernetic，1979，9（1）：62～66

[33] 江龙建. 基于计算机视觉和神经网络的牛肉大理石花纹自动分级技术的研究. 南京：南京农业大学，2003

[34] NY/T 676—2003. 牛肉质量分级

[35] 高晓东，吴建虎，彭彦昆，等. 基于高光谱成像技术的牛肉大理石花纹的评估. 农产品加工（学刊），2009，187（10）：33～37

[36] Vote D J，Belk K E，Tatum J D，et al. Online prediction of beef tenderness using a computer vision system equipped with a beef cam module. Journal of Animal Science，2003，81（2）：457～465

[37] 吴建虎，彭彦昆，陈菁菁，等. 基于高光谱散射特征的牛肉品质参数的预测研究. 光谱学与光谱分析，2010，30（7）：1815～1819

[38] 田潇瑜. 基于光谱与图像分析的生鲜牛肉嫩度快速检测技术研究. 北京：中国农业大学，2014

[39] 常海军，王强，徐幸莲，等. 动物宰后肌内胶原蛋白变化与肉嫩度关系分析. 食品工业科技，2010，31（8）：404～408

[40] 王凤花，朱海龙，戈振扬. 近红外光谱数据建模方法的研究进展. 农业工程，2011，1 (1)：56～61

[41] Peng Y K，Wu J H. Hyperspectral scattering profiles for prediction of beef tenderness. ASABE Annual International Meeting，2008，PaperNumber 080004. Rhode Island，USA

[42] 吴建虎，彭彦昆，江发潮，等. 牛肉嫩度的高光谱法检测技术. 农业机械学报，2009，40 (12)：135～138，150

[43] Peng Y K，Wang J H，Chen J J. Prediction of beef quality attributes using hyperspectral scattering imaging technique. ASABE Annual International Meeting，2009，Paper No. 096242. Grand Sierra Resort and Casino Reno，Nevada，USA

[44] Wu J H，Peng Y K，Li Y Y，et al. Prediction of beef quality attributes using VIS/NIR hyperspectral scattering imaging technique. Journal of Food Engineering，2012，109 (2)：267～273

[45] ElMasry G，Sun D W，Allen P. Near-infrared hyperspectral imaging for predicting colour，pH and tenderness of fresh beef. Journal of Food Engineering，2012，110 (1)：127～140

[46] 赵娟，彭彦昆. 基于高光谱图像纹理特征的牛肉嫩度分布评价. 农业工程学报，2015，31 (7)：279～286

[47] 严衍禄，赵龙莲，韩东海，等. 近红外光谱分析基础与应用. 北京：中国轻工业出版社. 2005，132～136

[48] 汤修映，牛力钊，徐杨，等. 基于可见/近红外光谱技术的牛肉含水率无损检测. 农业工程学报，2013，29 (11)：248～254

[49] 石力安，郭辉，彭彦昆，等. 牛肉含水率无损快速检测系统研究. 农业机械学报，2015，07：203～209

[50] Shi L A，Peng Y K，Jiang F C，et al. An on-line prediction method of fresh beef moisture by dual-channel VIS/NIR spectroscopic technique. ASABE Annual International Meeting，2014，Paper Number 141902200. Montreal，Quebec，Canada

[51] ElMasry G，Sun D W，Allen P. Prediction of Beef Chemical Composition by NIR Hyperspectral Imaging，in Proceedings of the 3rd CIGR International Conference of Agricultural Engineering (CIGR-AgEng2012)，2012，Valencia，Spain

[52] Rosenvold K，Micklander E，Hansen P W，et al. Temporal，biochemical and structural factors that influence beef quality measurement using near infrared spectroscopy. Meat Science，2009 (82)：379～388

[53] 吴建虎. 利用高光谱成像技术预测新鲜牛肉品质参数. 北京：中国农业大学，2010

[54] ElMasry G，Sun D W，Allen P. Non-destructive determination of water-holding capacity in fresh beef by using NIR hyperspectral imaging. Food Research International，2011，44 (9)：2624～2633

[55] 黄蓉，刘敦华. 猪肉新鲜度评价指标、存在问题及应对措施. 肉类工业，2010，350 (6)：43～46

[56] 马世榜，徐杨，汤修映，等. 利用可见近红外光谱多指标综合预测生鲜牛肉储存期. 光谱

学与光谱分析，2012，32（12）：3242～3246

[57] 于英杰. 牛肉新鲜度检验指标的研究. 长春：吉林大学，2006

[58] Peng Y K，Zhang J，Wang W，et al. Potential prediction of the microbial spoilage of beef using spatially resolvedhyperspectral scattering profiles. Journal of Food Engineering，2011，102：163～169

[59] 张静. 基于高光谱成像的牛肉微生物腐败检测方法的研究. 北京：中国农业大学，2009

[60] Tao F F，Peng Y K，Gomes C L，et al. A comparative study for improving prediction of total viable countin beef based on hyperspectral scattering characteristics. Journal of Food Engineering，2015，162：38～47

[61] 李苗云，孙灵霞，周光宏，等. 冷却猪肉不同贮藏温度的货架期预测模型. 农业工程学报，2008，24（4）：235～239

[62] GB/T 9695.15—2008. 肉与肉制品 水分含量测定

[63] 唐鸣，徐杨，彭彦昆，等. 基于粒子群聚类的牛肉含水率光谱检测技术. 农业机械学报，2014，45（10）：220～225

[64] Shackelford S D，Wheeler T L，Koohmaraie M. On-line classifications of US select beef carcasses for tenderness using visible and near-infrared reflectance spectroscopy. Meat Science，2005，69：409～441

[65] Shackelford S D，Wheeler T L，Koohmaraie M. Validation of a model for online classification of US Select beef carcasses for longissimus tenderness using visibleand near-infrared reflectance spectroscopy. Journal of Animal Science，2012，90（3）：973～977

[66] 郭辉，江发潮，彭彦昆，等. 牛肉品质快速检测装置的设计. 食品安全质量检测学报，2012，3（6）：617～620

[67] 吴建虎，陈菁菁，彭彦昆. 基于高光谱散射技术的牛肉嫩度和颜色的预测研究. 纪念中国农业工程学会成立 30 周年暨中国农业工程学会 2009 年学术年会（CSAE 2009）论文集. 中国农业工程学会，2009

[68] Wheeler T L，Shackelford S D，Koohmaraie M. USMARC Beef Carcass Instrument Grading Systems. USDA-ARS/UNL Faculty Publications，2006，U. S. Department of Agriculture，Lincoln，Nebraska

第 6 章　猪肉品质安全的光学检测技术

肉及肉制品是人类获得蛋白质、维生素和矿物质等营养成分的重要来源之一。猪肉以其细软的纤维、鲜嫩的肉质和丰富的营养深受消费者的喜爱，是我国大多数居民的主要肉类食物[1]。中国是世界上最大的猪肉生产大国和消费大国，猪肉在国民食品消费结构中具有举足轻重的作用。2014 年我国猪牛羊禽肉产量 8540 万 t，其中仅猪肉产量达 5671 万 t，相比前一年增长 3.2%。随着生活水平的不断提高，人们对猪肉的需求日趋多元化，对猪肉的质量品质要求也日益提高[2]。猪肉品质的好坏，关系到人类的健康、生活质量和生命安全。猪肉所含成分相对复杂，其品质安全会受到很多因素的影响，如性别、品种、年龄等宰前因素，以及温度、贮藏时间、尸僵过程等宰后因素[3]。猪肉在生产、加工、贮藏及运输过程中，外部环境的变化会影响到其内在的品质，如颜色、嫩度、风味、持水性等。此外，猪肉中的成分及其分布对肉的品质也有重大的影响，如肌内水分含量、分布及其持水性关系到肉的品质和风味，脂肪的多少及脂肪酸的组成直接影响猪肉的嫩度和多汁性等[4]。可是近年来，肉类食品安全问题很不乐观，肉类安全事件时有发生，肉品的品质安全问题成为我国农产品产业链中最受关注的焦点之一。因此对猪肉品质安全进行检测具有非常重要的现实意义。

6.1　猪肉的品质安全参数及其检测方法

6.1.1　猪肉品质安全评价指标

猪肉是一种重要的动物性食物来源，其成分复杂，人们比较关注的指标参数可以分为品质参数和安全参数两类。品质参数主要包括颜色、大理石花纹、气味等感官参数；水分、蛋白质、脂肪、维生素、矿物质和碳水化合物含量等化学成分参数；以及 pH、嫩度、多汁性、持水性等物理工艺参数[5]。在猪肉的感官参数中，颜色和大理石花纹是人们对猪肉品质评价最直接、最先导的感受印象，经常依据其对新鲜程度作出最初的判断。猪肉颜色作为重要的肉质指标，影响着消费者的购买欲望，是消费者决定购买与否的重要因素，也对猪肉的市场价格起着至关重要的作用，是衡量猪肉质量的一个重要经济指标[6]。肉色是由肌红蛋白决定的，并且肉表面的色泽不仅取决于肌红蛋白的含量，还与肌红蛋白分子的类型、化学状态及其他成分的物理化学状态有关[7]。大理石花纹与猪肉的感官特性密切相关，是表征猪肉品质的另一重要指标[8]。大理石花纹评级常与肉色评分同步进行，对照美制 NPPC 比色板（1991 版或 1994 版）对肉样进行评分，共分为五个等级，其中：1 分为脂肪痕量；2 分为脂肪微量；3 分为脂肪中量；4 分为脂肪多量；5 分为脂肪过量。两分之间允许设 0.5 分值。

猪肉的化学成分参数中，含量较为丰富的是水分、蛋白质、脂肪、维生素、矿物质等。其中，蛋白质为完全蛋白质，含有人体必需的各种氨基酸，且必需氨基酸的构成比例接近人体需要，容易被人体充分利用，属于优质蛋白质。而猪肉中的脂类，主要是中性脂肪和胆固醇，同样具有较高的营养价值。除了这些主要营养成分外，还含有钙、磷、铁、硫胺素、核黄素和尼克酸等微量营养成分。猪肉中所含的血红蛋白，可以起到补铁的作用，能够预防贫血。在化学成分参数的检测中，研究主要集中在对水分含量、蛋白质含量、肌内脂肪（intramuscular fat，IMF）含量的预测上[9, 10]，另有部分研究对猪肉中维生素含量、矿物质含量等进行了测定分析[11]。

在猪肉的物理工艺参数中，pH、嫩度和持水性尤其重要，影响食用时的口感品质。鲜肉 pH 影响其颜色、嫩度、烹调后的风味、货架期、保水性与肉制品加工损失率及肉制品的质量，因而是评定猪肉品质的重要指标[12]。猪肉嫩度是评价其质量的重要标准，它直接影响着肉的食用价值和商品价值。猪肉的嫩度与其肌肉结构（结缔组织）和生物化学组成（肌原纤维的蛋白水解作用和细胞骨架蛋白）密切相关[13]。肉的持水性不仅影响煮制前肉的外观，而且影响煮制过程中的汁液损失和咀嚼时的多汁性。

安全参数主要包括新鲜度、微生物含量等。在贮藏、运输、销售等过程中，由于酶、微生物和外界环境等的作用，会引起冷却肉的腐败变质，产生不良风味，致使品质下降，货架期缩短[14]。当外界污染的微生物逐渐深入到肉品深部，在其产生的酶的作用下，肉品组织中的蛋白质被分解为低分子代谢物（如氨和胺类化合物等碱性物质），统称为挥发性盐基氮（total volatile basic nitrogen，TVB-N）。国标 GB 2722—1981 依据挥发性盐基氮含量是否超过 15mg/100g 对猪肉新鲜度等级进行划分。参照国标 GB 2707—2005《鲜（冻）畜肉卫生标准》，结合 pH 对猪肉新鲜度进行综合评定，将猪肉新鲜度划分为两个等级：新鲜和不新鲜。其中，新鲜肉：挥发性盐基氮含量≤15mg/100g，pH 5.8～6.2，可以安全食用；不新鲜肉：挥发性盐基氮含量＞15mg/100g，pH＞6.2，这种肉为非食用肉或者是腐败变质肉[15]。微生物含量常用菌落总数（total viable counts，TVC）来表征，它是评价肉类质量安全的重要指标，用以衡量肉品受微生物污染状况及腐败变质程度[16]。在冷链加工与物流过程中发生腐败变质的主要原因是嗜冷性微生物的大量增殖代谢，是嗜冷性腐败微生物共同作用的结果，主要的需氧嗜冷细菌有假单胞属、乳酸菌、莫拉氏菌、微球菌属和葡萄球菌等污染菌种，尤其以假单胞菌最为常见。假单胞菌是导致肉类腐败菌群中的主要优势菌，在冷却猪肉腐败中起到至关重要的作用，是冷却肉的特定腐败菌（specific spoilage organisms，SSO）[17]。

6.1.2 检测方法

一般的肉品检测方法，以人工感观评定、化学分析为主。感官评价是用于唤起、测量、分析和解释产品，通过视觉、嗅觉、触觉、味觉和听觉所引起反应的一种评价方法[18]。目前感观评价方法有很多，而在肉质评价中，描述分析是最重要的。描述分析是由一组经过培训的感官评价人员对产品提供定性、定量描述的感官检验方法。它是一种全面的感官分析方法，所有的感官都要参与描述活动。描述分析要求品评人员能够对样品的感官性质进行定性的描述和定量的分析，从强度或程度上对样品性质进行说明[19]。然而，对肉品进行感官评价目前还存在一定的缺陷，具体表现为缺乏专业的肉质感官评员，感官评员的培训也不系统；专业实验室少，临时品评室不规范；检验程序不严格不科学等。化学分析方法测定结果相对更加精确，但是需要有一定背景的专业实验人员进行操作。如测定脂肪含量时用到索氏抽提法，测定蛋白质含量时用到凯氏定氮法，测定TVC用到菌落计数法等。化学分析方法存在的不足是前处理比较复杂，耗时长，浪费的人力物力比较大，且测定完成后样品不能继续销售或食用。

上述方法大多只能针对某单一指标进行检测，由于猪肉复杂，内在成分多变，因此需多指标同时检测才能更准确地对猪肉进行评定。随着计算机技术、光学技术、传感器技术等的飞速发展，基于光学的无损检测技术在猪肉品质的检测过程中得到有效应用，是猪肉品质安全检测领域关注的新技术之一。基于光学的检测技术，不对样品产生任何损坏，并且可以实现多个检测指标的同时测定。根据检测结果对猪肉的质量优劣进行评定，既可敦促养殖者按标准饲养，也可使屠宰商获得更大的市场效益，更能使消费者吃到放心肉。

目前主要的光学检测方法有：可见/近红外光谱技术、高光谱技术、多光谱技术、拉曼光谱技术、计算机视觉技术等。可见/近红外光谱技术是利用猪肉中的有机化合物在近红外光谱区内的光学特性，对其成分含量和品质特征进行快速测定的一种技术。高光谱、多光谱成像技术是集传感器、精密光学机械、微弱信号检测、计算机和信息处理技术为一体的综合性技术，融合了图像和光谱技术，实现样品的空间信息、结构信息、光谱信息的同步获得，成为了无损检测猪肉新鲜度最具潜力的新方法之一[20]。激光拉曼光谱技术是一种非弹性光散射技术，具有很强的识别能力，能够获取如动物蛋白、脂肪等成分的相对浓度和分布情况等信息[21]。计算机视觉（又称机器视觉）技术是指利用图像传感器获取对象的图像，并将图像转化成数据矩阵，用计算机进行分析，同时完成与视觉有关的检测功能[22]。

6.2　猪肉品质检测

6.2.1　感官参数

在猪肉的感官参数中，颜色、大理石花纹和气味是人们最关注的指标。而大理石花纹的检测以牛肉居多，气味检测用到较多的是电子鼻技术，因此基于光学技术对猪肉感官参数的检测主要集中在颜色这一指标。近年来国内外对猪肉颜色进行检测的研究主要集中在基于机器视觉、图像处理、光谱分析及模式识别等理论来实现猪肉的无损检测。

1. 机器视觉技术

基于机器视觉和图像处理技术对颜色等级进行判断，通常是对采集到的图像进行处理，将得到的颜色特征向量值作为聚类分析的输入值，猪肉颜色等级作为输出值，进行训练后得到较好的分类器，对未知样品进行预测[23]。常用的聚类分析方法有神经网络、支持向量机等。

王蓉蓉等[24]结合图像处理和自组织特征映射（self organizing map，SOM）神经网络对猪肉背最长肌断面颜色的分级进行了研究。选取 40 头毛重在 90～100kg 的生猪，年龄为 5～6 月龄，未考虑其品种、性别、基因类型及运输条件、休息、驱赶方式等宰前因素，共获得 120 个猪肉背最长肌样品。采用的计算机智能化分级系统硬件主要由 CMOS（complementary metal oxide semiconductor，CMOS）摄像头、光照箱、计算机等部件组成。猪肉背最长肌切片置于光照箱底部黑色背景之上，光照箱顶部摄像头拍摄猪肉图像并通过图像数据传输线传输至电脑进行图像处理。在进行图像处理前，根据美国肉类科学协会发行的肉色评价指南推荐的猪肉样品处理方法进行标准化人工分级，把猪肉背最长肌断面颜色分为 1～6 个颜色等级：1 级为 PSE（pale，soft，exudative），肉颜色苍白；2 级品质特征类似 PSE 肉；3 级和 4 级肉色呈亮红色；5 级品质特征类似 DFD（dark，firm，dry）肉；6 级 DFD 肉，肉色暗红，质地较硬。以此来验证计算机智能化分级系统稳定性和分级准确率。

通过对图像特征的分析和不同阈值的多次实验，设定图像像素的 RGB（red，green，blue）分量阈值为 3，此时可以很好地把目标物从背景中分割出来（R、G、B＜80 即认为是背景），图 6-1 为分割背景前后的效果图。

由于提取到的特征参数仅针对红色肌肉部分，当猪肉图像从背景中分离出来后，还需进一步把脂肪像素去除。为此在 RGB 颜色空间的基础上，将其转换到 HSL（hue，saturation，lightness）颜色空间，由于肌肉与脂肪图像的 H 值相

(a)

(b)

图 6-1　猪肉背最长肌分割背景前后的图像[24]
(a) 分割前；(b) 分割后

似，不能反映出两者的区别，在统计了两者像素点 S 值和 L 值的规律的基础上，构造了一个新的颜色特征值，作为 H 值。并结合 S 值和 L 值，对肌肉和脂肪进行了分割。在此基础上，得到了肌肉颜色特征向量值，训练 SOM 网络时，输入神经元向量为三维，即肌肉的 H 值、S 值、L 值，输出为 6 维，即分类数。训练步数分别设置为 100、300 和 500，步长数到 500 时即可以把输入向量分为 6 类。输入新的数据样品进行验证，用建立的神经网络来对猪肉颜色等级进行划分，并且分析所建立模型的稳定性。结果表明，对 6 个颜色等级分级准确率分别为 73.2%、80.1%、90.5%、65.8%、54.7%和 33.1%[24]。

2. 可见/近红外光谱技术

可见/近红外光谱技术对猪肉颜色进行定量分析的可行性，在国内外的研究中已经得到了较好的验证，并得到了广泛的应用，成为近年来光学无损测定猪肉颜色的主要技术手段。猪肉呈现出的颜色与肉中含有的肌红蛋白和血红蛋白有关，它们在可见/近红外波段具有光谱吸收，使得对猪肉颜色预测成为可能。当可见/近红外光照射到样品表面时，携带有样品信息的反射光进入光谱仪，形成能够反映样品信息的可见/近红外光谱曲线。然后，结合现有的化学计量学方法，在采集得到的光谱数据和国家标准方法测得的颜色值之间建立预测模型，利用所建模型对未知样品的颜色值进行预测。

Wang 等[25]采用可见/近红外光谱技术对猪肉颜色进行了定量分析，使用的光谱采集系统主要包括覆盖可见/近红外波长范围的光谱仪、卤钨灯光源、光纤、计算机等。实验样品为经过 24 小时排酸的冷却猪肉背最长肌部分，为了增加样品理化值的范围，购买样品时选取了不同超市不同品种的猪肉。将样品运回后，放置于空气中 30 分钟，使表面水分蒸发，然后进行光谱数据的采集。在采集光谱数据之前，为了保证仪器性能处于较稳定的状态，需提前将仪器打开进行预热。光谱数据采集完成后，立即采用精密色差仪进行理化值的测定。由于采集得到的原始光谱两端噪声较大，加上样品质地不均匀以及外界环境影响等因素，造成基线漂移，对建模产生的影响较大，因此需要采取一定的预处理方法对光谱进行处理。作者采用了 Savitzky-Golay（S-G）平滑和标准正态变量变换（standard normal variable transform，SNVT）对原始光谱曲线进行了预处理。S-G 平滑可以用来抑制或消除随机噪声，尽可能多地保留数据中的信息。SNVT 用来消除固体颗粒大小、表面散射以及光程变化对漫反射光谱的影响。经过预处理后的光谱曲线如图 6-2 所示。

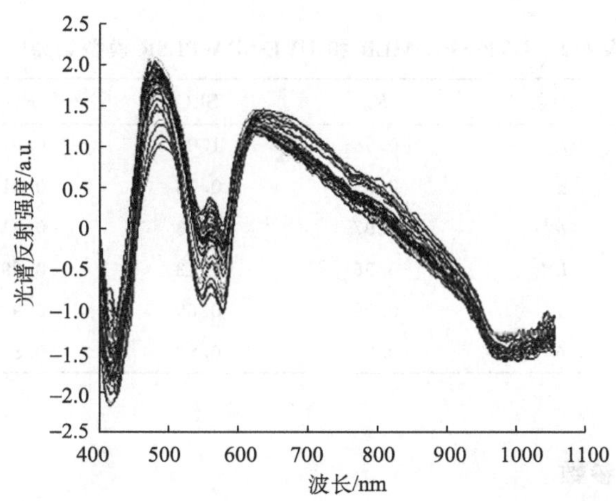

图 6-2　经过 S-G 平滑和 SNVT 预处理后的猪肉光谱图[25]

对预处理后的光谱数据和测得的标准值，采用偏最小二乘法（partial least squares regression，PLSR）建立模型。由于得到的光谱变量较多，光谱相似度很高，即这些光谱的共线性很严重，模型变量数大大超过了样品数，其过拟合风险很高，因此采用无信息变量消除法（uninformative variable elimination，UVE）对特征变量进行了提取。UVE 法把与自变量矩阵的变量数目相同的随机变量矩阵添加到光谱矩阵中，通过交叉验证逐一剔除法建立 PLSR 模型，根据变量的重要程度选择出部分变量用于模型建立。由于 UVE 算法中干扰矩阵是随机产生的，该算法本身也带有一定的随机性，为了考察这种随机性对选择结果的影响，共进行了 5 次运算，建模结果如表 6-1 所示。从表中可以看出，虽然结果有所差异，但是相差不大。同时也可以看出，利用 UVE 进行筛选后得到的变量仍然较多，继续采用连续投影算法（successive projections algorithm，SPA）对变量进行筛选。利用筛选后的变量分别建立 PLSR 模型和多元线性回归（multiple linear regression，MLR）模型，结果如表 6-2 所示。

表 6-1 采用 5 次 UVE 运算建立 PLSR 模型的结果[25]

模型	变量个数	R_c	SEC	R_p	SEP
UVE-PLS-1	251	0.98	0.68	0.91	0.83
UVE-PLS-2	273	0.99	0.66	0.91	0.85
UVE-PLS-3	247	0.98	0.69	0.91	0.84
UVE-PLS-4	240	0.98	0.69	0.91	0.81
UVE-PLS-5	253	0.98	0.69	0.90	0.88

表 6-2 UVE-SPA-MLR 和 UVE-SPA-PLSR 模型结果[25]

模型	参数	R_c	SEC	R_p	SEP
MLR	L^*	0.98	1.03	0.91	1.22
	a^*	0.99	0.28	0.91	0.64
	b^*	0.97	0.63	0.91	0.36
PLSR	L^*	0.96	1.13	0.89	1.33
	a^*	0.96	0.69	0.91	0.98
	b^*	0.95	0.63	0.89	0.38

6.2.2 化学成分参数

在猪肉的化学成分参数中，脂肪、蛋白质和水分是三大重要组成成分，是评价猪肉营养指标的主要参数。因这些物质中含有 C—H、N—H、O—H 键等，因此可以利用近红外光谱技术对其进行预测。对猪肉化学成分的检测，现有的研究多将样品搅拌成肉糜状，这种状态下样品比较均匀，检测精度较高，效果较好。刘魁武等[26]用可见/近红外光谱分析方法对冷鲜猪肉中的脂肪、蛋白质和水分含量进行了研究。在 0～4℃和 20℃下脂肪的预测相关系数 R_c分别为 0.95 和 0.92，蛋白质的 R_c为 0.71 和 0.46，水分 R_c为 0.94 和 0.91；脂肪的预测标准差 SEP 分别为 2.41 和 2.95，蛋白质为 5.44 和 4.25，水分为 2.37 和 2.38。虽然结果较好，但因需要将样品切碎搅拌，对样品造成了破坏，不再属于无损检测范畴。

猪肉的肌内脂肪含量影响猪肉的风味、嫩度和食用营养与健康，对消费者的选择意向和肉制品加工都有重要影响[27]。对肌内脂肪含量进行无损检测目前有以下三种方法：第一是光学信息检测法，是以光学特征为理论基础的检测方法，主要是根据所含脂肪在光的照射下会产生一系列的光学反应，如散射、反射、透射和吸收等。根据这些特性，具体还可以分为光学图像分析法和光谱检测法。第二是核磁共振（nuclear magnetic resonance，NMR）检测技术，应用^{31}P 对猪肉中的含磷化合物进行动态追踪，在分子水平上阐明宰后肉的能量变化与肌内脂肪含量的关系，以确定最佳的屠宰方式和后续加工工艺[28]。第三是超声波检测方法，是以声学理论为基础，当用超声波进行检测时，能够根据不同肉质的返回波的强弱信息获得被检测猪肉的 B 超图像信息，从而对猪肉脂肪含量判断提供图像信息[29]。

Liu 等[30]利用高光谱成像技术对猪肉肌内脂肪含量进行了测定，通过宽线探测器提取到样品上肌内脂肪的斑点，计算出该斑点占整个感兴趣区域的比例（proportion of IMF flection areas，PFA），以此来预测肌内脂肪含量。所用的实验装置如图 6-3 所示。该系统的波长范围是 900～1700nm，使用的光源为两个 50W 的卤素灯，呈 45°放置。共 20 个猪肉样品用于图像采集及理化值测定，每个样品分别采集两个面的图像。

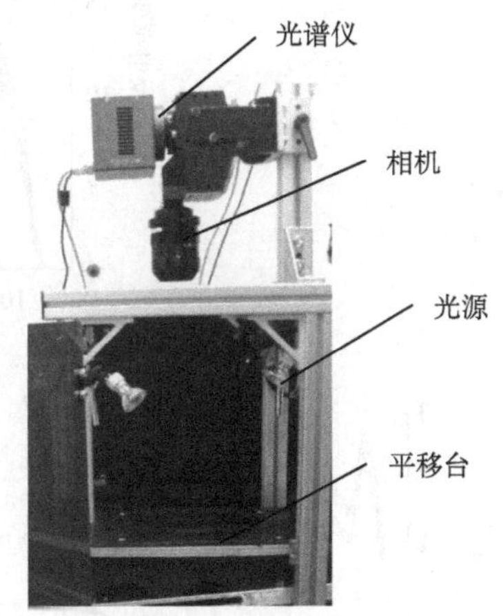

图 6-3　猪肉肌内脂肪含量检测用近红外高光谱成像系统[30]

选择感兴趣区域之后，提取感兴趣区域的光谱，首先进行 SG11 点平滑处理，然后分别做一阶导数和二阶导数处理，原始光谱和预处理后的光谱如图 6-4 所示。

将原始光谱曲线和经一阶导数、二阶导数预处理后的光谱曲线分别与肌内脂肪含量做相关性分析，根据相关系数最终选择了 1076nm、1129nm、1191nm、1210nm 和 1258nm 五个特征波长。这五个特征波长下的图像如图 6-5 所示。进而计算出 PFA 值，以此作为变量对肌内脂肪含量建立预测模型。分别利用 MLR 和 PLSR 进行建模并分析比较，以 PLSR 建模效果更佳。当选取 3 个主成分时，校正集和验证集的相关系数 R_c^2和 R_p^2分别是 0.92 和 0.93。

另外，廖宜涛等[31]基于可见/近红外光谱分析技术进行了新鲜猪肉肌内脂肪含量在线检测研究。实验样品为不同胴体上新鲜背最长肌肉 208 个，分 12 天进行实验。每个样品分割为两部分：一部分 25mm 厚，用于光谱采集；另一部分约 20mm 厚，用于理化分析。肌内脂肪含量通过全自动索氏抽提系统测定，作为建模参考值。光谱采集装置如图 6-6 所示，主要由光谱仪、光源、Y 型光纤、光电传感器、光谱采集室、传输带等组成。光源由 Y 型光纤传导至样品表面（照射光斑直径约 15mm）并在内部漫射，漫射光由接收光纤进入光谱仪，得到样品的漫反射光谱。

猪肉样品在运动过程中轻微振动，且光谱采集时无法通过多次离散扫描记录其平均光谱以降低随机噪声，因此采集的光谱需要进行降噪处理。应用小波变换（wavelet transform，WT）去除光谱中的噪声。WT 用于去噪的步骤为：对原始光谱进行 WT 得到高频和低频小波系数，通过阈值法去除小波系数中被认为是

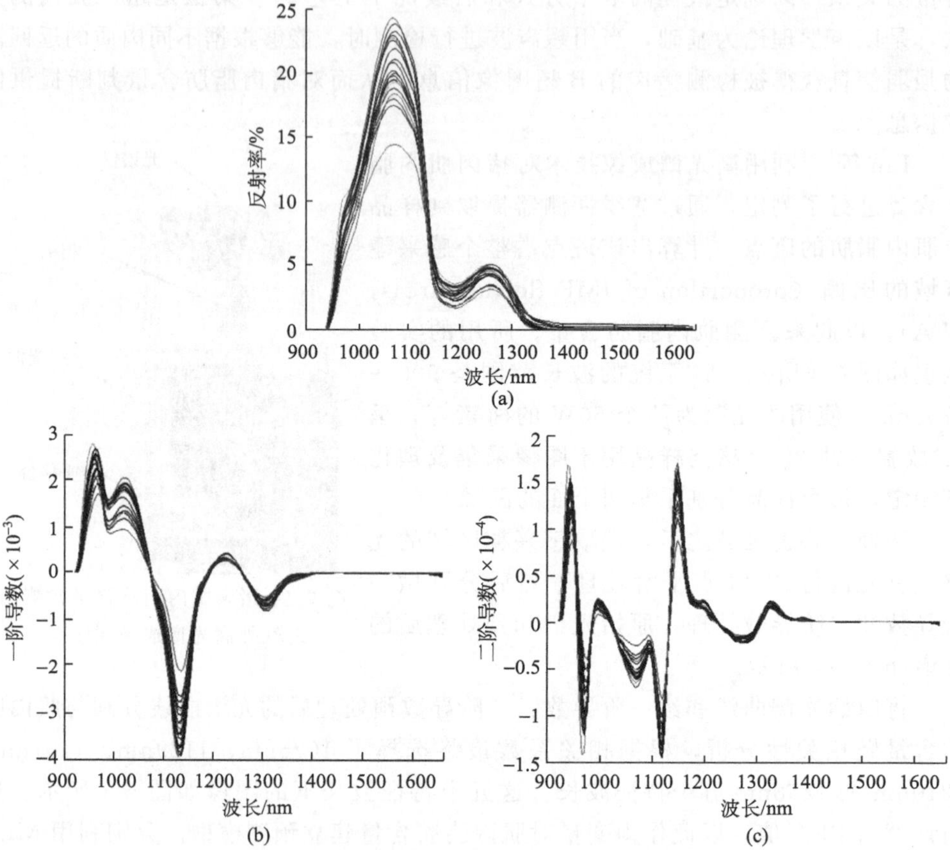

图 6-4　猪肉样品近红外光谱曲线[30]

(a) 原始光谱曲线；(b) 一阶导数处理后；(c) 二阶导数处理后

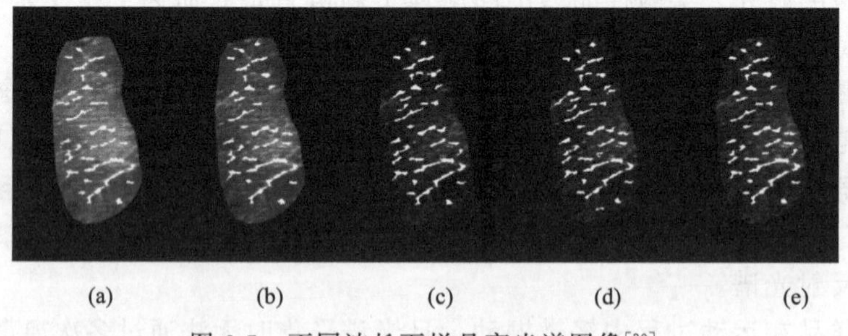

(a)　(b)　(c)　(d)　(e)

图 6-5　不同波长下样品高光谱图像[30]

(a) 1076nm；(b) 1129nm；(c) 1191nm；(d) 1210nm；(e) 1258nm

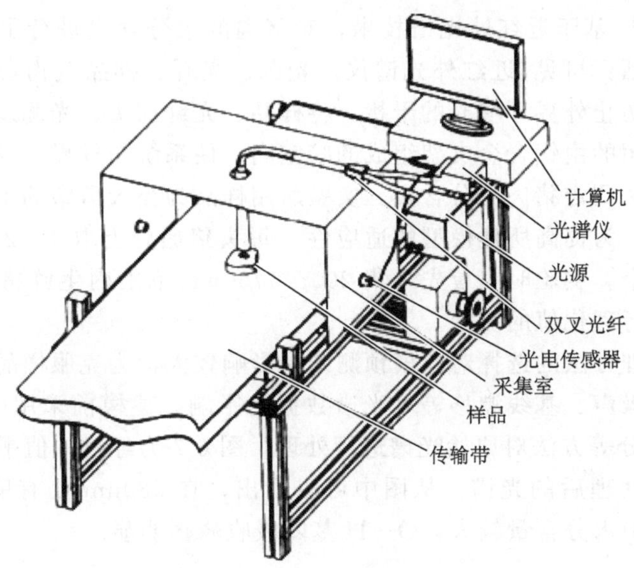

图 6-6　猪肉样品漫反射光谱采集系统示意图[31]

表示噪声的元素，用经过处理的小波系数进行反变换即可得到去噪的光谱信号。在降噪处理过程中，选用 Daubechies（dbN）小波，采用极大极小原理选择阈值，对各层噪声分别估计后进行软门限阈值处理降噪。通过消除信号的能量比来衡量，去除噪声所占比例越大，消噪效果越好。

将经过消噪处理的光谱按校正集与验证集划分，建立肌内脂肪含量的 PLSR 模型。采用多元散射校正（multiple scatter correction，MSC）、SNVT、一阶和二阶微分等光谱预处理方法，建立的模型性能参数如表 6-3 所示。原始光谱建立的模型预测性能较差，经过 SNVT、MSC 或微分等预处理后建立的模型性能得到改善，SNVT 结合一阶微分预处理的模型性能最佳，校正集 R_c为 0.89，SEC 为 0.09，R_p为 0.83，SEP 为 0.08。

表 6-3　肌内脂肪含量的预测模型性能[31]

预处理方法	R_c	SEC	R_p	SEP
无预处理	0.618	0.157	0.372	0.151
MSC	0.636	0.154	0.446	0.150
SNVT	0.643	0.153	0.451	0.148
一阶微分	0.875	0.097	0.760	0.095
二阶微分	0.704	0.141	0.468	0.132
MSC＋一阶微分	0.889	0.091	0.833	0.081
SNVT＋二阶微分	0.892	0.090	0.834	0.080

张海云等[32]基于近红外光谱技术，对猪肉的水分含量进行了预测。所使用的仪器主要包括：可见/近红外光谱仪、光源、光纤、样品载物台、采集软件和计算机等。为防止外界环境光的干扰，将样品、光纤探头、光源及运动控制平移台放在一个密闭的由铝合金支架组成的暗室内，使系统与外界隔离。此外，用国家标准的干燥法测定猪肉水分含量。实验所用样品为当天屠宰的不同品种新鲜猪胴体上的眼肌。为提高所建模型的适应性，每头猪通脊上取 1～2 个样品，共取有效样品 100 个。实验时，首先采集 200～1750nm 范围内生鲜猪肉表面的反射光谱，而后进行理化值的测定。

数据预处理方法的选择对建模预测结果影响较大，为克服样品表面不平、纹理不均、随机噪声、基线漂移等对光谱数据的影响，建模前采用中值平滑滤波、MSC、一阶微分等方法对原始光谱进行处理，图 6-7 为经过中值平滑滤波和多元散射校正后预处理后的光谱。从图中可以看出，在 980nm 处有明显的吸收峰，这是因为猪肉中水分含量较大，O—H 基团吸收峰很明显。

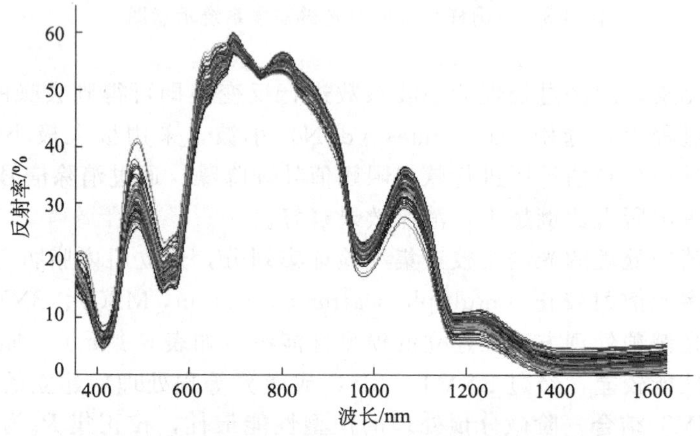

图 6-7 中值平滑和多元散射校正后的猪肉光谱[32]

光谱异常和标准值异常样品的存在会严重影响模型的预测精度，因此建模前首先采用化学值绝对误差和马氏距离分别对标准值和光谱进行异常检验，剔除 2 个异常样品，剩余 98 个样品用于建模。分别利用支持向量机（support vector machine，SVM）和 PLSR 建模方法，对生鲜肉水分含量进行预测，并建立了实际值与预测值之间的关系。利用 SVM 方法建模时，首先采用不同的径向基函数对数据进行处理，然后以训练集交叉验证网格搜索法确定最佳惩罚参数后，建立 SVM 预测模型。对生鲜肉水分含量进行预测的结果为：校正集的预测相关系数 R_c 为 0.96、标准差 SEC 为 0.32，验证集的预测相关系数 R_p 为 0.87、标准差 SEP 为 0.6。由此说明 SVM 回归方法可以较好地解决小样品、非线性、维数多和局部小等问题，具有较好的泛化能力，能在小样品情况下最大限度地提高预测的可靠性，得到全局的最优解。预测值与实际值的预测结果如图 6-8 所示。

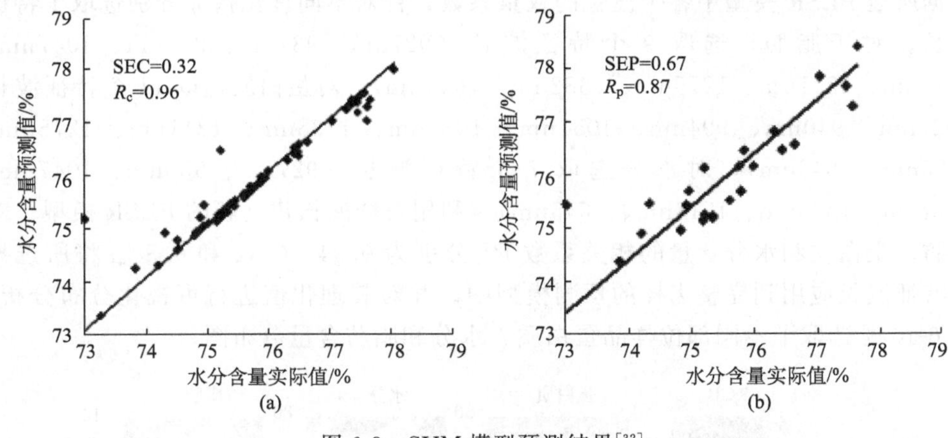

图 6-8　SVM 模型预测结果[32]

(a) 校正集；(b) 验证集

Barbin 等[33]利用近红外高光谱成像技术对完整猪肉和绞碎猪肉的蛋白质、脂肪和水分含量进行了预测研究。为了使理化值取值范围更广，采集样品时分别选取 4 种不同部位的猪肉：背最长肌、半膜肌、半腱肌和股二头肌。选取 120 个样品用于实验，真空包装后进行冷冻处理。在 2℃下解冻 24 小时后用于高光谱图像采集以及理化指标的测定。从所得高光谱图像出选取感兴趣区域，对该区域的光谱进行提取。不同部位猪肉的光谱曲线如图 6-9 所示，可以看出由于猪肉样品部位不同，所含化学成分含量有所不同，光谱曲线有所差异。

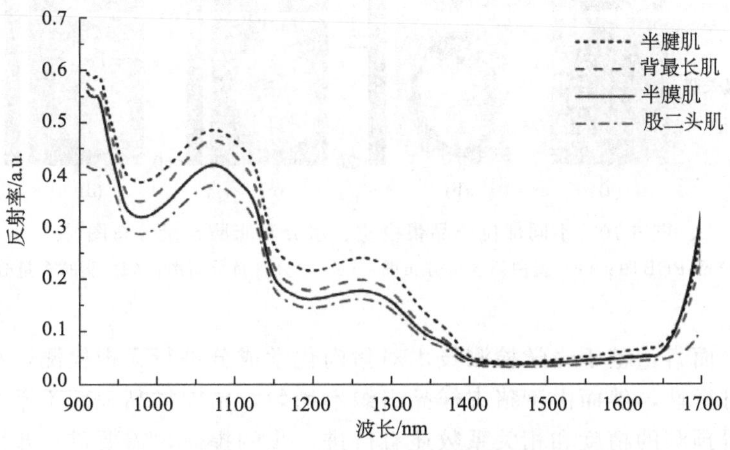

图 6-9　不同部位猪肉的光谱曲线[33]

利用全光谱数据建立的 PLSR 模型对肉样的脂肪、蛋白质和水分含量进行预测，PLSR 模型的 R_{cv}^2 分别为 0.95、0.89 和 0.86。为了进一步简化预测模型，根据所建 PLSR 模型中各个波长的权重系数，针对不同理化指标分别选取了特征波长。对于脂肪，选取 9 个特征波长（927nm、937nm、990nm、1047nm、1134nm、1211nm、1275nm、1382nm、1645nm），对蛋白质选取 11 个特征波长（927nm、940nm、994nm、1051nm、1084nm、1138nm、1211nm、1275nm、1325nm、1645nm），对水分选取 7 个特征波长（927nm、950nm、1047nm、1211nm、1325nm、1513nm、1645nm）。利用特征波长建立新的 PLSR 模型，对脂肪、蛋白质和水分含量的相关系数 R_{cv}^2 分别为 0.94、0.92 和 0.88。将所选择的特征波长应用到完整肉样的预测模型中，并对其理化值进行可视化分布分析。图 6-10 是选取了不同部位样品蛋白质、水分和脂肪含量分布图。

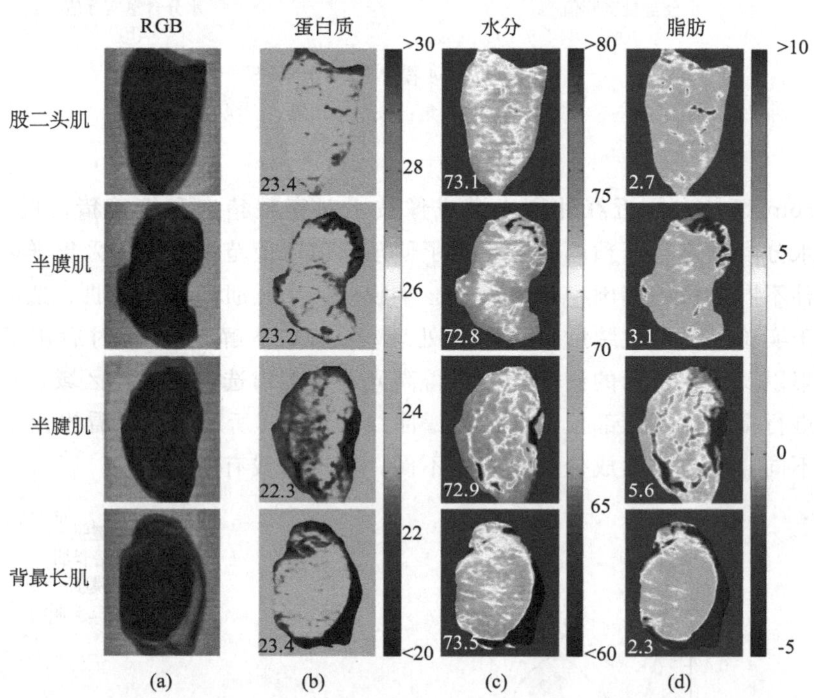

图 6-10　不同部位样品蛋白质、水分和脂肪含量分布图[33]

（a）样品 RGB 图；（b）蛋白质含量分布图；（c）水分含量分布图；（d）脂肪含量分布图

总体上而言，基于光学检测技术对猪肉化学成分进行无损检测，相关研究已经证实了可行性，然而由于猪肉样品组织不均匀，猪肉样品表面不平整等问题的存在，使得预测的精度和相关系数还有待进一步的提高，需要进一步的实验研究来解决。

6.2.3　物理工艺参数

猪肉的物理工艺参数主要包括 pH、嫩度、持水性等，这些指标与动物活体或胴体内肌肉的一些结构及生化现象有关[34]。既取决于动物饲料的类型和胴体的脂肪酸组成和含量，也取决于排酸成熟效果，尤其是屠宰后一段时间肌肉中肌原纤维结构的分解、钙激活酶对蛋白活性的抑制。同时，应激反应特别是在运输过程中和转运场所内的应激，对于猪肉加工技术指标也起到很大作用。屠宰后的滴水损失和细胞膜完整性的保持对延长保质期、增加产量和减少细菌污染有特别的意义。这些指标直接决定人们在食用猪肉时的感受，影响人们对猪肉的接受程度[35]。

1. pH

生鲜猪肉 pH 影响其颜色、嫩度、烹调后的风味、货架期、保水性与肉制品加工损失率及肉制品的质量，因而是评定猪肉品质的重要指标[36]。肉品的 pH 同时也可以作为判断肉品新鲜度的参考指标之一。一般牲畜生前肌肉的 pH 为 7.1～7.2，刚宰后的热鲜肉约为 7.0，一小时后降为 6.2～6.3；经 24 小时后又降至 5.6～6.0，并一直维持到腐败之前。新宰的猪肉由于肌肉中肌糖原酵解产生大量乳酸，腺苷三磷酸（ATP）分解出磷酸，使肉的 pH 下降[37]。肉腐败时，由于蛋白质在细菌、酶的作用下，被分解为氨和胺类化合物等碱性物质，因此肉的 pH 随之升高。由此可见，肉的 pH 可以表示肉的新鲜度。但是，宰后畜肉的 pH 还受多种因素的影响，如采样部位、宰前的健康状况、饥饿、疲劳，以及外界物理因素的强烈刺激所产生的应激反应等。因此 pH 的升高并不一定是肉品腐败导致，在表征肉品新鲜度时仅可作为参考值。

基于静态实验室环境，利用近红外光谱技术对猪肉 pH 进行预测，已经有了较为丰硕的研究成果[38]。实施动态条件下的在线检测可以实现猪肉品质的智能化分级处理，有效地监测肉制品加工过程中原料肉的品质变化，有利于优化肉品加工工艺、严格控制产品的质量、提高肉及肉制品的经济价值。使用在线可见/近红外光谱系统对猪肉 pH 进行检测，也已经有了探索实验研究[39]。在线检测系统如图 6-11 所示。该系统包括光源、光谱仪、传送带、传感器、光纤等部分，光谱采集室由密闭箱封闭，排除外部杂光干扰。样品水平放置在传输带上运动进入检测区域，当光电传感器检测到样品到位时发送信号至光谱仪，光谱仪采集样品的漫反射光谱信息。光源发出的光由入射光纤传导照射在样品表面，照射区域为直径约 10mm 的圆，并在内部漫射，从内部漫射出来的光由接收光纤导入光谱仪。采集样品光谱前，先采集白参考和黑参考。

采集完光谱数据后，立即进行理化值的测定。理化值的测定采用 pH 计进行测量，测量时将探头刺入样品 10mm 深，待数值稳定后记录读数。每个样品选

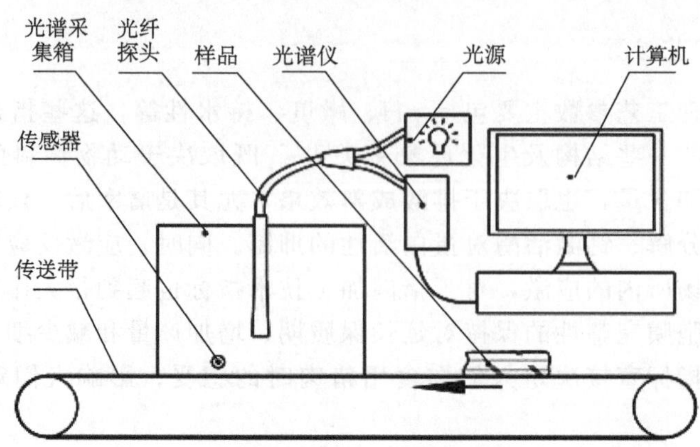

图 6-11 pH 检测用近红外光谱装置系统[39]

择背最长肌区域内 3 个点进行测量，计算平均值作为样品的 pH。由于 500nm 以下光谱噪声较大，因此选择 500～980nm 范围的光谱进行建模分析。另外，猪肉背最长肌包括肌肉组织和肌内脂肪组织，呈不均匀分布，因此实验时在同一样品上选择不同位置进行光谱采集，计算其平均光谱用作分析，以此来减小光谱采集的随机误差和样品的不均匀性带来的影响。同时，由于背最长肌切面非绝对平整平滑，反射距离不一致，采集的反射光谱会出现一定的基线变动，因此建模前需要对采集的光谱进行反射距离校正。

光在肉块中进行散射时受样品表面形状和物理结构影响，利用数学方法进行预处理可减少样品物理结构对光谱的影响，增加样品化学成分不同造成的差异，改善预测效果。MSC 和微分是常用的方法。MSC 方法假定光的散射对每个样品、每个波长点产生的影响是一致的，而化学成分不同所吸收的光是不同的，对光谱经过校正处理可最小化散射差异，并尽量保留原有的与化学成分相关的信息。微分处理包括一阶微分和二阶微分，一阶微分能消除基线漂移，二阶微分可以消除光谱的基线旋转。因此，采用 MSC 和微分（包括一阶微分和二阶微分）的方法对光谱进行预处理，以此来消除样品厚度、表面形状、运动中的瞬时振动等物理因素不同所引起的光谱间的差异信息。所建立 PLSR 模型的结果如表 6-4 所示。

表 6-4 采用不同预处理方法建模的 pH 值预测结果[39]

预处理方式	校正集		验证集		因子数
	R_c	SEC	R_p	SEP	
原始光谱	0.53	0.16	0.53	0.12	3
MSC	0.74	0.13	0.73	0.09	4
一阶微分	0.67	0.14	0.81	0.06	1

续表

预处理方式	校正集		验证集		因子数
	R_c	SEC	R_p	SEP	
二阶微分	0.81	0.11	0.68	0.09	2
MSC＋一阶微分	0.99	0.03	0.91	0.05	6
MSC＋二阶微分	0.83	0.10	0.72	0.08	2

由上表可知，利用 MSC 结合一阶微分进行预处理后所得到的建模结果最好。由于全波长建模数据量较大，对建模所用光谱变量进行了优化。将全波段光谱区域划分为 20 个等宽的子区间，在每个子区间上建立偏最小二乘法回归模型，以均方根误差值为衡量标准，将各子区间模型与全波段模型比较，逐步剔除高于全波段模型均方根误差值的子区间，建立新的预测模型。比较各新模型，确定采用第 1、2、4、8、9、13、16、17、19 和 20 共 10 个子区间的光谱变量建立的模型为最佳模型，建模所用光谱变量数减少一半，模型计算量下降，其校正集相关系数 R_c为 0.979，SEC 为 0.039，验证集相关系数 R_p为 0.926，SEP 为 0.045，预测性能有所提高。校正集和验证集 pH 预测值与实际值的关系如图 6-12 所示。

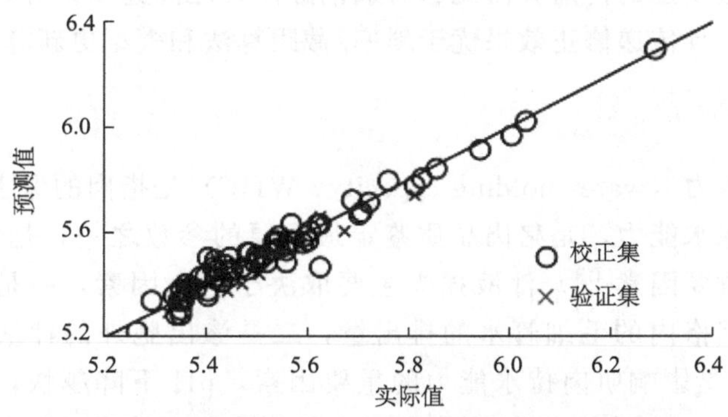

图 6-12　猪肉 pH 实际值与预测值的相关性[39]

李小昱等[40]利用高光谱成像系统，对猪肉的 pH 进行预测，并针对猪肉 pH 高光谱检测模型受品种差异影响存在适用性差的问题，比较了不同算法，提出了一种基于光谱值校正的模型传递算法，以用于品种之间的模型传递。所用系统主要由光源、图像光谱仪、CCD 摄像头、暗箱、电控位移台等部件组成。冷鲜猪肉样本为不同猪胴体上的里脊肉，共采集了 82 个山黑猪样本和 79 个零号土猪样本。样本采集后，用保鲜袋包装，上下表面修整后切成尺寸（长×宽×厚）约为 8cm×5cm×2.5cm 的肉块，装入保鲜袋并逐个编号后，依次进行高光谱数据采集和 pH 测定。

选取山黑猪作为主品种，零号土猪作为目标待测品种。山黑猪样本光谱经过多种预处理方法后，采用PLSR建模方法建立检测模型。经过比较确定变量标准化为最优预处理方法，所建立的模型交叉验证相关系数R_{cv}及预测相关系数R_p分别为0.886和0.864，交叉验证均方根误差和预测均方根误差分别为0.1129和0.1059。结果表明高光谱成像技术可用于预测猪肉的pH。

以山黑猪为主品种建立PLSR模型，用该模型直接预测零号土猪样本时，预测相关系数仅为0.415，预测均方根误差为0.1804，预测精度较差。分别用斜率/截距算法、模型更新算法以及光谱值校正传递算法对山黑猪模型进行修正或传递并进行了比较。采用斜率/截距法时，山黑猪模型对零号土猪的预测相关系数仍为0.415，预测均方根误差由0.1804降至0.1343，下降了25.54%。采用模型更新算法时，把14个零号土猪样本添加到山黑猪校正集，修正后的山黑猪模型对零号土猪样本的预测性能较优，R_p由0.415提高至0.797，提高92.05%，预测均方根误差由0.1804降低为0.1121，下降了37.86%。采用光谱-理化值共生距离法结合DS（direct standardization，DS）算法的光谱值校正传递算法时，山黑猪模型对零号土猪样本的预测相关系数由0.415提高至0.837，提高了101.69%，预测均方根误差由0.1804降低至0.0856，下降了52.55%。结果表明，光谱值校正的传递算法能够有效消除品种之间光谱差异，提高了山黑猪模型的适用性，且传递修正效果优于斜率/截距算法和模型更新算法。

2. *系水力*

肉品的系水力（water holding capacity，WHC）是指肉的保水性，即肌肉在特定条件下的保水能力，是猪肉品质鉴定最重要的参数之一，是影响肉的颜色、风味和嫩度的重要因素[41]。汁液损失主要取决于两个因素，一是收缩过程中细纤丝和粗纤丝网格内的毛细管水的排出量，二是渗出胞外的汁液的多少。宰后pH的下降速率是影响肌肉持水能力的重要因素，pH下降越快，肌浆蛋白质变性越严重。同时，pH的快速下降将会加速肌动球蛋白的形成和肌肉收缩，加速汁液的流出。当温度过高，造成pH下降过快时，导致蛋白质变性加速，肌内水分流出增加，进而加速持水能力的下降。传统的检测方法是使用化学、物理以及口感评价等检测手段[42]。测量时需要破坏或者接触样品，检测速度慢，检测后的样品卫生安全条件无法保证，对实验人员要求高，无法满足现代生产企业对在线快速准确检测的需求。近红外光谱技术和高光谱技术已经被证实可以应用于猪肉持水力的检测。然而建立模型时，由于理化值测定方法包括蒸煮损失、滴水损失、压榨法、快速滤纸法、毛细管法、离心法、托盘法、EZ-drip Loss法等极易受到样品大小形状等的影响，使得参考值的测定不够精确[43]。

吴建虎等[44]基于高光谱散射特性对猪肉持水力进行预测，所采用的高光谱检测系统包括 CCD 数字照相机、成像光谱仪、卤钨灯直流点光源及带有反馈控制器的光源供给系统、计算机及位置传感器等。将生猪屠宰、解僵、排酸后，在每个胴体腰部垂直于肌肉纤维切取 3～4cm 厚的新鲜肉块，将样品包装后置于 4℃的冰箱中。采集图像时，样品表面与光谱仪的轴线垂直，每个样品在肌肉部位表面平行选取 4 个不同位置进行扫描，每个扫描线获取一幅图像，四条扫描线的平均图像作为该样品最终图像。采集完样品的光谱散射图像后，利用滴水损失法进行持水力测试。用天平称量样品的质量 w_1，然后，将肉样用金属钩吊起，外套一个塑料袋，袋口系紧，将肉样封在袋内与外界空气隔绝，袋内留有足够空间接纳肉样渗出的水滴。置于冰箱内在 4℃中悬挂 24 小时后去掉塑料袋，再称量此时样品的质量 w_2。滴水损失率为悬挂前后质量的差与悬挂前质量的比值。

猪肉高光谱散射图像如图 6-13 所示。对原始图像进行 5×5 的中值滤波处理，以此消除图像采集过程中带入的随机噪声。

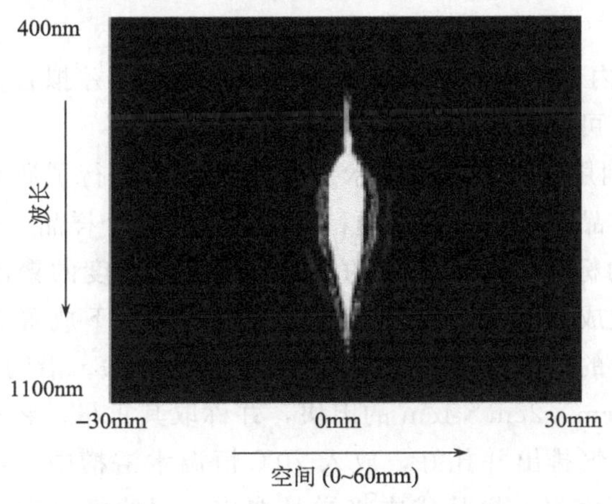

图 6-13　猪肉样品的高光谱散射图像[42]

然后使用洛伦兹函数［式（2-22）］拟合每个波长处的光散射曲线，获取洛伦兹参数渐近值 a、峰值 b、半波带宽 c。在 400～1100nm 波段范围内，每个波长下猪肉样品散射轮廓的洛伦兹函数拟合相关系数如图 6-14 所示，在 455～1000nm 范围内的拟合相关系数大于 0.985，而在 455～1000nm 范围之外，由于光信号弱，噪声强，散射曲线拟合相关系数均低于 0.985。因此选择 455～1000nm 作为有效波段，提取其散射信号特征建立预测模型。

使用逐步回归法优选出了 985nm、993nm、496nm 和 525nm 四个特征波长用于猪肉持水力的检测，同时利用相应特征波长处渐进值 a、峰值 b、半波带宽 c 三个参数建立 MLR 模型。持水力预测模型的校正集相关系数 R_c 为 0.94，SEC 为 0.30%；验证集相关系数 R_p 为 0.90，SEP 为 0.34%。可见，在 455～

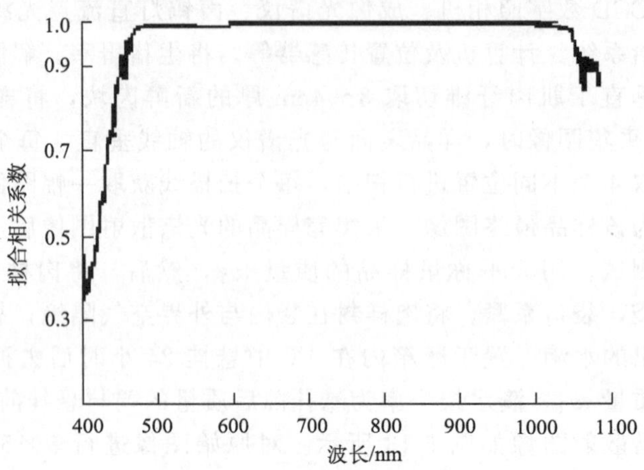

图 6-14 猪肉样品散射轮廓的洛伦兹函数拟合相关系数[42]

1000nm 波段范围内，使用多个波长处散射曲线的洛伦兹拟合参数光谱建立的多元线性回归模型，可以较好的预测猪肉的持水力。

胡耀华等[45]利用近红外光谱技术对猪肉系水力进行了研究。选取 104 头猪的眼肌作为实验样品，在每头猪身上相邻的部位取两个样品，分别用于近红外光谱采集和系水力的标定。样品厚度约 25mm，用低密度的聚乙烯塑料袋真空包装。为减少温度造成的水分损失，在 25℃的恒温水槽下放置 30min 后开始进行测试。猪肉系水力的标准参照值测试采用蒸煮损失方法。沿胸椎部背最长肌眼肌的平行方向切取 2cm×2cm×4cm 的肉块，并称取其重量。将样品放入聚乙烯塑料薄膜袋中，将空气排出并扎好，放入 70℃恒温水浴槽中 1 小时后，用自来水将其冷却 30min 至室温。再从袋中将样品取出，用滤纸轻轻拭去样品表面的肉汁，然后再称样品的重量。蒸煮损失的计算方法为肉块加热前后的重量差与肉块加热前重量的百分比值。

6 个样品的近红外光谱曲线如图 6-15 所示，在 976nm 处出现强烈的吸收峰，该峰是 O—H 基团第二泛音。因为猪肉中含有较多的水分，所以 O—H 基团吸收峰很明显。在 762nm 处也可以看到一个较弱的吸收峰，是 C—H 基团的第四泛音，而猪肉中的蛋白质和脂肪中均含有 C—H 基团。

近红外漫反射光谱分别经卷积平滑、二阶微分和多元散射校正预处理后，采用校正集的样品用最小二乘回归法建立校正模型，再用建立的校正模型预测验证集样品。在 400～1098nm 波段范围内利用多元散射校正处理后所建模型的相关系数 R_c、校正集标准差 SEC 和验证集标准差 SEP 分别为 0.81、3.35％和 3.51％，预测的精度要高于其他预处理方法。

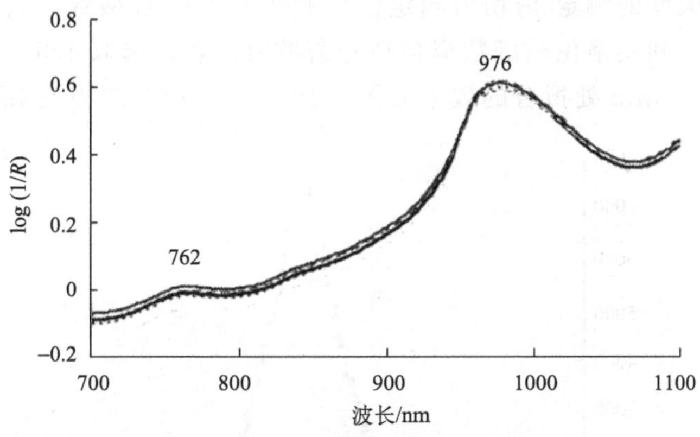

图 6-15　猪肉样品的光谱曲线[43]

上述研究表明，利用光学技术对猪肉系水力进行检测具有较高的可行性，然而由于理化值测定上不够准确，测定条件不好控制，影响了系水力的光学无损检测的效果。其中，高光谱成像技术用于检测系水力，由于系统成本高、数据量大、高光谱图像的获取、处理和分类需要较长时间等缺点，限制了其在线检测的应用。但是，高光谱成像系统在确定产品参数的特征波长上具有优势，通过研究确定与检测参数相关性强的特征波长，可为进一步建立检测速度和设备成本方面具有优势的多光谱系统提供技术支持。

3. 嫩度

猪肉嫩度是评价其品质质量的重要标准，它直接影响着肉的食用价值和商品价值。猪肉的嫩度与其肌肉结构（结缔组织）和生物化学组成（肌原纤维的蛋白水解作用和细胞骨架蛋白）密切相关[46]。在感官品尝时，嫩度的总体印象分为 3 个方面：①牙齿初次咬切肉的难易程度；②将肉嚼碎的难易程度；③咀嚼后的残渣量。现有多种客观评价肉品嫩度的物理方法和化学方法。物理方法有剪切力测定法、穿刺法、咬切法、剁切法、压缩法及拉伸法。化学方法有结缔组织测定、酶法消化等。国内外对嫩度的研究多集中在牛肉嫩度的检测上，对猪肉嫩度的研究并不是很多，并且多采用高光谱技术和近红外光谱技术。

利用高光谱成像技术预测猪肉嫩度时，首先通过主成分分析对高光谱数据进行降维，从中优选出特征图像后，从每幅特征图像中提取基于灰度共生矩阵的纹理特征变量，再通过主成分分析提取主成分变量。利用剪切力方法测得样品嫩度参照值。将所提取的变量作为模式识别的输入值，利用嫩度参照值作为输出值，建立等级判别模型[47]。

Tao 等[48]利用高光谱散射技术对猪肉嫩度进行了预测。光谱数据采集完成后，根据《肉嫩度的测定 剪切力测定法》利用 C-LM3B 型数显式肌肉嫩度仪测定猪肉嫩度值。利用洛伦兹函数拟合高光谱散射信息，选取 465～892nm 作为感兴趣区域，在 575nm 处拟合的效果如图 6-16 所示，拟合的相关系数达到 0.998。

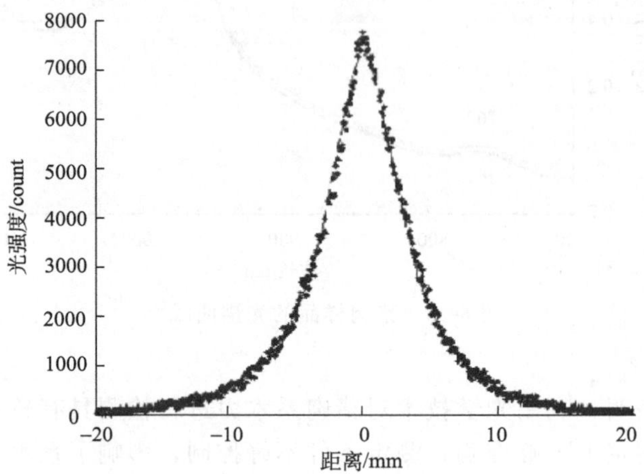

图 6-16 洛伦兹函数在 575nm 处的拟合结果[48]

从散射信息中提取洛伦兹参数渐进值 a、峰值 b、半波带宽 c，其中参数 a、b 和 c 信息如图 6-17 所示，基于参数 a、b、$b-a$、$(b-a)/c$ 和 $a\&b\&c$，优选出各个参数的特征波长，建立 MLR 模型，相关系数分别为 0.831、0.860、0.856、0.930 和 0.782。

刘媛媛等[49]利用近红外光谱技术对猪肉嫩度进行预测，并探究了探头到样品表面的距离对建模效果的影响。搭建了可见/近红外光谱采集子系统和光纤探头平移子系统等硬件系统，采集不同距离下猪肉样品的可见/近红外光谱曲线。为避免光纤探头与检测点距离远时，光谱曲线整体噪声大和二者距离近时光谱曲线饱和，探头与检测点距离控制在 4～18mm 范围内。光纤探头与检测点距离在一定范围内，漫反射光谱数据曲线的形状基本保持不变，但是随着距离的降低不断增大。

使用 MSC 预处理方法对光谱曲线进行预处理，应用 PLSR 方法分别建立光纤探头与检测点距离未调整以及二者距离为 4～18mm 时的嫩度预测模型。结果表明，光纤探头与检测点距离未调整时，当主成分数为 10 时预测结果最好，校正集的预测相关系数 R_c为 0.90，SEC 为 4.61N；验证集的相关系数 R_p为 0.82，SEP 为 5.82N，图 6-18 为校正集和验证集的实际值与预测值的关系图。利用光纤探头与检测点距离在 4～18mm 范围内同一距离下的光谱数据分别建立嫩度预测模型，二者距离为 13mm 时的预测模型预测效果最好，主成分数为 11 时，其

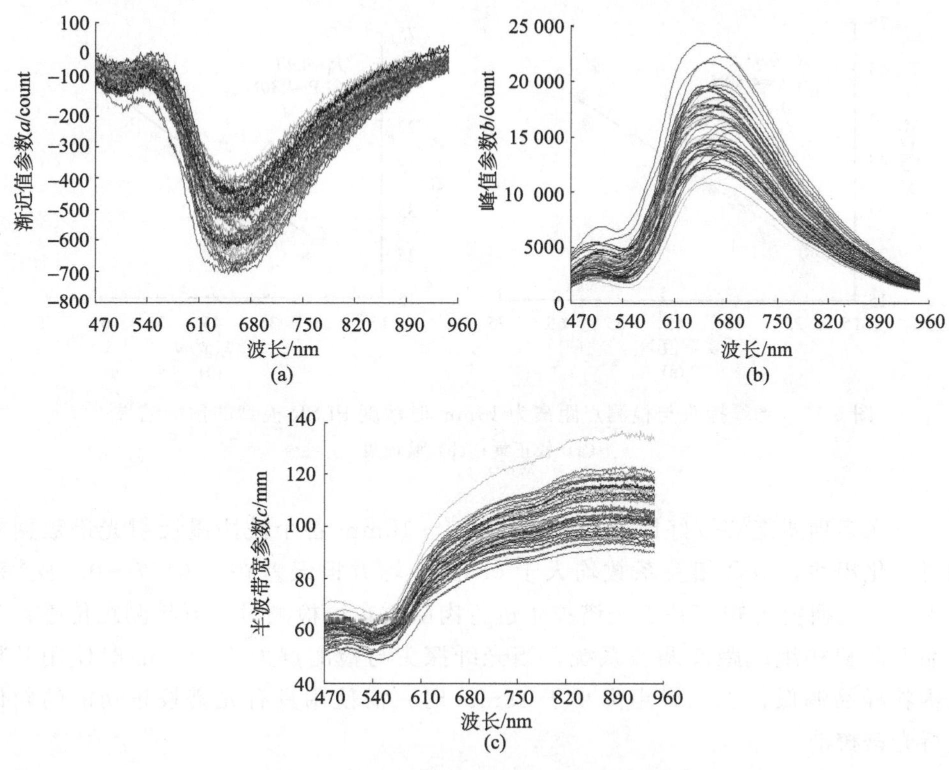

图 6-17　猪肉样品的洛伦兹参数光谱[48]

(a) 渐进值 a；(b) 峰值 b；(c) 半波带宽 c

校正集相关系数 R_c 为 0.93，SEC 为 4.50N；预测集相关系数 R_p 为 0.90，SEP 为 4.80N，图 6-19 为光纤探头与检测点距离为 13mm 时校正集和验证集的实际值与预测值的关系图。

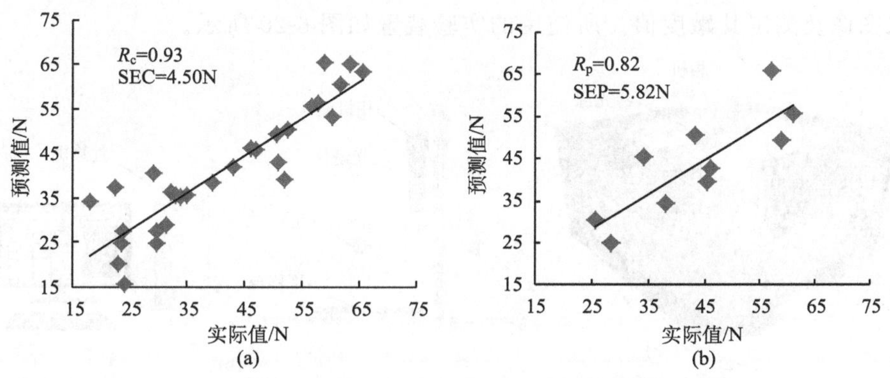

图 6-18　光纤探头未调整时 PLSR 嫩度预测模型的预测结果[49]

(a) 校正集；(b) 验证集

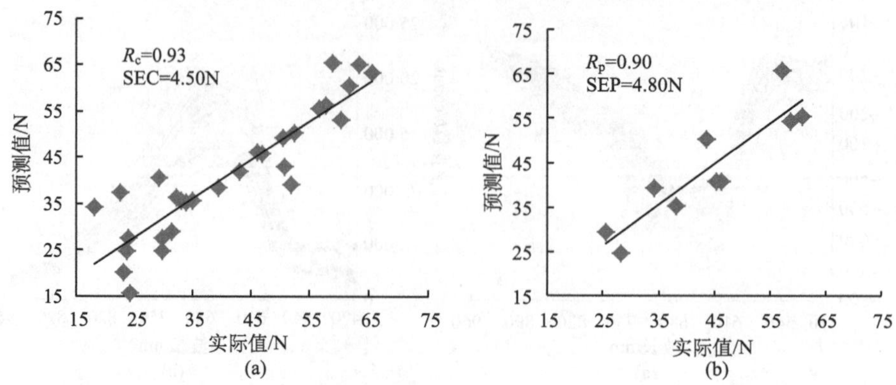

图 6-19 光纤探头与检测点距离为 13mm 时嫩度 PLSR 模型的预测结果[49]

(a) 校正集；(b) 验证集

五次多项式能够较好地拟合猪肉样品 4～18mm 各个波段漫反射光谱数据的相对变化规律，拟合相关系数均大于 0.999，均方根误差在 0.0187～0.2422 范围内。通过研究可知，基于光谱技术进行肉品质在线检测时，可将测距传感器和样品升降机构组成距离调节系统，当光纤探头与检测点大于 18mm 时使用升降机构将样品调低；当二者距离小于 18mm 时只需使用具有光谱校正功能的软件进行光谱校准。

Barbin 等[50]结合近红外高光谱技术和机器视觉技术对猪肉背最长肌嫩度进行了预测。利用近红外反射光谱以及经过离散小波变化处理图像后得到的统计学特征参数，与常规方法测得的剪切力值之间建立 PLSR 模型。实验选取了 90 个新鲜猪肉样品，将样品切割为 2.5cm 厚度的肉样。为了使嫩度理化值取值范围更大，将 90 个样品分为两组，其中 45 个样品在屠宰 2 天后采集光谱图像并测得其嫩度值，另外 45 个样品真空包装后放置在 2℃环境下后熟 7 天后，采集光谱获取图像及测定其嫩度值。所使用的实验装置如图 6-20 所示。

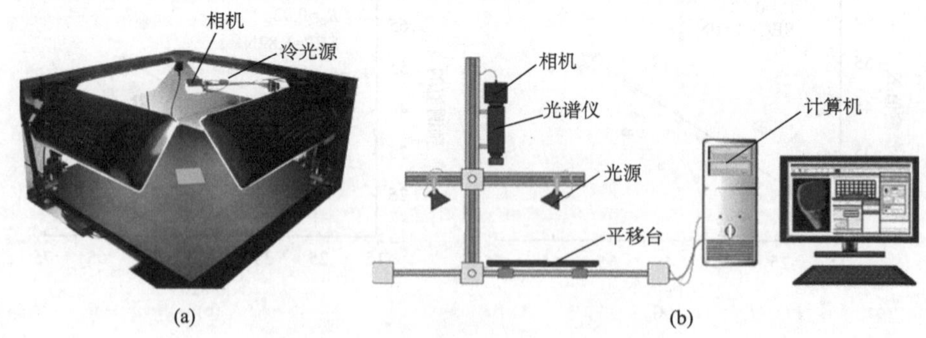

图 6-20 猪肉嫩度实验装置系统[50]

(a) 机器视觉系统；(b) 近红外高光谱系统

利用上述机器视觉系统采集得到的猪肉样品图像如图 6-21（a）所示，图 6-21(b)～图6-21(d)为近红外波段（897～1753nm）的样品图像。其波段范围分别为：图 6-21（b）为 897～910nm，图 6-21（c）为 910～1700nm，图 6-21（d）为 1700～1753nm。由于（b）和（d）噪声较大，只选取图 6-21（c）用来进行图像特征及光谱数据的提取。

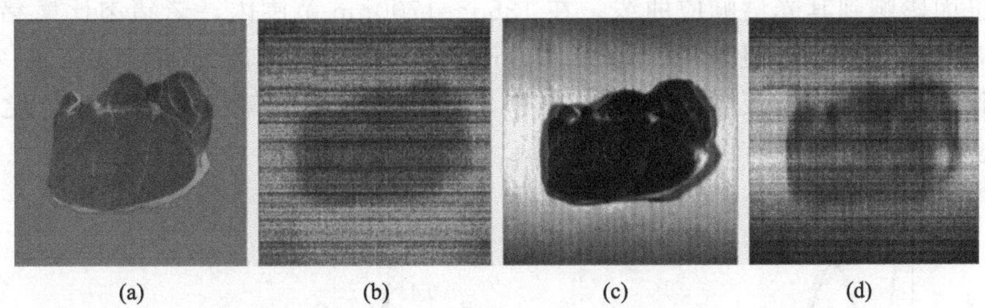

(a) (b) (c) (d)

图 6-21 机器视觉系统和近红外高光谱系统采集到的猪肉样品图像[50]

（a）机器视觉系统采集；（b）高光谱采集（897～910nm）；（c）高光谱采集（910～1700nm）；（d）高光谱采集（1700～1753nm）

对近红外高光谱系统得到的信息进行感兴趣区域的选择以及光谱数据的选取，主要是将所需的瘦肉部分与背景及与之相连的脂肪部分分离，整个图像分离过程如图 6-22 所示。在近红外高光谱图像中，分别选取两幅反射率较高和较低的图像，如图 6-22（a），将两幅图像相减后得到图 6-22（b），使用全局直方图阈值将背景去除，从而获得只包括瘦肉和脂肪部分的图像，如图 6-22（c），利用全局阈值法得到脂肪部分图像，如图 6-22（d），用图 6-22（c）减去图 6-22（d）从而得到图 6-22（e）。分离后的眼肌部位作为感兴趣区域，用于后续光谱数据的提取。对于每一个样品而言，将感兴趣区域内所有像素点处对应的光谱数据进行平均，得到该样品的反射光谱数据。

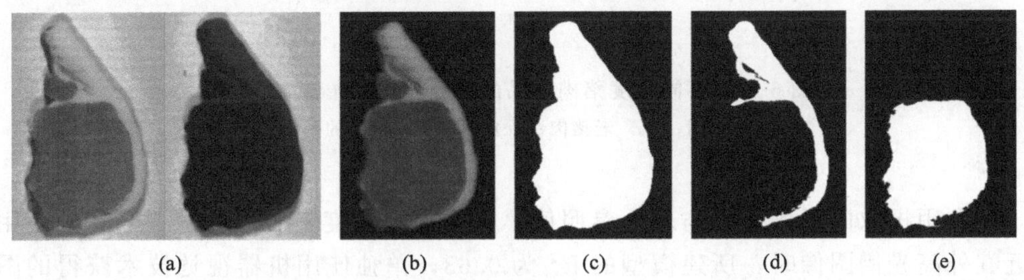

(a) (b) (c) (d) (e)

图 6-22 猪肉嫩度检测感兴趣区域获取过程[50]

（a）反射率较高和较低的两幅图像；（b）将（a）中图像相减；（c）去除背景后图像；（d）脂肪部分图像，（e）分离得到的眼肌图像利用离散小波变化对每一幅机器视觉图像和近红外高光谱图像提取统计学特征参数，利用主成分分析对数据进行降维，获取前 3 个主成分图像后，得到其平均值、标准偏差、能量、平均残差、熵。所得到的反射光谱如图 6-23 所示，从图中可以看出，嫩度不同的样品具有相似的反射曲线，但是在 940～1100nm 和 1150～1650nm 之间的反射率存在较大差异。这说明嫩度受到物理化学结构的影响，进而影响到其光谱响应曲线。在 1350～1700nm 范围内，老猪肉比嫩猪肉具有更高的反射率值，但是在 950～1100nm 范围内，老猪肉比嫩猪肉的反射率低。在嫩猪肉具有更高的反射率值的范围中，与 O—H 键的第三倍频有关，这与嫩猪肉含有较高的水分有关。

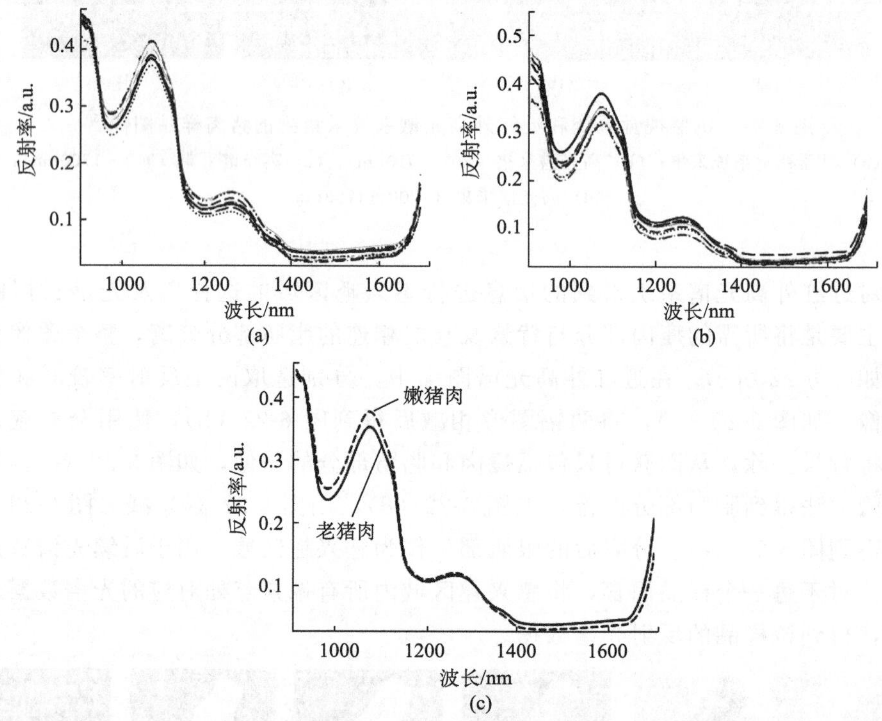

图 6-23　不同嫩度猪肉样品的近红外反射光谱曲线[50]

（a）嫩猪肉；（b）老猪肉；（c）两种类别猪肉的平均光谱

利用提取的光谱信息与理化参照值，建立猪肉嫩度 PLSR 模型。当单独使用近红外高光谱图像时，所建模型的 R_{cv}^2 为 0.63，单独使用机器视觉技术获得的图像时，所建模型的 R_{cv}^2 为 0.48。而当将二者信息融合在一起进行建模分析时，所建模型的 R_{cv}^2 为 0.75。

6.3　猪肉安全指标检测

猪肉的安全问题，直接影响到人们的生活质量和身体健康，因此越来越受到消费者和监管部门的重视。猪肉安全检测包括新鲜度、腐败程度、致病微生物、兽药、违禁药物残留、重金属残留等。肉品微生物污染有两个途径：活体动物感染（内源性的疾病）和宰后污染（外源性的疾病）。肉的腐败变质主要是动物死后，由于细菌或真菌污染，或是在酶的作用下，引起化学成分的变化。基于光学检测方法的研究，以肉品新鲜度、微生物检测居多。

6.3.1　新鲜度检测

猪肉新鲜度指的是猪肉的新鲜程度，是对某一类动物性食品特指的标准风味、滋味、色泽、质地、口感和微生物合格卫生标准的综合状况。猪肉新鲜度是衡量猪肉是否符合食用要求的重要标准，可以综合地反映产品营养性、安全性和嗜好性的可靠程度。通过预测猪肉的新鲜度对其安全性进行评定，是一种可靠有效的方法[51]。生鲜猪肉中的蛋白质在酶和细菌的作用下，发生分解而产生氨和胺等碱性含氮物，并与组织内的酸性物质结合，形成盐基态氮。鲜猪肉中 TVB-N 含量是衡量新鲜度的最重要参数之一，它随着放置时间的延长，呈现出缓慢增高、平稳增高和大幅度增高变化三个过程。

利用光学检测技术对猪肉新鲜度进行预测，一般有以下几种方法：计算机视觉技术、可见/近红外光谱技术、多光谱成像技术、高光谱成像技术。

1. 计算机视觉技术

计算机视觉检测方法主要是根据猪肉色泽的变化预测肉质新鲜度。猪肉的色泽主要是由肌红蛋白的化学特性所决定的，当猪被屠宰后，由于刚切开的肌肉表面尚未与氧结合而呈现暗红色；当在空气中与氧接触后，肌红蛋白成为氧和肌红蛋白，从而显示为鲜红色；但在空气中放久之后肌红蛋白变成变性肌红蛋白，使肉色显示为暗褐色。因此肌肉表面的颜色可以用来表征猪肉的新鲜程度，是评价猪肉品质的一项重要指标。

Huang 等[52]利用计算机视觉技术，并结合近红外光谱以及电子鼻技术对猪肉的 TVB-N 含量进行预测。利用机器视觉系统在 RGB 模式下采集不同新鲜状态样品的图像。由于猪肉样品大小不同，因此选取 200×200 像素的感兴趣区域用于分析并从中提取特征变量 R 平均、G 平均、B 平均、δ_R、δ_G、δ_B。将其转换到色度-饱和度-强度（hue-intensity-saturation，HIS）颜色空间下，并从中提取颜色变量 H 平均、S 平均、I 平均、δ_H、δ_S、δ_I。为了更加充分利用其纹理特征，将其转换到灰度图像，提取平均值、标准偏差、平滑度、三阶矩、均匀性、熵共 6 个特征参数。整个处理过程如图 6-24 所示。则从每个样品的图像中可以提取到 18 个变量，将其与近红外光谱和电子鼻系统得到的数据进行融合，利用人工神经网络方法对 TVB-N 含量进行预测，取得了较好的结果，预测集相关系数 R_p^2 为 0.9527，SEP 为 2.73mg/100g。

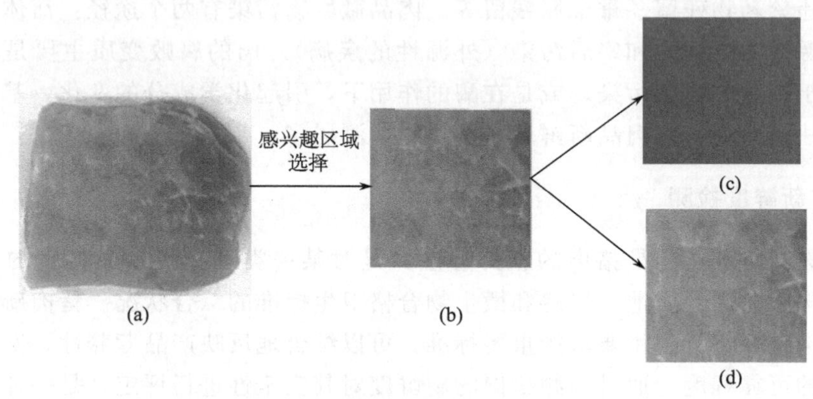

图 6-24　图像特征变量的提取[52]

(a) 原始图像；(b) 感兴趣区域；(c) HIS 模式图像；(d) 灰度图像

除此之外，毕松等[53]利用神经网络建立细菌菌斑面积变化率同总 TVB-N 之间的关系，来评定猪肉的新鲜度。另有研究利用多源信息融合技术[54]，通过气体采集模块采集猪肉变质过程中释放的氨气和硫化氢气体，图像采集模块采集猪肉变质过程中特定元素在特征波长下的相对灰度值（H、S、I）特征信息，最后将猪肉变质过程中释放出的氨气和硫化氢以及相对灰度值 H、S、I，同时输入神经网络模块，经过多数据融合后得到猪肉新鲜度的等级。虽然这些方法取得了一定的进展，但是现有对猪肉新鲜度的检测研究，主要还是集中在利用包括可见/近红外光谱、高光谱和多光谱技术在内的光谱技术研究上。

2. 可见/近红外光谱技术

由于 TVB-N 中 N—H 键在近红外波段的吸收，因此可以利用可见/近红外技术实现 TVB-N 的预测。赵松玮等[55]利用可见/近红外光谱对猪肉新鲜度进行了检测，采用的多通道近红外光谱系统主要由近红外光纤光谱仪、光纤多路复用器、14W 高功率卤钨灯光源等组成。样品为屠宰后经过 24 小时排酸的冷鲜猪肉背最长肌部分。由于肉腐败时，蛋白质被分解为氨和胺类化合物等碱性物质，因此肉的 pH 随之升高，所以利用 TVB-N 和 pH 两个指标综合判断猪肉新鲜程度。猪肉样品进行光谱测试后立刻对同一样品利用标准方法进行肉品新鲜度指标

TVB-N、pH 的测量。每次测量两个样品，在 14 天内完成近红外光谱数据和新鲜度理化指标的测定。样品的 pH 采用梅特勒托利多实验室 pH 计进行测量，每个样品在光谱采集区域的不同部位测量 3 次，取测量平均值为该样品的 pH。TVB-N 的测定按照国标 GB/T 5009.44—2003 执行《肉与肉制品卫生标准的分析方法》，通过对标准方法进行适当的改进，采用 KDY-9820 型半自动定氮仪进行测定。

然后，将采集到的 56 个样品按照 3∶1 分成校正集和验证集，校正集有 42 个样品，用于预测模型的建立，验证集有 14 个样品，用于预测模型的验证。由于原始光谱两端的数据噪声大，选择 380～1080nm 波段范围内的光谱数据建模，图 6-25（a）为原始光谱漫反射率曲线。在建模之前首先需要对光谱进行预处理，采用 SNVT 和 MSC 对光谱数据进行均一化处理，并对建模结果进行了对比。经过 MSC 校正后得到的光谱数据，可以有效地消除散射影响所导致的基线平移和偏移现象，增强与成分含量相关的光谱吸收信息，提高了信噪比。图 6-25（b）为经过标准正态变量变换后的光谱曲线。

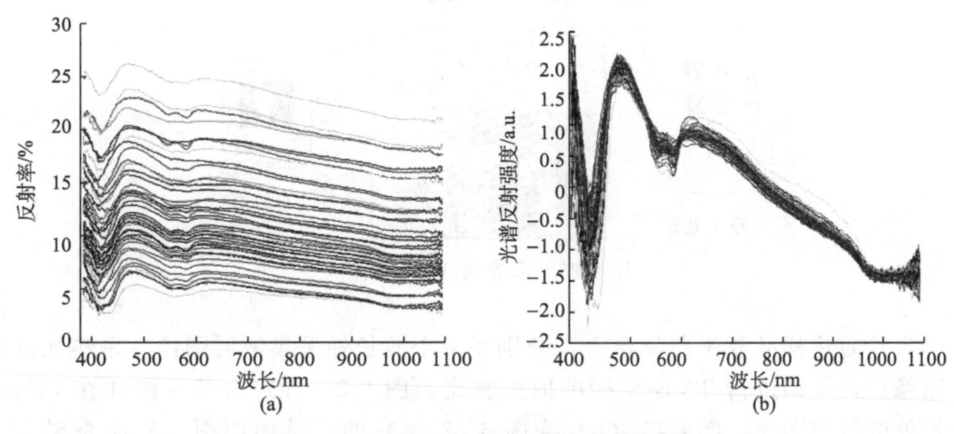

图 6-25　猪肉可见/近红外光谱曲线[55]

（a）原始光谱；（b）经过预处理后的光谱

采用偏最小二乘回归方法建模，首先采用全交叉验证法确定偏最小二乘回归建模的主成分数。对于 TVB-N，采用 SNVT 处理后选取 8 个主成分建模，验证集相关系数 R_p为 0.91，SEP 为 2.32mg/100g，采用 MSC 处理后选取 8 个主成分建模，验证集相关系数 R_p为 0.91，SEP 为 0.37mg/100g。对于 pH，采用 SNVT 处理后选取 12 个主成分建模，验证集相关系数 R_p为 0.93，SEP 为 0.11，采用 MSC 处理后选取 12 个主成分建模，验证集相关系数 R_p为 0.93，SEP 为 0.11。

3. 多光谱成像技术

利用多光谱技术采集猪肉样品的图像后，提取其散射信息，可以实现对新鲜度的预测。李翠玲等[56]采用多光谱成像技术对猪肉新鲜度进行了研究，所用的多光谱系统如图 6-26 所示。该系统主要由光源单元、图像采集单元和数据处理单元组成。光源单元包括稳压电源、溴钨灯光源、光纤；图像采集单元包括高性能可见/近红外 CCD 相机、采集卡、滤光片；数据处理单元的主要功能是接收并保存多光谱图像数据、提取有效信息、建立预测模型。将肉样放置在载物台上，当光照射在肉样表面时，肉样的漫反射光经滤光片，通过 CCD 相机形成多光谱图像，经图像采集卡生成 8 位图像数据文件。

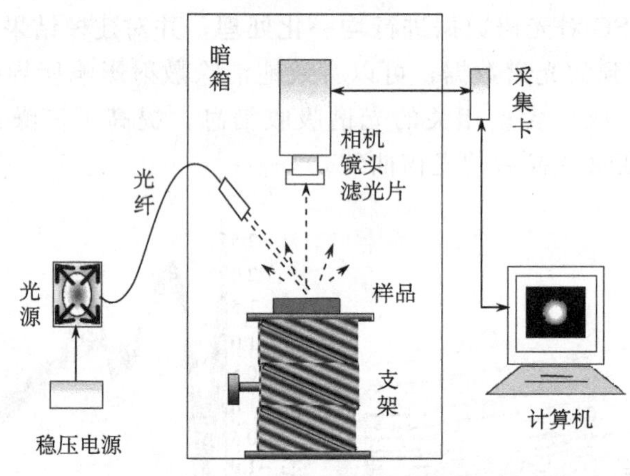

图 6-26 多光谱成像系统[56]

实验时将样品放于载物台上，分别在 7 个波长处采集散射图像。采集光谱散射图像后，立即进行 TVB-N 标准值的测定。图 6-27（a）为某一肉样在 760nm 波长处的散射图像，图 6-27（b）为图 6-27（a）的三维曲面图，X 坐标轴与 Y 坐标轴表示该样品图像采集区域的长度和宽度，灰度值表示样品图像采集区域的反射光强。

使用非线性回归方法，用洛伦兹函数式（2-23）拟合各个波长处的散射曲线，这样每个波长处的散射图像特征就可以用洛伦兹函数的 4 个参数（渐进值 a、峰值 b、半波带宽 c、斜率 d）来描述，进一步应用洛伦兹 4 个参数预测猪肉的 TVB-N。洛伦兹函数能有效拟合散射图像的轮廓特征，图 6-28 所示为在 760nm 处的拟合情况，拟合得 4 个洛伦兹参数，即渐进值 $a=0.1360$，峰值 $b=0.8676$，半波带宽 $c=6.4572$，斜率 $d=4.0455$，拟合的标准误差为 0.0123。利用洛伦兹 4 个参数通过 PLSR 方法建立了生鲜猪肉 TVB-N 的预测模型，模型预测相关系数 R^2 为 0.87，预测标准误差为 2.50mg/100g。

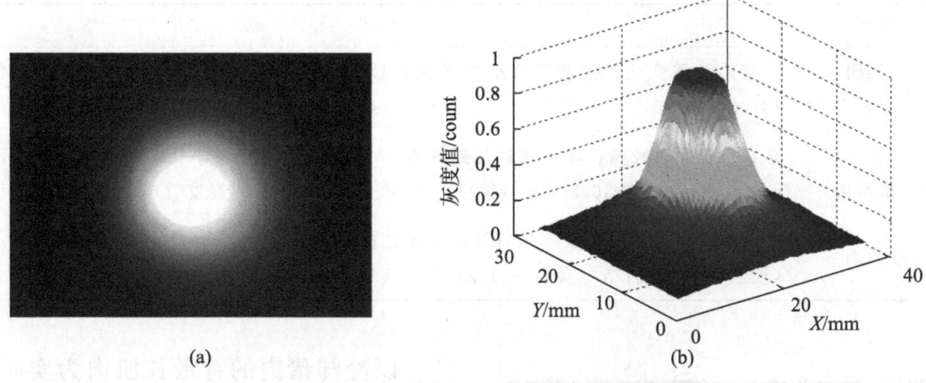

图 6-27　猪肉在 760nm 处的光学散射图像[56]

(a) 原始散射图像；(b) 三维散射图像

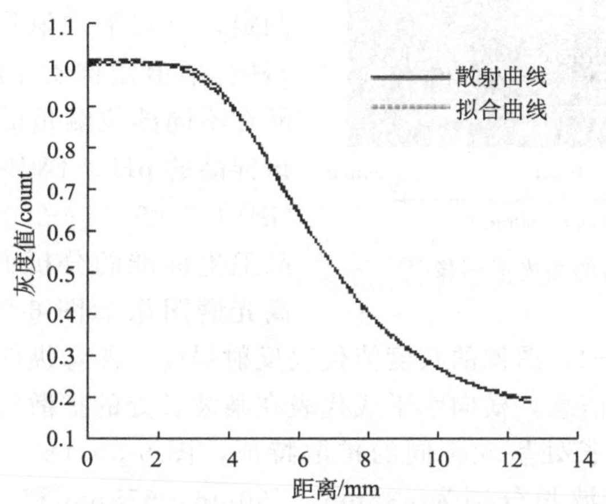

图 6-28　760nm 处的猪肉散射图像轮廓与拟合曲线[56]

4. 高光谱技术

利用高光谱技术对猪肉新鲜度进行检测已经有了相关研究。张雷蕾等[57]以TVB-N 的含量为主要依据，结合 pH 指标和颜色指标对猪肉新鲜度进行了综合评定。将猪肉划分为三个等级：一级新鲜肉，二级次鲜肉，三级变质肉。根据各个参数的理化测定结果，并结合感官变化确定不同新鲜度等级下各项指标的限值，具体划分如表 6-5 所示。

表 6-5 猪肉新鲜度等级的划分标准[55]

等级	描述
新鲜肉（一级鲜肉）	感官无异常变化；挥发性盐基氮含量≤15mg/100g；pH 为 5.8～6.0；a^*（红色）13.00～10.70；b^*（黄色）−5.00～−3.50；L^*（亮度值）55.00～52.00
次鲜肉（二级鲜肉）	感官检查变化轻微；挥发性盐基氮含量 15mg/100g～25mg/100g；pH 为 6.0～6.3；a^*（红色）10.70～10.20；b^*（黄色）−3.50～−1.20；L^*（亮度值）52.00～50.50
变质肉	感官检查有明显的腐败变质特征；挥发性盐基氮含量＞25mg/100g；pH＞6.3；a^*（红色）≤ 10.70；b^*（黄色）−1.20～−0.10；L^*（亮度值）≤50.50

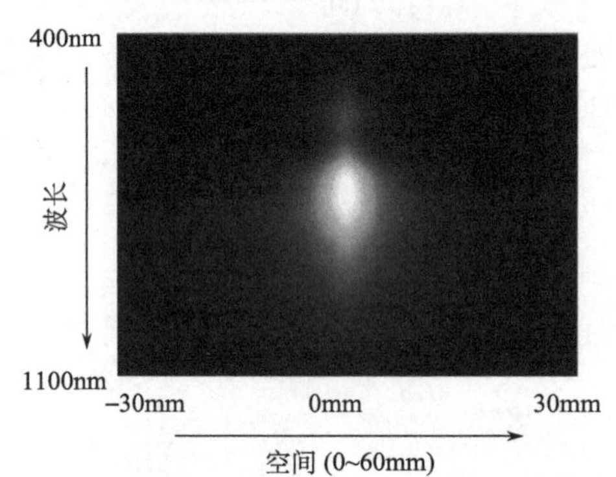

图 6-29 猪肉的高光谱图像[57]

以冷却猪肉的背最长肌肉为实验样品，进行光谱扫描以后同时进行颜色、pH、TVB-N 标准值的测定。颜色的测定利用精密色差仪，选取 6 个不同位置测定，取其平均值作为最后的参考值。pH 标准值用肉类 pH 测量仪，每个样品在不同部位测量6 次，取平均值作为该样品的 pH。TVB-N 的测定按照国标 GB/T 5009.44—2003 执行《肉与肉制品卫生标准的分析方法》。猪肉表面的高光谱图像如图 6-29 所示，纵轴为光谱轴，横轴是空间轴，图像的灰度值代表反射强度。图像纵向垂直线代表扫描线上某点的反射光谱信息，横向水平线代表在某波长处的扩散信息。

猪肉在不同波长处呈现不同的扩散特征，图 6-30（a）所示不同波长下的空间扩散曲线，即波长分别为 635nm、760nm、575nm 和 980nm 下所得的空间扩散曲线。另外，不同空间位置的光谱曲线也不同，图 6-30（b）为在距离扫描线中心 0mm、5mm、10mm 和 15mm 处采集的整个波段范围的反射光谱，有明显的特征峰。由此可以看出，空间扩散曲线为左右对称图形，在扫描线中心部位，即点光源的入射处，强度最大，在两端随着与中心的距离增加，光在肉品中经过物质的吸收、反射等作用，散射出来光信号的强度迅速降低，趋近消失。

关于高光谱图像处理，首先从高光谱图像中提取感兴趣区域（range of interest，ROI）。从不同波长下的散射曲线和空间扩散曲线分析看出，在波长方向上低于 470nm 和高于 1000nm，以及在空间方向上扫描线中心±15mm 范围以外的矩形区域信号较弱，噪声影响较大，因此在选择 ROI 区域时将其去除。然后计算 ROI 区域内各点的平均反射光谱作为猪肉样品的反射光谱。

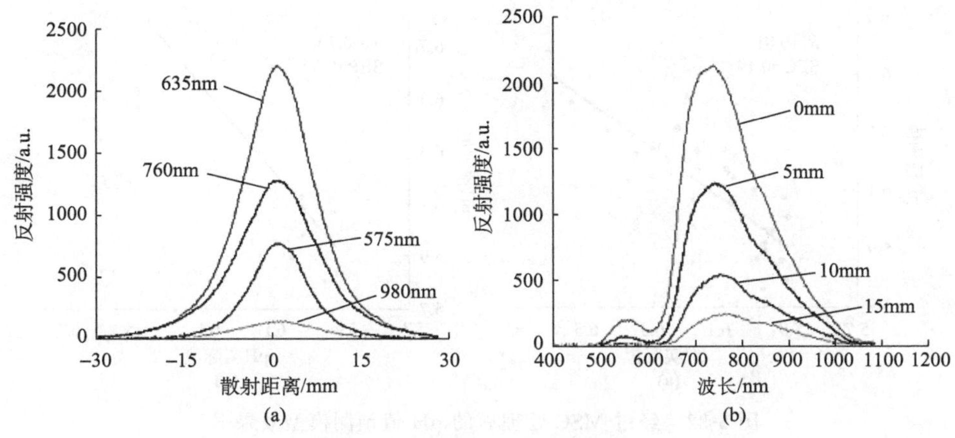

图 6-30　猪肉样品的散射曲线[57]

(a) 不同波长下的散射曲线；(b) 不同空间位置的光谱曲线

反射光谱经两次平滑预处理后，与测定的标准 TVB-N 值之间建立 PLSR 模型，并进行模型的验证。选取的因子数为 7 时，建模效果最优，校正集和验证集的建模结果如图 6-31 所示。结果表明，使用平滑处理的 PLSR 模型能够较好的预测 TVB-N，校正集和验证集的相关系数分 R_c 和 R_p 分别为 0.92 和 0.90，SEC 和 SEP 分别为 1.30mg/100g 和 7.80mg/100g。对于 pH，利用 MSC 对光谱进行处理后的建模结果优于两次 S-G 平滑处理后结果，其校正集和验证集相关系数 R_c 和 R_p 分别为 0.81 和 0.79，SEC 和 SEP 分别为 0.14 和 0.37。建模结果如图 6-32 所示。

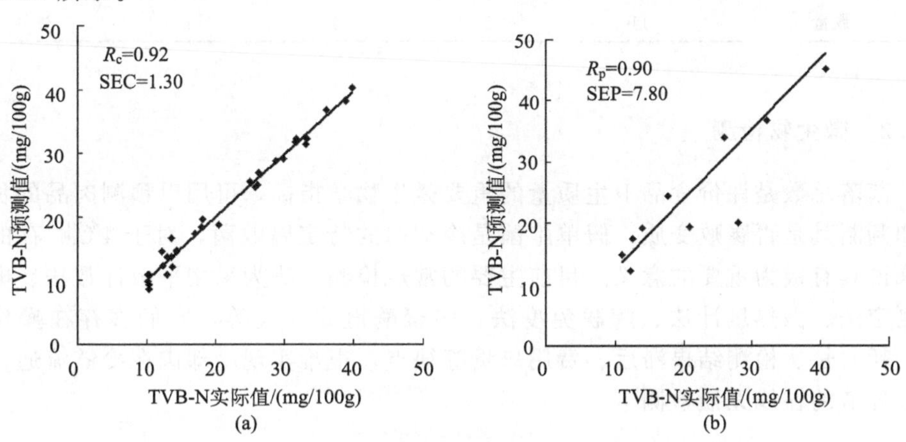

图 6-31　经两次 S-G 平滑处理后的 TVB-N 预测模型效果[57]

(a) 校正集；(b) 验证集

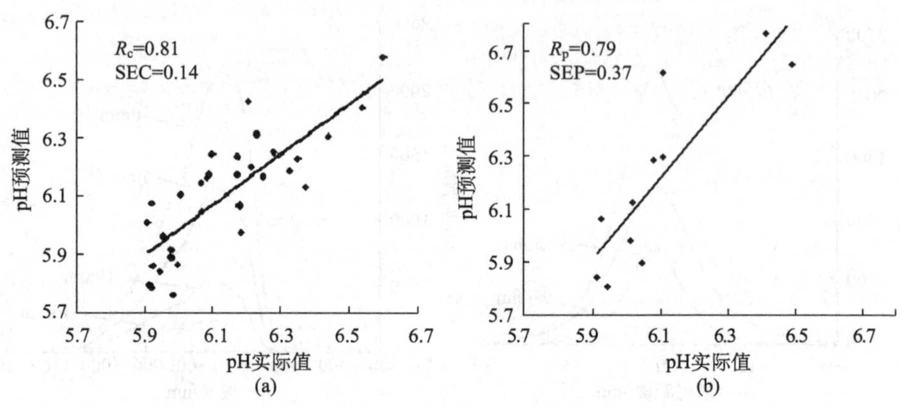

图 6-32 经过 MSC 处理后的 pH 值预测模型效果[57]

(a) 校正集；(b) 验证集

依据所建立模型对猪肉新鲜度等级进行评定，参照表 6-5 对样品新鲜度等级进行划分。表 6-6 为经过 MSC 处理光谱建立 PLSR 模型对猪肉新鲜度的评定结果，总的评定准确率是 82%。

表 6-6 MSC 处理光谱建立 PLSR 模型对猪肉新鲜度的评定结果[57]

类别	数量	预测结果			准确率
		一级	二级	变质	
一级新鲜肉	4	3	1	0	75%
二级新鲜肉	3	0	3	0	100%
变质肉	4	0	1	3	75%
数量	11	3	4	4	82%

6.3.2 微生物检测

菌落总数是评价食品卫生质量的重要微生物学指标，可用以预测肉品的货架期和判断其是否腐败变质。假单胞菌是冷却肉的特定腐败菌，对于 4℃贮存的肉品来说具有极为重要的意义。目前主要的常规检测方法为采用平板计数法、电阻抗测定法、微热量计法、酶联免疫法、多聚酶链式反应等，它们多存在操作繁琐、耗时长、检测结果滞后、费用昂贵等缺点，很难实现冷却肉在冷链流通、销售等环节的在线无损检测[58]。

1. 菌落总数

陶斐斐等[59-61]基于高光谱成像技术对生鲜猪肉表面菌落总数进行了较为系

统的研究。这里主要介绍基于反射光谱和基于空间散射特征的两种方法。

基于反射光谱对猪肉菌落总数进行预测时，首先利用高光谱成像系统，采集 400～1100nm 范围内的冷却猪肉样品的反射光谱。每扫描四次后自动平均得一条扫描线。在每个样品表面平行选取 4 个不同位置，各采集 4 条扫描线。即实验中每个样品共获取其表面 4 个位置处的 16 个高光谱图像，计算平均图像用作分析。为保证实验条件的一致性，扫描线与猪肉样品平面平行。

采集高光谱图像后，立即进行样品细菌总数标准值的测定。图 6-33 为猪肉在 4℃、托盘包装条件下猪肉细菌总数随时间的变化规律图，可以看到在贮藏前 5 天，猪肉细菌总数呈现较大增长趋势，由 3.44logCFU/g 增加到 7.79logCFU/g，并在随后保持基本稳定的细菌总数值。

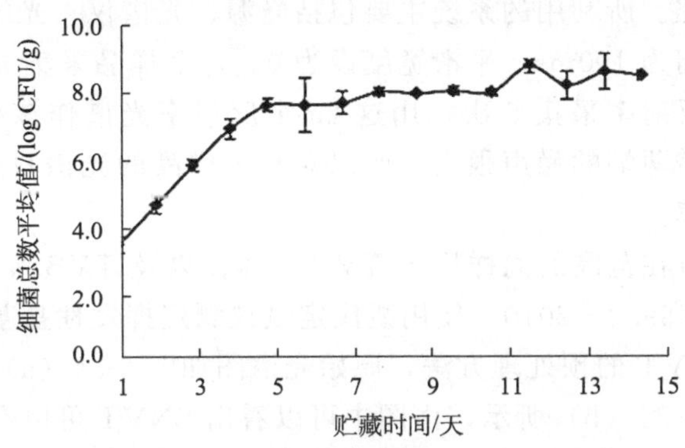

图 6-33　猪肉细菌总数随时间变化曲线[59]

对高光谱图像处理时，为保证较高的信噪比，设定感兴趣区域 ROI 为 450～944nm 范围和扫描线中部 28mm 范围组成的矩形区域，然后计算每个样品在 ROI 内所有点的平均反射光谱，作为该样品的反射光谱。在反射光谱与细菌总数标准值之间建立 PLSR 模型。4℃贮藏条件下猪肉表面菌落总数的预测结果为：校正集和验证集的相关系数 R_c 和 R_p 分别为 0.99 和 0.86，SEC 和 SEP 分别为 0.12log CFU/g 和 1.12log CFU/g。

关于基于空间散射特征的方法，与图 6-28 类似，首先从猪肉样品的高光谱三维图像数据提取空间散射轮廓。其次，利用洛伦兹函数［式(2-22)］拟合猪肉样品的光学散射轮廓曲线，提取光学扩散特征，即 3 个洛伦兹参数渐近值 a、峰值 b、宽度 c。再次，分别基于所提取的洛伦兹参数 a、b、c 建立了猪肉细菌总数的多元线性回归预测模型，并采用全交叉验证的方法进行验证。结果为：利用参数 a，验证集相关系数 R_p 为 0.936，SEP 为 0.662logCFU/g；利用参数 b，验证集相关系数 R_p 为 0.965，SEP 为 0.510logCFU/g；利用参数 c，验证集相关系

数 R_p为 0.966，SEP 为 0.418logCFU/g。对三个参数综合利用，即使用［abc］建模，验证集相关系数 R_p为 0.968，SEP 为 0.410logCFU/g。

另外，利用冈珀茨函数［式（2-26）］拟合猪肉样品的光学散射轮廓曲线，提取每个样品的 4 个冈珀茨参数 α（渐近值）、β（峰值）、ε（宽度）和 δ（斜率），形成 4 个独立冈珀茨参数的光谱。同样，采用逐步回归的方法选择优选波长后，基于各个参数构建多元线性回归模型，并采用全交叉验证法对所建立模型进行验证。结果为，利用单一参数时，β 的结果较好，全交叉验证相关系数 R_{cv}为 0.91，SECV 为 0.85logCFU/cm^2；综合利用 4 个参数［$\alpha\beta\varepsilon\delta$］时效果最佳，全交叉验证相关系数 R_{cv}为 0.93，SECV 为 0.78logCFU/cm^2。

关于基于近红外光谱技术对细菌总数的检测，Long 等[62]进行了猪肉是否腐败的定性判断研究。所利用的系统主要包括光源、光谱仪、光纤、计算机等。设置光谱仪积分时间为 100ms，平滑宽度设为 0。每个样品采集 5 个点的光谱反射率，每个点处的反射率采集 5 次，用这 25 个反射率光谱作该样品的平均光谱。由于所获取的光谱两端的噪声很大，所以对每个样品的光谱只选取 460～940nm 波段范围的反射率。

选择 5 个点所在范围的肉样用于 TVC 培养，以及 TVB-N 的测定。TVC 培养方法参照 GB 4789.2—2010，使用凯氏定氮仪测定挥发性盐基氮。对数据的预处理主要采用 SNVT 的预处理方法，原始光谱图如图 6-34（a）所示，预处理后的光谱曲线如图 6-34（b）所示，由图中可以看出 SNVT 可以有效消除样品颗粒不均匀所造成的影响。

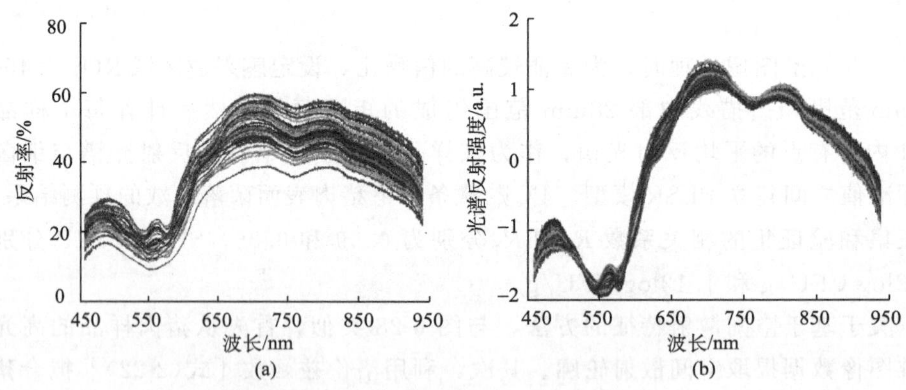

图 6-34　猪肉样品的近红外光谱曲线[62]

（a）原始光谱曲线；（b）预处理后光谱曲线

采用 Fisher 判别方法建立判别模型，得到判别函数后，计算两个总体 A、B 的重心。对于某待判样品，由判别函数计算得到其判别分，然后作判别分与两个重心的差的平方，与哪个总体的差的平方值小就属于哪一类。对所选的 11 个波长点进行 PCA 分析，绘制主成分个数对校正集的回判率（回判率＝判对样品数/校正集样品总数）和验证集回判正确率（正确率＝判对样品数/验证集样品总数）的关系图（图 6-35），并根据校正集的回判率与验证集的正确率都较高的原则对主成分个数进行选择。校正集的回判率为 96.97％，验证集的正确率为 90％。

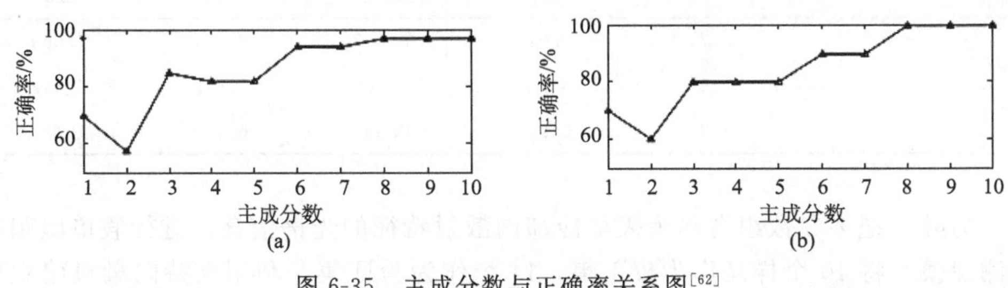

图 6-35　主成分数与正确率关系图[62]

（a）校正集；（b）验证集

2. 假单胞菌

假单胞菌是导致肉类腐败菌群中的主要活跃菌，在冷却猪肉腐败中起到至关重要的作用，是冷却肉的特定腐败菌。有研究表明，假单胞菌在冷藏的条件下的生长速率比其他污染菌的生长速率快 30％[63]。在有氧条件下，假单胞菌优先利用肉表面的葡萄糖，当葡萄糖的浓度降低，肌肉组织内部的葡萄糖会向表面扩散，当细菌数目增长到 10^8CFU/cm^2时，葡萄糖的扩散速率无法满足假单胞菌的生长需求，会促进假单胞菌开始利用氨基酸作为生长基质进行氨基酸降解代谢，产生带有异味的含硫化合物、酯和酸等，使肉的表面发绿、变黏，最终导致冷却肉的腐败。

张雷蕾[64]采用高光谱散射成像技术研究了猪肉假单胞菌的无损快速检测技术。实验采集了 54 个冷却猪肉样品的光谱图像，每个样品采集 5 次，总共获取了 270 个高光谱图像，将样品随机分为两组，一组为 40 个作为校正集，另一组为 14 个作为验证集。利用主成分分析结合马氏距离的方法对校正集中的光谱数据异常值进行判别分析并剔除。对全波段光谱进行主成分分析，选取前 3 个主成分的得分进行马氏距离计算。光谱样品马氏距离的平均值为 2.753，将平均值的两倍 5.51 设定为判断光谱异常值的阈值。

采用洛伦兹 3 参数分布函数［式（2-22）］拟合猪肉样品每个波长处的空间扩散曲线，得到表征散射特征信息的洛伦兹三参数光谱，即渐近值 a、半波带宽 b 和峰值 c。在 470～1000nm 范围内拟合效果较为理想，拟合相关系数 R 均在 0.999 以上，因此选取该波段作为有效波段进行建模分析。将得到的洛伦兹参数

a、b 和 c 作为表征冷却肉散射特征的光谱信息，与假单胞菌测定标准值进行 PLSR 建模分析，得到的结果如表 6-7 所示。

表 6-7 基于洛伦兹单参数建立的 PLSR 模型的假单胞菌预测结果[64]

洛伦兹拟合参数	主因子数	PLSR 模型预测假单胞菌			
		R_c	SEC	R_p	SEP
a	7	0.917	0.857	0.917	1.099
b	9	0.962	0.559	0.918	0.948
c	9	0.913	0.858	0.892	1.437

另外，把多参数组合作为表征冷却肉散射特征的光谱信息，进行假单胞菌的预测建模。将 40 个样品作为校正集，14 个作为验证集，利用支持向量机建立预测模型。为了提高模型的预测精度，选取两参数组合［ab］、［bc］、［ac］以及三参数组合［abc］进行建模分析，得到的结果如表 6-8 所示。

表 6-8 基于洛伦兹散射特征参数的 SVM 模型对假单胞菌的预测分析[64]

微生物指标	洛伦兹参数	校正集		验证集	
		R_c	SEC	R_p	SEP
假单胞菌	a	0.956	0.613	0.921	0.877
	b	0.938	0.759	0.927	0.920
	c	0.909	0.877	0.856	1.155
	［ab］	0.979	0.482	0.927	0.901
	［ac］	0.997	0.166	0.972	0.556
	［bc］	0.925	0.875	0.922	1.064
	［abc］	0.949	0.668	0.948	0.556

6.4 猪肉品质安全光学检测的应用

6.4.1 猪肉多品质无损在线检测

张海云[65]把近红外光谱技术与光机电一体化技术结合，开发了自动在线生鲜猪肉品质安全无损快速检测系统装置，由光谱信息采集单元（包括光谱仪、光纤、光纤多路复用器等）、光源单元（卤钨灯光源）、样品传送单元（包括传送带、电机等）、控制单元（包括单片机、开关电源等）、位置检测单元（传感器）组成。还包括基于 VC＋＋6.0 的 MFC 基础类库在 Windows 环境下开发的检测软件，实现对整个装置的操作控制。

使用时，首先打开装置电源，给所有部件上电。打开系统软件，对系统进行初始化。随后，对积分时间、平均次数、平滑次数及触发模式等进行设置，并依次进行白参考-黑参考-白板校正。最后，对样品的光谱信息进行采集，实时进行处理和计算，并显示和保存结果。该装置可对猪肉的颜色、pH、水分含量、挥发性盐基氮、蒸煮损失等指标进行同时检测。检测生产率为 40～60 个样品/min，生鲜肉品质参数（水分）检测精度≥85％，生鲜肉安全参数（新鲜度等级）检测精度≥85％。

该装置将可见近/红外光谱技术在猪肉品质无损检测领域实用化，为生猪屠宰、肉品加工和储存等环节提供技术和设备支持。装置功能完备、检测速度快、可移植性好，不仅可以应用于生猪屠宰流水生产线，还可用于食品安全检测机构、超市和农贸市场等销售部门，另外经过简单改进后还可以应用于最终的消费者等。

6.4.2　便携式猪肉新鲜度等级实时检测

李翠玲[66]基于多光谱成像技术开发了便携式猪肉新鲜度等级实时快速检测装置，由单片机控制单元、光源单元、图像采集单元（包括可见/近红外相机、采集卡、滤光片和滤光片轮）、数据处理单元和液晶显示单元组成。使用时，首先将电源接通，启动软件，依次进行黑参考和白参考。进行样品新鲜度检测时，将检测样品放置于装置的数据采集窗口处，与通光孔对齐，勿漏光。按下触发按钮采集图像，通过软件实时处理采集的图像，对猪肉新鲜度等级进行实时预测，同时将结果显示在液晶显示屏上。

该便携式猪肉新鲜度等级实时快速检测装置能实现对新鲜度的快速无损实时检测，其检测生产率为 60 个/min，生鲜肉品质参数（新鲜度等级）检测精度≥85％。检测精度高、检测速度快，可用于肉品安全监管部门、超市和农贸市场等销售部门等。

综上所述，利用无损、快速、在线的猪肉主要品质参数的检测装置具有检测速度快、精度高、易于实现自动化，适用于生鲜肉及肉制品生产和加工行业、食品安全监管部门、超市和农贸市场等，具有广阔的应用前景。

参考文献

[1] Balage J M，da Luz E Silva S，Gomide C A，et al. Predicting pork quality using Vis/NIR spectroscopy. Meat Science，2015，108：37～43

[2] Prieto N，Roehe R，Lavín P，et al. Application of near infrared reflectance spectroscopy to predict meat and meat products quality：a review. Meat Science，2009，83：175～186

[3] Prieto N, Juárez M, Larsen I L, et al. Rapid discrimination of enhanced quality pork by visible and near infrared spectroscopy. Meat Science, 2015, 110: 76～84

[4] Barbin D F, ElMasry G, Sun D W, et al. Predicting quality and sensory attributes of pork using near-infrared hyperspectral imaging. Analytica Chimica Acta, 2012, 719: 30～42

[5] Prieto N, Roehe R, Lavín P, et al. Application of near infrared reflectance spectroscopy to predict meat and meat products quality: A review. Meat Science, 2009, 83: 175～186

[6] 任巧玲，张金枝. 肉的颜色及其影响因素. 养猪，2004，1：45～45

[7] Cappelletti M, Ferrentino G, Spilimbergo S. High pressure carbon dioxide on pork raw meat: Inactivation of mesophilic bacteria and effects on colour properties. Journal of Food Engineering, 2015, 156: 55～58

[8] 刘强，闵成军，彭增起，等. 大理石花纹评分与淮南猪背最长肌感官特性的关系研究. 食品科技，2011，36（4）：97～101

[9] 成芳，樊玉霞，廖宜涛. 应用近红外漫反射光谱对猪肉肉糜进行定性定量检测研究. 光谱学与光谱分析，2012，32（2）：354～359

[10] 樊玉霞，廖宜涛，成芳. 基于可见/近红外光谱分析技术的猪肉肉糜品质检测研究. 光谱学与光谱分析，2011，31（10）：2734～2737

[11] Gonzalez M, Gonzalez P, Hemandez M, et al. Mineml analysis (Fe, Zn, Ca, Na, K) of flesh Iberian pork loin by near infrared reflectance spectrometre determination of Fe, Na and K with a optic reflectance probe. Analytica Chimica Acta, 2002, 468: 93～301

[12] Wang J, Zhao S M, Song X L, et al. Low protein diet up-regulate intramuscular lipogenic gene expression and down-regulate lipolytic gene expression in growth - finishing pigs. Livestock Science, 2012, 148: 119～128

[13] 陈全胜，张燕华，万新民，等. 基于高光谱成像技术的猪肉嫩度检测研究. 光学学报，2010，9：2602～2607

[14] Dainty R H, Mackey B M. The relationship between the phenotypic properties of bacteria from chill-stored meat and spoilage processes. Journal of Applied Bacteriology, 1992, 73 (21): 103～114

[15] Huang Q P, Chen Q S, Li H H, et al. Non-destructively sensing pork's freshness indicator using near infrared multispectral imaging technique. Journal of Food Engineering, 2015, 154: 69～75

[16] Gracias K S, McKillip J L. A review of conventional detection and enumeration methods for pathogenic bacteria in food. Canadian Journal of Microbiology, 2004, 50 (11): 883～890

[17] 马俪珍，南庆贤，戴瑞彤. 冷却猪肉中腐败菌的分离、初步鉴定与初始菌相分析. 天津农学院学报，2005，12（3）：39～43

[18] 邵春凤. 感官评价在食品中的研究进展. 肉类工业，2006，6：35～37

[19] 王二霞，赵健. 感官评价原理及其在肉质评价中的应用. 肉类研究，2008，4：71～74

[20] 彭彦昆，张雷蕾. 农畜产品品质安全高光谱无损检测技术进展和趋势. 农业机械学报，2013，43（4）：37～45

[21] 彭彦昆，张雷蕾. 光谱技术在生鲜肉品质安全快速检测的研究进展. 食品安全质量检测学报，2010，2：62～72

[22] 周文举. 基于机器视觉的在线高速检测与精确控制研究及应用. 上海：上海大学，2013

[23] Wu D，Sun D W. Colour measurements by computer vision for food quality control：a review. Trends in Food Science and Technology，2013，29：5～20

[24] 王蓉蓉，鲁奕俊，贾渊，等. 基于 SOM 神经网络实现猪肉颜色的自动分级. 食品工业科技，2010，9：65～68

[25] Wang W X，Peng Y K，Liu Y Y，et al. An Improvement on Models of Pork Quality Detection based on VIS/NIR Reflectance Spectroscopy. 18th World Congress of CIGR，2014，Paper No. 2014-1468，Beijing，China

[26] 刘魁武，成芳，林宏建，等. 可见/近红外光谱检测冷鲜猪肉中的脂肪、蛋白质和水分含量. 光谱学与光谱分析，2009，29（1）：102～105

[27] Barbin D F，ElMasry G，Sun D W，et al. Predicting quality and sensory attributes of pork using near-infrared hyperspectral imaging. Analytica Chimica Acta，2012，719：30～42

[28] Rincker P J，Killefer J，Ellis M. Intramuscular fat content has little influence on the eating quality of fresh pork loin chops. Jounal of Animal Science，2008，86（3）：730～737

[29] 张建勋，李涛，孙权，等. 猪眼肌 B 超图像纹理特征提取与分类. 重庆理工大学学报（自然科学），2013，27（2）：74～78

[30] Liu L，Ngadi M O. Predicting intramuscular fat content of pork using hyperspectral imaging. Journal of Food Engineering，2014，134：16～23

[31] 廖宜涛，樊玉霞，伍学千，等. 猪肉肌内脂肪含量的可见/近红外光谱在线检测. 农业机械学报，2010，41（9）：104～107

[32] 张海云，彭彦昆，王伟，等. 基于光谱技术和支持向量机的生鲜猪肉水分含量快速无损检测. 光谱学与光谱分析，2012，10：2794～2798

[33] Barbin D F，ElMasry G，Sun D W，et al. Non-destructive determination of chemical composition in intact and minced pork using near-infrared hyperspectral imaging. Food Chemistry，2013，138：1162～1171

[34] Prieto N，Andrés S，Giráldez F J，et al. Ability of near infrared reflectance spectroscopy (NIRS) to estimate physical parameters of adult steers (oxen) and young cattle meat samples. Meat Science，2008，79：692～699

[35] Ma S B，Tang X Y，Xu Y，et al. Nondestructive determination of pH value in beef using visible/near-infrared spectroscopy and genetic algorithm. Transactions of the Chinese Society of Agriculture Engineering，2012，28（18）：263～268

[36] Liao Y T，Fan Y X，Cheng F. On-line prediction of fresh pork quality using visible/near-infrared reflectance spectroscopy. Meat science，2010，80：901～907

[37] Wu J H，Peng Y K，Li Y Y，et al. Prediction of beef quality attributes using VIS/NIR hyperspectral scattering imaging technique. Meat Science，2012，109：267～273

[38] 廖宜涛，樊玉霞，成芳，等. 连续投影算法在猪肉 pH 无损检测中的应用. 农业工程学

报，2010，26：379～383

[39] 胡耀华，熊来怡，刘聪，等. 基于近红外光谱的生鲜猪肉 pH 检测及其品质安全判别. 中国农业大学学报，2012，17（3）：121～126

[40] 李小昱，钟雄斌，刘善梅，等. 不同品种猪肉 pH 高光谱检测的模型传递修正算法. 农业机械学报，2014，45（9）：216～272

[41] 廖宜涛，樊玉霞，伍学千，等. 猪肉 pH 的可见近红外光谱在线检测研究. 光谱学与光谱分析，2010，30（3）：681～684

[42] Xiong Z J，Sun D W，Zeng X A，et al. Recent developments of hyperspectral imaging systems and their applications in detecting quality attributes of red meats：a review. Journal of Food Engineering，2014，132：1～13

[43] Prevolnik M，Candek-Potokar M，Škorjanc D. Predicting pork water-holding capacity with NIR spectroscopy in relation to different reference methods. Journal of Food Engineering，2010，98：347～352

[44] 吴建虎，彭彦昆. 基于 VIS/NIR 光谱散射特征的猪肉持水力预测研究. 中国农业工程学会 2011 年学术年会，2011，重庆

[45] 胡耀华，熊来怡，蒋国振，等. 基于可见光和近红外光谱鲜猪肉蒸煮损失和嫩度检测的研究. 光谱学与光谱分析，2010，30（11）：2950～2953

[46] Koohmaraie M. Muscle proteinases and meat aging. Meat Science，1994，36（1-2）：93～104

[47] 陈全胜，张燕华，万新民，等. 基于高光谱成像技术的猪肉嫩度检测研究. 光学学报，2010，30（9）：2602～2607

[48] Tao F F，Peng Y K，Li Y Y，et al. Simultaneous determination of tenderness and Escherichia coli contamination of pork using hyperspectral scattering technique. Meat Science，2012，90：851～857

[49] 刘媛媛，彭彦昆，张雷蕾，等. 肉品质光谱检测中探头与样品距离对结果影响的校正. 农业机械学报，2014，45（12）：271～276

[50] Barbin D F，Valous N A，Sun D W. Tenderness prediction in porcine longissimus dorsi muscles using instrumental measurements along with NIR hyperspectral and computer vision imagery. Innovative Food Science and Emerging Technologies，2013，20：335～342

[51] 蔡建荣，万新民，陈全胜. 近红外光谱法快速检测猪肉中挥发性盐基氮的含量. 光学学报，2009，29（10）：2808～2812

[52] Huang L，Zhao J W，Chen Q S，et al. Nondestructive measurement of total volatile basic nitrogen（TVB-N）in pork meat by integrating near infrared spectroscopy，computer vision and electronic nose techniques. Food Chemistry，2014，145：228～236

[53] 毕松，郭培源. 基于细菌菌斑变化的猪肉新鲜度检测方法研究. 农机化研究，2009，5：67～71

[54] 郭培源，毕松，袁芳. 猪肉新鲜度智能检测分级系统研究. 食品科学，2010，31（15）：68～72

[55] 赵松玮，彭彦昆，王伟，等. 基于近红外光谱的生鲜猪肉新鲜度实时评估. 食品安全质量检测学报，2012，3 (6)：580～584
[56] 李翠玲，汤修映，彭彦昆，等. 基于多光谱成像的生鲜猪肉货架期预测研究. 中国农业工程学会 2011 年学术年会（农产品加工及贮藏工程分会学术年会），2011，重庆
[57] 张雷蕾，李永玉，彭彦昆，等. 基于高光谱成像技术的猪肉新鲜度评价. 农业工程学报，2012，28 (7)：254～259
[58] Barbin D F，ElMasry G，Sun D W，et al. Non-destructive assessment of microbial contamination in porcine meat using NIR hyperspectral imaging. Innovative Food Science and Emerging Technologies，2013，17：180～191
[59] Tao F F，Peng Y K. A method for nondestructive prediction of pork quality and safety attributes by hyperspectral imaging technique. Journal of Food Engineering，2014，126：98～106
[60] Tao F F，Peng Y K，Song Y L，et al. Improving prediction of total viable counts in pork based on hyperspectral scattering technique. SPIE/Defense，Security and Sensing，2012，USA
[61] Tao F F，Peng Y K，Li Y L. Detection of bacterial contamination of pork using hyperspectral scattering technique. ASABE Annual International Meeting，2011，USA
[62] Long Y，Guo H，Peng Y K，et al. Identification of the spoiled pork Based on Fisher discrimination method. SPIE/Defense，Security and Sensing，2014，USA
[63] 张雷蕾. 冷却肉微生物污染及食用安全的光学无损评定研究. 北京：中国农业大学，2015
[64] Zhang L L，Peng Y K，Dhakal S，et al. Rapid nondestructive assessment of pork edibility by using VIS/NIR spectroscopic technique. Sensing for Agriculture and Food Quality and Safety V，April 29，2013，872106，Baltimore，Maryland，USA
[65] 张海云. 基于可见/近红外光谱的生鲜猪肉主要品质指标无损在线检测技术及装置研究. 北京：中国农业大学，2013
[66] 李翠玲，彭彦昆，汤修映. 基于多光谱成像技术的猪肉新鲜度无损快速检测装置. 农业机械学报，2012，(10)：202～206

第7章　禽肉及禽蛋品质安全的光学检测技术

7.1　品质安全参数及其检测方法

7.1.1　禽肉及禽蛋品质安全参数

1. 禽肉品质安全参数

1）营养品质

禽肉的营养品质参数主要包括水分、蛋白质、脂肪、维生素、矿物质和碳水化合物等。影响禽肉营养品质的主要因素有遗传、环境、屠宰等，营养成分是禽肉品质分级的重要指标，肉中的各种营养成分对肉的品质有重大的影响[1-3]。

（1）水分：肌内水分含量、分布及其持水性能关系肉的组织状态、品质和风味。

（2）蛋白质：禽肉中的蛋白质主要有肌原纤维蛋白、肌浆蛋白和结缔组织蛋白。

（3）脂肪：脂肪的多少及脂肪酸的组成直接影响肉的嫩度和多汁性。

2）食用品质

食用品质是禽肉肉品重要的品质指标之一，直接影响禽肉的商品价值，人们大都从色泽、风味、弹性、多汁性等几个方面进行评价。生鲜肉的肉色鲜红、质地鲜嫩、脂肪白色而有光泽、味道鲜美，具有很高的食用价值[4]。

（1）颜色：禽肉的颜色主要决定于其中的肌红蛋白含量及其化学状态。生鲜肉在销售、贮藏过程中颜色的变化与肌肉新鲜度存在一定的关系。

（2）风味：禽肉的风味包括滋味和气味，其强弱与氨基酸、脂肪酸等物质的组成有关。

（3）弹性：禽肉中的蛋白质与其水化层能够形成有一定抵抗外力作用的网状结构，这种抵抗力称之为肉的弹性。肉的弹性，与家禽的肌肉组织部位以及肉中蛋白质在加工贮藏中的物理化学变化均有密切关系。随着禽肉贮藏时间的延长，蛋白质逐渐水解成小分子物质，肌肉的网状结构被破坏，导致禽肉弹性也逐渐呈下降趋势。

（4）新鲜度：挥发性盐基氮（total volatile basic nitrogen，TVB-N）含量能比较有规律地反映禽肉新鲜度变化，并与感官变化一致，是评定禽肉新鲜度变化的客观指标。禽肉中所含挥发性盐基氮的量，随着腐败的进行而增加，与腐败程度之间有明确的对应关系，因此 TVB-N 含量是衡量禽肉新鲜度的重要指标。

3）加工品质

持水力即禽肉的保水性（即系水力、系水性）是指肌肉受到外力作用时，其组织保持原有水分与添加水分的能力，是一项重要的生鲜肉加工品质指标，影响肉的颜色、香气、嫩度、多汁性、营养成分等食用品质。

4）安全参数

（1）微生物污染：由于畜禽肉中富含水分、蛋白质、脂肪等营养成分以及表面带有细菌，在生鲜肉贮藏、加工、运输、销售过程中，容易发生微生物污染和繁殖，引起品质下降。禽肉是高度易腐的产品，在微生物和酶的作用下，会发生腐败变质，从而影响其食用品质和安全性[5]。

（2）重金属和药物残留：由于兽药使用不规范，滥用抗生素类、磺胺类、呋喃类、抗球虫药等药物，以及在饲料中加入性激素，如丙酸睾丸酮、乙烯雌酚、避孕药等，均造成禽肉中药物残留。在饲养过程中，配合料中超量添加成分，从而出现高铜、高锌、高铁、高硒等现象，此外，饲料原料中汞、铅、砷、氟等有毒物质含量严重超标，长期食用存在中毒致死的危险。

（3）表面粪便污染：禽肉在屠宰过程中容易受到一些肉眼无法识别的污染，危害食品安全。

2. 禽蛋品质安全参数

禽蛋是人们日常饮食中的重要食品。禽蛋在商业流通中的品质安全，直接决定其商品安全。在贮藏、运输过程中，禽蛋会发生物理、化学及生物的变化，因此对禽蛋的品质参数进行快速检测和评价则尤为重要。禽蛋品质参数是对鲜蛋进行质量鉴定和评定等级的主要依据。禽蛋的品质安全指标检测，主要是针对鲜蛋的外部品质、内部品质进行质量鉴定和评定分级以及对新鲜度等安全指标进行检测评价[6,7]。

1）外部品质参数

外部品质参数直接决定消费者是否购买，给人以直观的评判，包括蛋壳裂纹、大小、蛋重、颜色、蛋形指数等指标。

（1）蛋壳：蛋壳状况是影响禽蛋商品价值的一个重要参考指标，从蛋壳的清洁程度、完整状况和色泽三方面来鉴定。质量正常的鲜蛋，蛋壳表面应清洁，无禽粪、未粘有杂草及其他污物；蛋壳完好无损、无硌窝、无裂纹及流清等。

（2）蛋重：随着贮藏时间的延长，蛋内水分不断向外蒸发，蛋重量逐渐下降，因此，蛋重是禽蛋新鲜程度的一个重要评定指标。

（3）颜色：蛋壳的色泽应当是各种禽蛋所固有的色泽，表面无油光发亮等现象。

(4) 蛋形指数：蛋形指数在包装分级中起着重要的决定作用。标准禽蛋的形状应为椭圆形，蛋形指数在 1.3～1.35，在贮运过程中不易破伤。

2) 内部品质参数

内部品质参数不仅影响到禽蛋的质量，而且直接决定是否可食，与其新鲜度密切相关[6]。

(1) 蛋黄和蛋白：蛋黄和蛋白状况是评定蛋的品质优劣的重要指标。通过测定蛋黄指数（蛋黄高度与蛋黄直径之比）也可以判定蛋的新鲜程度。存放时间过久的禽蛋，其蛋黄是扁平的，当蛋黄指数小于 0.25 时，蛋黄膜则极易破裂，出现散黄。

(2) 蛋内容物气味：新鲜的蛋只有轻微的腥味，而严重腐败的蛋散发出氨、硫化氢的臭气味。

(3) 哈夫单位（Haugh unit，HU）：哈夫单位与蛋重和浓厚蛋白高度有关，是一种重要的蛋品质量评价行业标准，可以衡量蛋白品质和蛋的新鲜程度，它是现在国际上对蛋品质评定的重要指标和常用方法。新鲜蛋的哈夫指数在 72 以上。随着存放时间的延长，由于蛋白质的水解，使浓厚蛋白变稀，蛋白高度下降，哈夫单位变小。当哈夫单位小于 31 时质量最劣。

(4) 蛋的 pH：新鲜蛋白的 pH 为 6.0～7.7。贮藏期间，蛋释放出二氧化碳，pH 会逐渐升高。新鲜蛋黄的 pH 在 6.3 左右，贮藏期间，变化较为缓慢。

此外，系带状况、胚胎状况、气室状况也是评定禽蛋内部品质的重要因素。质量较优的禽蛋，其系带粗白而有弹性，胚胎无受热或发育现象、气室很小。表 7-1显示的是禽蛋品质分级要求。

表 7-1 鲜鸡蛋和鲜鸭蛋的品质分级要求[6,7]

等级	AA 级	A 级	B 级
蛋壳	清洁、完整，呈规则卵圆形，	具有蛋壳固有的色泽，表面	无肉眼可见污物
蛋白	黏稠、透明，浓蛋白、稀蛋白清晰可辨	较黏稠、透明，浓蛋白、稀蛋白清晰可辨	较黏稠、透明
蛋黄	居中，轮廓清晰，胚胎未发育	居中或稍偏，轮廓清晰，胚胎未发育	居中或稍偏，轮廓较清晰，胚胎未发育
异物		蛋内容物中无血斑、肉斑等异物	
哈夫单位	≥72	≥60	≥55

3) 安全参数

(1) 微生物指标：微生物学指标是评定蛋的新鲜程度和卫生状况的重要指

标。蛋内常发现的微生物主要有霉菌和各种细菌，如曲霉属、青霉属、毛霉属、白霉菌、葡萄球菌、大肠杆菌、产碱杆菌等。质量优良的蛋应无霉菌和细菌的生长现象。

(2) 挥发性盐基氮：由于微生物对蛋白质的分解作用，会使蛋内含氮量增加，贮存时间越长，蛋液中含氮量越高，甚至会产生对人体有害的一些挥发性盐基氮类物质。

(3) 新鲜度：衡量鲜蛋品质的主要标准是其新鲜程度和完好性。禽蛋在贮藏过程中受到化学、物理等因素影响，会发生很多复杂的变化，如蛋清蛋白减薄、pH 增加、蛋黄膜弱化和伸展、蛋黄中水分含量的增加等。

7.1.2 基于光学特性检测禽肉的原理及方法

1. 光学特性检测禽肉原理

禽肉是人类肉食品的重要组成，禽类养殖业是畜牧业中发展最快的一个产业。禽肉的风味、质地、营养、安全性等因素，是消费者所密切关注的。利用光学特性对禽肉进行检测，主要是利用光的透射、折射、反射原理与禽肉的品质安全参数建立一种关系，并通过数学模型建立检测品质参数和评定安全指标的方法。禽肉肉样中含有不同的且能显示出一定的光谱特性的化学基团，如能够表征其物质结构和化学成分的 O—H、C—H、N—H、S—H 等基团倍频和合频信息，是可以通过光谱特征反映的[8]。

2. 禽肉的光学特性检测方法

1) 高光谱成像技术

高光谱成像技术进行禽肉品质安全检测的原理是在特定波长处，不同的化学组成和物理特征有着不同的反射比、分散度、吸收度以及电磁能，不同波长处的关键峰值可以表示不同化合物的物质属性（光谱指纹），从而通过分析光谱信号进行禽肉品质安全信息的定性或定量检测，并根据高光谱图像提供的光谱空间分布信息，实现禽肉品质安全信息的可视化表达，从而达到禽肉表面污染的品质检测和分级分类目的[9]。

2) 近红外光谱检测技术

根据光谱的吸收系数和散射系数，可以通过光学手段对禽肉中的脂肪、蛋白质和水分等成分含量进行鉴定及分析。其中，水分在 980nm 和 1440nm 附近有较强的吸收峰，蛋白质在 1510nm 有吸收峰，脂肪在 1760nm 有较弱的吸收峰，肌红蛋白在 540nm 和 575nm 附近有吸收峰，脱氧肌红蛋白和硫化肌红蛋白分别在 430nm 和 635nm 处有吸收峰[10]。

3）X 射线图像无损检测技术

X 射线具有很强的穿透力，穿透肉样后被图像增强器接受，把不可见的 X 射线信号转换为光学图像，再用摄像机获取光学图像，输入计算机后经过 A/D 转换成数字图像，从而能直观地反应禽肉产品的结构缺陷、结构变化等内部品质。X 射线图像技术在剔除鸡肉骨头及异常杂物有很好地应用效果[11]。

7.1.3 基于光学特性检测禽蛋的原理及方法

1. 光学特性检测禽蛋原理

禽蛋营养丰富，富含蛋白质、脂肪、碳水化合物、矿物质和各种维生素等物质，易于消化吸收，是人们日常生活中重要的营养补给来源。不同品种的禽蛋其内部成分含量也大有不同。其中，蛋白质是禽蛋中含量最多的物质，由大量氨基酸通过氨基和羧基形成的肽键连接而成肽链，这些化学物质由 O—H 键、N—H 键、C—H 键等光谱吸收敏感的含氢基团构成。根据这些基团特征波出现的位置、吸收强度等，使用光学检测技术不仅可以检测分析出禽蛋中与这些基团密切相关的各种指标如哈夫单位、蛋黄指数、蛋黄高度等，而且可用于分析禽蛋的密度、黏度、蛋壳厚度、硬度和电学性质等，从而对禽蛋所含成分和物质进行定量描述或对其新鲜或非新鲜进行定性判别。因此可以用光学特性进行禽蛋品质安全的定量、定性分析以及品种鉴别。

2. 禽蛋的光学特性检测方法

1）根据透光度分辨禽蛋的品质优劣

在光照条件下，禽蛋的透光度呈现一定的差异，随着贮存时间的延长，蛋黄位置、体积、形态和色泽均发生一定的变化，禽蛋对光的透射率随之下降。当光的透射率发生变化，则表明禽蛋内部品质发生变化，因而可以根据禽蛋的不同的通光量对其进行鉴别[12]。

2）根据光谱变化特征进行检测

目前在禽蛋无损检测中常用的光谱分析方法，主要有近红外光谱技术、高光谱图像检测技术、荧光鉴别法等[13-17]。鲜蛋腐败时，氨气的增加会引起光谱的变化。荧光鉴别法是利用发射紫外线的水银灯照射禽蛋，使其产生荧光。根据荧光产生的强度大小，鉴别蛋的新鲜度。新鲜蛋的荧光强度微弱，蛋壳的荧光反应呈深红色、紫色或淡紫色。

3）根据图像特征进行检验

禽蛋透射图像特征包含颜色信息的变化、蛋黄区域的形态学变化以及禽蛋密度的变化三个方面。禽蛋内部颜色信息的变化在一定程度上能反应禽蛋的新鲜程度。处于新鲜状态的禽蛋，其蛋黄呈球状，随着贮存时间的延长，由于水分逐渐散失以及蛋黄膜弹性降低，蛋黄在形态特征上的反映是在水平方向上面积会由小变大。此外，随着新鲜度的下降，气室高度会增加，导致禽蛋密度下降，可用禽蛋图像上目标区域的面积近似代替实际体积来计算禽蛋密度，用于表征禽蛋新鲜度的变化。因此，通过同时提取上述三方面信息变化的数据，机器视觉识别系统利用图像处理技术对禽蛋品质安全进行快速无损检测[13]。

7.2　禽肉及禽蛋品质检测

7.2.1　禽肉品质无损检测

1. 禽肉营养品质和食用品质光学无损检测

1）基于可见/近红外光谱的鸭肉谷氨酸含量检测

在利用可见/近红外光谱检测鸭肉谷氨酸含量的研究过程中，赵进辉等[18]采用 PCA（principal components analysis）、BP（back propagation）神经网络建立鸭肉中谷氨酸含量的定量分析预测模型，进行鸭肉中谷氨酸含量的无损快速测定。通过采集 350～1800nm 光谱范围的鸭肉可见/近红外反射光谱，并在 430～1000nm、1001～1400nm 和 430～1400nm 的 3 个波段内分别用一阶导数、二阶导数、多元散射校正（multiple scattering correction，MSC）、标准正交变量变换（standard normal variate correction，SNV）4 种方法对原始光谱进行预处理；然后将前 8 个主成分得分和鸭肉中谷氨酸含量分别作为 BP 神经网络的输入变量和输出变量，建立鸭肉中谷氨酸含量预测模型。结果表明，在 430～1000nm 光谱范围内，采用 SNV 光谱预处理建立的 BP 神经网络模型为最优，其验证集的相关系数 R^2 为 0.96，预测均方根误差（root-mean-square error of prediction，RMSEP）为 0.06，实现了鸭肉中谷氨酸含量无损快速检测。

2）基于激光诱导荧光技术快速测定鸡肉弹性

利用激光诱导荧光技术快速测定鸡肉弹性的研究中，光源采用的是 405nm 的二极管激光器（MDL III405）作为激发光源，采用美国 ASD（Analytical Spectral Devices，Inc.，USA）公司的 Quality Spec Pro 光谱仪，波长范围：350～1800nm；光谱采样间隔：1nm，扫描次数：10 次，用以采集鸡肉样品的激光诱导荧光光谱图像[19]。激光光束进入鸡肉组织后，一部分光发生漫反射至鸡肉表面形成荧光，由近红外光谱仪通过光纤接收。图 7-1 为经归一化处理后，鸡肉样品的荧光光谱图。

作者运用 MATLAB 软件对数据进行 PLS（partial least squares regression）建模，通过对归一化预处理后的荧光光谱图像进行处理分析，所选波长范围为

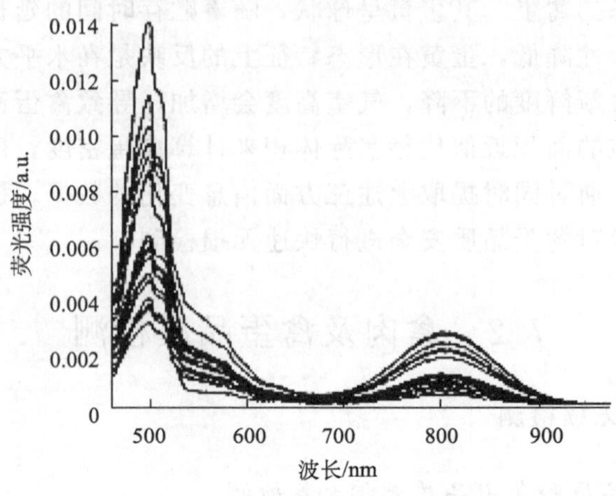

图 7-1 鸡肉样品的荧光光谱图[19]

460～999nm 作为特征波段。所得校正集的相关系数 R_c为 0.89，样品均方根误差 SEC 为 0.10。根据所得校正模型对验证集的样品进行预测，所得验证集的相关系数 R_p为 0.89，验证集样品均方根误差 SEP 为 0.11。结果表明，应用激光诱导荧光光谱法可以实现对鸡肉弹性进行快速测定，通过对装置和方法进行相应的改进并增加样品数量，减少测量误差等因素对模型精度的影响，从而进一步提高预测精度。

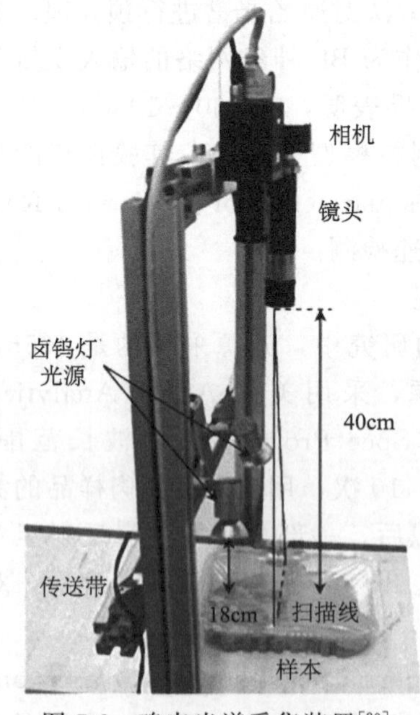

图 7-2 鸡肉光谱采集装置[20]

2. 禽肉新鲜度的近红外光谱无损检测

在禽肉新鲜度光学无损检测研究中，Graua 等[20]利用短波近红外光谱技术检测鸡肉新鲜度，所应用的检测系统由两个 50W/230V 的高光强卤素聚光灯（Havells Sylvania，Gennevilliers，France），CCD 相机（Basler Vision Technologies，Ahrensburg，Alemania），带有 V10 1/2″ 过滤器的光谱成像仪（Specim Spectral Imaging，LTD.，Oulu，Finlandia）组成，波长范围为 400～1000nm，其系统装置如图 7-2 所示。选取 50 片鸡胸样品，从家禽加工厂直接获得屠宰后 24 小时的鸡胸肉。样品不带脂肪和皮肤组织，每片大约重 200g，厚度为 20mm。所有鸡胸肉样品经过无菌处理后，随机取 3 片放置在塑料托盘内，用塑料薄膜进行密封包装。

采集 1024 个不同波长处鸡肉样品的漫反射光谱图像后，采用判别分析对有包装薄膜和没有包装薄膜的鸡肉光谱数据 log（1/R）进行分析，第一主成分（PC1）的总方差为 73.51%，第二主成分（PC2）的总方差为 19.70%。校正集和交叉验证准确度由标准差、均方根误差和决定系数决定。尽管校正集的决定系数 R^2 达到 0.94，但是只有在第 7 天时模型交叉验证系数 R^2_{cv} 为 0.82。

采用偏最小二乘判别分析（partial least squares discriminant analysis，PLS-DA）运算法，降低变量数，提高模型的运算能力。选出与储藏时间最相关的最佳波长点：413nm、426nm、449nm、460nm、473nm、480nm、499nm、638nm、942nm、946nm、967nm、970nm 和 982nm。结果表明，薄膜的存在并不影响鸡肉可见/近红外图像信息的获得，光谱信息和挥发性盐基氮（TVB-N）呈线性相关。在包装的鸡胸切边无损检测中，可见/短波近红外光谱分析技术是一种快速、无损的检测手段。

3. 禽肉加工品质的高光谱无损检测

皮肤肿瘤检测是肉类检验的难点。肿瘤通常是不可见的，因此难以用肉眼或传统的视觉系统检测到。荧光成像技术是高光谱成像检测技术的一种。大量化合物在紫外线激发后，可以发射可见光谱范围内的荧光，肿瘤的生成会导致肉类荧光光谱发生变化。Kim 等[21]在利用高光谱荧光成像技术检测鸡胴体中，通过开发的高光谱荧光成像系统获得鸡肉胴体的光谱图。

采用两盏 365nm 的紫外灯作为激发光源（型号：XX-15A，Spectronics Corp.，Westbury，NY）获得 13 个皮肤表面有肿瘤的鸡肉胴体的高光谱荧光光谱图，如图 7-3（a）所示。所有样品胴体表面的肿瘤包括发生在早期直径小于

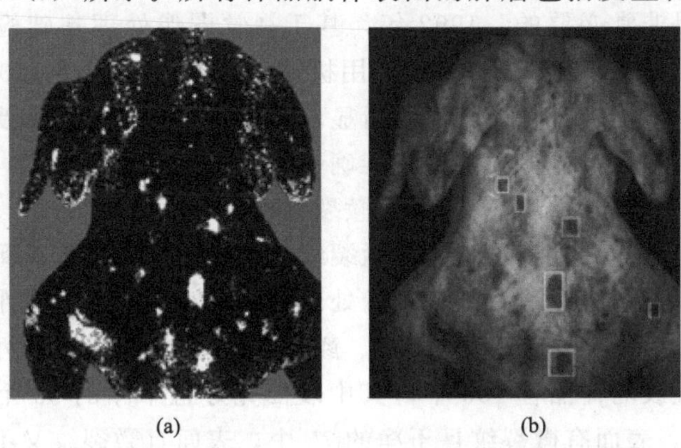

图 7-3　皮肤肿瘤检测中的鸡胴体[21]

（a）鸡胴体高光谱荧光光谱图；（b）鸡肉皮肤肿瘤检测结果显示

3mm 的肿瘤和直径大于 10mm 的肿瘤。通过对得到的光谱图像进行预处理，提取 113 个区域大小为 400×600 的像素点（65 个正常皮肤区域和 48 个含有肿瘤的皮肤区域）分别提取 65 个波段比作为特征波长处的参数构成模糊分类器的输入，分析预测集中鸡肉胴体表面正常皮肤和含有肿瘤皮肤的最大强度和斜率的比值，可以很好地将鸡肉胴体的正常皮肤和患肿瘤的皮肤区分开来，从而获得 76％的鸡肉皮肤肿瘤检出率，提取检测结果如图 7-3（b）所示。

但该研究无法检测出鸡肉胴体表面直径小于 3mm 的肿瘤，然而随着荧光技术的发展，借助其他分析方法（如概率神经网络等），肿瘤检出率最高可达 96％。

7.2.2 禽蛋品质无损检测

1. 禽蛋外部品质光学无损检测

蛋壳质量是禽蛋品质的重要特性之一，对于禽蛋的孵化、储存、运输和销售等均有重要影响。蛋壳具有固定禽蛋性状和保护蛋黄蛋白的作用，但是在从生产到销售的周转过程中，由于其质地脆、不耐挤压和碰撞，因而极易发生破损现象。禽蛋破损问题普遍存在，其危害不仅是破损禽蛋失去食用价值，同时会污染其他禽蛋，引起交叉污染，造成更为严重的损失。因此，对禽蛋蛋壳质量进行检测是十分必要的。在鸡蛋生产和装箱过程中，对于较大的裂纹，工人可通过观察进行识别及筛选，而一些微小的裂纹在食品加工中则较难被发现，作为原料的禽蛋如果因为破损而腐坏，会影响整个产品的品质下降。目前，国内主要依靠人工在灯光下观察或转动互碰禽蛋，依靠蛋壳发出的声音来识别或剔除蛋壳破损的个体。传统的检测方法受人的主观因素以及蛋壳表面清洁程度等因素影响检测精度，无法满足高效高精度的现代工业要求。因而，对破损蛋壳进行快速、无损的鉴别和剔除，是非常必要的。1992 年，基于视觉图像处理基础检测蛋壳表面裂纹的研究已经开始。Goodrum 等[22]利用机器视觉技术对旋转 120°、240°和 360°的鸡蛋进行裂纹检测，对蛋壳表面分析显示该系统的检测成功率受鸡蛋大小和两个软件的校正参数影响，得到的检测准确率为大于 90％。

1）基于机器视觉系统的鸡蛋蛋壳微裂纹检测

关于利用机器视觉检测鸡蛋蛋壳微裂纹的研究，首先根据鸡蛋表面微裂纹开发出机器视觉检测系统，然后结合图像处理算法对鸡蛋表面的微小裂纹进行了快速检测。Li 等[23]采集 200 个不同大小、颜色的鸡蛋样品，分为两组，表面完好的和表面有微裂纹的样品各 100 个，其中表面完好且干净的 90 个，表面完好但不干净的 10 个，表面有微裂纹且干净的 75 个，表面有微裂纹又不干净的 25 个，通过机器视觉技术对微裂纹的检测精度达到 100％。

整个检测装置由真空压力室和机器视觉系统两部分构成。搭建的检测鸡蛋微裂纹机器视觉系统如图 7-4 所示。系统由像素为 768×576 的单色 CCD 数字相机（UM-301，Uniq Vision Inc，USA）、35mm 的镜头（Azure Photonics Co. Ltd)、荧光灯光源组成。

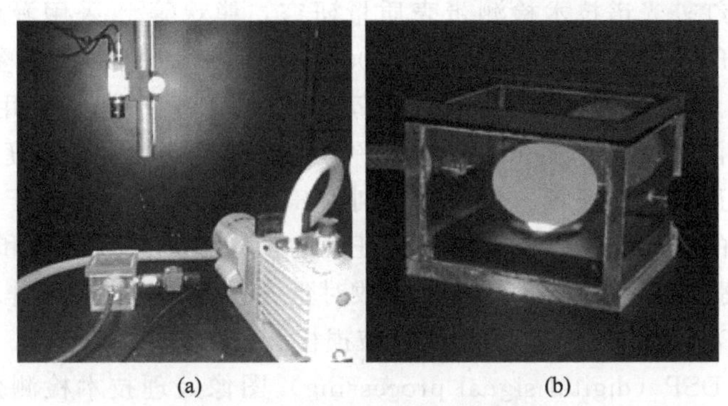

图 7-4　检测鸡蛋微裂纹装置图

(a) 检测鸡蛋微裂纹机器视觉系统[23]；(b) 微裂纹检测台及负压装置[24]

相机放置于待测鸡蛋正上方 40cm 处，检测箱体的一侧开孔，用真空管连接检测箱体和真空泵，150W 卤钨灯内嵌在检测箱体内部。待检测鸡蛋放置在卤钨灯上部，使鸡蛋上方的相机采集从鸡蛋透过的光。为了提高鸡蛋中微裂纹检测准确率，该装置采用负压系统，密封的检测箱体中采用适当的负压值，研究表明 254mm 汞柱时的负压，可以使鸡蛋壳表面带有的微裂纹增大，从而易于检出裂纹，而又不损伤完整无裂纹的鸡蛋[24]。

将图 7-5 (a) 中有微裂纹的鸡蛋放入样品室，并使用真空泵使检测室产生负压，可以看到鸡蛋表面的微裂纹在负压的环境中裂纹瞬间变大，如图 7-5 (b) 所示，为通过相机采集裂纹变大后的鸡蛋样品图像。

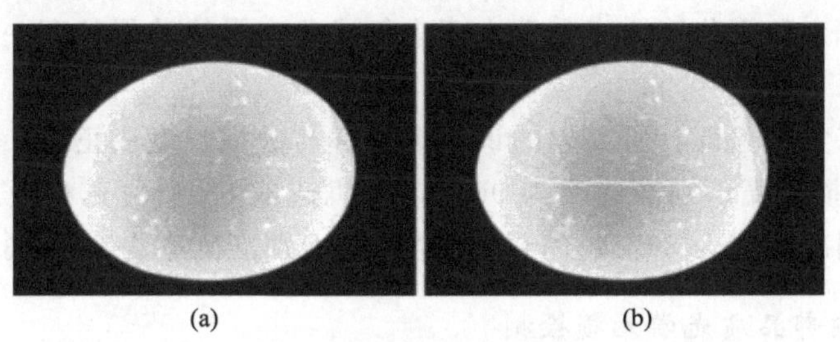

图 7-5　机器视觉检测系统采集蛋壳微裂纹[23]

(a) 大气压下的破损鸡蛋图像；(b) 负压下的破损鸡蛋图像

Lawrence 等[24]在实验过程中，采集 160 枚鸡蛋的图像数据，其中 80 个带微裂纹和 80 个完整无损的鸡蛋样品。经过类似装置的检测，只有一个带微裂纹的鸡蛋样品被错误地判断。微裂纹鸡蛋检测精度为98.75%，完整无损鸡蛋检测精度为100%。

2）基于红外光谱的蛋壳质量检测

关于利用红外光谱技术检测蛋壳质量研究，熊欢等[25]采用漫反射近红外光谱（diffuse infrared spectroscopy）（4000～7500cm^{-1}）来预测蛋壳质量指标（如蛋形指数、蛋壳厚度、蛋壳质量、蛋壳百分比、蛋比重）。采用13个主成分结合标准归一化（SNV）加35和45点平滑预处理建立的蛋壳厚度判别分析模型结果最好，校正集和验证集的正确率分别为81%和85.71%。对于多参数蛋壳强度的补偿模型的结果最优，校正集和验证集的正确率分别为79%和79.59%，结果表明与蛋壳强度相关性较大的几个参数对蛋壳强度有一定补偿作用。

3）基于DSP图像处理技术的蛋壳破损检测

关于利用DSP（digital signal processing）图像处理技术检测蛋壳破损的研究，姜勇等[26]采用的鸡蛋蛋壳图像采集系统由合众达电子公司的SEED-VPM642DSP实验箱、Aironix（奥尼克斯）MCC-4036H型模拟摄像头以及自行设计的LED光源和箱体组成。由于蛋壳的硬度不一致且实际生产中鸡蛋不容易定位遮住光孔，采用同轴光源法。白色LED光源环形面阵板和相关控制电路，光照强度运用PWM（pulse-width modulation）脉宽调制法实现调节，保证光照柔和均匀，光强相对稳定，有效地减少由光源所引起的噪声。摄像头采集鸡蛋的正反两面图像，图像采集的背景选择黑色。DSP实验箱用于将采集到的模拟视频信号进行A/D转换，处理图像并判断，最后通过D/A转换在实验箱液晶显示屏上显示出判断结果。

实验所用鸡蛋均为市场上采购的洗净的大个白壳鸡蛋140枚。通过自行设计的流水线模拟检测环境，实现了对整个蛋壳表面的检测和图像的动态采集。通过不同的图像处理算法，提出改进型连通区域标记法，选取最佳阈值，从缩小目标区域、减少冗余和简化算法步骤等方面进行优化，最终获得处理一幅鸡蛋图像的综合时间为0.7s。

通过动态实验验证，研究中的识别准确率与破损长度成正比，当破损长度大于8mm时破损蛋壳识别准确率为96%，随机选取65个白壳鸡蛋进行实验，完整壳蛋的识别准确率为86.57%，破损壳蛋的识别准确率为93.3%。

2. 禽蛋内部品质光学无损检测

光学技术可对蛋黄高度、蛋黄颜色、蛋白品质、蛋黄蛋白比例、系带状况、胚胎状况、气室状况等进行无损检测。一般刚产的禽蛋有一小的气室，因温度下降，蛋白蛋黄收缩，气室就大一点，随着保存时间的增加，营养的消耗和水分的蒸发，气室会逐渐增大。如果蛋是受精卵，当气室超过1/3，即失去孵化价值。1993

年，方如明等[27]研究了整蛋、内容物、蛋壳之间透射特性的关系，建立了鸡蛋光学检测的数学模型，从而在一定程度上提高了鸡蛋内部品质光学无损检测的精度。

1）禽蛋内部综合品质光学无损检测

(1) 基于近红外反射鸡蛋内部品质综合检测。

在利用傅里叶变换近红外反射技术综合检测鸡蛋内部品质中，应用 Antaris FT-NIR Analyzer（Thermo Nicolet，USA）的光谱测定仪器，利用光谱直接扫描鸡蛋的钝端（大头），检测软件为 TQAnalyst v6，RESULT-Integration，RESULT-Operation。主要工作参数为：扫描谱区范围 4000～10 000cm^{-1}；扫描次数 64；分辨率 8cm^{-1}；数据形式为 log（1/R）。仪器预热 2h 之后进行检测，每一枚鸡蛋扫描 3 次，每次均扫描背景，计算其平均光谱。样品采用 15 只 45 周龄白来航母鸡 24 天内所产的鸡蛋，每隔一天收集一次鸡蛋（若收集鸡蛋当天未产蛋，则延续一天留蛋），共计得到鸡蛋样品 163 枚。样品采集后放到温度为 16℃、湿度为 75％的蛋库中保存。图 7-6 为所测定的同一个样品 3 个不同保存时间的傅里叶变换近红外漫反射光谱图[28]。

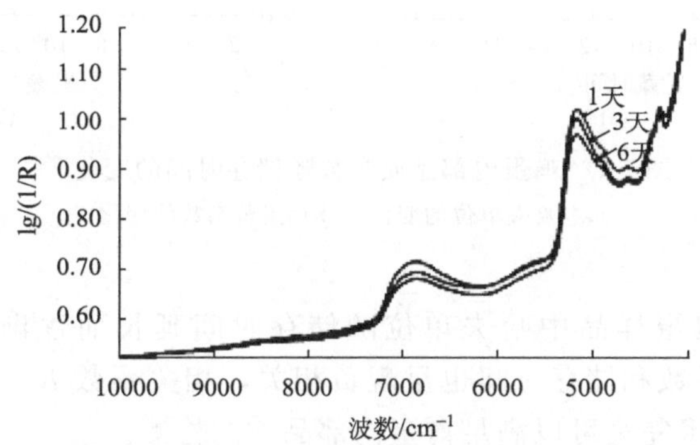

图 7-6　鸡蛋不同保存时间的傅里叶变换近红外漫反射光谱图[28]

运用 MSC，平滑（smoothing），微分处理（derivatives）等预处理方法。根据筛选出的最优参数组合，确定鸡蛋蛋白高度、气室直径、气室高度的预测模型。通过对各种指标的优化处理发现，运用二阶求导以及 S-G（Savitzky-Golay）光谱预处理对鸡蛋的蛋白高度、气室直径、气室高度的测定模型预测结果最好。预测蛋白高度的相关系数 R^2 为 0.87，气室直径的相关系数 R^2 为 0.82，气室高度的相关系数 R^2 为 0.87。

利用 33 个独立样品进行模型外部验证，用预测值与实际值差异来评价鸡蛋蛋白高度、气室直径、气室高度 3 个指标的预测能力，t 检验结果显示差异不显著（$t>0.05$）。鸡蛋蛋白高度、气室直径、气室高度 3 个指标的预测值与实际值间的相关系数（R_p^2）分别达到 0.87，0.86，0.90。结果表明，傅里叶变换近红外反射技术可以用于鸡蛋蛋白高度、气室直径与气室高度的预测，建立的鸡蛋主要品质参数近红外测定模型完全可以满足实际生产的需要。

(2) 基于紫外/可见光透射法检查禽蛋内部品质。

在利用紫外/可见光透射法检测禽蛋内部品质的研究中，Liu 等[29,30]采集了350个育种鸡蛋品种，剔除表面有裂纹的鸡蛋并清洗鸡蛋表面后，将样品存放在28℃，相对湿度<55％的环境中，每三天检测一次哈夫单位和蛋黄系数。为获得具有足够的灵敏度测量透射比，仪器参数设置波长范围：200～800nm；频谱带宽：2nm；采样间隔：1nm；狭缝大小：2mm（图 7-7）。

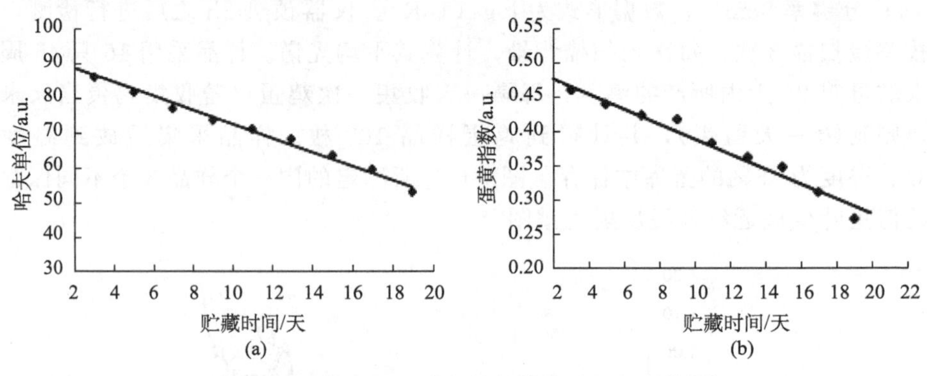

图 7-7 鸡蛋内部品质参数随储存时间的变化[29]

(a) 哈夫单位的变化；(b) 蛋黄系数的变化

实验表明，鸡蛋样品中哈夫单位随储存时间延长而逐渐减小，相关系数 $R^2=0.99$；蛋黄系数和储存时间也呈现负相关，相关系数 $R^2=0.97$。因此，紫外/可见光透射技术完全可以满足禽蛋内部品质的检测。

(3) 基于透射光的鸡蛋内部品质综合检测。

1995 年，苏臣等[31]根据蛋白、蛋黄、蛋壳在光照下显示出的不同特征，提取新鲜蛋、散黄蛋、胚胎发育蛋、无精蛋等不同状况鸡蛋的数字图像特征，为自动化分选打下了良好的基础。

完整蛋的透射光谱形状主要是由蛋壳的透射光谱形成的双吸收峰，而蛋白和蛋黄的透射光谱均呈单吸收峰的形状，由于蛋壳的表面颜色直接影响整个鸡蛋的透射光谱，故将利用鸡蛋的透射光谱可以分组检测。

鸡蛋新鲜度的重要指标为哈夫单位、蛋黄指数和失重率。哈夫单位反映的是鸡蛋的浓蛋白高度及其质量，蛋黄指数的变化主要由蛋清水分扩散引起，蛋壳上的气孔是鸡蛋呼吸和内外物质交换的主要通道，蛋内水分和 CO_2 通过气孔向外逸出，鸡蛋质量减轻。赵杰文等[32]采集波长为 550～985nm 反映鸡蛋内部品质的近红外透射光谱，对其进行分析。研究表明鸡蛋内部品质与近红外透射光谱有明显的相关性。

作为非均匀体的鸡蛋，不能直接使用朗伯-比尔定律处理光谱数据。一般可以采用多元逐步回归方法处理光谱数据。

2）胚胎状况光学无损检测

基于 DSP 图像检测技术的孵化鸡蛋胚胎缺陷检测。孵化鸡蛋胚体内部特征主要分为四种：活胚、弱胚、死胚、污染胚。其中，弱胚、死胚和污染胚被定义为存有缺陷的胚体，是需要剔除的，主要存在以下特征：活胚血管多且粗，弱胚血管少且细，死胚内部均匀且无血管和黑色物体，污染胚内部有明显黑色物体[33]。

孵化鸡蛋胚体缺陷在线图像检测系统主要有下列子系统组成：光源和光学成像系统、图像获取与图像处理系统、DSP 系统以及分拣机构系统等[33]。

① 光源和光学成像系统。系统采用透射式光源，选用 20W 白炽灯 60 个，光照箱内壁喷涂成白色，将鸡蛋托盘表面涂成黑色，以形成黑色背景，自下而上透射鸡蛋，以得到鸡蛋清晰的透射图像。

② 图像获取与图像处理系统。通过相机获取孵化鸡蛋内部彩色图像，运用 C 语言编写图像处理程序函数，然后加载到 DSP 系统上，使用 DSP 对工业相机拍摄到的图像进行处理。

③ 分拣机构系统。分拣机构主要由真空吸盘和换向电磁阀构成。整个气动回路中，执行机构鸡蛋真空吸盘、换向电磁阀由 DSP 控制，工作台移动可由气缸或电机完成。

④ DSP 系统。将编制的图像处理算法和分拣机构逻辑控制程序写进 DSP 板，达到分拣的实时操作。

孵化鸡蛋胚体缺陷图像预处理：在孵化鸡蛋胚体缺陷图像处理前，常用的预处理方法有均值滤波、中值滤波、图像增强、阈值分割，经过图像阈值分割后的孵化鸡蛋的血管部分轮廓如图 7-8（a）所示，当污染胚内部有明显黑色物体时如图 7-8（b）所示。

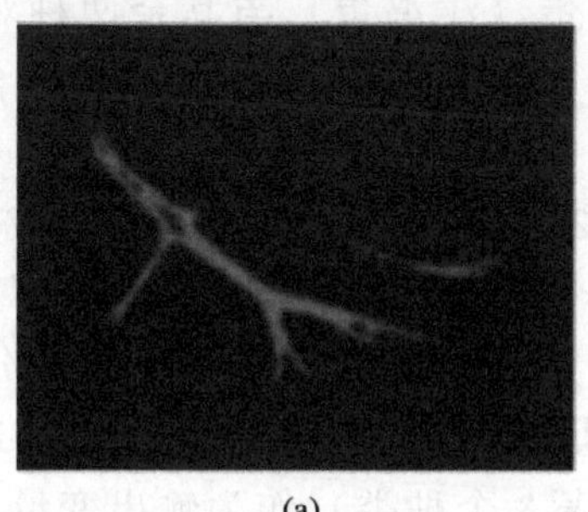
(a)

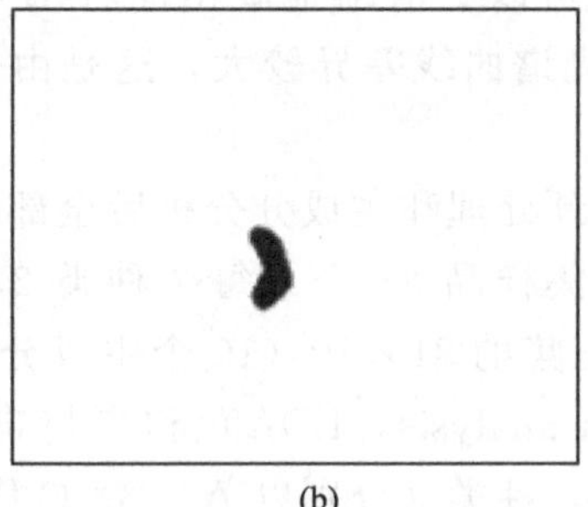
(b)

图 7-8　孵化鸡蛋图像阈值分割[33]

（a）血管部分轮廓；（b）黑色特征

软件开发时，首先用PC机对孵化鸡蛋胚体缺陷在线图像检测算法进行系统验证，然后通过算法移植到DSP芯片TMS320DM642硬件平台，通过TMS320DM642集成开发环境CCS中的Watch Window工具来查看特征参数变量值，进行验证移植到TMS320DM642的图像算法的正确性和有效性。

选取60个孵化5天的鸡蛋，运用上述方法进行孵化鸡蛋胚体模式识别判断实验，其中对活胚的判断率随着孵化阶段的深入逐步提高，基本准确率保持在97%以上；当选用孵化10天的鸡蛋时，此时的活胚血管更加茂盛，更有利于我们进行判断，准确率保持在98%以上；同样，运用类似地模式识别方法，可以对污染胚进行判断，准确率也保持在98%以上。

3. 禽蛋品种光学无损鉴别

关于利用近红外漫反射光谱鉴定鸡蛋种类的研究，汤丹明等[34]选用3个不同种类（A为土鸡蛋1、B为洋鸡蛋、C为土鸡蛋2）且生产日期相同的鸡蛋样品，每种40个共120个样品，其中，A与C为两种不同品牌的土鸡蛋，B为普通养殖场出产的洋鸡蛋。

使用Nexus 870型傅里叶近红外光谱仪（美国Nicolet公司），采用漫反射的采集方式，对每个鸡蛋的大头取3点进行光谱采集，取平均光谱作为一个样品的原始光谱。扫描波数范围为12 000～4000cm^{-1}，扫描次数为32次，分辨率为4cm^{-1}。在实验中通过对蛋壳与整蛋分别采集漫反射光谱并作基线校正后进行对比，可以看出同一整蛋漫反射光谱与蛋壳漫反射光谱有显著差别，在7500～6500cm^{-1}范围尤为明显。

在进行光谱数据处理时，为了寻找更具差异性的图谱信息，对原始光谱进行一阶导数处理。从而可以清楚地看出3种鸡蛋的一阶导数光谱在大部分区域大致重合，但在7300～6900cm^{-1}、5500～5000cm^{-1}、4500～4200cm^{-1}等波段差别较大。对其中与鸡蛋内部成分相关性较高的一个区域（7300～6900cm^{-1}）进行放大，可以更清晰地看出品种B鸡蛋（洋鸡蛋）与其余两种鸡蛋A和C（土鸡蛋）光谱曲线差异较大，这是由于土鸡蛋与洋鸡蛋内部成分含量的不同所引起的。

将完成预处理和主成分分析后全部120个鸡蛋样品数据随机分成校正集和验证集，校正集样品81个（每个种类27个）、验证集样品39个（每个种类13个）。把校正集的81×10（10个主成分）样品数据作为线性判别式分析（linear discriminant analysis，LDA）和支持向量机（support vector machine，SVM）的输入变量，种类（分别以A、B、C代表3个种类）作为输出变量，建立鸡蛋种类鉴别模型。LDA与SVM两种方法建模的校正集正确识别率都达到了100%，验证集正确识别率分别为92.32%和97.44%。

结果表明，近红外光谱技术结合模式识别方法鉴别鸡蛋种类的方法是可行的，为鸡蛋种类的快速无损检测提供了一种新方法。

7.3　禽肉及禽蛋安全检测

7.3.1　禽肉安全无损检测

1. 禽肉微生物污染光学无损检测

目前用于禽肉微生物污染的光学无损检测，主要有以下几种方法：近红外/傅里叶变换中红外光谱、漫反射光谱、近红外化学成像技术等方法，如表 7-2 所示[35,36]。

表 7-2　禽肉微生物污染光学无损检测方法

检测方法	波长范围	建模方法	检测指标
近红外和傅里叶变换中红外光谱	4000～800cm^{-1}	PCA＋PLS2-DA	细菌总数
漫反射光谱	600～1100nm	PLS＋PCA	细菌总数
近红外化学成像技术	1000～2350nm	PLS 分类模型	细菌分类鉴定

其中，在基于近红外化学成像技术的细菌鉴定方法中[37]，运用 Sapphire 成像

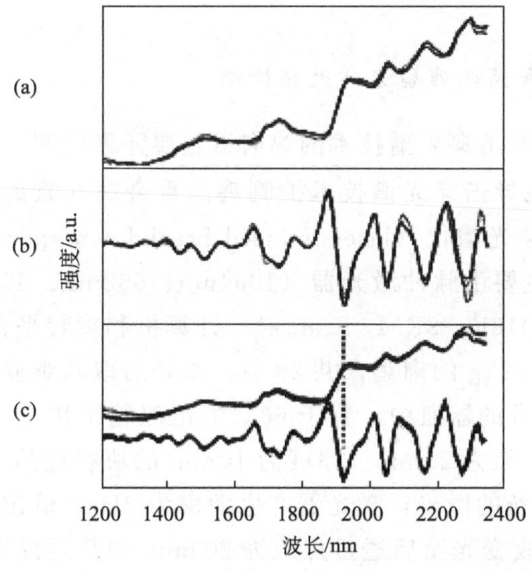

图 7-9　李斯特氏菌、大肠杆菌、肠炎沙门氏菌和蜡样芽孢杆菌细菌光谱图[37]

(a) 原始近红外光谱图；(b) 归一化二阶导数处理光谱图；

(c) 不同地点蜡样芽孢杆菌原始光谱及二阶导数光谱

系统（Spectral Dimensions Inc.，Olney MD）获取细菌细胞光谱范围为1000～2350nm的近红外光谱图像。图7-9分别显示了四种细菌的原始光谱图［图7-9（a）］、经二阶导数处理的光谱图［图7-9（b）］、不同地点蜡样芽孢杆菌原始和二阶导数光谱图［图7-9（c）］。

结果表明，利用近红外光谱技术，可以通过观察到的差异来确定其固有的特征波长，利用细菌细胞在不同波长范围（1000～2350nm）的近红外光谱技术，从而对细菌进行分类鉴定（图7-10）。

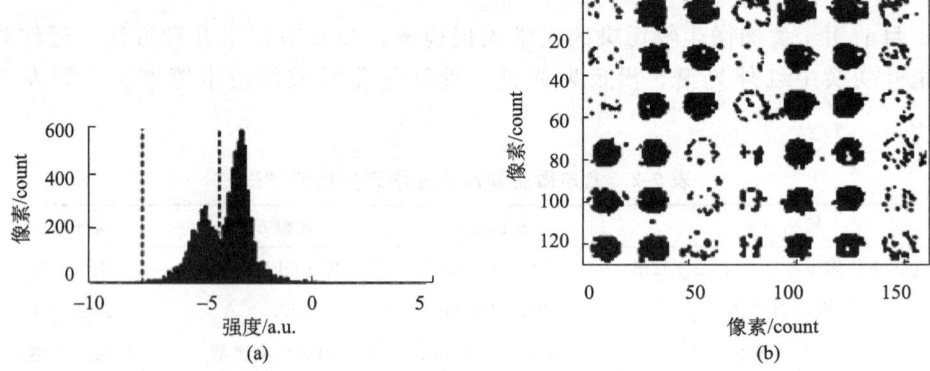

图7-10　不同菌种近红外光谱图的处理[37]

(a) 1940 nm处二阶导数处理后谱强度的直方图；(b) 由白到灰的二值图

2. 禽肉重金属和药物残留光学无损检测

1）基于激光诱导击穿光谱技术的鸡肉重金属元素检测

关于利用激光诱导击穿光谱技术检测鸡肉重金属元素的研究，雷泽剑等[38]采用了激光诱导击穿光谱仪（laser induced breakdown spectroscopy，LIBS）检测系统，系统硬件主要由脉冲激光器（1064nm、532nm、355nm）、八通道光纤光谱仪（AvaSpec-2048FT-8RM，France）、计算机和旋转平台构成。

样品为重量约1.2kg的肉鸡，共20只。宰杀后取其鸡皮和鸡腿肉分别剪碎，盛放在40个不同编号的器皿中，置于60℃的恒温箱中烘干48h，而后低温研磨成粉末并分别压成直径为25mm、厚度为10mm的块状样品。

采用1064nm波长的激光，激光器产生频率为2Hz，输出脉宽为8ns的激光，激光束经45°反射镜改变光路后透过焦距为200mm的凸透镜聚焦于样品表面。通过测量谱线波长和数据库波长比对的方法最终确定分析谱线的元素归属，再得到所分析元素的特征谱线波长分别为CⅠ 247.856nm、CdⅠ 298.062nm、CuⅠ 348.376nm、NiⅡ 355.941nm、PbⅠ 373.994nm、MnⅠ 403.307nm、CrⅠ 427.480nm。图7-11是样品中各分析元素特征波长所对应波段的 LIBS 谱线图。从图中可以看出分子谱线带较多，也反映了样品中所含有机高分子化合物较多。

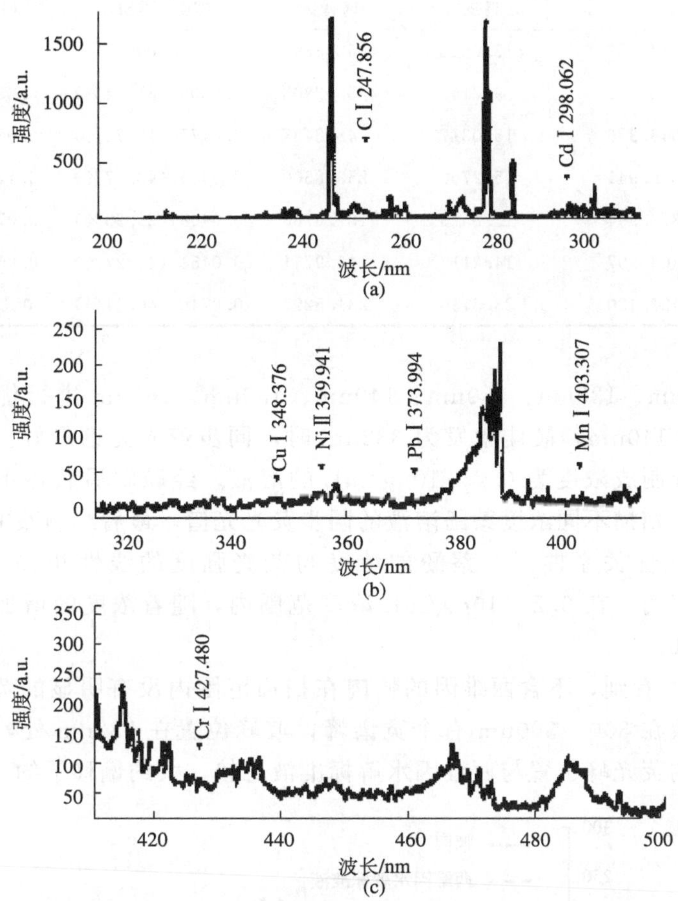

图 7-11　禽肉样品重金属元素激光诱导击穿特征光谱[38]

（a）C、Cd 元素；（b）Cu、Ni、Pb、Mn 元素；（c）Cr 元素

利用含量较稳定的 C 元素作为参考谱线，得出了六种重金属元素的相对强度值及其相对标准偏差（RSD），如表 7-3 所示。结果表明，激光诱导击穿光谱技术是一种快速而有效的检测肉类食品中重金属元素含量的手段。

2）基于同步荧光光谱法鸭肉中西维因残留含量检测

肖海斌等[39]利用荧光分光光度计 CaryEclipse（Varian，USA）对鸭肉中西维因含量进行了检测研究。取出冷冻的鸭肉，将其切成 1.5cm×1.5cm 大小，厚度为 1～2mm。为了得到荧光强度值最大的光谱，选择七种不同的波长差 Δλ：

表 7-3 各特征波长元素的平均强度值和相对强度比值及强度比的 RSD[38]

元素种类	特征波长/nm	平均光谱强度		与碳元素的相对强度比	
		鸡皮	鸡腿肉	鸡皮（RSD）	鸡腿肉（RSD）
CⅠ	247.856	315.0820	1952.8690	1.0000	1.0000
CdⅠ	298.062	9.7155	55.7806	0.0308（31.84%）	0.0286（19.93%）
CuⅠ	348.376	15.0317	48.8437	0.0477（18.72%）	0.0250（17.76%）
NiⅡ	355.941	15.2760	253.8500	0.0485（43.17%）	0.1300（16.09%）
PbⅠ	373.994	12.8573	137.6788	0.0408（29.95%）	0.0705（16.41%）
MnⅠ	403.307	14.2117	116.9741	0.0451（45.27%）	0.0599（17.34%）
CrⅠ	427.480	23.5150	231.5297	0.0746（40.11%）	0.1186（5.05%）

100nm、110nm、120nm、130nm、140nm、150nm、160nm 进行优化实验。在波长差 $\Delta\lambda$ 为 140nm，最佳激发为 332nm 时，同步荧光光谱最好。实验中，将西维因溶液配制成浓度为 0.2～10μg/mL 的溶液，经碱解后获得不同浓度的萘酚溶液，然后扫描不同浓度萘酚溶液的同步荧光光谱，最后绘制萘酚溶液浓度与荧光强度的线性关系曲线。萘酚的浓度与荧光强度的线性相关系数 R^2 达到 0.99。结果表明，在 0.2～10μg/mL 浓度范围内，随着浓度的增加，其荧光强度值线性增加。

从图 7-12 看到，不含西维因的鸭肉在扫描范围内没有明显的荧光峰，西维因水解标准液在 300～360nm 有个宽谱峰，波峰位置在 332nm 处，含有西维因的鸭肉样品的荧光峰位置与西维因水解标准液比较，大约偏移了约 10nm。

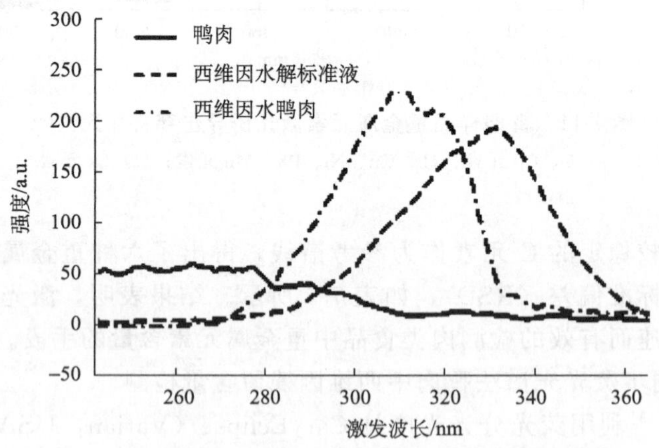

图 7-12 西维因鸭肉和西维因水解标准液的同步荧光光谱图[39]

选择特征波长：采用 F 检验提取出特征变量，使其交互验证均方根误差值（RMSECV）和最小的 RMSECV 差异不明显。当变异系数（coefficient of variation，CV）最好，响应为 98.04 时，获得了最佳的 21 个特征变量对应的波长为：250.00nm、280.00nm、281.07nm、282.00nm、284.00nm、285.07nm、286.00nm、310.00nm、310.93nm、331.07nm、332.00nm、333.00nm、334.00nm、335.07nm、336.00nm、337.07nm、338.00nm、340.00nm、341.07nm、342.00nm、343.07nm。

建立支持向量回归（support vector regression，SVR）预测模型：将用遗传算法（genetic algorithm，GA）选择的 21 个波长和全波长作为 SVR 回归模型的输入变量，从获得的 55 个样品中随机选取 42 个作为建模样品，剩余 13 个作为预测样品，SVR 模型的核函数选择为径向基函数（radial basis function，RBF）。研究发现，利用 GA 算法选择的特征变量建立的 SVR 回归模型得到的鸭肉中西维因含量的预测值与实际值的关系相关系数为 0.98。

因此，经过 GA 优化后 SVR 建立的回归模型的回归性能更好，对鸭肉中西维因残留含量的同步荧光检测研究，为禽肉类食品安全检测提供了一种新的途径。

3. 禽肉表面污染光学无损检测

1）基于多光谱系统鸡肉表面污染物检测

鸡肉在屠宰和处理过程中容易受到肉眼无法识别的污染物（如粪便等）的污染，而这些污染物也是病原菌的主要来源，从而影响着鸡肉的食用安全。目前国际上已经将鸡肉胴体表面污染物检测作为鸡肉品质安全的检测项目之一，其中，运用多光谱检测系统的检测方法可以实现快速、高效、无损的鸡肉胴体表面粪便污染物在线检测[40-43]。

在利用多光谱装置对鸡胴体表面进行光谱测定中，采用 517nm、565nm 以及 600nm 三个特征波长，根据特征波长对表面的污染物盲肠固溶物、十二指肠上下端固溶物、胆汁进行归类分析，测定检测系统的准确率。图 7-13 为鸡胴体表面污染物检测的示意图以及检测过程中的鸡胴体。结果表明，多光谱系统检测盲肠、十二指肠固溶物等污染物具有明显效果，检出概率达到 90%。

2）高光谱系统检测鸡肉表面污染物

近几年，运用高光谱成像技术检测家禽胴体，并通过检测粪便来评估肉类污染的研究工作已经有了快速发展。美国农业部农业研究署（USDA-ARS）食品安全实验室已经开发出肉鸡屠宰线自动检测系统[40]。

关于利用高光谱成像技术对鸡内部粪便污染物的检测，赵进辉等[41]采集 400～1000nm 的鸡胴体高光谱图像，结合主成分分析处理数据，获得 3 个最佳波长（518.59nm、562.64nm 和 700.67nm），并以 700.67nm 特征波长下的图像

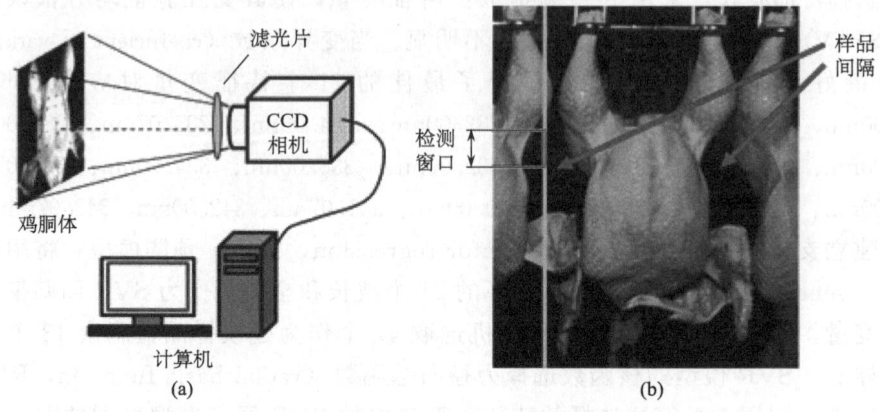

图 7-13 鸡胴体进行表面污染物检测[42]

(a) 多光谱检测系统示意图；(b) 检测过程中的鸡胴体

作为鸡胴体内部粪便污染物检测特征图像，完成对鸡胴体内部粪便污染物的在线快速检出，检测准确率达 93％（图 7-14）。

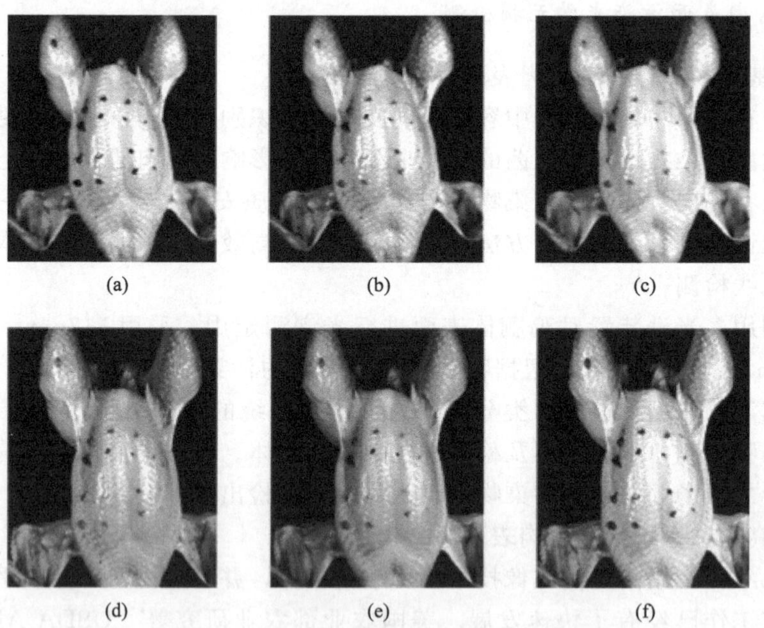

图 7-14 高光谱/多光谱获得的鸡胴体图像[42]

(a) 517nm 处高光谱图像；(b) 565nm 处高光谱图像；(c) 628nm 处高光谱图像；(d) 8.6nm 半高宽下 515.4nm 处多光谱图像；(e) 8.8nm 半高宽下 566.4nm 处多光谱图像；(f) 10.2nm 半高宽下 631nm 处多光谱图像

随后，作者进行了从高光谱向多光谱进行简化的研究尝试，运用 ENVI 软件从感兴趣区域（region of inertest，ROI）的高光谱中，利用单因素线性回归（sing-term linear regression）选出关键波长，再对关键波段比率图像进行阈值分割并显示污染物，检测准确率高达 96.2%。

4. 杂物、异物剔除

鸡肉去骨的人工劳动量很大，生产上由手工检查鸡骨头是否去除干净，不能满足生产线的要求，因此实现仪器自动检测很有必要。X 射线图像检测是首选技术。X 射线图像对于检测鸡肉内部较深部位的骨头很有效，但对表面骨头检测比较困难，而可见光图像则正相反。因此利用可见光图像与 X 射线图像信息融合的方法检测鸡肉中骨头，在鸡肉的 X 射线图像中，骨头表现为一群深颜色像素的聚集，有时厚度不均、肌肉重叠等原因也会在 X 射线图像中表现出深颜色像素的聚集，这给鸡肉中骨头的图像识别造成了较大困难。通过研究提取骨头像素图像特征和其他情况产生的深颜色像素图像特征的差异，发现用神经网络方法可区分骨头与非骨头区域。

为了解决由于鸡肉厚度不均引起鸡骨头误判的问题，Tao 等[11]提出了厚度补偿算法，通过计算鸡块的厚度轮廓函数来获得 X 射线图像灰度的补偿函数，再通过阙值法分割出骨头区域。由于骨头和鸡肉的 X 射线吸收能力是不一样的，所以简单阙值法不易同时分割出骨头和其他肉中的危险物质，如铁钉等。因此，把肉和骨头对 X 射线吸收率的不同，考虑到阀值算法中，提出了基于厚度变化、肉和骨头吸收率差别的局部阀值分割算法，结果表明该算法有很好的图像检测效果。

7.3.2　禽蛋安全无损检测

识别禽蛋品质优劣及延长保鲜期一直被生产者和消费者所重视。而引起禽蛋变质主要原因是细菌侵入蛋壳引起腐败变质所致。蛋壳破损后，禽蛋表面的裂纹会导致鸡蛋遭受细菌污染，外界的微生物就很容易通过裂纹进入蛋壳，从而导致禽蛋新鲜程度降低，甚至发生腐坏。

评价禽蛋新鲜度的理化指标通常有哈夫单位（HU）、蛋黄系数和挥发性盐基氮。根据美国农业部单品标准规定的禽蛋新鲜度品质分级标准，将食用蛋的新鲜度分为三级，新鲜蛋哈夫单位通常在 75～82，高的可达 90 左右，食用蛋在 72 以上即可，其符号为 Ha。

1. 基于荧光光谱的鸡蛋新鲜度检测

荧光光谱用于测定鸡蛋新鲜度的研究不多。这是因为鸡蛋中含有很多的荧光化合物，这使得从它们的光谱得到蛋白质分子信息非常困难。蛋白质中的芳香族氨基酸（色氨酸、酪氨酸和苯丙氨酸）、维生素 A 和维生素 B_2、核苷酸等都具有荧光特性。蛋白质的芳香氨基酸的荧光特性能被用来研究蛋白质结构。鸡蛋中的主要蛋白质至少含有一个色氨酸残基，它的荧光性能被用来检测蛋白质随时间变化的结构变化[44]。

在利用荧光光谱测定鸡蛋新鲜度中，Posudin[45]采用紫外辐射来评价鸡蛋质量，在 405nm、510nm、540nm 及 557nm 波长激发后，不同的鸡蛋在 635nm 和 672nm 出现了两个极大值。这些激发波长和色素卟啉本身及其衍生物弗洛林（florin）和奥克弗洛林（oxoflorin）有关，得到的结果显示在 672nm 的强度取决于鸡蛋的新鲜度。新鲜鸡蛋在 672nm 的强度比陈旧鸡蛋更强，从而通过荧光光谱评价可以测定鸡蛋新鲜度。

关于利用荧光光谱测定鸡蛋蛋清和蛋黄评定鸡蛋新鲜度的研究，Karoui 等[46]获取了贮藏在 12.2℃、87%相对湿度环境下鸡蛋的蛋清和蛋黄内部荧光特性，采集了 126 个褐壳全蛋贮藏 1、6、8、12、15、20、22、26、29、33、40、47 和 55 天后的芳香族氨基酸和核酸（激发波长 250nm，发射波长 280～450nm）、荧光麦拉德（Maillard）反应产物（激发波长 360nm，发射波长 380～580nm）、维生素 A（激发波长 270～350nm，发射波长 410nm）的荧光发射光谱。通过光谱解析，发现芳香族氨基酸和核苷酸的荧光光谱的预测和验证的正确性分别为 69.4%和 63.9%，而维生素 A 的荧光光谱的预测和验证结果是这些荧光特性中最好的，其正确性分别为 97.7%和 85.7%。这些结果表明，维生素 A 的荧光光谱提供的信息能用于贮藏过程中鸡蛋的鉴别，可作为鸡蛋新鲜度评价的一个有效工具。

2. 基于透射光的鸡蛋新鲜度检测

不同品种的禽蛋由于其组成成分不同，光的透射率也有所不同。有研究学者比较了不同品种的鸡蛋在相同储藏时间和同一波长的光照下，透射率的差异可以达到 4 倍左右。关于利用光透射检测鸡蛋新鲜度的研究，吴瑞梅等[47]通过对麻鸡蛋和以色列鸡蛋两个品种进行光特性透射率追踪实验及其新鲜度指标（哈夫单位）同步实验，如图 7-15 所示，建立不同品种鸡蛋在透射敏感波长下的光特性透射率与其新鲜度指标的相关关系。该方法采用波长范围为 400～600nm 的 UV-1100 紫外/可见分光光度计，采集两种鸡蛋在不同保存时间光透射率随波长的变化图像，通过回归分析，根据国际鸡蛋新鲜度指标（哈夫单位）的分级标准，得出鸡蛋按光特性透射率的分级，为鸡蛋无损状态下新鲜度光特性分级提供理论依据。

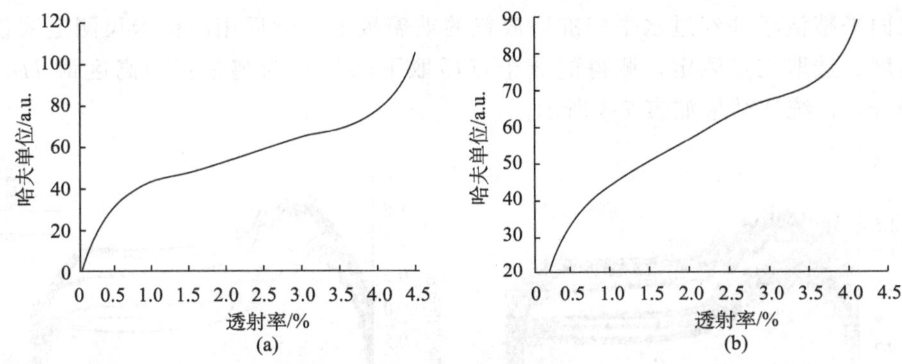

图 7-15　不同种类鸡蛋光透射率与新鲜度指标（哈夫单位）的关系[47]
（a）麻鸡蛋；（b）以色列鸡蛋

3. 基于可见/近红外光谱的鸡蛋新鲜度检测

关于利用近红外光谱检测鸡蛋新鲜度的研究，Schmilovitch 等[44]通过偏最小二乘法（partial least square，PLS）研究了鸡蛋放置时间、气室大小、质量损失和 pH 的变化，这些变量能通过近红外光谱（NIR）预测，其相关系数 R 在 0.9～0.92。此外，采用 300～700nm 的可见光和 750～2500nm 的 NIR 来检测鸡蛋在贮藏过程中的新鲜度变化，结果表明个体鸡蛋和整批鸡蛋之间有大幅度的变化，变化主要与鸡蛋的内部特征和蛋壳特征有关。

同样，采用近红外漫反射技术在对鸡蛋贮藏时间及鸡蛋哈夫单位和蛋白 pH 之间进行研究时，也发现随着储存时间的增加，鸡蛋中蛋白高度逐渐变薄而蛋白 pH 上升高度逐渐趋于平衡[32]。利用光谱曲线的变化可以达到预测鸡蛋新鲜度指标的要求。

关于利用可见/近红外光谱技术检测鸡蛋新鲜度的研究，Dhakal 等[48]采用了可见/近红外鸡蛋新鲜度的光谱采集系统装置。整个检测装置由 USB4000 和即插即用型探测器（Toshiba TCD1304AP Detector，Ocean Optics，Dunedin，Florida，USA）。可见/近红外光谱的波长范围在 300nm～1020nm。为了使鸡蛋保持相同的水平位置，在相同条件获取鸡蛋光谱数据，组建了一套固定装置。样品为 120 个表面洁净、蛋壳完好、颜色从浅到深分布的新鲜鸡蛋，分别采购于不同的家禽饲养场。实验期间鸡蛋存放于实验室环境，温度和湿度条件保持一致，每隔两天随机选取 20 个鸡蛋样品检测，直至 12 天完成。

采集鸡蛋样品的近红外光谱时，选取每个鸡蛋样品表面赤道区的 4 个不同位置进行光谱数据采集，取其平均值作为该样品的最终原始光谱数据。120 个鸡蛋的原始光谱曲线以及前 6 天的平均光谱曲线分别如图 7-16（a）和图 7-16（b）所示。采集完光谱数据后，先测定每个鸡蛋样品的重量，再将鸡蛋壳轻轻打破，倒在表面平整洁净并经过水平校准后放置的玻璃板上，然后用游标卡尺测定浓蛋白的高度。选取三点测定，测得的 3 个点后取平均值作为鸡蛋蛋白高度值 H，单位为 mm，统计结果如表 7-4 所示。

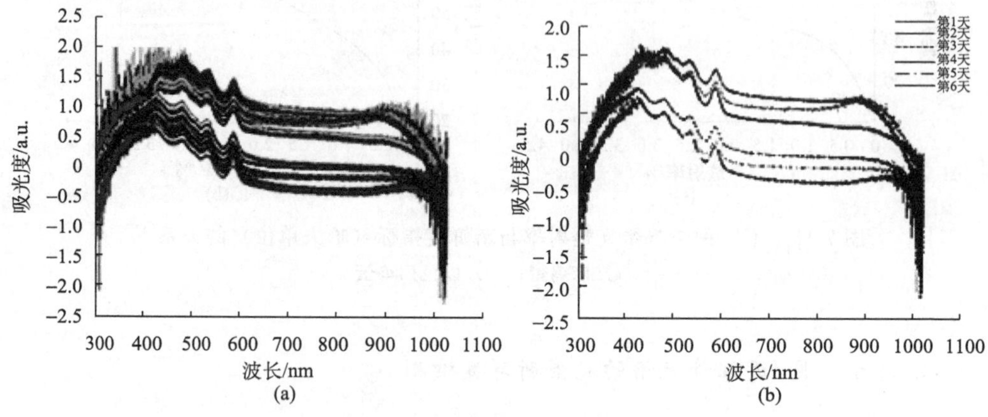

图 7-16 装置采集的鸡蛋样品可见/近红外光谱[48]

(a) 鸡蛋样品的原始光谱曲线；(b) 不同天数鸡蛋平均光谱曲线

表 7-4 HU 和浓蛋白高度的最高值和最低值[48]

实验天数/天	HU 最高值	HU 最低值	浓蛋白高度最高值/mm	浓蛋白高度最低值/mm
0	96.629	68.139	9.513 3	5.19
2	81.733	53.74	6.936 7	3.243 3
4	78.10	37.632	5.966 7	2.246 7
6	78.224	48.126	6.01	3.023 3
8	75.405	42.16	5.363 3	2.583 3
10	75.439	24.523	5.523 3	1.493 3

由样品质量和浓蛋白高度可计算其哈夫单位 HU，计算公式为式 (7-1)[32]。

$$HU = 100 \times \log_{10}(H - 1.7 \times W^{0.37} + 7.6) \tag{7-1}$$

式中，H 是浓蛋白高度；W 是完好鸡蛋的重量。

采用 MSC 和 S-G 平滑两种预处理方法对原始光谱进行去噪处理（图 7-17）。通过反向传播神经网络算法建立鸡蛋新鲜度预测模型。以哈夫单位为评价指标的预测模型的相关系数 R 为 0.82，RMSEC 为 8.11；以蛋白厚度为评价指标的鸡蛋新鲜度预测模型的相关系数 R 为 0.83，RMSEC 为 0.88mm。结果显示，利用可见/近红外光谱技术，以哈夫单位和蛋白厚度为评价指标，能够实现快速、准确、无损检测鸡蛋新鲜度。

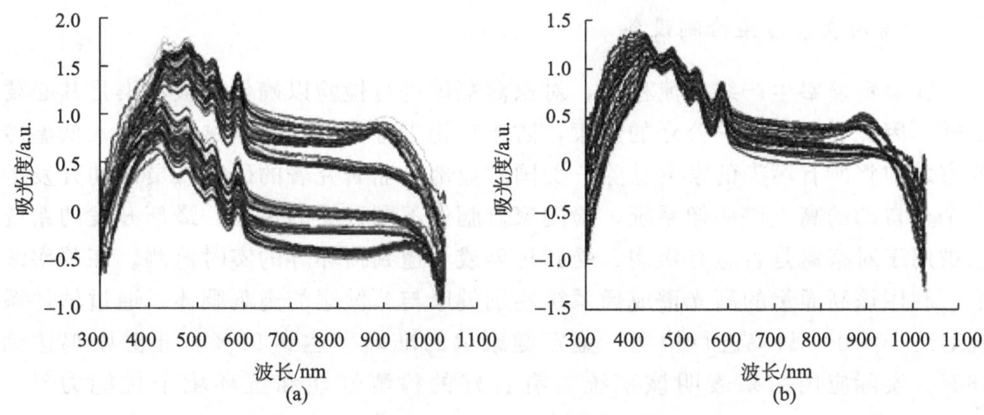

图 7-17　鸡蛋光谱曲线的 SG＋MSC 预处理[48]

（a）SG 平滑预处理后的光谱曲线；（b）MSC 预处理后的光谱曲线

7.4　品质安全光学检测的应用

7.4.1　禽肉及禽蛋光学检测的应用

1. 禽肉及禽蛋品质分级装备

美国农业部农业研究署食品安全实验室已经开发出新鲜鸡的在线自动检测系统[40,49,50]。丹麦 Foss 公司的近红外反射光谱系统，在鲜鸡肉肉糜的蛋白质、渗透性脂肪、干物质及矿物质的预测中也取得了很好的效果[51]。

在禽蛋品质分级的装备上，目前有荷兰 MOBA 公司、美国 Diamond 公司、日本 NABEL 和日本的 KYOWA 公司等研发了禽蛋的分级包装机，美国的 Georgia 大学和 Purdue 大学、美国的 AM Bach Sstraa 公司和 Ihames valley 食品公司以及新西兰政府工业研究公司等拥有该方面先进的技术。禽蛋分级装备具有功能强大、适用范围广的优点。随着计算机处理技术和光谱分析技术的不断发展，世界上有许多国家已近开发出相应的仪器设备并运用于实际生产中。

丹麦 Foss 公司研发的型号为 FoodScan 的 FOSS 肉类/食品成分快速分析仪，是第一个获得 AOAC（Association of Official Analytical Chemists，美国分析化学家协会）认可的用于肉类分析的近红外分析装置。FoodScan 系列仪器应用近红外全光栅透射技术，采用 ANN 人工神经网络技术，由于具有应用范围广、工作效率高、能够满足不同用户需求等优点，在鲜鸡肉肉糜的蛋白质、渗透性脂肪、干物质等预测中取得了很好的效果。在肉品生产环节中，该产品可用于原料质量控制、生产过程控制和成品质量控制三方面；在禽蛋销售环节，适用于各超市、商场、贸易商进行质量检测。

2. 禽肉表面污染检测设备

在家禽屠宰生产线的流程中，对家禽胴体进行检验以确保未被污染是其必要步骤。因此，为了保护公众的健康，防止食物中毒，必须在家禽胴体进入低温冷冻室之前将所有污染的家禽移除。美国农业部农业研究署的研究人员成功开发了一个全自动的高光谱成像系统，检测家禽胴体不同种类的污染。最新开发的系统已被用于对家禽是否患有疾病、受到污染或者遭到损坏等的实时监测。在屠宰线上，利用该高通量的高光谱成像系统鉴别健康与非健康的肉鸡胴体，通过软件系统对约 100 000 只鸡进行检测，鉴定健康鸡的准确率达到 99%，非健康鸡达到 96%。实际应用结果表明该系统具有良好的检测性能和抗环境干扰能力[52-54]（图 7-18）。

图 7-18　高通量的家禽胴体高光谱成像检测生产线[55]

A-电子倍增 CCD；B-线扫描光谱仪；C-镜头；D-LED 光源；E-数据处理系统

7.4.2　今后待解决的技术问题

关于禽肉及禽蛋品质安全的光学检测技术，产生检测误差的原因有以下几点：①光源影响，光源强度波动导致成像存在误差，影响图像特征参数；②来自蛋类物理特性影响，禽蛋蛋壳厚度对图像特征参数的影响较大，从而影响预测模型的精度；③来自人为因素影响，在测量参照值时，会存在相应的测量误差；④光谱特征信息提取和处理技术的不完善，在分析光谱信息时，目标成分含量的信息淹没在大量无效信息中，影响光学技术的分析精度。

随着研究的深入，基于光学技术无损检测的优越功能正逐渐体现出来，将光谱技术与机器视觉、超声波等其他新技术有机融合，提高全面综合评价禽蛋品质安全指标的水平。今后禽肉及禽蛋光学无损检测方面应朝着如下的方向发展：①在图像处理运算方面需要不断探索的有效方法，力求图像处理和识别算法的快速性、有效性及准确性；②应进一步加强对多种传感器检测信息技术的研发，提高禽肉及禽蛋内外品质在线实时自动检测及分级能力；③开发实用的在线检测装备和智能监控系统，投入到禽肉及禽蛋品质安全快速无损检测的实际运用中；④提高检测装置系统的性能，使其由复杂化向数字化、智能化、便携化方向发展。

因此，要特别重视高新技术的新成果向禽肉及禽蛋生产加工应用领域转移的研究工作，尤其是要加强光学无损检测技术在禽肉及禽蛋检测中的应用。

参 考 文 献

[1] 汪尧春，呙于明. 食用禽加工处理与禽肉品质. 中国畜牧杂志，1997，33 (5)：51～53

[2] 王继强，张波，刘福柱. 营养与鸡肉品质. 中国家禽，2005，27 (2)：47～49

[3] 姜喃喃，王鹏，邢通，徐幸莲，周光宏. 宰前与宰杀因素对禽肉品质的影响研究进展. 食品科学，2015，36 (3)：240～244

[4] 黄稚淳，梁细云. 影响禽肉品质的因素. 肉类工业，2005，6：36～37

[5] 章薇，吴娟，熊国远. 鸡肉加工过程中微生物控制的探讨. 畜牧与饲料科学，2010，31 (5)：93～94

[6] 董修建，赵超，马学会，等. 不同蛋鸡品种鸡蛋品质的比较分析. 中国家禽，2005，27 (9)：16～18

[7] 周光宏. 畜产品加工学. 北京：中国农业出版社，2002

[8] Karoui R，Kemps B，Bamelis F，et al. Methods to evaluate egg freshness in research and industry：a review. Food and Bioprocess Technology，2006，222 (6)：727～732

[9] Lawrence K C，Smith D P，Windham W R，et al. Egg embryo development detection with hyperspectral imaging. International Journal of Poultry Science，2006，5 (10)：984～969

[10] 刘炜，吴昊旻，孙东东，等. 近红外光谱分析技术在鲜鸡肉快速检测分析中的应用研究. 中国家禽，2009，31 (2)：8～11

[11] Tao Y，Chen Z，Jing H，et al. Internal inspection of deboned poultry using X-ray imaging and adaptive thresholding. Journal of Electronic Packaging，2001，44 (4)：1005～1009

[12] 王巧华，周平，熊利荣，等. 鸡蛋光反射特性及其与新鲜度的关系. 华中农业大学学报，2008，27 (1)：140～143

[13] 刘燕德，应义斌，毛学东，等. 鸡蛋新鲜度的光特性无损检测. 农业工程学报，2003，19 (5)：152～155

[14] 侯卓成，杨宁，李俊英，等. 傅里叶变换近红外反射用于鸡蛋蛋品质的研究. 光谱学与光谱分析，2009，29 (8)：2063～2066

[15] 卓成，赵勇，洪文学. 基于符号熵特征提取方法的特种品质鸡蛋近红外光谱鉴别分析. 光

谱学与光谱分析，2011，31 (11)：2932～2935

[16] 林颢，赵杰文，陈全胜，等. 近红外光谱结合一类支持向量机算法检测鸡蛋的新鲜度. 光谱学与光谱分析，2010，30 (4)：929～932

[17] Abdel-Nour N，Ngadi M，Prasher S，et al. Prediction of egg freshness and albumen quality using visible/near infrared spectroscopy. Food Bioprocess Technology，2011，4 (5)：731～736

[18] 赵进辉，刘木华，吁芳，等. 鸭肉中谷氨酸含量的可见-近红外光谱测定研究. 核农学报，2011，25 (3)：529～533

[19] 涂冬成. 禽肉肉色、弹性和嫩度的图像和激光诱导荧光无损检测技术研究. 南昌：江西农业大学，2011

[20] Graua R，Sánchezb A J，Giróna J，et al. Nondestructive assessment of freshness in packaged sliced chicken breasts using SW-NIR spectroscopy. Food Research International，2011，44 (1)：331～337

[21] Kim I，Kim M S，Chen Y R，et al. Detection of skin tumors on chicken carcasses using hyperspectral fluorescence imaging. Transactions of the ASAE，2004，47 (5)：1785～1792

[22] Goodrum J W，Elster R T. Machine vision for crack detection in rotating eggs. Transactions of the American Society of Agricultural Engineers，1992，35 (4)：1323～1328

[23] Li Y Y，Dhakal S，Peng Y K. A machine vision system for identification of micro-crack in egg shell. Journal of Food Engineering，2012，109：127～134

[24] Lawrence K C，Yoon S C，Heitschmidt G W，et al. Imaging system with modified-pressure chamber for crack detection in shell eggs. Sensing and Instrumentation for Food Quality and Safety，2008，2：116～122

[25] 熊欢. 蛋壳强度和厚度的近红外光谱检测分析. 杭州：浙江大学，2013

[26] 姜勇，郭文川. 基于 DSP 的鸡蛋蛋壳破损检测系统硬件设计. 农机化研究，2008，30 (8)：103～105

[27] 方如明，向忠平，李国文. 鸡蛋内部品质的光特性无损检测. 农业工程学报，1993，9 (3)：102～107

[28] 侯卓成，杨宁，李俊英，等. 傅里叶变换近红外反射用于鸡蛋蛋品质的研究. 光谱学与光谱分析，2009，29 (8)：2063～2068

[29] Liu Y，Ying Y，Ouyang A，et al. Measurement of internal quality in chicken eggs using visible transmittance spectroscopy technology. Food Control，2007，18 (1)：18～22

[30] 刘燕德，彭彦颖，孙旭东. 鸡蛋蛋白 pH 可见/近红外光谱在线检测信息变量提取研究. 江西农业大学学报，2010，32 (5)：1075～1080

[31] 苏臣，吴安翔. 鸡蛋六种品质的数字图像特征. 中国家禽，1995，16 (5)：18～20

[32] 赵杰文，毕夏坤，林颢，等. 鸡蛋新鲜度的可见-近红外透射光谱快速识别. 激光与光电子学进展，2013，50 (5)：213～220

[33] 胡忠阳，颉潭成，南翔，等. 孵化鸡蛋胚体缺陷在线图像检测系统. 机械设计与制造，2010，29 (10)：81～83

[34] 汤丹明，孙斌，刘辉军. 近红外漫反射光谱鉴别鸡蛋种类. 光谱实验室，2012，29（5）：2699～2702

[35] Alexandrakis D, Downey G, Scannell A G M. Rapid non-destructive detection of spoilage of intact chicken breast muscle using near-infrared and Fourier transform mid-infrared spectroscopy and multivariate statistics. Food and Bioprocess Technology, 2012, 5（1）: 338～347

[36] Lin M, Al-Holy M, Mousavi-Hesary M, et al. Rapid and quantitative detection of the microbial spoilage in chicken meat by diffuse reflectance spectroscopy（600～1100 nm）. Letters in Applied Microbiology, 2004, 39: 148～155

[37] Duboisa J, Lewisb E N, Jr. c F S, Calvey E M. Bacterial identification by near-infrared chemical imaging of food-specific cards. Food Microbiology, 2005, 22（6）: 577～583

[38] 雷泽剑，胡淑芬，姚明印，等. 激光诱导击穿光谱技术分析鸡肉中的重金属元素. 应用激光，2010，30（5）：417～420

[39] 肖海斌，刘木华，袁海超，等. 基于同步荧光光谱法的鸭肉中西维因残留含量检测研究. 光谱学与光谱分析，2012，32（11）：3058～3062

[40] Chen Y R, Hruschka W R, Early H. A chicken carcass inspection system using visible/near-infrared reflectance: in plant trials. Journal of Food Process Engineering, 2000, 23（2）: 89～99

[41] 赵进辉，涂冬成，欧阳静怡，等. 利用高光谱图像技术检测鸡胴体内部粪便污染物. 江西农业大学学报，2011，33（3）：573-577

[42] Park B, Lawrence K C, Windham W R, et al. Multispectral imaging system for fecal and ingesta detection on poultry carcasses. Journal of Food Process Engineering, 2004, 27（5）: 311～327

[43] Liu Y L, Windham W R, Lawrence K C, et al. Simple algorithms for the classification of visible/near-infrared and hyperspectral imaging spectra of chicken skins, feces, and fecal contaminated skins. Applied Spectroscopy, 2003, 57（12）: 1609～1612

[44] 舒国伟，陈合，张璐，等. 鸡蛋新鲜度评价方法研究现状. 食品科技，2008，34（10）：233～236

[45] Karoui R, Kemps B, Bamelis F, et al. Methods to evaluate egg freshness in research and industry: a review. European Food Research and Technology, 2006, 222: 727～732

[46] Karoui R, Schoonheydt R, Decuypere E, et al. Front face fluorescence spectroscopy as a tool for the assessment of egg freshness during storage at a temperature of 12. 2°C and 87% relative humidity. Analytica Chimica Acta, 2007, 582（1）: 83-91

[47] 吴瑞梅，严霖元，乔振先. 不同品种鸡蛋新鲜度与其光特性的相关关系. 江西农业大学学报，2004，24（5）：781～784

[48] Dhakal S, Wu J, Chen J, et al. Prediction of egg's freshness using backward propagation neural network. Applied Engineering in Agriculture, 2011, 27（2）: 279～285

[49] Lawrence K C, Smith D P, Windham W R, et al. Algorithm development with visible/

near-infrared spectra for detection of poultry feces and ingesta. Transactions of the ASAE, 2003, 46 (6): 1733～1738

[50] Kemps B J, de Katelaere B, Bamelis F R, et al. Albumen freshness assessment by combining visible near-infrared transmission and low-resolution proton nuclear magnetic resonance spectroscopy. Poultry Science, 2007, 86: 752～759

[51] 王亮，郁志宏，温鹿，等. 鸡蛋自动检测分级与包装装置的设计. 农机化研究，2013，35 (3): 117～120

[52] Cho B K, Chen Y R, Kim M S. Multispectral detection of organic residues on poultry processing plant equipment based on hyperspectral reflectance imaging technique. Computers and Electronics in Agriculture, 2007, 57 (2): 177～189

[53] Yang C C, Chao K, Chen Y R, et al. Development of fuzzy logic based differentiation algorithm and fast line-scan imaging system for chicken inspection. Biosystems Engineering, 2006, 95 (4): 483～496

[54] Park B, Lawrence K C, Windham W R. Performance of hyperspectral imaging system for poultry surface fecal contaminant detection. Journal of Food Engineering, 2006, 75 (3): 340～348

[55] Chao K, Yang C C, Kim M S, et al. High throughput spectral imaging system for wholesomeness inspection of chicken. Applied Engineering in Agriculture, 2008, 24 (4): 475～485

第8章　水产品品质安全的光学检测技术

我国水产品的品种繁多，仅鱼类就有3000多种，虾类300多种，蟹类600多种。我国是世界上最大的水产品生产国及消费国，但是我国水产品质量安全基础还很薄弱，水产品质量安全问题依然突出，影响水产品质量安全的瓶颈问题尚未有效得以解决。卫生标准超标、超量或违禁使用添加剂、水产品包装不规范、虚假标签、掺杂使假、以次充好、人为注水等问题屡禁不绝。特别是由于我国水产品在原料供应、产地环境、法律实施、流通环节监管等方面存在诸多的问题，故而水产品品质安全形势不容乐观[1]。水产品品质与安全问题不仅影响公众健康、社会稳定和国际形象，同时会造成严重的经济损失。

水产品品质参数检测包括感官品质参数检测和营养品质参数检测，其中感官品质参数主要是颜色（水产品体色与肌肉颜色）和气味，根据水产品本身体色或肌肉颜色和气味可以对其感官品质进行评价[2]；水产品营养品质参数检测主要是指蛋白质、脂类物质等含量测定[3]，水产品中含丰富蛋白质，且为优质蛋白，有益于人体营养补充，且水产品中脂肪酸多由不饱和脂肪酸组成，易于消化吸收，能降低心脑血管疾病的发病率，故而蛋白质、脂类物质等含量测定是水产品营养品质的重要评价指标。

水产品的安全性是指水产品中不应含有可能损害或威胁人体健康的有毒有害物质或因素，从而导致消费者急性或慢性毒害及感染疾病，或产生危及消费者及其后代健康的隐患[4]。水产品安全参数检测主要表现为新鲜度检测，新鲜度对水产品的安全及原料的加工适性有着很大的影响，新鲜度的高低会直接决定水产品的最终价值。随着生活水平的提高，人们对于水产品新鲜度的要求也越来越高，因此水产品新鲜度检测对水产品安全、运输及加工过程均有着重要意义。同时，水产品质量受到生长环境、生产、加工、流通等环节中各种因素的影响，存在重金属、药物、激素及生物毒素残留等质量安全问题[5]。

本章以生产量及消费量最大的三类水产品，即鱼、虾、蟹为主要研究对象，分别介绍其品质及安全参数的常规检测和现代光学无损检测技术。

8.1　水产品品质安全参数及常规检测方法

8.1.1　水产品品质参数及常规检测方法

1. 水产品感官品质参数及常规检测方法

自然环境下成长的水产品各自有其特定的体色，若受到不同养殖环境及饲料添加等因素的影响，水产品固有的体色及肌肉颜色会发生变化。故而，水产品的感官品质可根据其体色和肌肉颜色参数进行评定[6,7]。淡水鱼（鲤鱼、草鱼等）一般是整条鱼食用，其感官品质检测主要是体色的检测，常规检测方法是目测法；海水鱼（金枪鱼、鲑鱼等）一般是生鲜食用（生鱼片、寿司），其感官品质检测主要是肌肉颜色的检测，常规方法是目测法、比色卡检测法和色差计检测法。

此外，水产品感官品质参数检测还包括气味检测。一般认为，水产品的风味主要是由它们的嗅感香气和鲜味共同组成。水产品本身非常容易腐败，在腐败过程中，新鲜水产品香味可能会被微生物或自溶作用破坏，或可能存在新生成的化合物，掩蔽了水产品原有的香气，使得水产品呈现出异常的气味。此外，加工及水环境因素对水产品气味同样有很大的影响。故而，水产品气味是评价其感官品质的重要参数之一。水产品气味检测可以通过感官检验进行评定[8]。但感官质量指标常受人为、环境等因素的影响，且它主要是反映水产品的外观品质。更为准确的方法是仪器测量法，通过对特征性挥发物质的测量来掌握鱼的新鲜度和腐败阶段。气味的常规检测方法一般是通过顶空气体捕集法、固相微萃取法等将挥发性成分提取，然后采用气相色谱-质谱联用法（gas chromatography-mass spectrometry，GC-MS）或者气相色谱-嗅觉测量法对挥发性成分进行定性和定量分析[9]。

结合上述内容，水产品感官品质检测参数主要是其体色和肌肉颜色及气味。我国 2001 年发布并实施的《农产品安全质量-无公害水产品安全要求》（国家标准 GB 18406.4—2001）规定的感官要求应符合表 8-1 规定[10]。

表 8-1　无公害水产品安全感官要求[10]

水产品种类	项目要求		
	外观	气味	组织
鱼类： 海水鱼、淡水鱼	体表：鳞片、鳍完整或较完整，鳞片不易脱落，体表黏液透明，呈固有色泽。 鳃：鳃丝鲜红或暗红，黏液不浑浊。 眼球：眼球饱满，黑白分明，或稍变红	呈相应水产品固有气味、无异味	肌肉紧密、有弹性，内脏清晰可辨，无腐烂
甲壳类： 虾、蟹	外壳亮泽完好，眼睛黑亮，透明。活体反应敏捷，活动自如。鳃丝清晰，白色或微褐色。蟹脐上部无胃印		肌肉纹理清晰、紧密、有弹性，呈玉白色

2. 水产品营养品质参数及常规检测方法

鱼类、虾、蟹等均含有丰富的蛋白质，含量高达 15%～20%。脂类物质包括脂肪（即甘油三酯）和类脂质（脂肪酸等）。鱼类、虾、蟹等水产品含脂肪量很低，仅 1%～10%，多数为 1%～3%，并且多由不饱和脂肪酸组成，易被消化吸收，不易引起动脉硬化，更适合老年人及心血管病人食用[11]。故而，水产品的常规营养品质检测参数主要包括蛋白质、脂类物质含量测定。

目前对水产品中粗蛋白的测定主要采用凯式定氮法，它是测定总有机氮的最基本和最常用的方法，适用范围广泛，测定结果准确、重现性好，但操作复杂费时，消耗大量试剂。紫外分光光度法也是一种测定蛋白质含量的常用方法，利用一定波长下蛋白质的吸光度与蛋白质的浓度成正比的关系，可以进行蛋白质含量的测定。此外，近年来应用液相色谱法分析测定氨基酸比较普遍[12,13]。

水产品中脂肪含量的常规检测方法是索氏抽提法，用于粗脂肪含量的测定。此外，还有酸水解法，能对包括游离态脂和结合态脂类在内的全部脂类进行定量。但这些检测方法需要对样品进行复杂的预处理，损坏样品，且检测成本高。水产品中类脂质较多，主要为脂肪酸。水产品中脂肪酸的检测方法主要有气相色谱法（gas chromatography，GC）、GC-MS。GC-MS 可同时完成对待测组分的分离和鉴定，适用于多组分混合物中未知组分的定性和定量分析。国内有少量报道采用高效液相色谱法（high-performance liquid chromatography，HPLC）对鱼油中二十碳五烯酸（eicosapentaenoic acid，EPA）和二十二碳六烯酸（docosahexaenoic acid，DHA）进行检测，需要衍生化后进行 HPLC 分析。衍生化过程比较复杂，操作步骤较多，脂肪酸会有一定损失[14]。另外，目前常用的检测微量元素的方法还有：原子吸收分光光度法（atomic absorption spectrophotography，AAS)、电感耦合等离子体原子发射光谱/质谱法（inductively coupled plasma-atomic emission spectroscopy/mass spectrometry，ICP-AES/MS)、离子色谱法(ion chromatography，IC)、毛细管电泳分析法（capillary electrophores，CE)、电化学分析法等[15]。与其他方法相比，电感耦合等离子体质谱法（ICP-MS）是将 ICP 与质谱仪联用，通过离子的荷质比进行元素的定性和定量分析，由于质谱仪的测定灵敏度较高，可以克服谱线干扰，所以 ICP-MS 法比其他方法的测定检出限低，具有灵敏度高、选择性高、线性范围宽和同时测定多种元素的优点(表 8-2)。

表 8-2　水产品品质检测参数及常规检测方法

水产品品质检测参数			常规检测方法
感官品质参数	颜色	体色	目测法等
		肌肉颜色	目测法、比色卡检测法、色差计检测法等
	气味		感官检验、气相色谱-质谱联用法、气相色谱-嗅觉测量法等
营养品质参数	蛋白质		凯式定氮法、紫外分光光度法、液相色谱法等
	脂类物质		索氏抽提法、酸水解法，气相色谱法、气相色谱-质谱联用法等

8.1.2 水产品安全参数及常规检测方法

水产品的安全参数主要包括新鲜度、重金属、药物残留和毒素。由于光学无损检测技术目前在水产品安全参数方面的应用主要是新鲜度检测，故主要对新鲜度检测着重介绍。

1. 新鲜度参数及常规检测方法

水产品新鲜度的评定指标包括挥发性盐基氮、三甲胺、微生物指标、氨、pH 等。目前，水产品新鲜度评定方法包括感官评价、化学方法（如 K 值、三甲胺、次黄嘌呤、挥发性盐基氮、pH、电导法、粗氨）、物理方法（僵硬指数、激光）、微生物学方法及上述方法之间的组合评价等[3, 16]，下面主要介绍挥发性盐基氮、三甲胺及微生物指标的常规检测方法。

挥发性盐基氮常规测定方法有两种[17]：半微量定氮法和微量扩散法，二者均是利用挥发性盐基氮的挥发特性。三甲胺是鱼类食品由于细菌的作用，在腐败过程中将氧化三甲胺还原而产生的，系挥发性碱性含氮物质，将此项物质抽提于无水甲苯中，与苦味酸作用，形成黄色的苦味酸三甲胺盐，然后与标准管比色，即可测得试样中三甲胺氮含量。

此外，水产品的腐败与细菌有密切的关系。细菌总数可以表示新鲜程度和腐败状况。在微生物质量指标中，除了菌落总数外，通常还要进行一些致病性细菌的检验，如大肠菌群、沙门氏菌、金黄色葡萄球菌等细菌数量指标。常规的微生物学检验通常以分离培养、生化实验及血清学实验来进行判断，需要大量的手工劳动，检验周期长为 6～7 天。GB 18406.4—2001 标准规定的水产品的新鲜度应符合表 8-3 的要求。

表 8-3 水产品新鲜度要求[10]

水产品种类			项目要求	
			挥发性盐基氮/(mg/100g)	组胺/(mg/100g)
鱼类	海水鱼	鲹科鱼类（鲐鱼，蓝圆鲹等）	30	≤50
	淡水鱼	其他鱼类	20	≤30
甲壳类	虾	海虾	30	
		淡水虾	20	
		海水蟹	25	

2. 重金属参数及常规检测方法

重金属主要源于冶金、冶炼、电镀及化学工业等排出的“三废”。污染水体具有较大的迁移性，水流的运动使水体中浮游生物过滤性吸收较高水平的重金属。因此，在以浮游生物为食物链的水生动物体内有明显的重金属蓄积倾向。目前对水产品进行检测的重金属参数主要有：汞、甲基汞、总砷、无机砷、镉、铅、铬和铜等[18]。表 8-4 列出了我国对水产品重金属限量规定。

表 8-4　我国对水产品重金属限量规定[19]

标准名称	重金属限量值/(mg/kg)		
	铅	镉	甲基汞
GB 2762—2005《食品中污染物限量》	0.5(鱼类)	0.1(鱼)	0.5(所有水产品，不包括食肉鱼类)；1.0(食肉鱼类)
GB 2733—2005《鲜、冻动物性水产品卫生标准》	0.5(鱼类)	0.1(鱼类)	同上
GB 18406.4—2001《农产品安全质量　无公害水产品安全要求》	0.5	0.1	0.3(总汞，其中甲基汞 0.2)
GB 10132—2005《鱼糜制品卫生标准》	0.5(鱼糜制品)	0.1(鱼糜制品)	0.5(非食肉鱼糜制品)；1.0(食肉鱼糜制品)
GB 10136—2005《腌制生食动物性水产品卫生标准》	—	—	0.5(非食肉鱼)；1.0(食肉鱼)
GB 10144—2005《动物性水产干制品卫生标准》	0.5(鱼类)	—	—
GB 14939—2005《鱼类罐头卫生标准》	1.0	0.1	0.5(非食肉鱼)；1.0(食肉鱼)
NY 5073—2006《无公害食品 水产品中有毒有害物质限量》	0.5(鱼类，甲壳类)；1.0(贝壳，头足类)	0.1(鱼类)；0.5(甲壳类)；1.0(贝类、头足类)	0.5(所有水产品，不包括食肉鱼类)；1.0(肉食性鱼类)

水产品中重金属的检测方法主要是光谱法和电化学法两种，常用的光谱法有原子吸收光谱法、原子荧光光谱法、原子发射光谱法及质谱法等，电化学法主要包括阳极溶出伏安法、电位分析法和示波极谱法等。

3. 药物残留参数及常规检测方法

药物残留主要包括水中的农药残留、水产品生产过程中的渔药残留和加工运输过程中的保鲜、防腐和消毒剂等药物的残留危害。现在国际上比较重视的残留药物有菊酯类[20]、呋喃类[21, 22]、抗生素[23]、磺胺类、喹喏酮类[24, 25]、激素类和转基因类药物。

目前，用于药物检测的方法主要是仪器法和酶联免疫吸附法（enzyme linked immunosorbent assay，ELISA），前者主要包括气相色谱法、气相色谱-质谱法、液相色谱-荧光法、液相色谱-电化学法、高效液相色谱-质谱法和超高效液相色谱-串联质谱法，这些分析方法比较繁琐，分析过程冗长费时，对药物的中毒事件不能快速做出反应；后者其开发周期和成本是限制其应用的主要原因。

4. *毒素参数及常规检测方法*

有害藻类毒素自身或通过食物链在鱼类、贝类等生物体内蓄积，对生物直至人类产生危害。其中危害性较大的几种毒素分别是麻痹性贝毒、腹泻性贝毒、神经性贝毒、西加鱼毒素、遗忘症贝毒等[26]。海洋生物毒素检测和预防已纳入世界卫生组织（World Health Organization，WHO）的危害分析和关键环节控制点（hazard analysis and critical control point，HACCP）计划。控制海洋生物毒素很难，主要预防措施是从捕捞区和贝类着床取样检查并分析毒素。因此要求检测方法快速、方便、准确，并且在其含量极微时即可检出以起到预警作用。目前常用的方法是 HPLC 法和美国分析化学家协会（Association of Official Analytical Chemists，AOAC）常规测定法。近十几年来，用于海洋生物毒素检测的 ELISA 方法得到迅速发展，已有多种可靠的诊断试剂盒用于分析不同的毒素。

8.2 水产品品质光学无损检测技术

水产品的感官品质参数和营养品质参数的常规检测技术具有很大的局限性，主要依靠人工观测法和仪器分析法，前者带有一定的主观性和随意性，其准确性和重复性无法保证；后者的分析过程复杂、仪器成本较高、样品有损伤、消耗时间长，造成了其应用的局限性。现今水产品品质检测技术要求快速、可靠，检测过程不宜太复杂，样品前处理简单，样品用量少，或能够对被检测样品达到一个无损检测的要求[27]。光学快速无损检测技术是符合水产品品质检测要求的最重要技术之一。目前，光学无损检测技术研究主要包含光学图像、光谱分析技术等，能快速、准确、实时地对样品的一个或多个指标进行检测，成为水产品品质评价技术的发展趋势[28]。

光学图像信息检测技术主要是利用样品对光的吸收、反射、散射和透射等特性，将图像处理手段与不同的模式识别方法相结合，对样品的大小、形状、颜色等品质进行检测。图像处理是通过图像采集装置获取目标样品的图像信息，采用模数转换卡将颜色、像素的亮度和分布等图像信息转变成数字化信息，最后抽取目标的特征，进行各种运算，实现目标的判别与分析。图像处理技术融合了光学成像、计算机科学、模式识别、人工智能等诸多领域的交叉学科，快速、无损、自动化程度高、清晰度高、抗干扰能力强、可长时间稳定工作，能超越人的视觉范围，代替人眼进行测量和判别。在进行水产品品质检测时，可首先获取样品的 RGB 图像，通过图像分析进而检测水产品的形态参数、脂肪比例和颜色等，进一步实现分类分级。

光谱检测方法能够反映样品内部结构成分信息，结合化学计量学方法和数据处理方法，可以对水产品的内部品质进行快速无损检测。进行光谱分析的样品一般不做预处理，样品颗粒大，而近红外波长远小于颗粒直径，光在样品中传播时散射效应大，可以穿透到样品内部直接获得其物质成分信息。在实际检测水产品品质参数时，是将光谱所反映的样品基团、组成或物态信息与采用标准或认可的参比方法测得的组成或性质数据运用化学计量学技术建立校正模型，然后通过对未知样品光谱的测定和建立的校正模型来快速预测其组成或性质。

目前光学无损检测技术在水产品品质方面的检测，涉及水产品感官质量指标得分检测、水产品质构参数检测、水产品化学营养成分含量检测和水产品分级及分类鉴别，检测技术包括近红外光谱分析技术、高光谱成像技术、多光谱成像技术、机器视觉、荧光光谱技术。本节主要对光学无损检测技术在水产品品质检测中的应用进行介绍。

8.2.1　水产品感官质量指标得分检测

水产品的感官质量指标评定可以以最直接的方式反映产品特征及品质，但是传统的感官检测方法受水产品特点、检测人员素质、检验环境等偶然因素的影响，容易造成感官指标检测不合格，进而影响消费者的利益及阻碍水产品出口。应用光学检测技术对水产品感官质量指标进行评定，可以快速、无损地实现检测目的。

Cheng 等[29]应用可见/近红外高光谱成像（400～1000nm）结合数据融合技术，首次对草鱼感官质量指标得分（quality index scores，QIS）进行了预测。QIS 应用传统的质量指标法（quality index method，QIM）进行评估。图 8-1 为基于高光谱成像技术及数据融合对草鱼 QIS 进行预测的流程示意图，如图所示，首先采集草鱼样品的高光谱图像，选取 ROI 后分别提取光谱数据及图像纹理数据，对选取的图像纹理数据经主成分分析（principal component analysis，PCA）得到主成分图像。然后采用连续投影算法（successive projections algorithm，SPA）和灰度梯度共生矩阵（grey-level gradient cooccurrence matrix，GLGCM）方法分别选择了 5 个特征波长变量和 13 个纹理特征变量。最后分别基于全光谱、最优光谱、图像纹理参数及其组合数据建立最小二乘支持向量机（least-squares support vector machine，LS-SVM）模型，用于预测草鱼感官 QIS。

基于不同数据建立的 LS-SVM 模型对草鱼 QIS 预测效果的比较见表 8-5，可以看到基于最优光谱和纹理数据融合所建立的 LS-SVM 模型预测性能最好，剩

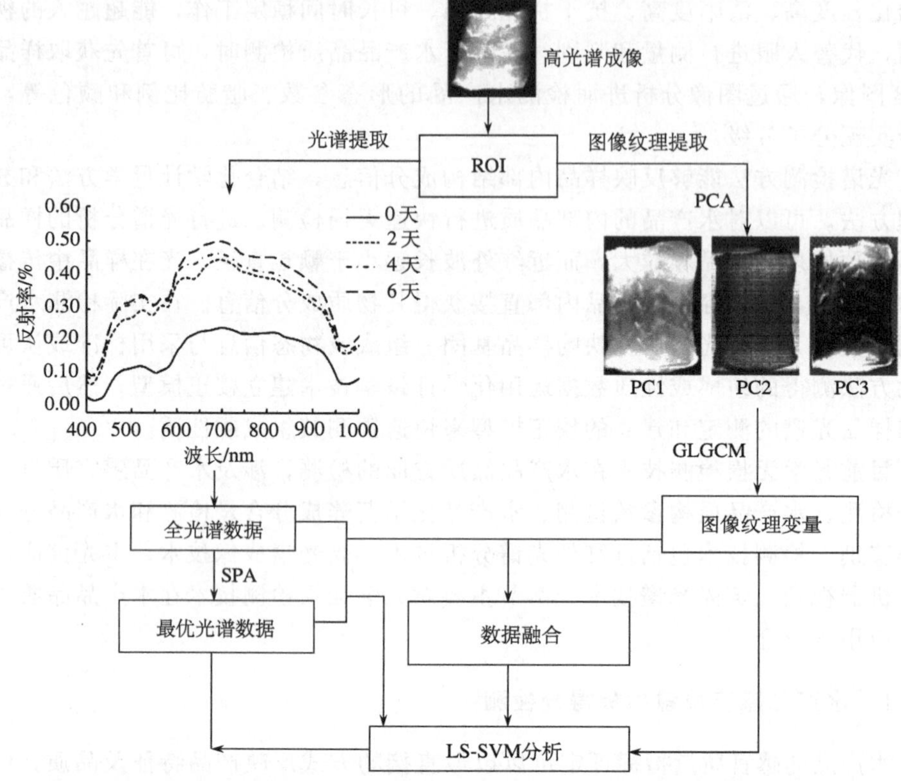

图 8-1 基于高光谱成像技术及数据融合对草鱼 QIS 进行预测的流程图[29]

余预测偏差（residual predictive deviation，RPD）为 4.23，验证集相关系数（R_p^2）为 0.944，预测均方根误差（Root mean square error of prediction，RMSEP）为 0.703。该研究最后采用图像处理算法实现了每个像素的空间可视化分布。研究结果显示了高光谱成像技术与数据融合外加 LS-SVM 分析方法可以对草鱼的 QIS 进行有效的定量预测并可以实现可视化的空间分布。

表 8-5 基于不同数据建立的 LS-SVM 模型对草鱼 QIS 预测效果比较[29]

模型数据	变量个数	校正集		交叉验证		验证集		RPD
		R_c^2	RMSEC	R_{cv}^2	RMSECV	R_p^2	RMSEP	
全光谱（Ⅰ）	381	0.936	0.725	0.913	0.900	0.916	0.873	3.34
最优光谱（Ⅱ）	5	0.906	0.920	0.889	1.003	0.905	0.922	3.01
图像纹理数据（Ⅲ）	13	0.713	1.889	0.710	1.903	0.702	1.954	1.58
数据融合（Ⅳ）	394	0.954	0.549	0.923	0.788	0.937	0.722	3.85
数据融合（Ⅴ）	18	0.956	0.545	0.931	0.711	0.944	0.703	4.23

注：数据融合（Ⅳ）为全光谱数据及图像纹理数据的融合数据，包含 394 个变量；数据融合（Ⅴ）为最优光谱及图像纹理数据的融合数据，包含 18 个变量。

8.2.2　水产品质构参数检测

光学无损检测技术在水产品质构参数方面的检测研究相对较少。水产品质构参数包括嫩度、硬度、弹性、适口度、胶着性、内聚性、咀嚼性等，是水产品的重要属性。在水产品贮藏过程中，其质构变化与品质变化有较大的关联，故而质构参数对水产品样品的分类及质量调控等具有重要的意义。实验室经常应用质构仪对水产品的质构特性进行测定，原理是采用硬质探头模拟人体口腔牙齿运动，对样品进行压缩，根据与探头连接的传感器测量压缩时探头的受力变化，得出相应的力-时间关系曲线，从而分析水产品的质构特性。此种检测方法在测定过程中，对水产品造成不可修复的损坏。

Isaksson 等[30]应用可见/近红外光谱分析大西洋鲑鱼片的质构参数，运用 Kramer 剪切力测试来测量鱼片的质构参数，分别对僵直前（死后 2 小时）及僵直后（死后冷藏存储 6 天）的样品的光谱数据和 Kramer 剪切力建立相关性模型。将主成分分析的前几个主成分作为输入变量建立线性判别分析模型，以鉴别不同 Kramer 剪切力（高、中、低）的样品。鉴别结果显示，对低 Kramer 剪切力（$2.13\times10^{-2}\sim4.41\times10^{-2}$ J/g）、中 Kramer 剪切力（$4.41\times10^{-2}\sim6.37\times10^{-2}$ J/g）、高 Kramer 剪切力（$6.37\times10^{-2}\sim7.90\times10^{-2}$ J/g）的分类正确率达 79%。

Wu 等[31]采用可见/短波近红外（400～1000nm）和长波近红外（900～1700nm）高光谱成像检测技术测定大西洋鲑鱼片的质构参数，主要研究了 6 个质构参数（包括硬度、胶着性、咀嚼性、弹性、内聚性、黏性）。提取的平均光谱与质构参数建立偏最小二乘回归（partial least squares regression，PLSR）模型，再用建立的模型预测图像上每个像素点的质构参数，实现了质构参数的分布可视化。图 8-2 呈现了同一样品不同部位的质构参数的差异，可以看到同一份鲑鱼片中质地分布不均匀，硬度、黏性、咀嚼性的高值和低值分布区域明显，而内聚性和胶着性分布比较复杂。此外，鲑鱼片中间部位的内聚性值较低，硬度、胶着性、黏性和咀嚼性值较高。由此图可以清楚识别鲑鱼片的质地特征。同时，还采用灰度共生矩阵（gray level co-occurrence matrix，GLCM）提取了高光谱图像的纹理变量以预测质构参数，但是纹理模型的预测效果不甚理想。

在水产品质构参数光学无损检测方面，近红外光谱技术与高光谱成像技术均有研究。相对于传统的近红外光谱分析技术，高光谱成像技术有机地融合了光谱分析与图像处理技术，可以同时获取图像上每个像素点的连续光谱信息和每个光谱波段的连续图像信息，其中光谱信息能反映样品的化学成分和组织结构，而图像信息能反映样品的空间分布、外部属性和几何结构。故而高光谱成像技术能够对样品的多方面物理、化学信息进行空间的可视化表达。

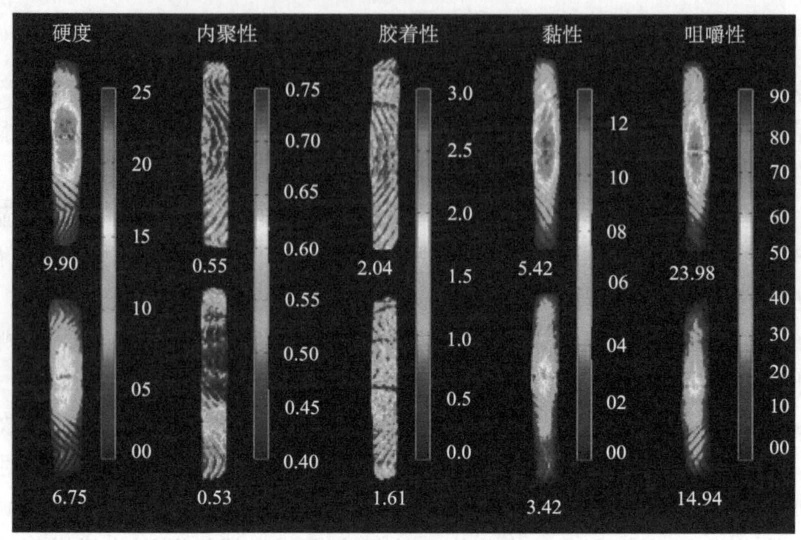

图 8-2 鲑鱼片质构参数可视化分布图[31]

8.2.3 水产品化学营养成分含量检测

水产品含有丰富的蛋白质，且氨基酸的组成与人体组织蛋白相接近，生理价值较高，故鱼肉蛋白质优于肉类，属优质蛋白。鱼肉的肌纤维比较纤细，组织蛋白质的结构松软，水分含量较多，肉质细嫩，易为人体消化吸收，比较适合病人、老年人和儿童食用。此外，水产品脂肪含量较低，并且多由不饱和脂肪酸组成，易于消化吸收。水产品最主要的价值在于其食用价值和营养价值，因此光谱分析技术在水产品品质检测的应用中，研究最多的当属水产品化学成分含量的测定。

1. 基于近红外光谱检测水产品化学营养成分含量

水产品及其制品中的化合物含有一些基团分子键，如 C—H、O—H、N—H、C—O 等，在被近红外光谱波长范围内的光线照射时，会导致拉伸振动和弯曲振动两种模式振动能量的改变。在进行近红外光谱检测时，这些吸收的能量被转化成对光谱的吸收，表现为特定波长处的吸收峰[32]。利用水产品中有机物所含的这些含氢基团，可以将近红外光谱技术应用于水产品品质的快速检测。利用近红外光谱技术检测水产品时，可实现其快速无损检测，样品一般无须进行预处理，光可以直接穿透样品获得其内部的物质成分信息，有助于实现水产品品质的现场无损检测。

栾东磊等[33]应用便携式近红外仪对大黄鱼总脂肪含量进行了检测，证明利用近红外光谱技术可实现大黄鱼脂肪的快速无损检测。利用标准方法进行脂肪的提取测定作为标准值，再利用近红外光谱仪对未经任何处理的全鱼背部进行扫描，获得原始光谱。为减少干扰，从原始光谱中提取有效信息，对其进行预处理，预处理方法与畜肉无损检测技术类似。对于上述光谱数据，小波变换方法可以把信号分解为不同频率不同尺度的子信号，能够很好地将背景和噪声与有用信息分离。小波变换是线性变换，细节系数与重构信号包含等量的数据信息，所以提取细节系数作为建模变量，可同时达到扣除光谱背景和噪声及压缩变量的目的。利用小波变换细节系数作为变量，采用 PLSR 建模方法，建立大黄鱼脂肪含量的校正模型，通过验证集样品对模型进行验证。对校正集样品及验证集样品的脂肪含量化学值和预测值绘制散点图，如图 8-3 所示，(a) 为校正集，(b) 为验证集。可见散点均匀分布在 45°对角线的两侧。对它们建立回归方程，当斜率接近 1、截距接近 0 时，表明模型有较好的预测效果。结果证明，PLSR 同小波变换相结合是分析水产品近红外光谱数据的有效方法，可以用于分析其他水产品的不同营养成分。

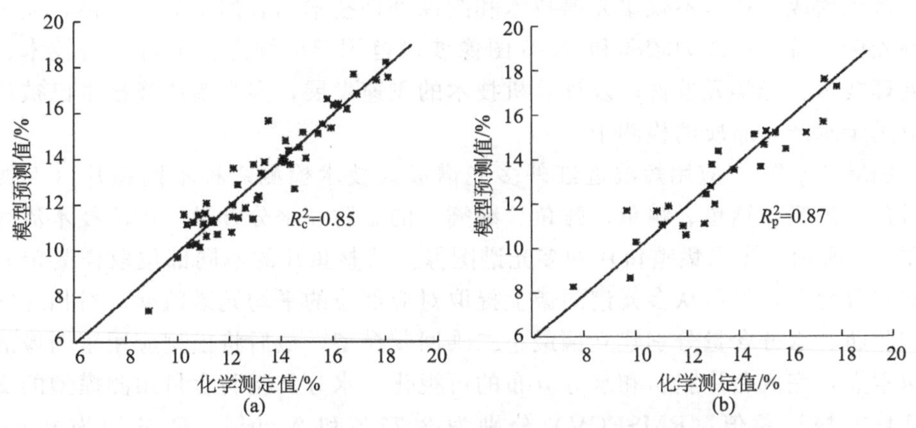

图 8-3　大黄鱼脂肪含量化学测定值和预测值相关性[33]

(a) 校正集；(b) 验证集

此外，Vogt 等[34]采用微波法、近红外反射光谱及经商业化改进的索氏提取方法分别检测新鲜大西洋鲱鱼的脂肪含量，预测标准误差分别为 0.79、0.8 和 1.36，可见近红外光谱方法可用于检测新鲜鲱鱼的脂肪含量，且检测效果较好。

Solberg 等[35]基于近红外光谱测定大西洋鲑鱼肉的脂肪含量，检测样品为 100 条活的、体重为 1～11kg 的大西洋鲑鱼，采用 PLSR 方法建立模型对鲑鱼粗脂肪含量进行检测，以交叉验证的预测均方根误差为评定标准。实验结果显示，脂肪含量测定结果的 RMSEP 为 14g/kg，相关系数 R_p 达 0.90，可见近红外光谱技术可用于检测新鲜的大西洋鲑鱼脂肪含量。

Khodabux 等[36]应用近红外光谱检测金枪鱼、鲣鱼和黄鳍的水分、蛋白质、游离脂肪和总脂肪含量。检测样品选择了 38 份金枪鱼，20 份鲣鱼及 18 份黄鳍，首先采用化学方法测定其水分、蛋白质、游离脂肪及总脂肪含量。水分检测采用冷冻干燥或冻干、烘干方法，借用电子水分分析仪实现检测；蛋白质测定采用半微量凯氏定氮法；总脂肪含量测定选用酸水解法，而游离脂肪含量测定采用索氏提取法。采用 PLSR 方法建立化学测定值与近红外光谱之间的校正模型，并将验证集样品进行检测效果验证。结果表明，近红外光谱技术可以用作准确、快速的鱼肉化学成分定量测定方法。

2. 基于多光谱成像技术检测水产品化学营养成分含量

多光谱成像技术融合了光谱技术和图像处理技术，能够在紫外、可见、近红外光谱区获取许多比较窄的灰度图像信息，同时为图像上每个像素点提供数十至上百个波段的连续光谱信息。光谱技术可以对样品的内部品质进行定性和定量分析，而图像处理技术可以获取样品的空间信息，提取形状、颜色、纹理等图像信息。多光谱成像技术不仅集光谱技术和图像处理技术二者的优势于一体，还可以弥补光谱仪抗干扰能力较弱和 RGB 图像波段范围窄的缺点。随着光谱技术、图像处理技术、光学元器件以及计算机技术的飞速发展，多光谱成像技术已被广泛地应用于水产品品质的检测中。

ElMasry 等[37]应用短波近红外多光谱成像技术检测六种不同鱼片（大西洋比目鱼、黑鳕、鳕鱼、鲭鱼、鲱鱼、绿鳕）的脂肪和水分含量。检测技术流程图如图 8-4 所示，先采集整鱼片的多光谱图像，从整鱼片的不同部位取样测定其脂肪和水分含量，然后从多光谱图像上提取对应部位的平均光谱数据，对相应的光谱和脂肪、水分含量分别建立偏最小二乘回归模型，最后将模型应用于图像的所有像素点，完成鱼片脂肪和水分分布的可视化。水分和脂肪含量预测模型的交叉验证均方根误差值（RMSECV）分别为 2.73％和 2.99％，R 分别为 0.94 和 0.91，检测效果好。实验结果显示了多光谱成像技术可以用于鱼类水产品尺寸、形状及颜色等外部特征和化学成分及其空间分布的检测。

3. 基于高光谱成像技术检测水产品化学营养成分含量

高光谱成像技术融合了光谱分析与图像处理技术，可以同时获取样品上每个点的连续光谱信息和每个光谱波段的连续图像信息，其中光谱信息能反映样品的化学成分和组织结构，而图像信息能反映样品的空间分布、外部属性和几何结构。相比于多光谱成像，高光谱成像的光谱分辨率更高，可以在更窄的光谱波段内连续采集图像，以充分反映样品光谱信息的细微变化。

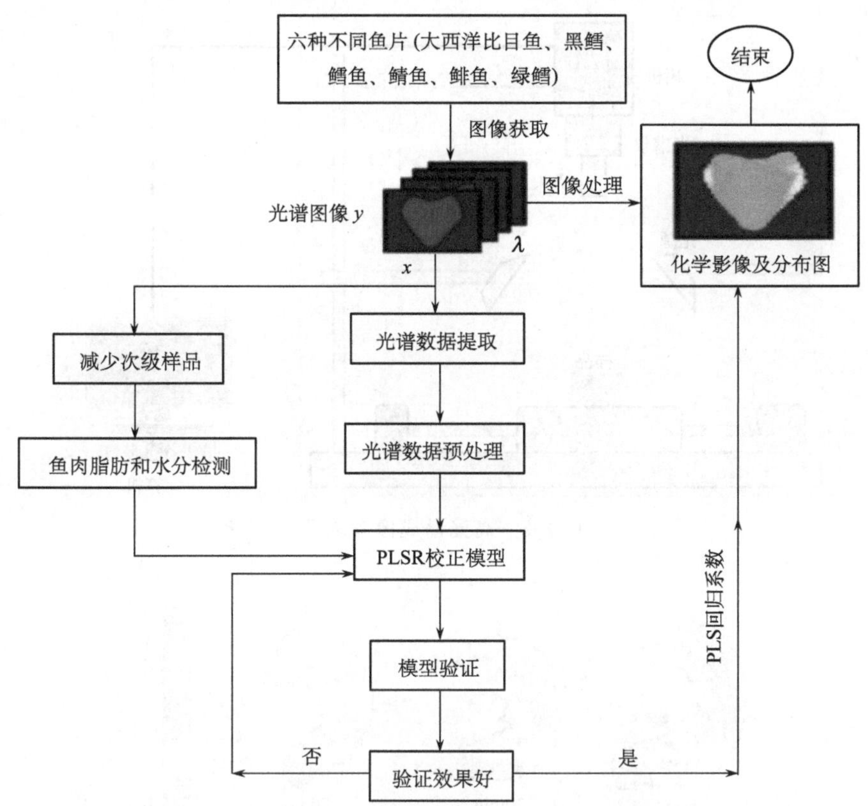

图 8-4　六种不同鱼片脂肪和水分含量检测流程图[37]

Wu 等[38]进行了基于高光谱成像技术的对虾品质信息快速检测方法的研究。高光谱成像系统由光源、镜头、成像仪、电控平移台和控制器以及高光谱数据采集软件组成，如图 8-5 所示。基于 Matlab 2009 软件和 ENVI v4.6 软件的感兴趣区域（region of interests，ROI）选取功能，分别实现了高光谱图像的自动分割和手动分割，将虾仁的图像与背景图像分离。将分割的图像每个像素点的光谱数据求平均，获得每个样品的一条光谱曲线，基于光谱数据变量建立最小 LS-SVM 模型。在建立的模型基础上，对虾仁高光谱图像中的每个像素点进行含水率的预测，从而获得虾仁含水率的分布图，如图 8-6 所示，针对不同干燥脱水时间，虾仁的含水率分布可以通过不同颜色进行可视化表达，其中虾仁的红色部分表示含水率较多（0min），绿色部分表示含水率较少（20min）。另外，实验结果表明自动图像分割数据模型的结果优于手动图像分割数据模型的结果，且自动图像分割大量节省了劳动力。

光谱分析技术在水产品化学成分含量测定方面的研究较多，包括近红外光谱

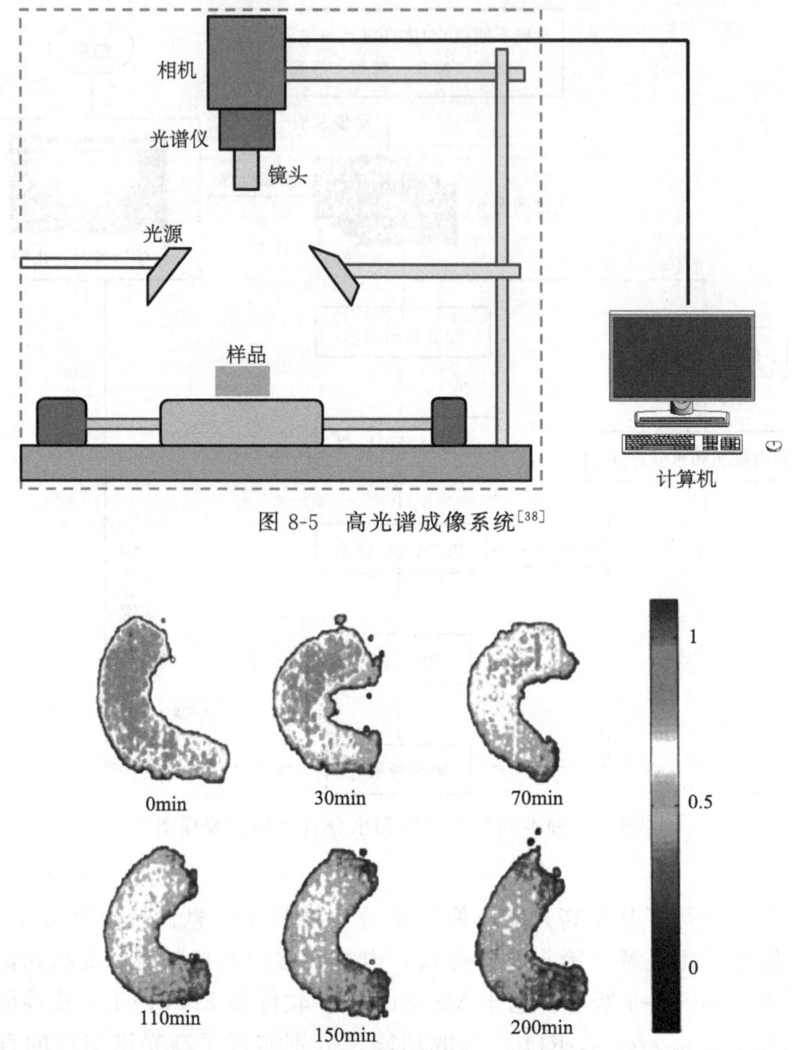

图 8-5　高光谱成像系统[38]

图 8-6　对虾虾仁水分分布可视化图[38]

技术、多光谱成像技术及高光谱成像技术。近红外光谱适合用于碳氢有机物质的组成性质测量，可以分析测定与这些基团有关的成分以及物理、化学性质，其范围几乎可覆盖所有的有机化合物和混合物。通过检测器分析透射或反射光线的光密度，就可以确定该组分的含量。但由于水产品的水分含量大都高于60%，有的甚至超过90%，对水产品的近红外快速检测只能应用其短波区的吸收光谱。不同成分在短波区的吸收都非常弱，对某种成分的检测会受到其他成分吸收的影响，故而加大了检测的难度。多光谱成像技术与高光谱成像技术均集光谱技术和图像处理技术的优势于一体，能够更全面反映被测样品的相关信息，其中高光谱成像技术在可见光和近红外区域的波段数多于多光谱成像技术的波段数。多光谱成像技术相对高光谱成像数据量小，冗余信息少，数据处理速度快，更易建模。

8.2.4　水产品分级及分类鉴别

1. 基于机器视觉技术对水产品进行分级

在市场上淡水鱼主要是按质量进行分级销售的。目前，淡水鱼分级主要是靠人工方法，劳动强度大、效率低、准确率低。部分水产加工企业通过机械方法进行质量分级，对鱼体的损伤比较严重。随着计算机技术的快速发展，机器视觉技术已广泛应用于农产品加工领域，如水果大小及果形识别、表面损伤检测以及颜色分级等。目前，基于机器视觉技术的鱼类等水产品的分级研究国内外探索较少。利用机器视觉技术分级主要是通过机器视觉技术对鱼的图像特征进行提取，建立有关鱼的质量预测模型，从而实现对其按质量进行预测分级。

White 等[39]利用机器视觉技术对 7 种比目鱼进行种类识别研究，准确度高达 99.8%。淡水鱼的分级图像采集系统见图 8-7，其中包括硬件和软件两个部分。硬件部分主要有相机、照箱、环形灯、图像采集卡和计算机。软件部分主要包括图像采集控制程序和图像处理程序。图像采集控制程序主要完成图像采集以及图像存储工作。而图像处理程序主要用来对图像进行预处理、二值化、轮廓提取以及特征值的提取。该系统可通过机器视觉技术实现鱼种类快速识别，鱼种类识别是基于颜色及形状进行判定。该淡水鱼分级图像采集系统每小时可以处理、

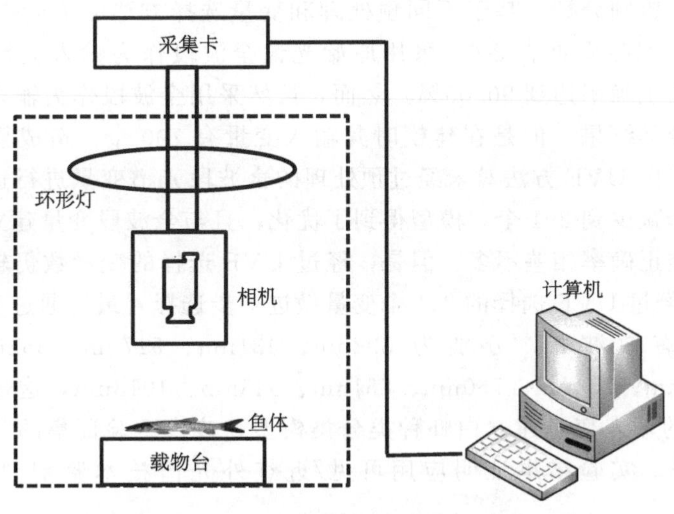

图 8-7　淡水鱼分级图像采集系统[39]

识别30 000万条鱼，其中长度测量误差低于1cm，标准偏差为1.2mm。

2. 基于可见/近红外光谱技术对水产品进行鉴别

Cost等[40]利用可见/近红外光谱和力学分析技术，对不同养殖条件下的鲈鱼进行鉴别。实验样品是分6个时间点取自三个渔场的198条鲈鱼，分别对死后48h及96h的样品，基于采集的光谱数据建立了偏最小二乘判别（partial least square-discriminant analysis，PLS-DA）模型。结果显示，死后48小时的样品基于光谱测定的鉴别效果（独立性测试的鉴别正确率为87%）优于死后96小时的样品鉴别效果（独立性测试的鉴别正确率为66.7%）。

Gayo等[41]利用可见/近红外光谱技术对掺假蟹肉的鉴别进行了研究。蟹肉光谱特性主要体现为水分吸收峰，随着掺假含量的增加，样品的水分吸收峰降低。该研究采用不同的预处理方法（主要包括移动平均法、一阶导数、二阶导数、多元散射校正）对原始光谱进行预处理，然后应用偏最小二乘（partial least squares，PLS）分析方法进行建模，对掺假蟹肉样品实现掺假预测及定量数据分析，鉴定误差在6%以下，实验结果证明可见/近红外光谱技术可以对掺假蟹肉进行测定。

吴迪等[42]采集了脊尾白虾、秀丽白虾以及东方白虾的可见/近红外光谱。采用S-G平滑结合标准正态变量变换（standard normalized variate，SNV）、一阶导数、二阶导数对全波段光谱进行预处理，应用无信息变量消除法（uninformative variable elimination，UVE）结合SPA算法对可见-近红外光谱区数据进行有效波长的提取。将选择后的有效波长作为输入变量，建立LS-SVM模型，对三种类别的虾进行鉴别分类。基于不同预处理和变量选择方法的LS-SVM模型的三种白虾分类鉴别结果见表8-6，采用原始光谱全波段作为输入变量时的结果最好，验证集的正确率达到90.00%。然而，虽然采用全波段作为输入变量已经达到了较好的分类结果，但是在建模时其输入变量有700个，造成模型冗余、复杂。因此，采用UVE方法对未经过预处理的全波段光谱变量进行选择，输入变量数从700个减少到291个，模型得到了优化，且与全波段变量建立的分类模型相比，其分类正确率相差不多。但是，经过UVE选择的变量数仍较为庞大，故采用SPA对经过UVE选择的291个变量做进一步选择，最终通过UVE-SPA优选了12个有效波长，分别为392nm、431nm、517nm、551nm、595nm、627nm、676nm、734nm、760nm、861nm、943nm、1018nm，这12个波长作为LS-SVM的输入变量建立白虾种类分类模型，该模型验证集的分类正确率达到了92.00%。实验结果证明应用可见/近红外光谱技术鉴别白虾种类是可行的。

表 8-6　基于不同预处理和变量选择方法的 LS-SVM 模型的三种白虾分类鉴别结果[42]

光谱预处理方法	变量选择方法	变量数	校正集（150 个样品）分类正确率/%	验证集（50 个样品）分类正确率/%
原始光谱	—	700	99.33	90.00
S-G 平滑＋SNV	—	700	100.00	88.00
一阶导数	—	700	96.67	84.00
二阶导数	—	700	86.67	78.00
原始光谱	UVE	291	100.00	88.00
原始光谱	UVE-SPA	12	98.67	92.00

机器视觉技术是现代人工智能化检测的典型代表，通过计算机模拟人类视觉，代替人眼来实现检测分析。对机器视觉图像进行数字解析处理后，能够提取检测样品的颜色、轮廓、亮度等信息，从而实现检测分级的目的。可见/近红外光谱区存在大量含氢基团（如 C—H、O—H、N—H、S—H 等）的倍频和合频吸收峰，通过对样品的光谱分析，可以建立相应的模型对所测样品进行定性鉴别，此外结合定量分析模型，也可实现掺假鉴别。结合机器视觉技术与近红外光谱技术检测水产品的外在品质和内在品质，并把其数据进行融合处理，可以实现综合检测水产品品质。

8.3　水产品安全光学无损检测技术

水产品安全问题直接关系消费者的健康，加强水产品安全管理具有重要的意义。近年来，国内外不少学者致力于基于光学无损检测技术对水产品安全问题的研究[43, 44]。目前，光学无损检测技术在水产品安全领域的研究主要是水产品冷藏及冷冻存储状态下新鲜度指标的检测、水产品微生物污染指标的检测及水产品寄生虫检测。

8.3.1　水产品新鲜度指标的检测

目前，水产品长期储藏的主要方式依然是冷冻，但是在冷冻和解冻过程中水产品组织会形成冰晶，细胞受损，导致发生一系列的品质劣化，如蛋白质变性、脂肪氧化、系水力下降等。解冻后水产品的营养价值、食用品质等都劣于新鲜水产品。市场上一些不法商贩会用冷冻-解冻的鱼肉代替新鲜鱼肉，侵害消费者的利益。因此采用光谱技术对新鲜和冷冻-解冻的鱼肉进行快速鉴别具有重要意义。

Karoui 等[45]探究了基于中红外光谱技术的新鲜与冷冻-解冻牙鳕鱼肉片的鉴

别。图 8-8 呈现了新鲜和冷冻-解冻的牙鳕鱼肉在 1500～900cm^{-1} 光谱区域内的中红外光谱图，可以看到新鲜及冷冻-解冻的鱼肉光谱曲线在整个光谱区域内差异显著。新鲜鱼肉在 1200～900cm^{-1} 光谱区域的吸光强度低于冷冻-解冻的鱼肉吸光度，然而新鲜鱼肉在 1500～1200cm^{-1} 光谱区域的吸光度高于冷冻-解冻的鱼肉吸光度。光谱曲线存在差异的原因是新鲜及冷冻-解冻的牙鳕鱼肉中水分含量不同，由此可见，基于二者的光谱曲线差异进行鉴别新鲜及冷冻-解冻状态的鱼肉是可行的。冷冻-解冻鱼肉分为 4 种状态：慢速冷冻-慢速解冻，慢速冷冻-快速解冻，快速冷冻-慢速解冻，快速冷冻-快速解冻。对牙鳕鱼肉采集中红外光谱，对光谱数据进行主成分分析，将前几个主成分作为输入变量建立多因辨别分析（factorial discriminant analysis，FDA）鉴别模型，验证集的最佳鉴别正确率达到 87.5%。

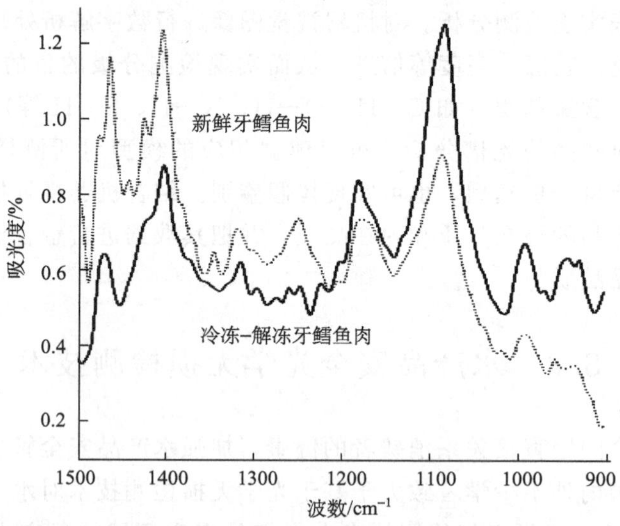

图 8-8　新鲜和冷冻-解冻的牙鳕鱼肉的中红外光谱图[45]

励建荣等[46]应用傅里叶变换近红外光谱仪采集大黄鱼漫反射光谱，结合化学计量学分析大黄鱼新鲜度指标 *K* 值。国内外学者研究表明，*K* 值是评价鱼肉早期鲜度的重要指标[47]。大黄鱼的原始光谱经多元散射校正（multiplicative scatter correction，MSC），然后采用联合区间偏最小二乘法（synergy interval partial least square，siPLS）优化建模区域，进而建立新鲜度分析模型，并且与 PLS 模型和间隔区间偏最小二乘法（interval partial least squares，iPLS）模型相比较。结果表明，siPLS 模型预测效果最好，其 RMSECV 及 RMSEP 分别为 3.63 和 3.49，校正集相关系数（R_c）为 0.98，验证集的相关系数（R_p）为 0.91。该研究表明，利用 siPLS 算法可以有效地减少建模所用的变量数，适当地提高模型的预测精度，进而实现大黄鱼新鲜度的快速无损检测。

目前水产品短期储藏的主要方式是冷藏，在冷藏过程中，水产品经历僵直—自溶—腐败三个阶段，品质不断下降。国外有不少学者直接将冷藏存储时间定义为新鲜度，采用光谱分析技术检测水产品的冷藏时间[48]。

朱逢乐等[49]提出了一种应用可见/近红外高光谱成像技术快速无损检测多宝鱼肉冷藏时间并实现其可视化的新方法。首先采集 8 种不同冷藏时间的共 160 个鱼肉样品的高光谱图像，并提取样品感兴趣区域（ROI）的平均光谱。图 8-9 呈现了不同冷藏时间的 20 个鱼肉样品求平均后的可见/近红外光谱图。由图可见，吸光度随着冷藏时间的延长而逐渐降低。由于水分是多宝鱼肉最主要的组分，冷藏过程中水分含量的减少是鱼肉吸光度降低的主要原因。在 547nm 处的波峰是由于血红蛋白（Hb）和肌红蛋白（Mb）分子上血红素的吸收，在 507nm 附近的波谷是由于高铁血红蛋白（metHb）和高铁肌红蛋白（metMb）分子上氧化血红素的吸收。鱼肉在冷藏过程中，Hb 和 Mb 逐渐被氧化为 metHb 和 metMb，所以 547nm 处 Hb 和 Mb 的吸收与 507nm 处 metHb 和 metMb 的吸收呈负相关。

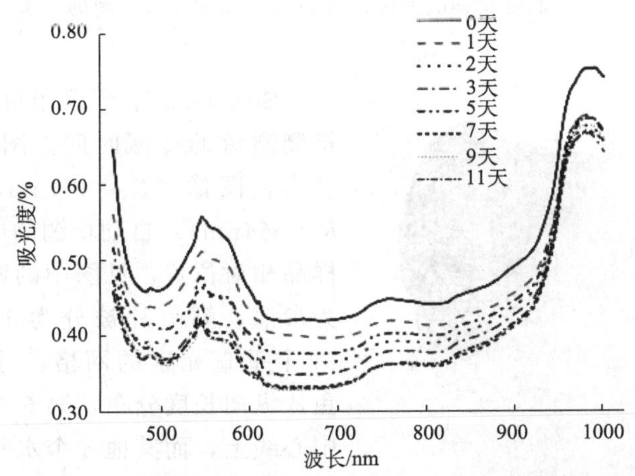

图 8-9　不同冷藏时间的鱼肉样品平均可见/近红外光谱图[49]

进一步取 120 个样品的光谱数据与其相应的冷藏时间建立 PLSR 模型，对 40 个验证集样品的冷藏时间进行预测，模型对验证集样品预测的冷藏时间散点分布图如图 8-10 所示，横坐标为实际冷藏时间，纵坐标为预测冷藏时间，样品均匀分布于回归直线周围。验证相关系数（R_p^2）为 0.9662，验证均方根误差（RMSEP）为 0.6799，获得了满意的预测精度。证实可见/近红外光谱结合 PLSR 算法可以准确地预测鱼肉的冷藏时间。最后，用所建模型对验证集图像上每个像素点的冷藏时间加以预测，采用交互式数据语言（interactive data language，IDL）图像编程技术将不同的冷藏时间用不同的颜色表示，最终以伪彩图的形式实现多宝鱼肉冷藏时间的可视化。结果表明，高光谱成像技术与化学计量学结合可以准确预测鱼肉的冷藏时间，与图像处理方法结合可以实现预测时间的可视化，能形象、直观地展示出鱼肉的新鲜度状态和分布情况。

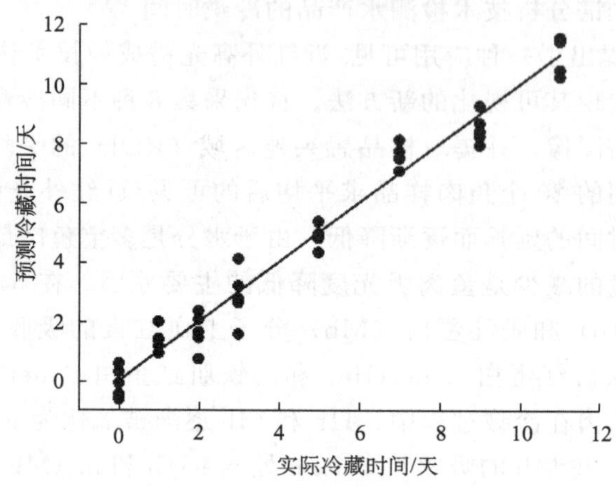

图 8-10 验证集样品实际冷藏时间与预测冷藏时间的关系[49]

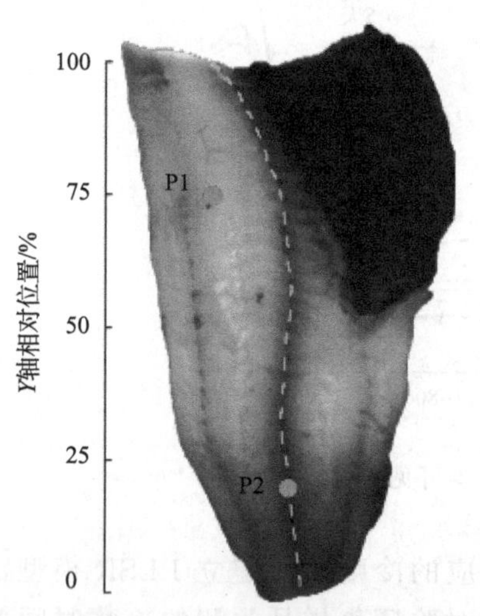

图 8-11 鳕雪片伪彩色图像（自动检测中心线用于计算样品相对位置）[50]

Sivertsen 等[50]采用可见/近红外光谱检测鳕鱼的冷藏时间。图 8-11 是鳕雪片伪彩色图像（$B=450$nm，$G=534$nm，$R=564$nm），自动检测的中心线用来计算样品相对位置，见图中的虚线。中心线作为参照，鳕鱼片被分为 11 个水平元素、31 个垂直元素的网格。垂直元素沿着鳕鱼片纵向长度分布，第 6 个水平元素位于中心线上，而其他 5 个水平元素分布于水平线两端。提取网格元素中的半径 5mm 的圆形区域，计算该区域的平均光谱进行后续冷藏时间分析。

该研究对样品的光谱数据和冷藏时间用偏最小二乘回归建模，结果如表 8-7 所示，不同样品位置的检测结果不同，且基于手持式探针和成像仪检测的 PLSR 模型的正确率及交叉验证均方根误差（RMSECV）值也存在差异，其中正确率为 85%～93%，RMSECV 为 1.66～2.42，检测结果较为满意。实验结果表明基于可见/近红外光谱技术可以将新鲜鳕鱼与经过冷藏储存的鳕鱼区分开来。

表 8-7　不同检测手段及不同样品位置的 PLSR 模型结果[50]

检测工具	样品位置	未经过光谱预处理		SNV 预处理	
		正确率/%	RMSECV	正确率/%	RMSECV
手持式探针	P0	91	1.88	93	1.66
	P1	87	2.22	89	2.19
成像仪	P0	89	2.20	85	2.42
	P1	93	1.64	88	2.17

在非线性光学理论中，样品经过受激吸收过程，自发辐射出与激励源相关性较低的光，称之为荧光。一般荧光波长只与样品基团种类相关，故可以对待测样品中基团种类进行鉴定并确定含量[51]。荧光光谱分析法的灵敏度一般都高过应用广泛的比色法和分光光度法，且重现性好、取样容易、样品需要量少。近年来，一些学者应用荧光光谱方法对水产品新鲜度指标进行了研究分析。

Wu 等[52]利用便携式 Y 型光纤荧光光谱对鱼的新鲜度进行了检测。图 8-12 所示为便携式 Y 型光纤荧光光谱检测系统，包括氙气灯、H10 单色光镜、MicrHR180 光谱仪、R928 光电倍增管及 Y 型光纤。该系统用于监控鱼新鲜度，同时可以诊断鱼体的不同部位，为生鱼片的准备提供技术检测。荧光激发光波段范围为 320～350nm，间隔 10nm，而发射光波段范围为 350～600nm，分辨率 2nm。实验结果表明，其中在 Y 型和 V 型胶原的特征光谱范围内，荧光强度比率指数和冻结时间呈正相关。这为鉴别鱼流通过程中的新鲜度检测提供了一个有效的方法。进一步研究表明，光纤荧光光谱不仅能够检测和量化不同鱼类的新鲜度，同时可以对鱼类的品质进行分级。荧光光谱不仅可以对鱼类等水产品的化学成分进行定量分析，同时可以进行分类鉴定。

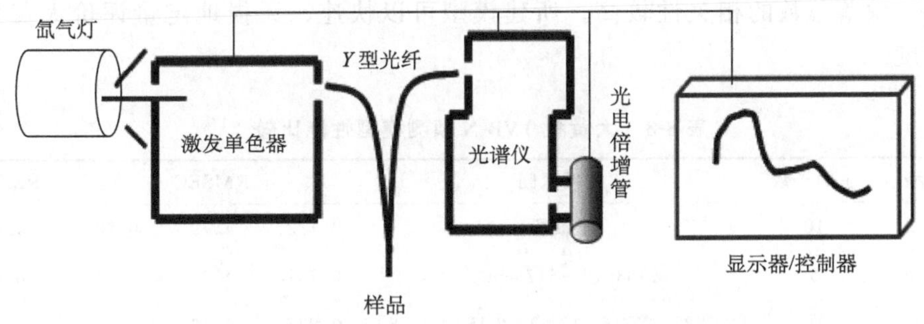

图 8-12　便携式 Y 型光纤荧光光谱检测系统[52]

8.3.2 水产品微生物污染指标的检测

近年来，水产品微生物污染指标的光谱分析检测方法也开始被研究。Lin 等[53]应用短波近红外光谱（short-wavelength near-infrared spectroscopy，SW-NIR，600～1100 nm）检测了虹鳟鱼微生物导致的腐败情况。采集完整的鳟鱼片的表皮和肉两部分的光谱，虹鳟鱼样品可于 4℃条件下至多贮藏 8 天或室温（21℃）条件下至多存放 24h。分别采用主成分分析方法和 PLS 方法建立模型，对腐败程度进行预测。PCA 分析结果显示，对贮藏于 4℃条件下的虹鳟鱼样品，该方法可以清楚地鉴别贮藏 1 天（对照组）和贮藏 4 天或 4 天以上的样品；对存放在 21°C 条件下的样品，PCA 方法可以有效地鉴别贮藏了 0h（对照组）和贮藏了 10h 或以上时间的样品。同时，虹鳟鱼微生物含量的定量 PLS 模型的预测结果良好，贮藏于 4℃ 的虹鳟鱼肉检测结果的验证集 R_p 为 0.97，SEP 为 0.38logCFU/g，贮藏于 4℃ 的虹鳟鱼表皮的检测结果 R_p 为 0.94，SEP 为 0.53logCFU/g；存放于 21℃ 的鱼肉检测结果的验证集 R_p 为 0.82，SEP 为 0.82logCFU/g。结果表明 SW-NIR 光谱结合多变量统计方法用于虹鳟鱼的腐败程度和微生物载荷的预测具有可行性。

徐富斌等[54]在整鱼背部采集近红外光谱，原始光谱预处理之后建立了大黄鱼 TVB-N 值、菌落总数的 PLS 模型、向后区间偏最小二乘（backward interval partial least squares，biPLS）模型及 siPLS 模型，检测结果见表 8-8 及表 8-9，biPLS 模型的精度最高，预测性能最佳，TVB-N 值的 biPLS 模型的校正集和验证集的 R_c 和 R_p 分别为 0.831 和 0.765，RMSEC 为 3.76，RMSEP 为 4.57；菌落总数的 biPLS 模型的校正集和验证集 R_c 和 R_p 分别为 0.878 和 0.701，RMSEC 为 1.11，RMSEP 为 1.83。该研究结果证明大黄鱼的近红外光谱信息与其 TVB-N 值、菌落总数的相关性较高，所建模型可以快速、无损地定量评价大黄鱼的新鲜度。

表 8-8 大黄鱼 TVB-N 预测模型性能比较[54]

模型	主因子数	选择区间	R_c	RMSEC	R_p	RMSEP
PLS	10	全波段	0.733	4.79	0.787	4.43
iPLS	5	4983.16～5176cm^{-1}	0.737	4.63	0.544	6.40
biPLS	10	[26，27，21，6，13，2，2 15，2 5，8]	0.837	3.76	0.765	4.57
siPLS	10	[6，10，13，15]	0.822	3.93	0.709	5.10

注：针对 biPLS 模型，选择 10 个子区间联合 [26，27，21，6，13，22，15，2，5，8]，其中数字表示子区间编号；针对 siPLS 模型，将所选的 4 个子区间联合建模。

表 8-9　大黄鱼菌落总数预测模型性能比较[54]

模型	主因子数	选择区间	R_c	RMSEC	R_p	RMSEP
PLS	4	全波段	0.683	1.71	0.710	1.62
iPLS	3	6406.37～7004.19cm^{-1}	0.745	1.55	0.638	1.81
biPLS	10	[21, 10, 26, 11, 23, 27, 15, 22, 18, 13]	0.878	1.11	0.701	1.83
siPLS	11	[6 7 11 13]	0.834	1.28	0.665	1.91

8.3.3　水产品寄生虫检测

由于水生环境等因素影响，不少水产品（主要包括淡水鱼、虾、河蟹等）体内含有多种寄生虫，这些寄生虫若寄生到人体，会引起头痛、恶心、腹泻、偏瘫等多种症状，重则导致死亡，其中线虫为对人类健康危害严重的一种食源性寄生虫。目前，水产品寄生虫检测方法包括肉眼检查、镜检（利用显微镜或解剖镜进行检查）、免疫学检测方法（免疫印迹技术、ELISA 等），其中肉眼检查结果较差，而镜检及免疫学检测方法操作费时且需要具备专业技能。因此，采用光谱分析技术进行水产品寄生虫检测是非常必要的。

Heia 等[55]应用可见/近红外光谱成像技术对大西洋鳕鱼表面及嵌入在内部的线虫寄生虫进行检测。首先获取了样品在 350～950nm 范围内的光谱图像，采用图像滤波技术及判别偏最小二乘回归（discriminant partial least square regression，DPLSR）方法分析光谱图像，以数字 1 和 0 代表有线虫和无线虫的分类输出结果。由于线虫独特的光谱特性与鱼肉本身的光谱曲线差异明显，所以分类结果较好。图 8-13（a）为标准的数字相机所获取的样品图像；图 8-13（b）是样品在 540nm 下的光谱图像，其中线虫和血斑及黑线病斑分别以实线圆圈和虚线圆圈进行标记，K1～K5 表示寄生深度不同的线虫；图 8-13（c）是应用 DPLSR 进行分析的分类结果图，可以清楚地看到线虫寄生位置。实验结果显示，该方法

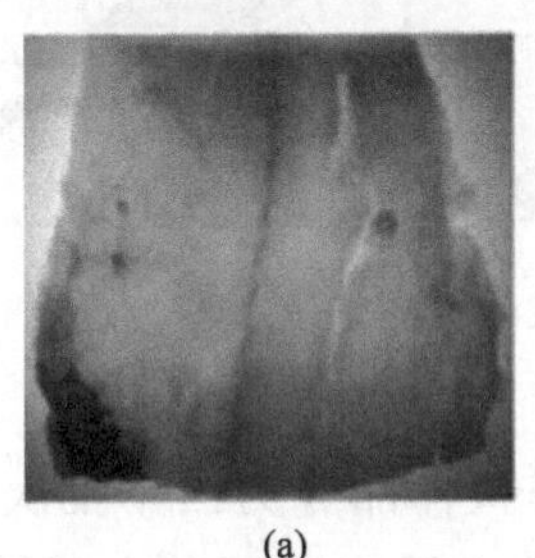

(a)

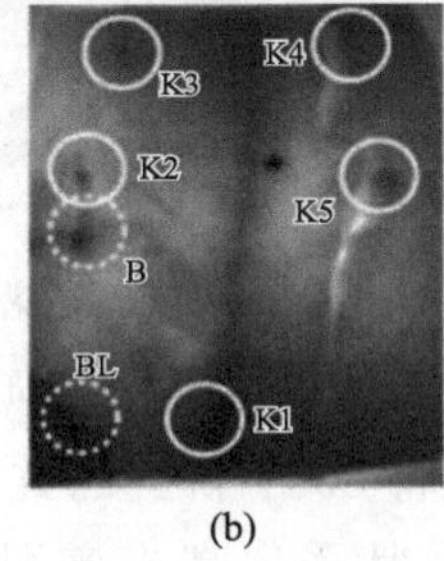

(b)

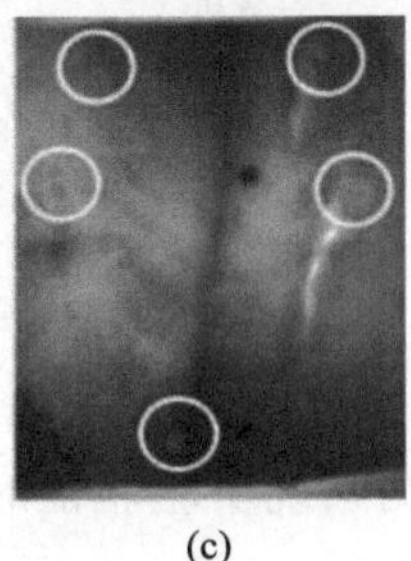

(c)

图 8-13　有线虫寄生的鲟鱼片图像[55]

(a) 数字相机获取的鳕鱼图像；(b) 鳕鱼在 540nm 下的光谱图像；(c) 应用 DPLSR 进行分析的分类结果图

可以最低检测到鳕鱼中寄生深度为 0.8cm 的线虫，比传统的手动检测方法的检测深度高 2～3mm。

8.4 水产品品质安全光学无损检测技术的应用

光谱分析技术是近年来兴起的无损检测技术，能够针对水产品实现快速、无损、高效的品质安全检测。Khojastehnazhand 等[56] 采用可见/近红外（visible-near infrared，Vis/NIR）和短波红外（short wave infrared，SWIR）高光谱成像鉴别虹鳟鱼的不同冷藏时间。研发的高光谱成像检测系统如图 8-14 所示，系统包括移动平台、照明单元、高光谱相机及计算机等。其中，用到了两个高光谱相机，分别为 Vis/NIR 波段范围（400～1000nm）和 SWIR 范围（1000～2500nm），其图像分辨率分别为 1392×1040 像素及 320×256 像素。

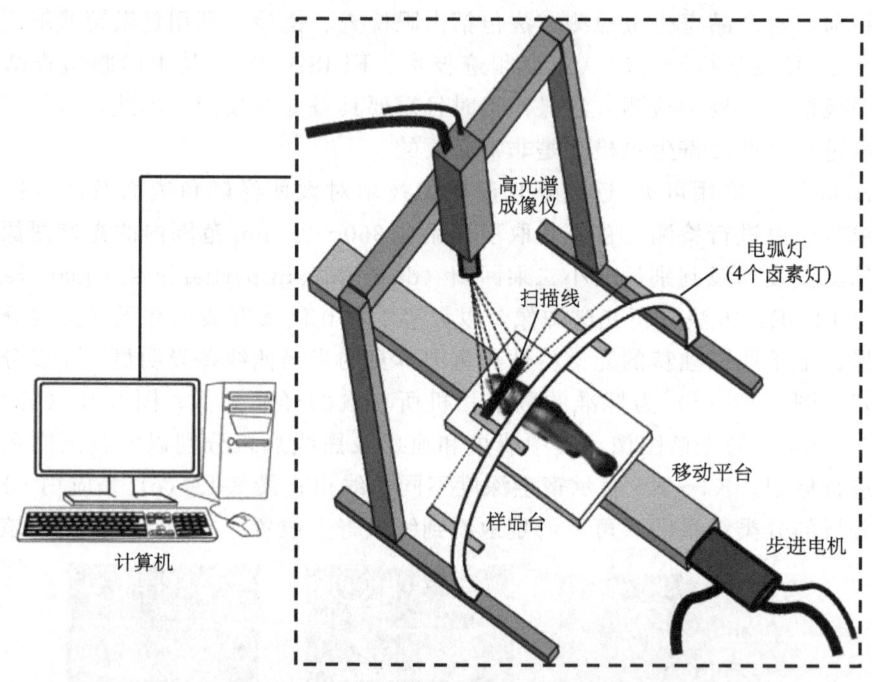

图 8-14 Vis/NIR 及 SWIR 高光谱成像检测系统[56]

对检测系统实验验证时，将 80 个新鲜的虹鳟鱼样品分为四个批次，分别冷藏 1 天、3 天、5 天、7 天。样品采集高光谱图像之后，以两种方式选择 ROI，如图 8-15 所示，分别为手动选择的矩形区域作为感兴趣区域（rectangle ROI）和自动选择的除不良像素（背景、鳍片、饱和像素）外的整体区域作为全感兴趣区域（total ROI）。各批次的样品提取的光谱数据经过不同的预处理后进行主成分分析（非监督分类方法）和偏最小二乘判别分析（监督分类方法），以评估虹鳟鱼的新鲜度。

图 8-15　虹鳟鱼样品的矩形 ROI 及全 ROI 选择[56]

该系统的检测结果显示，基于全 ROI 的平均光谱的检测结果优于矩形 ROI 平均光谱的检测结果。4 个批次样品的 Vis/NIR 平均光谱经二阶导数预处理后运用 PCA 方法进行分析，结果为 R_c为 0.97，RMSEC 为 0.16，R_p为 0.98，RMSEP 为 0.14；而样品 SWIR 波段的平均光谱预处理并进行 PCA 分析后，得到 R_c为 0.84，RMSEC 为 0.44，R_p为 0.67，RMSEP 为 0.76，结果不及 Vis/NIR 平均光谱的检测结果。PLS-DA 在 Vis/NIR 和 SWIR 波段对虹鳟鱼肉不同冷藏时间的鉴别正确率分别达到 100%和 75%。结果证明 Vis/NIR 成像系统检测结果进行 PCA 分析及 PLS-DA 鉴别的效果均优于 SWIR 成像系统的检测结果。

Chau 等[57]采用高光谱成像系统检测大西洋鳕鱼的新鲜度。该检测系统主要应用了一个 SWIR 光谱相机（Specim Ltd，Oulu，Finland），包括 320×256 像素

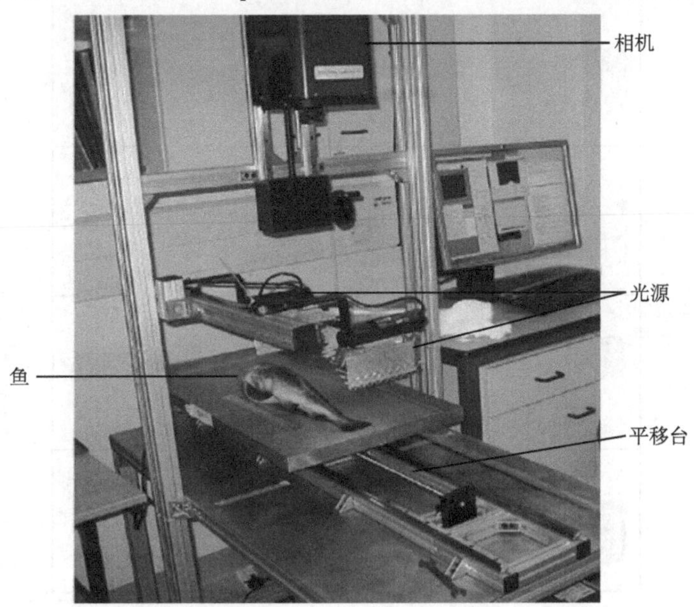

图 8-16　用于鳕鱼新鲜度检测评估的高光谱成像系统检测装置图[57]

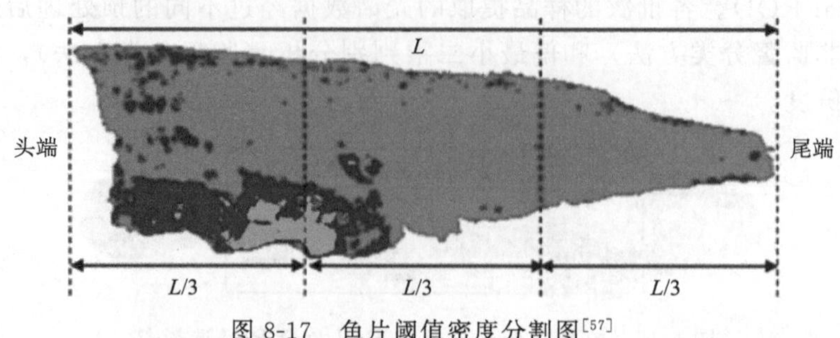

图 8-17 鱼片阈值密度分割图[57]

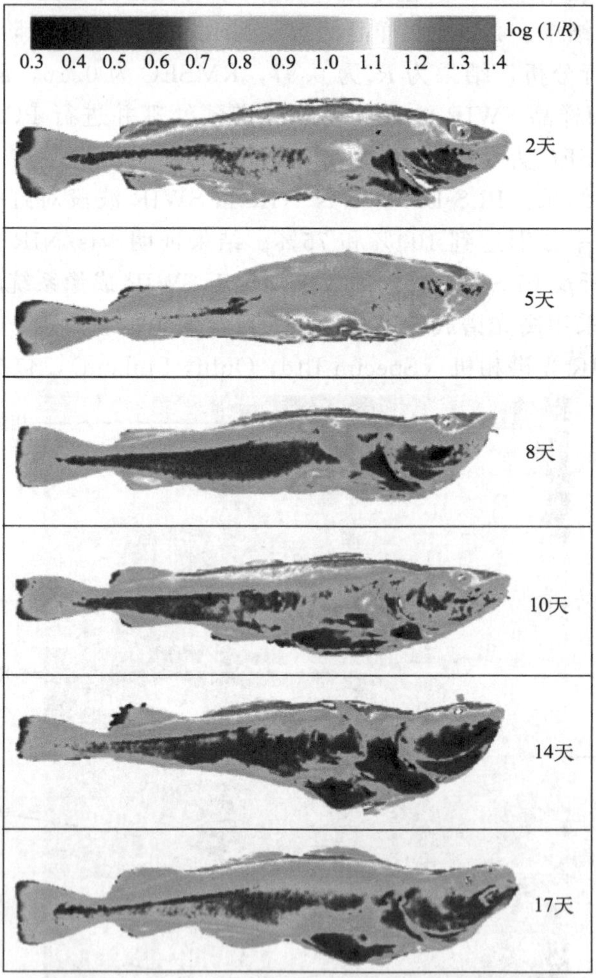

log (1/R)
0.3 0.4 0.5 0.6 0.7 0.8 0.9 1.0 1.1 1.2 1.3 1.4
2天
5天
8天
10天
14天
17天

图 8-18 鳕鱼样品在 1164nm 下的可视化分布图[57]

的 HgCdTe 探测器及光谱仪，系统检测波段范围为 892～2495nm。鳕鱼样品放在金属托盘中，置于电控移动平台上以推扫式进行高光谱图像扫描，见图 8-16。鱼肉样品在进行扫描前，先用纸巾轻拍除去过量的水分及附着的冰晶。

该装置检测结果显示整鱼的里脊肉部位及腹部皮瓣部位的平均光谱数据存在差异，主要归因于这些不同部位检测对象的化学成分之间的明显差异。基于光谱曲线的不同，得到鱼片的阈值密度分割图，如图 8-17 所示，里脊肉部位与腹部皮瓣部位可以明显地得到区分，分别标记以红色和蓝色，而绿色部分表示光谱数据饱和。

另外，该装置在对不同贮藏时间的鳕鱼整鱼进行检测后发现，光谱反射率（R）随贮藏时间的增加而增大，log（$1/R$）随贮藏时间的增加而减小。鳕鱼样品在 1164nm 下的 NIR 图像见图 8-18，其中 log（$1/R$）值以伪彩色比例进行呈现，可以清楚地看到随着贮藏时间的增长，其 log（$1/R$）值逐步减小。

参 考 文 献

[1] 孙波. 中国水产品质量安全管理体系研究. 青岛：中国海洋大学，2012

[2] 董啸天. 我国海水养殖产品食品安全保障体系研究. 青岛：中国海洋大学，2014

[3] 励建荣，李婷婷，李学鹏. 水产品鲜度品质评价方法研究进展. 北京工商大学学报（自然科学版），2010，28（6）：1～7

[4] 林洪，王唯芬，李德昆，等. 水产品安全性现状与质量管理. 福州大学学报（自然科学版），2002，30：681～685

[5] 沈媛. 我国水产品流通过程中的质量安全影响因素分析. 上海：上海海洋大学，2014

[6] Leclercq E，Taylor J F，Migaud H. Morphological skin colour changes in teleosts. Fish and Fisheries，2010，11：159～193

[7] 胡金鑫，李军生，徐静. 水产品鲜度表征与评价方法的研究进展. 食品工业，2014，35（3）：225～228

[8] 宋学治. 浅谈出口水产品的感官检验. 中国检验检疫，2010，6：31～32

[9] 董彩文. 鱼肉鲜度测定方法研究进展. 食品与发酵工业，2004，30（4）：99～103

[10] GB 18406. 4—2001，农产品安全质量-无公害水产品安全要求

[11] 刘焕亮. 我国主要水产品营养成分的研究. 科学养鱼，2000，7：11～12

[12] 高永清. 直接分析氨基酸的两种方法. 分析仪器，2003，(3)：40～43

[13] 章丽，刘松雁. 氨基酸测定方法的研究进展. 河北化工，2009，32（5）：27～29

[14] 郭爱民，王晖，尹娜，等. 高效液相色谱法分离测定鱼油中的 EPA 和 DHA. 首都医学院学报，1995，16（4）：263～267

[15] 易军鹏，殷勇，李欣. 食品中微量元素的现代检验方法. 河南科技大学学报，2004，25（5）：89～92

[16] Pantazi D，Papavergou A，Pournis N，et al. Shelf-life of chilled fresh Mediterranean sword fish（Xiphias gladius）stored under various packaging conditions：microbiological biochemi-

cal and sensory attributes. Food Microbiology，2008，25（1）：136～143

[17] 刘雪云. 挥发性盐基氮检测方法的现状及研究方向. 农产品加工（学刊），2014，1：51～53

[18] 衣龙波. 水产品中镉、铅、砷的检测方法与应用研究. 济南：山东大学，2013

[19] 朱文慧，步营，邵仁东，等. 国内外水产品中重金属限量标准对比分析. 水产科技情报，2009，36（6）：271～274

[20] 李永夫，高华鹏，张健玲，等. 超高效液相色谱-串联质谱法测定鳗鱼中呋线威和溴氰菊酯残留. 分析化学，2008，36（6）：755～759

[21] 刘欢，刑丽红，宋怿，等. 水产品中硝基呋喃类代谢物残留快速检测产品质量分析和评价. 中国渔业质量与标准，2013，3（2）：73～79

[22] 钟仕花，林敏霞，陈成良. UPLC-MS/MS 检测水产品中硝基呋喃代谢物. 农业工程，2013，3（4）：83～85

[23] 于慧娟，蔡友琼，惠芸华，等. 高效液相色谱-电喷雾串联质谱法测定水产品中红霉素的残留. 分析化学，2009，37（1）：91～94

[24] 张国文，倪永年. 偏最小二乘-同步荧光光谱法同时测定鳗鱼组织中三种喹诺酮药物残留量. 光谱学与光谱分析，2006，26（1）：113～116

[25] 安冬. 水产品中氨基糖苷类药物残留检测的液-质联用分析法研究. 重庆：西南大学，2009

[26] 张卫佳，曾剑超，蒋其斌. 水产品中有害残留物饷的研究与进展. 肉类研究，2007，11：39～41

[27] 许澄，赵启蒙，黄雯，等. 几种鱼体新鲜度快速检测方法的研究进展. 食品工业科技，2014，9：372～376

[28] Ritthiruangdej P，Kasemsumran S，Suwonsichon T，et al. Determination of total nitrogen content，pH，density，refractive index，and brix in Thai fish sauces and their classification by near-infrared spectroscopy with searching combination moving window partial least squares. Analyst，2005，130：1439～1445

[29] Cheng J H，Sun D W. Data fusion and hyperspectral imaging in tandem with least squares-support vector machine for prediction of sensory quality index scores of fish fillet. LWT-Food Science and Technology，2015，63（2）：892～898

[30] Isaksson T，Swensen L P，Taylor R G，et al. Non-destructive texture analysis of farmed Atlantic salmon using visual/near-infrared reflectance spectroscopy. Journal of the Science of Food and Agriculture，2002，82（1）：53～60

[31] Wu D，Sun D W，He Y. Novel non-invasive distribution measurement of texture profile analysis（TPA）in salmon fillet by using visible and near infrared hyperspectral imaging. Food Chemistry，2014，145：417～426

[32] 田灏，陆利霞，熊晓辉. 鱼肉鲜度快速检测技术进展. 食品工业科技，2008，29（7）：286～288

[33] 栾东磊，王玉明，薛长湖，等. 大黄鱼脂肪含量的近红外光谱快速无损检测. 中国海洋大

学学报，2009，39：59～62

[34] Vogt A, Gormley T R, Downey G, et al. A comparison of selected rapid methods for fat measurement in fresh herring (Clupea harengus). Journal of Food Composition and Analysis, 2002, 15 (2): 205～215

[35] Solberg C, Saugen E, Swenson L P, et al. Determination of fat in live farmed Atlantic salmon using non-invasive NIR techniques. Journal of the Science of Food and Agriculture, 2003, 83 (7): 692～696

[36] Khodabux K, L'Omelette M S S, Jhaumeer-Laulloo S, et al. Chemical and near-infrared determination of moisture, fat and protein in tuna fishes. Food Chemistry, 2007, 102 (3): 669～675

[37] ElMasry G, Wold J P. High-speed assessment of fat and water content distribution in fish fillets using online imaging spectroscopy. Journal of Agricultural and Food Chemistry, 2008, 56 (17): 7672～7677

[38] Wu D, Shi H, Wang S J, et al. Rapid prediction of moisture content of dehydrated prawns using online hyperspectral imaging system. Analytica Chimica Acta, 2012, 726: 57～66

[39] White D J, Svellingen C, Strachan N J C. Automated measurement of species and length of fish by computer vision. Fisheries Research, 2006, 80 (2-3): 203～210

[40] Costa C, D'Andrea S, Russo R, et al. Application of non-invasive techniques to differentiate sea bass quality cultured under different conditions. Aquaculture International, 2011, 19 (4): 765～778

[41] Gayo J, Hale S A. Detection and quantification of species authenticity and adulteration in crabmeat using visible and near-infrared spectroscopy. Journal of Agricultural and Food Chemistry, 2007, 55 (3): 585～592

[42] 吴迪，吴洪喜，蔡景波，等. 基于无信息变量消除法和连续投影算法的可见-近红外光谱技术白虾种分类方法研究. 红外与毫米波学报，2008，28 (6)：423～430

[43] Cheng J H, Sun D W, Zeng X A, et al. Non-destructive and rapid determination of TVB-N content for freshness evaluation of grass carp (Ctenopharyngodon idella) by hyperspectral imaging. Innovative Food Science and Emerging Technologies, 2014, 21: 179～187

[44] 张玉华，孟一，许丽丹，等. 基于近红外光谱技术的带鱼新鲜度检测研究. 分析检测，2013，34 (19)：281～286

[45] Karoui R, Lefur B, Grondin C, et al. Mid-infrared spectroscopy as a new tool for the evaluation of fish freshness. International Journal of Food Science and Technology, 2007, 42 (1): 57～64

[46] 励建荣，王丽，张晓敏，等. 近红外光谱结合偏最小二乘法快速检测大黄鱼新鲜度. 中国食品学报，2013，13 (6)：209～214

[47] 杨文鸽，薛长湖，徐大伦，等. 大黄鱼冰藏期间 ATP 关联物含量变化及其鲜度评价. 农业工程学报，2007，23 (6)：217～222

[48] 朱逢乐. 基于光谱和高光谱成像技术的海水鱼品质快速无损检测. 杭州：浙江大学，2014

[49] 朱逢乐，章海亮，邵咏妮，等. 基于高光谱成像技术的多宝鱼肉冷藏时间的可视化研究. 光谱学与光谱分析，2014，34（7）：1938～1942

[50] Sivertsen A H，Kimiya T，Heia K. Automatic freshness assessment of cod（Gadus morhua）fillets by Vis/Nir spectroscopy. Journal of Food Engineering，2011，103（3）：317～323

[51] 郭沫然. 光谱技术在食品安全检测中的应用研究. 长春：长春理工大学，2014

[52] Wu C W，Hsiao T C，Chu S C，et al. Fibreoptic fluorescence spectroscopy for monitoring fish freshness. SPIE/Defense，Optical Biopsy X，2012，822017

[53] Lin M，Mousavi M，Al-Holy M，et al. Rapid near infrared spectroscopic method for the detection of spoilage in rainbow trout（oncorhynchus mykiss）fillet. Journal of Food Science，2006，71（5）：18～23

[54] 徐富斌，黄星奕，丁然，等. 基于近红外光谱的大黄鱼新鲜评价模型. 食品安全质量检测学报，2012，3（6）：644～648

[55] Heia K，Sivertsen A H，Stormo S K，et al. Detection of nematodes in cod（gadus morhua）fillets by imaging spectroscopy. Food Engineering and Physical Properties，2007，72（1）：11～15

[56] Khojastehnazhanda M，Khoshtaghaza M H，Mojaradi B，et al. Comparison of visible-near infrared and short wave infrared hyperspectral imaging for the evaluation of rainbow trout freshness. Food Research International，2014，56：25～34

[57] Chau A，Whitworth M，Leadley C，et al. Innovative sensors to rapidly and non-destructively determine fish freshness. Seafish Industry Authority，2009

第9章　家畜和家禽活体光学检测技术

随着生活水平的提高，消费者对畜禽类肉品的需求日益增长。为满足消费需求，提高经济效益，畜禽养殖开始由粗放式养殖模式向集约化模式转变。但是在养殖过程中，大多仍沿用传统的养殖技术，限制了养殖业经济效益的增长，同时带来了资源浪费等很多问题。因此，发展现代化养殖技术已成为必然趋势，家畜和家禽的活体检测技术是其中重要的一部分。

我国的畜禽养殖主要有牛、猪、鸡等动物。对畜禽从饲养到成熟待宰的整个过程，养殖者需要实时监测它们的生长状态，并根据监测结果调整饲养方案，以提高家畜家禽的出栏品质和产量。另外，畜禽成熟待宰时，为控制宰后肉品的等级质量，需要对家畜家禽进行活体筛选和分类，从而提高屠宰的效益。光学检测技术作为一种利用家畜家禽的光学物理特征进行检测分析的技术，可以实现对家禽和家畜的非接触实时快速检测，同时具有检测结果可靠性高的优点，可避免人工估计带来的人为误差。常用的光学检测技术主要有机器视觉技术、X射线技术、红外热成像技术等。家畜家禽活体光学检测的主要指标有动物的体尺参数、体重、肉产量、背膘厚和性别等。

9.1　牛的活体检测

牛的养殖给消费者提供了肉、奶等多种食品来源。在养殖过程中，养殖者定期了解牛的生长情况有助于对其饮食、健康和育肥的管理。为了保障牛肉和牛奶制品的品质，提高养殖场的生产效益，养殖者需要实时监测牛的生长状态，如背膘厚、体重和体尺参数、运动和休息状态以及健康状况等。养殖者可以根据检测的结果采取有效措施增加效益，减少资源浪费，并且从源头保证消费者的食品品质和安全。

9.1.1　牛的背膘厚检测

传统的奶牛体况评分（body condition score，BCS）是由有经验的工人观察其体型外观来完成，一般以30天为一个评价周期。这种方式容易受工人主观因素影响，同时持续周期长，工作量大，可靠性不高。背膘厚作为奶牛的一个重要体型参数，能更加客观精确地反映奶牛的生长情况。常用的牛背膘厚的检测方法是由技术人员使用超声波探测仪测量奶牛背膘厚检测点处的皮下脂肪厚度[1]。这种方法精度高，对奶牛的刺激性小，但是操作过程复杂，效率低，人力需求量大。

为实现奶牛背膘厚的自动化检测，Weber 等[2]进行了基于机器视觉技术的牛背膘厚检测的研究。作者首先根据渡越时间（time-of-flight，TOF）的方法原理，使用三维（three dimensions，3D）相机采集奶牛背部的3D图像，所获得的图像包括奶牛背部的轮廓信息和深度信息[3]，如图 9-1 所示。图 9-2 为经过图像处理得到的奶牛体型特征参数。在图 9-2（a）左图中，首先提取俯视图中奶牛臀部最宽位置处的高度轮廓线，然后在后视图中作该轮廓线最高点处的水平切线[图 9-2（a）右]，计算切线与轮廓线间的闭合区域面积作为臀宽处的面积参数；在图 9-2（b）左图中，首先提取俯视图中牛的脊柱线，然后在臀部凹陷点处作切割线，使其垂直于脊柱线，由此在后视图［图 9-2（b）右］中获得一个“W”形高度轮廓，进一步提取出臀部左右两个凹陷点处的深度参数，以及“W”形轮廓与折线形成的两个闭合区域的面积参数；在图 9-2（c）左图中，依次提取俯视图中左右两个臀宽点与坐骨节点或臀部凹陷点间的高度轮廓线，将每条轮廓线和与之相应的两端点间的连线比较，得到轮廓线的最大失真参数［图 9-2（c）中］，同时得到该位置的面积参数［图 9-2（c）右］。

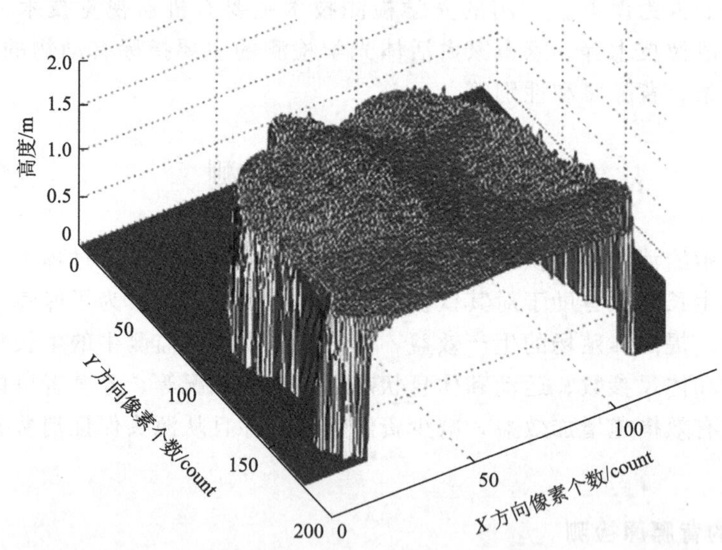

图 9-1 奶牛背部图像的三维展示图[2]

在奶牛背膘厚预测实验中，选取 96 头哺乳期奶牛为检测对象，其中有 74 头牛处于初次哺乳阶段，22 头牛处于二次哺乳阶段。每天使用相机依次采集所有牛的 3D 图像，同时每周使用超声波仪器（精度为 1mm）测量所有牛背膘厚的

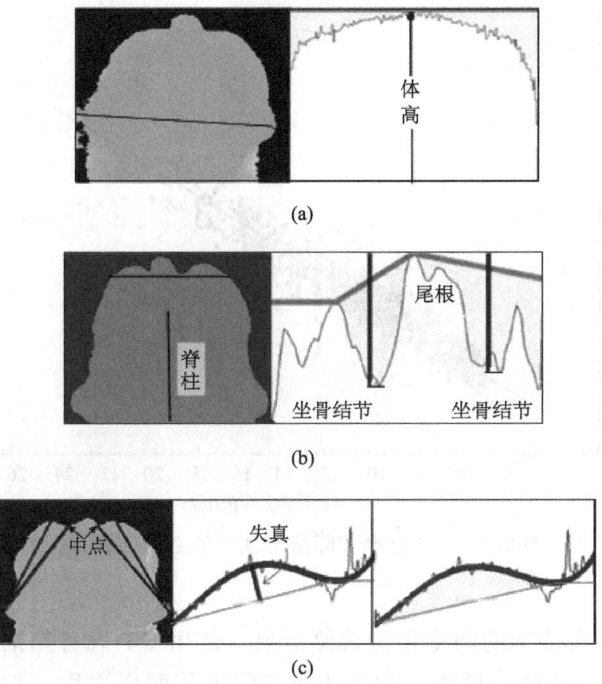

图 9-2　基于图像处理得到的奶牛特征参数图像[2]

(a) 臀宽处的面积参数；(b) 臀部凹陷点处的深度参数和面积参数；(c) 轮廓的最大失真参数和面积参数

值，检测周期为 300 天。为使采集的图像数据和背膘厚数据符合一致性，将每周的图像数据进行平均，用所得的值进行建模。在建模过程中，以奶牛的背膘厚为被预测值，经图像处理得到的体型特征参数为预测参数建立多元线性回归模型。由于实验中所检测的奶牛处于不同的哺乳阶段，奶牛的背膘厚存在不同的变化规律，因此需分阶段建立预测模型。通过分析，在 13 个体型特征参数中，奶牛左侧臀宽点与臀部凹陷点处的轮廓内面积参数［图 9-2（c）右］和臀部右侧凹陷点处的深度参数［图 9-2（b）右］与背膘厚的相关性最高，所建立的最佳模型预测牛背膘厚的相关系数 R_p 为 0.96。图 9-3 所示为背膘厚实际值与模型预测值之间的关系，可见使用机器视觉技术预测养殖场中处于不同哺乳期的奶牛的背膘厚是可行的。

Toshihiro 等[4] 采用 X 射线计算机断层扫描技术（X-ray computed tomography，X-CT）检测牛的背膘厚，检测现场如图 9-4（a）所示。工作人员首先使用充气气囊将牛束缚在工作台上，确保不会大幅移动，然后控制工作台运动，将牛送进 CT 扫描设备的腔室扫描，并结合图像处理技术检测背膘厚。经过 CT 扫描获得的胴体横截面图像的像素大小为 512×512，灰阶值为 256。

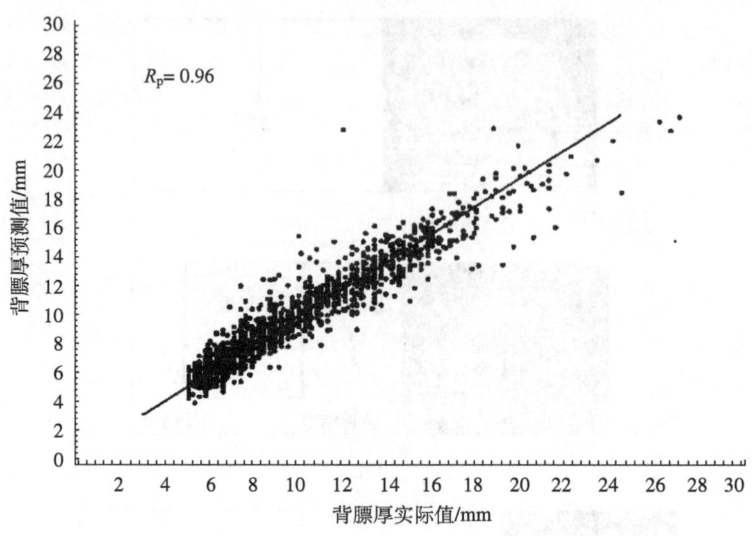

图 9-3 牛背膘厚实际值与预测值之间的关系[2]

实验中取 8 头待宰的肉牛作为检测对象，使用 CT 设备扫描活体牛胴体的第 6 根与第 7 根肋骨间的横截面，扫描的焦点位于其两肩之后，扫描结果的局部放大图如图 9-4（b）所示，图中 D 表示背膘厚。扫描完成之后，将牛屠宰分割，人工测量背膘厚的值，同时使用图像处理算法分析所得的 CT 图像，提取背膘厚 D 的值。对所得的 D 值与人工测量值进行线性回归分析，得到预测相关系数 R_p 为 0.93（$P<0.01$），预测误差 SEP 为 0.40。结果表明，利用 X 射线计算机断层扫描技术检测活体牛背膘厚具有较高的可靠性。

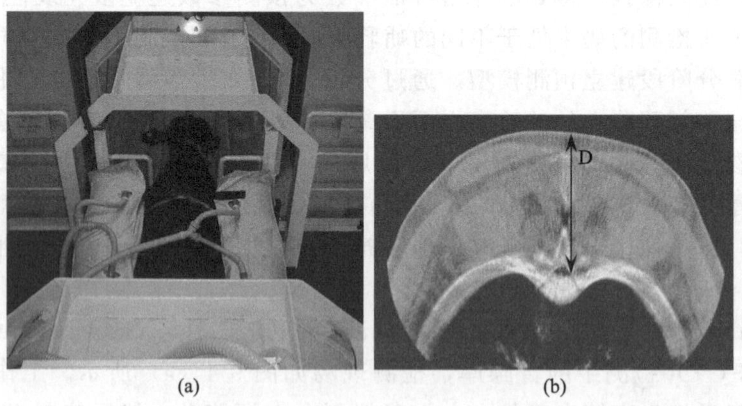

图 9-4 基于 CT 扫描技术检测牛的背膘厚[4]

（a）活体牛 CT 扫描现场示意图；（b）牛第 6 和第 7 根肋骨间的 CT 扫描图的局部放大图

9.1.2　牛的体重检测

随着规模化牛养殖业的日益发展，基于计算机技术的现代养殖场管理方法被广泛应用。牛的活体体重作为反映农场效益的一个重要指标，直接体现牛的健康状况、饲养环境的舒适度等因素，对养殖者的管理决定有很大影响。为了获得牛体重的最大增长率，需在宰前的每个饲养阶段实时测量其体重，常用的方法是使用弹簧秤或者电子秤对牛称重，但是该方法耗费人力和时间，实时性较差，效率低，且牛的体型庞大，与工作人员近距离接触时存在安全隐患。

Stajnko 等[5]进行了基于红外热成像技术预测肉牛体重的研究。图像采集中，为了提高肉牛和背景的对比度，作者选取冷硬混凝土墙做背景。图 9-5 所示为使用红外相机采集的牛的红外热成像图，图像的像素为 320×240，已清晰显示了所测目标的轮廓，不需要用其他的图像分割算法进行预处理。由于图像分辨率较低，为提高特征值的提取精度，图像处理采用了亚像素细分算法，即在原像素的基础上使用插值法、空间灰度矩法或最小二乘估计法等数学方法来提高测量精度[6]。

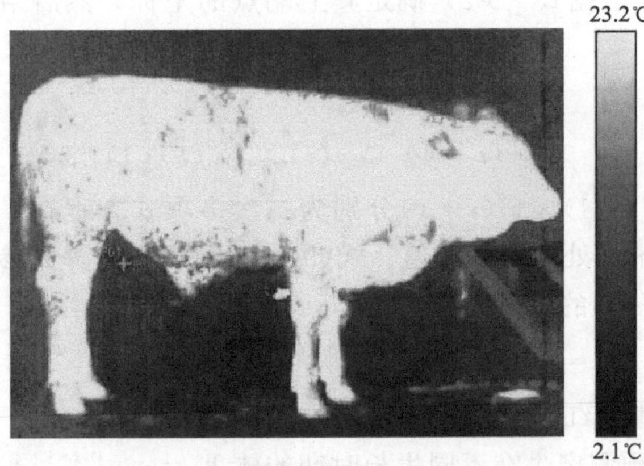

图 9-5　肉牛的红外热成像图[5]

在特征提取时，分别以牛尾根部和前蹄为基准点提取出两个感兴趣区域，在这两个感兴趣区域内分别确定牛的臀高（h_r）和体高（h_w）两个参数。在臀部感兴趣区域确定臀高参数时，建立了一个用于拟合牛尾根部曲线［图 9-6（a）］的二次多项式方程。当该多项式满足式（9-1）的条件时，确定为臀部上端点，然后结合其对应的后蹄坐标得到臀高参数值。

$$\begin{cases} y'(i)=0 \\ y''(i-1)>0 \\ y''(i+1)<0 \end{cases} \tag{9-1}$$

式中，$y'(i)$，$y''(i\text{-}1)$，$y''(i+1)$分别为二次多项式在 i 处的一阶导数和在$(i-1)$、$(i+1)$处的二阶导数。

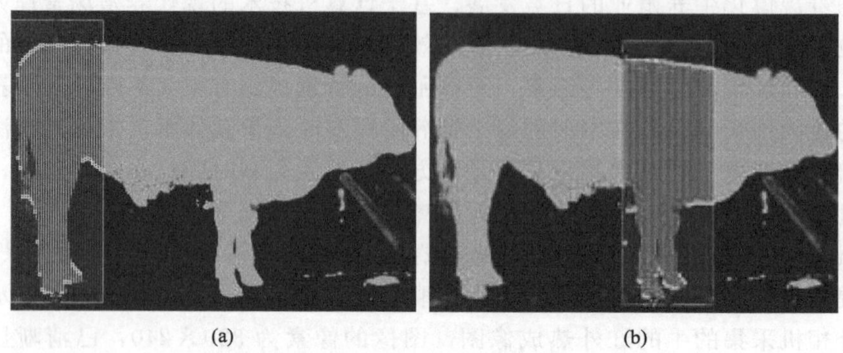

图 9-6 牛的躯干拟合曲线示意图[5]

(a) 臀部拟合曲线；(b) 前肢腹部及背部拟合曲线

类似地，在前蹄感兴趣区域，首先使用二次多项式方程拟合其背部和腹部曲线［图 9-6 (b)］，根据式 (9-2) 确定其上端点的坐标，然后结合前蹄坐标获得体高参数值。

$$\begin{cases} y'(i)=0 \\ y''(i-1)<y(i)<y''(i+1) \end{cases} \tag{9-2}$$

式中，$y'(i)$、$y''(i-1)$、$y''(i+1)$分别为二次多项式方程在 i 处的一阶导数和在$(i-1)$、i、$(i+1)$处的原方程值。式(9-3)为利用牛的臀高参数(h_r)和体高参数(h_w)预测体重(w_b)的数学模型。

$$w_b=-1236.50+3.01\times h_w+10.301\times h_r \tag{9-3}$$

通过实验验证，基于红外热成像技术预测牛体重的相关系数 R_p^2 为 0.93 ($P<0.01$)，可以精确预测肉牛在不同生长时期的体重。

Sakir 等[7]采用机器视觉技术对牛体重进行了预测。图 9-7 所示为牛的图像采集系统示意图，相机 1 和相机 2 用于采集牛的侧视图，相机 3 和相机 4 用于采集牛的俯视图，光电反射式传感器用于接收牛的到位信号从而触发相机工作，台秤用于称量牛的体重 (w_b)。检测系统将获得的图像导入处理软件，经过预处理和特征提取，得到牛的体尺参数，其中在俯视图中获得臀宽值 (w_r)，由俯视图和侧视图的综合分析获得牛的体长值 (l_b)、体高值 (h_w) 和臀高值 (h_r)。由于所获得的参数为图像上的大小，因此需要对相机进行二维平面和三维空间上的校正，利用校正比例将参数换算成实际值。另外，工作人员使用激光传感器和量尺等工具人工测量了每头牛的体长、体高、臀宽、臀高四个体尺参数值。

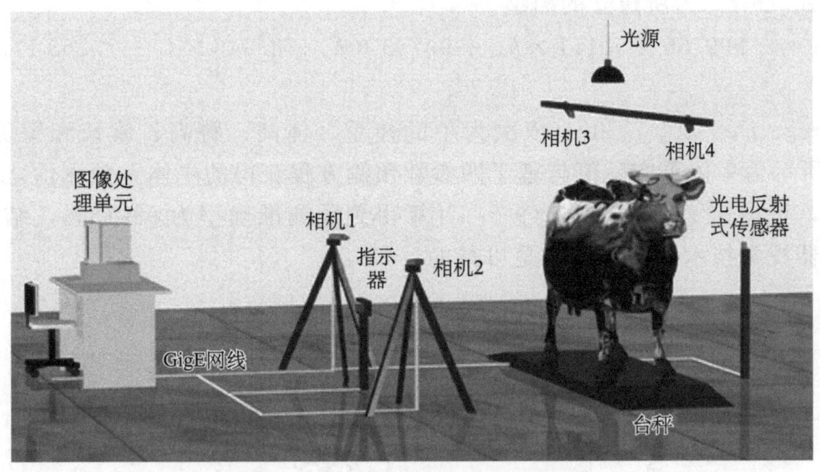

图 9-7　图像采集系统示意图[7]

实验中共采集了 115 头牛的图像信息和人工体尺参数值，同时使用台秤称量了牛的体重。数据分析建模采用式（9-4）表示的多元线性回归方程，式（9-5）表示预测值相对于实际值的精度，式（9-6）表示所建立模型的预测平均相对误差。

$$y_p = a_0 + a_1 x_1 + a_2 x_2 + \cdots + a_n x_n \tag{9-4}$$

$$e_i = \frac{|y_i - y_{pi}|}{y_i} \times 100\% \tag{9-5}$$

$$E = \frac{1}{n}\sum_{i}^{n} e_i \tag{9-6}$$

式（9-4）中，y_p为牛的体重预测值；x_1，x_2，…，x_n为牛的体尺参数；a_0为常数，a_1，a_2，…，a_n为相应的回归系数。式（9-5）中，e_i为预测误差；y_i为实际值；y_{pi}为预测值。式（9-6）中，E 为预测平均相对误差；n 为样品总数；i 为样品序号。

为验证由检测系统获得的体尺参数的可靠性，将人工测得的 115 组体尺参数值和由检测系统计算得到的体尺参数值代入式（9-5）和式（9-6），得到准确率依次是体高 97.72%、臀高 98.00%、体长 97.89%、臀宽 95.25%，因此由检测系统得到的体尺参数可用于牛的体重预测。

在牛的体重预测建模时，将检测系统中图像处理得到的体长、体高、臀宽和臀高作为预测参数，利用台秤称量得到的体重值作为被预测值，根据式（9-4）进行多元线性回归分析。将四个参数按照排列组合的方式共建立 15 个多元线性回归方程，通过比较可知，四个参数全部使用时预测精度最好，相关系数 R_p为

0.98，式（9-7）为所建立的模型。

$$w_b = -999.56 + 5.151 \times h_w + 0.753 \times h_r + 2.046 \times l_b + 7.863 \times w_r \tag{9-7}$$

式中，w_b、h_w、h_r、l_b和w_r依次为牛的体重、体高、臀高、体长和臀宽参数。图 9-8 所示为牛体重实际值与基于四参数预测方程获得的牛体重预测值之间的线性关系，根据式（9-5）和式（9-6）计算得到预测准确率为 98.15%，结果表明基于机器视觉技术预测牛体重是可行的。

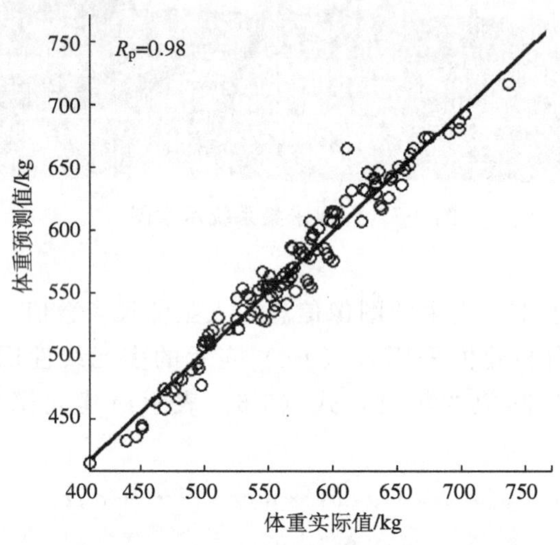

图 9-8 牛的体重实际值和预测值之间的关系[7]

9.1.3 牛的行为姿态的检测

养殖场中牛的运动或休息等信息状态反映了牛当时的生理状态及饲养环境的舒适性。对于牛行为的检测，传统的方法是由工作人员在养殖场中直接观察并做出判断，但是该方法依赖于工人自身的经验，准确率较低，实时性较差，而且工作强度高，检测效率低。

Cangar 等[8]利用机器视觉技术实时检测孕期奶牛运动轨迹及物理状态。作者首先建立一个奶牛俯视图的标准形态图［图 9-9（a）］，通过图像预处理提取出轮廓，然后确定牛的质心及头部、颈部、胸部、腹部、臀部和尾部的边缘特征点的坐标。进一步，使用质心坐标表示奶牛当前的位置，头部与尾部的矢量连线和水平方向的夹角表示奶牛的方向。图 9-9（b）所示为根据奶牛轮廓提取的后背面积参数和臀宽（线段 AB）参数。综合分析连续图像中奶牛的运动轨迹、后背面积和臀宽参数的变化规律可以判断奶牛的站立或躺卧状态；根据奶牛相对于饲料槽的位置和牛的方向可以判断牛为进食或喝水状态。

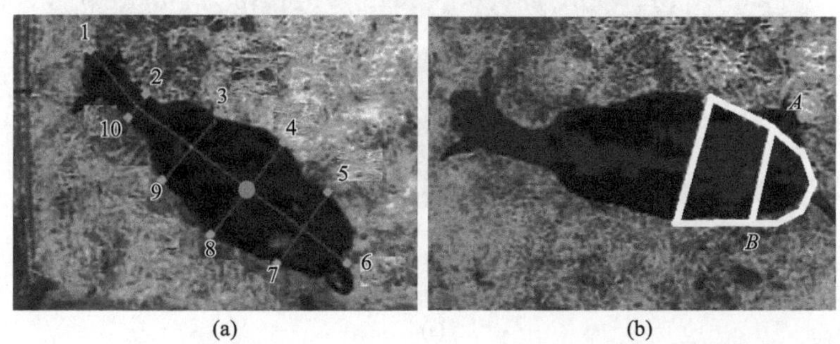

图 9-9　牛俯视图的标准形态图[8]

(a) 牛的轮廓特征点；(b) 牛的后背面积参数和臀宽参数

实验选取 8 头牛作测试对象，分 8 个饲养棚进行图像采集。图 9-10 为根据其中一头牛的质心点和运动方向所描述的产前六小时内的运动轨迹，图中 X 和 Y 表示水平方向和垂直方向的位移，离散的点表示牛当时的位置，点的颜色随着时间推移逐渐变浅。与人工识别的结果比较，利用机器视觉系统判断奶牛站立或躺卧状态的正确率为 85%，判断进食或饮水状态的正确率为 87%，可以实时快速检测奶牛的物理状态。

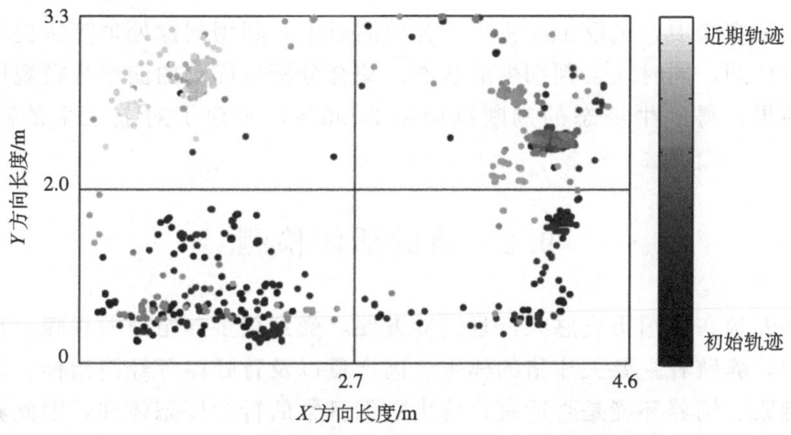

图 9-10　牛产前六小时内的运动轨迹图[8]

另外，Poursaberi 等[9]根据机器视觉的原理自动检测牛的运动姿态。作者首先对牛的侧视图［图 9-11（a）］进行二值化、滤波去噪等预处理，得到清晰的二值图，如图 9-11（b）所示。然后在二值图中提取牛的背部轮廓，从轮廓上提取尾部、背部中点及颈部处的三个特征点 A、B、C（图中圆点所示），利用这三个特征点的坐标作特征圆。不同行走状态下的牛，其脊柱凸起的程度不同，因而特征圆的曲率半径不同。

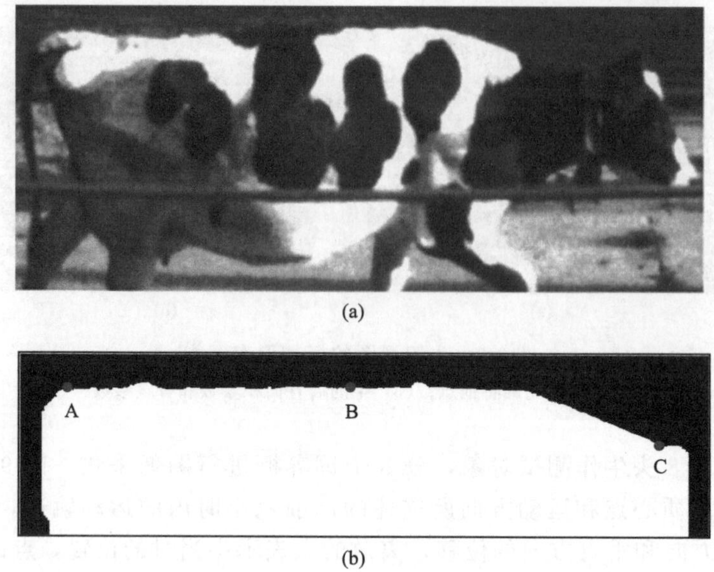

图 9-11 牛的侧视图[9]

(a) 原始图；(b) 预处理后提取出特征点的二值图

在验证实验中，选取 184 头牛作为检测对象，利用图像处理算法提取牛背部轮廓的特征圆，同时人工判别牛的状态。综合分析特征圆的曲率半径规律与人工判别的结果，得到牛姿态的判断准确率为 96%，实现了对跛足牛的高效实时识别。

9.2 猪的活体检测

生猪养殖在我国历史悠久，且饲养方便，受到很多养殖户的青睐。在生猪养殖过程中，养殖者主要关注猪的体重、肉产量以及背膘厚等经济指标。另外，生猪是否健康、饲养环境是否适宜，均由它们日常的行为姿态体现，因此养殖者需要对生猪的行为进行监控。随着生猪养殖规模的扩大，传统的养殖技术已不足以满足要求，为了提高生产效益，应用先进的检测技术是非常必要的。

9.2.1 猪的体重及肉产量检测

在生猪养殖过程中，定期的体重检测可以让养殖者掌握生猪的生长状态及健康状况，了解其肉产量变化趋势，从而合理配置饲料。在估测生猪肉产量时，常用方法是使用动物秤称量体重，然后由有经验人员进行估计。这种方法效率低，估测结果误差大，不利于养殖场提高效益。

Tian 等[10]采用机器视觉技术对生猪宰前肉产量进行了预测。图 9-12 为生猪肉产量检测系统装置示意图，包括体重称量单元、光源单元、图像采集单元、计算机控制和数据处理单元四个部分。体重称量单元用于称量生猪体重，包括一台地磅秤和数据传输设备，地磅秤的量程为 500kg，精度为 0.2kg。光源单元为一套矩形发光二极管（light-emitting diode，LED）灯具，用于给整个系统提供稳定的照明。图像采集单元包括两个 CCD（charge coupled device）相机及镜头，两个相机分别用于采集生猪的俯视图和侧视图。计算机控制及数据处理单元控制整个系统装置的运行，其操作系统为 Windows XP，在 Microsoft VC＋＋ 2010 平台上开发了图像处理和系统控制的软件。为防止生猪在地磅秤上运动，在四周边缘安装了护栏，并在护栏一侧安装了蓝色背景板，用于提高侧视图中生猪与背景的对比度。

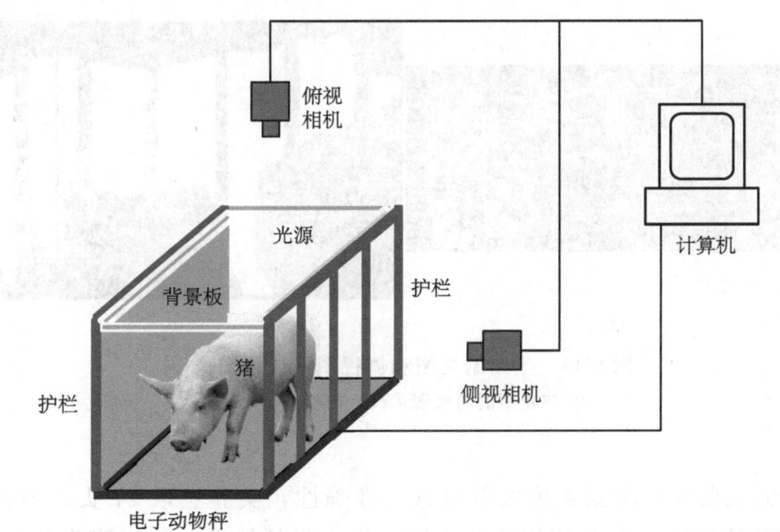

图 9-12　基于机器视觉技术的生猪肉产量检测系统示意图[10]

检测时，生猪安静地站立在地磅秤上，称得的体重数据通过 RS-232 数据线上传到生猪肉产量预测软件系统；同时 CCD 相机分别采集生猪的俯视图和侧视图，自动传输给计算机软件系统，所采集到的图像为 24 位彩色图。为校正所采集图像的大小，将一个面积为 $(10\times10)cm^2$ 的比例校正板置于生猪平均高度处，采集图像然后进行比例换算。

利用开发的生猪肉产量预测软件平台分别对俯视图和侧视图进行处理。在俯视图中，根据生猪和背景之间颜色和亮度的差异，将含有生猪的图像减去背景图像，获得只有生猪的图像，然后进行滤波去噪等形态学处理，得到俯视图的二值图。进一步，提取二值图像的轮廓，确定轮廓质心点，再以质心点的横坐标为界线将图像分为两部分，分别提取这两部分的子质心点，连接这三点获得一条中心折线；扫描图像，分别获得生猪前后两部分轮廓上各自到中心折线垂直距离最大的两个点，连接两点，分别作为胸宽（CW）和腹宽（HW）的值；然后取胸宽和腹宽连线的中点，将胸宽中点、轮廓质心点和腹宽中点依次连接获得一条折线，以折线的长度作为体长（BL）值，处理结果如图 9-13（a）所示。

在侧视图中，设备的护栏为主要的干扰因素，处理的方法是：首先对图像进行直方图均衡化处理，提高图像整体的亮度，然后分析生猪和背景在 RGB（red，green，blue）颜色空间的特点，设定合适的阈值提取目标，获得二值图像，最后作滤波去噪处理，获得结果图像，如图 9-13（b）所示。在侧视图的二值图上，扫描生猪后蹄的像素最低点，并根据最低点的横坐标获得生猪背部相对应的最高点的坐标，连接这两点作为体高（BH）值。

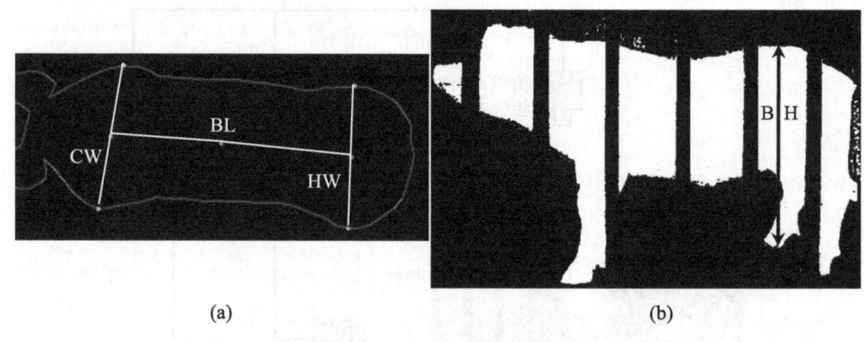

图 9-13　生猪俯视图和侧视图的二值图像[11]

（a）俯视图的轮廓图；（b）侧视图的二值图

为验证机器视觉检测系统采集信息的准确性，实验选取 21 头成熟待宰的大白猪为研究对象[10]。首先使用检测系统采集生猪的体重、俯视图像和侧视图像，并用检测软件处理采集到的图像，得到其体长、胸宽、臀宽和体高四个参数。然后用卷尺人工测量每头生猪的实际体长（由两耳根部连线的中点至尾巴根部的中点之间的长度）、体高、胸宽和臀宽参数值。将 21 头猪宰杀处理后，称得其肉产量。分别对四个参数的图像提取值和人工测量值进行一元线性回归分析，得到体长、胸宽、臀宽和体高的相关系数 R_p 均在 0.97 以上，表明使用该软件系统处理得到的数据与实际值相符。

建立肉产量预测模型时，将测得的猪的体长、体高、胸宽、臀宽及体重五个参数使用偏最小二乘回归方法（PLSR）进行建模分析，21 个样品按 3：1 的比例分为校正集和验证集。首先采用全交叉验证法选取最佳主成分数，当主成分数为 2 时交叉验证的相关系数 R_{cv} 最高为 0.91，且均方根误差最小。利用最佳主成分数建立肉产量的 PLSR 预测模型，并用验证集数据对模型预测能力进行验证，模型的预测相关系数 R_p为 0.97。图 9-14 所示为 PLSR 模型的肉产量预测结果和实际值的关系，结果表明利用生猪体重及四个体尺参数预测其肉产量的方法是可行的。

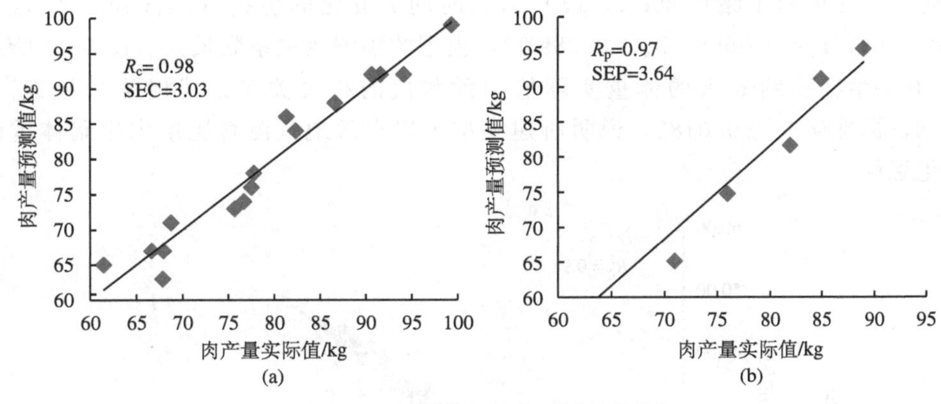

图 9-14　生猪肉产量的预测结果[11]

（a）校正集的线性关系；（b）验证集的线性关系

Kashiha 等[12]基于机器视觉技术对生猪在饲养过程中的体重增长规律进行了研究。实验时生猪处于散养状态，在每头猪身上做了不同的标记以进行区分。对 CCD 相机采集的图像，使用椭圆拟合算法拟合猪的躯干和头部，如图 9-15（a）所示；图 9-15（b）为在躯干拟合椭圆的基础上提取的生猪背部轮廓曲线，通过扫描轮廓内的像素得到图像上的生猪背部面积，将该值作为体重预测的参数。

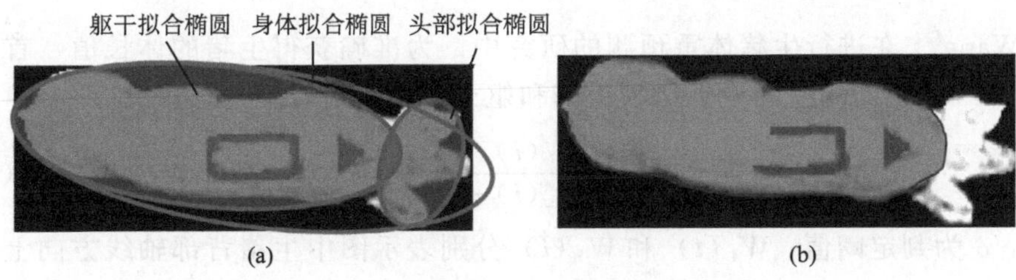

图 9-15　生猪背部轮廓提取示意图[12]

（a）生猪身体、躯干和头部椭圆拟合示意图；（b）生猪背部面积参数示意图

实验时，选取 40 头处于育肥期的生猪作为研究对象，分别散养在四个饲养圈内，连续 6 天采集图像并人工称量体重，然后基于图像处理算法分析所得图像，提取背部面积参数。对获得的数据按照单输入单输出（single-input，single-output，SISO）原理[13]建模，如式（9-8）所示。

$$\mathrm{BW}(t)=\frac{b_{\mathrm{d}}\cdot z^{-1}}{1+a_1\cdot z^{-1}+a_2\cdot z^{-2}}A(t) \tag{9-8}$$

式中，a_1，a_2，b_d为系数；z^{-1}为后移算子，定义为 $z^{-1}\cdot y(k)=y(k-1)$，其中 $y(k)$ 和 $y(k-1)$ 为任意函数 y 在点 k 和 $(k-1)$ 处的值；$\mathrm{BW}(t)$ 为随时间 t 变化的生猪体重；$A(t)$ 为随时间 t 变化的生猪背部面积。当 $a_1=-0.0768$，$a_2=0.9609$，$b_d=0.289$ 时，模型的预测相关系数最大。图 9-16 所示为 40 头生猪连续 6 天的体重实际值和预测值的相关关系，其相关系数 R_p^2 为 0.98，标准误差为 0.0182，说明所建模型可以有效地预测育肥期内生猪体重的变化规律。

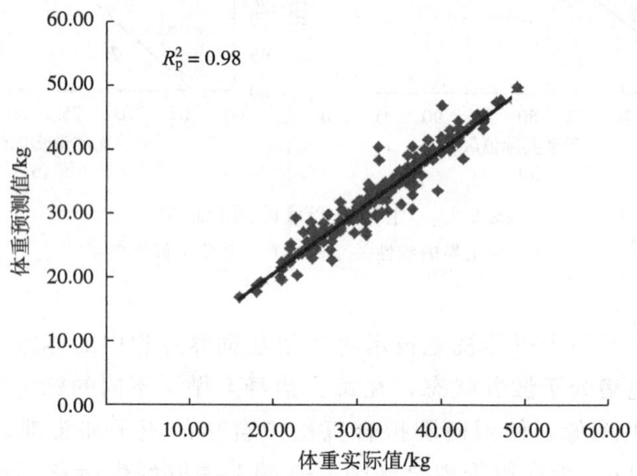

图 9-16 生猪体重实际值和预测值之间的关系[12]

Wang[14]在进行生猪体重预测的研究中，为准确获得生猪的体长值，首先基于式（9-9）判断俯视图中生猪的头部和躯干的轴线是否呈一条直线。

$$\delta=\frac{\Sigma\left|\left[W_{\mathrm{L}}(i)-W_{\mathrm{R}}(i)\right]\right|}{\Sigma\left[W_{\mathrm{L}}(i)+W_{\mathrm{R}}(i)\right]} \tag{9-9}$$

式中，δ 为判定阈值；$W_{\mathrm{L}}(i)$ 和 $W_{\mathrm{R}}(i)$ 分别表示图中生猪背部轴线方向上左右两侧的宽度；i 为图像水平方向上的像素点坐标。若 δ 的值在设定的阈值范围内，则判定生猪的头部和躯干部分在一条直线上。然后根据图像中生猪头部长度与躯干长度的比值判断生猪的站立状态，若比值的大小符合阈值条件，则认为这头猪站立时头与躯干基本水平，所提取的体长值可用于生猪体重预测。

生猪背部轮廓作为提取体尺特征参数的一个重要基础，需要在图像处理过程中提高它的提取精度。滕光辉等[15]根据生猪图像的 RGB 三通道颜色信息提取目标，通过分析图像中生猪和背景的 r、g、b 值的特征，构建一个新的图像处理算法，如式（9-10）所示，其中 Q 为经过处理得到的图像。然后选取合适的阈值将图像 Q 二值化［图 9-17（a）］，与直接采用灰度阈值分割获得的二值图［图 9-17（b）］比较，可以看出前者噪声更少，提高了图像处理的效率。

$$Q=\frac{g+b-r}{(g+b+r)^{1.5}} \tag{9-10}$$

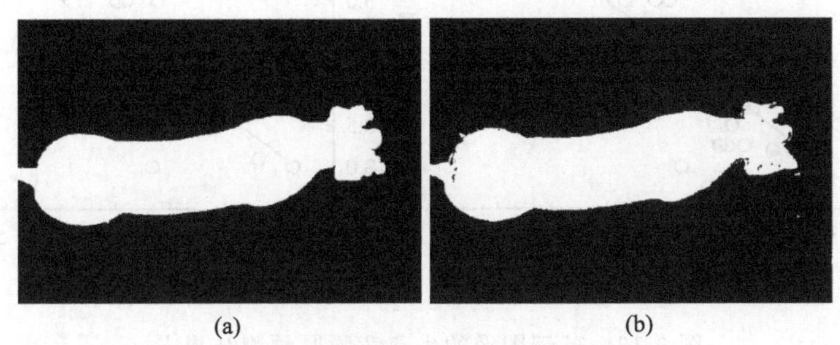

(a)　(b)

图 9-17　两种图像二值化方法比较[15]

（a）基于 RGB 颜色特征分割的二值图 Q；（b）灰度阈值分割二值图

9.2.2　猪的背膘厚检测

在商业生产中，生猪的背膘厚等级关系到猪肉的价格定位。在饲养中，养殖者掌握生猪在每一个生长阶段的背膘厚度，可以制定合理的饲养措施，从而有效提高生猪的背膘厚等级。常用的背膘厚检测方法包括探针法[16]和超声波探测法[17]。探针法是由技术人员使用探针在生猪背部的背膘厚检测位置处进行测量，这种方法的检测结果具备一定的随机性，可靠性差，且容易对生猪造成伤害。超声波探测法是去除猪背部背膘厚测量处的毛发之后，使用超声波仪器检测猪的背膘厚，这种方法操作复杂，效率低，不适合猪背膘厚的实时检测。

在 Tian 等[10]开发的生猪肉产量检测系统中（图 9-12），利用生猪的体尺特征参数同样可以自动预测背膘厚等级。实验时选用 54 头大白猪作为研究对象[18]，首先由检测系统采集生猪的体重和图像，然后使用图像处理软件自动提取生猪的体长、体高、胸宽和臀宽四个参数值。

背膘厚预测时，使用生猪的体长、体高、胸宽、臀宽及体重五个参数进行建模分析。将 54 头生猪的数据按照 3∶1 的比例分组，一组为校正集，另一组为验证集。在建立的多元线性回归模型中，使用体重及四个体尺参数预测生猪背膘厚的相关系数 R_c 为 0.75，而使用体重、胸宽和臀宽三个参数预测生猪背膘厚的相关系数 R_c 为 0.82，比较可知后者的预测效果更好。图 9-18 所示为基于体重、胸宽和臀宽三个参数的多元线性回归模型的背膘厚预测值和实际值的线性回归结果，其中验证集的相关系数 R_p 为 0.77，表明该方法可以较准确的预测生猪背膘厚。

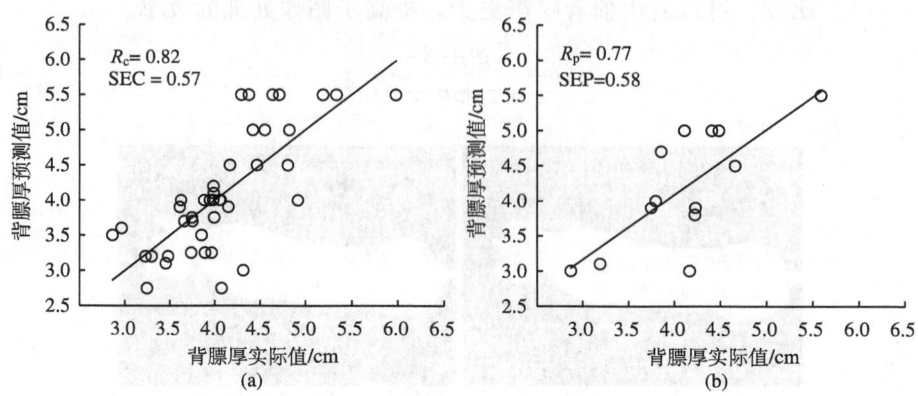

图 9-18 基于图像的生猪背膘厚预测结果[18]

(a) 校正集的线性关系；(b) 验证集的线性关系

9.2.3 猪的行为姿态的检测

为了解生猪的生理健康状况及饲养环境的舒适度，养殖者需要观察它们日常的运动、休息或进食等行为。在大规模养殖场中，由饲养员人工监控生猪的行为十分劳神费力，效率不高。将机器视觉技术等光学检测技术应用于生猪行为的实时监控，可节省人力，提高生产效率，同时可提高识别的准确率。

在关于使用机器视觉技术自动监测生猪行为的研究中，Shao 等[19]利用 CCD 相机监控饲养棚内生猪运动和休息的状态，以此判断环境的冷暖舒适程度。检测时，首先对图像进行二值化，并使用形态学滤波和图像填充算法提高图像分割的精度，然后检测图中生猪的状态，提取出处于休息状态的生猪图像用作进一步分析。作者使用光照模型[20]判断生猪的状态，这种方法的优点是它对环境的亮度变化鲁棒性好，从而较好地定位到生猪。式（9-11）中 $f(x, y)$ 表示图像亮度水平，由光源的照度函数 I 结合点 (x, y) 处的阴影系数 $S(x, y)$ 得出。$S(x, y)$ 由式(9-12)表示，C_p 为一定波长下点 $p(x, y)$ 处的表面反射系数；i 为当前点的方向角；d 为环境漫反射系数；$W(i)$ 为当前点的角度下光源入射光与其反射光的比值；s 为反射光与观察者之间的夹角；n 为被照射物的反射光强。若连续两幅图的 $f(x, y)$ 的比值为一个常数，说明图中的生猪处于休息状态。

$$f(x, y)=IS(x, y) \tag{9-11}$$

$$S(x, y)=C_p[\cos(i)(1-d)+d]+W(i)[\cos(s)]^n \tag{9-12}$$

对处于休息状态的生猪图像进行处理时，从图中提取生猪轮廓的不变矩、运动周期频率（即图像某一像素点从背景转换到前景的平均频率）、边界覆盖率以及聚群的紧密度四个特征参数，分析这四个参数的变化规律能够判断饲养棚内的环境状态。通过实际应用证实，机器视觉技术的识别准确率在 90%以上，可用于生猪饲喂环境的监控。

Zhu 等[21]进行了基于机器视觉技术的生猪跛足检测的研究。首先基于图像处理算法提取图像中的生猪，如图 9-19 所示，用含有生猪的图像（b）减去同一拍摄条件下的背景图像（a），得到去除背景的图像（c）。然后对所得图像设定适当的阈值进行二值化，并滤波去噪，得到二值图像（d），通过分析二值图中生猪特征参数的变化规律从而描述生猪的状态。

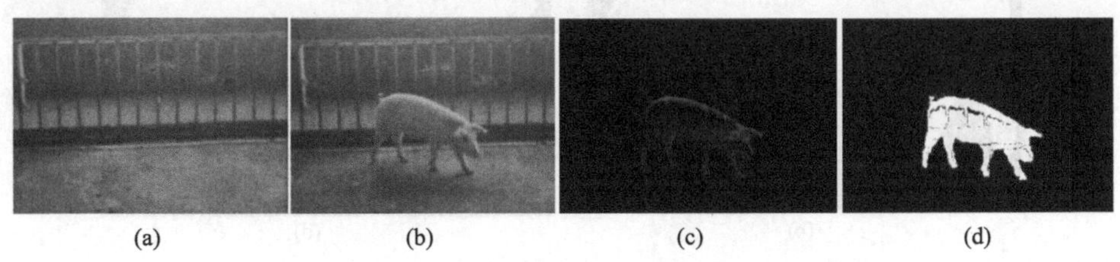

图 9-19　基于背景减除算法的图像预处理示意图[21]
（a）背景图像；（b）目标物图像；（c）背景消除；（d）二值化图像

生猪在运动过程中，其前腿膝盖处会形成一个夹角 θ，如图 9-20 所示，正常步态与跛足状态的夹角 θ 存在差别。图 9-21 所示为一段连续图像中正常猪和跛足猪在运动时夹角 θ 的变化规律，从图中可以看出，猪在正常步态下，前肢状态包括“等待-行走”两个阶段，等待时脚趾不动，夹角 θ 缓慢变化并保持在一个较小的角度，行走时前肢挪动，此时夹角 θ 变到最大值［图 9-20（b）］；当生猪处于跛足状态时，夹角 θ 变化更大且波动大，如图 9-20（c）和图 9-20（d）所示。根据此规律，可以在机器视觉系统自动监控的情况下，标记到病猪，并给工作人员提出预警信号。

另外，刘波等[22]研究了生猪的红外热图像与可见光图像的融合技术。实验中采用 FLIR T250 红外热像仪，同时采集相同猪舍场景下的红外热图像和可见光图像。图像处理时，首先采用射线轮廓点匹配法对红外热图像和可见光图像进行配准[23]和尺度变换，得到图 9-22（a）和图 9-22（c）；然后分别进行自动阈值分割和形态学处理，得到相应的轮廓分割结果，如图 9-22（b）和图 9-22（d）所示。从图中看出，由于红外热成像图中生猪与背景差异明显，轮廓分割结果优于可见光图像，但耳部、腿部等轮廓存在较大偏差。作者采用非子采样轮廓波变换（nonsub sampled contourlet transform，NSCT）法，在图像多尺度、多方向分解的基础上，设计了基于邻域平均能量和邻域方差的低频子带系数加权融合规

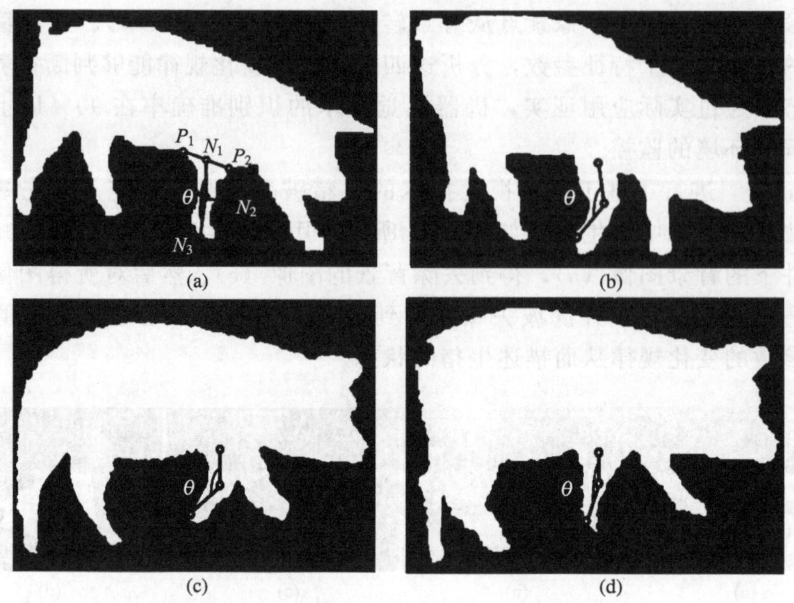

图 9-20 生猪正常步态与非正常步态模型[21]

(a) 猪前肢姿势模型；(b) 正常猪前肢膝盖夹角；(c) 非正常猪前肢膝盖夹角一；(d) 非正常猪前肢膝盖夹角二

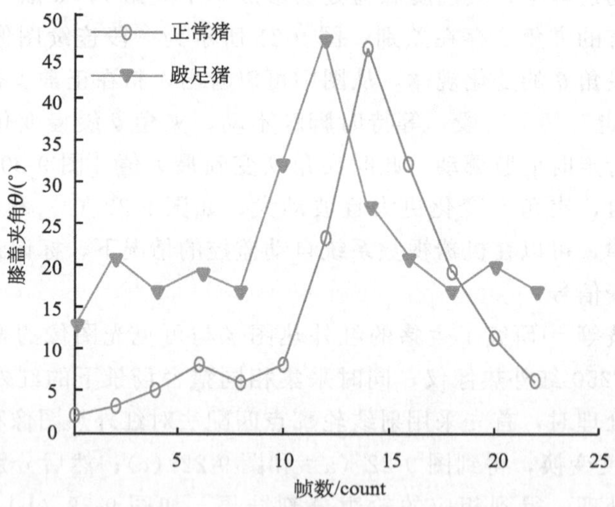

图 9-21 运动状态下正常猪与跛足猪的步态角度比较[21]

则，以及基于邻域能量最大的带通系数融合规则，从而实现了红外热图像和可见光图像的融合，所得图像如图 9-22（e）所示。与亮度-色度-饱和度变换法（intensity-hue-saturation transform，IHS）、小波变换法（discrete wavelet transform，DWT）、轮廓波变换法（contourlet transform，CT）等融合方法比较，NSCT 法的平均梯度指标高 25%以上，边缘信息保持指标高 23%以上，可更高精度的提取生猪侧面轮廓。

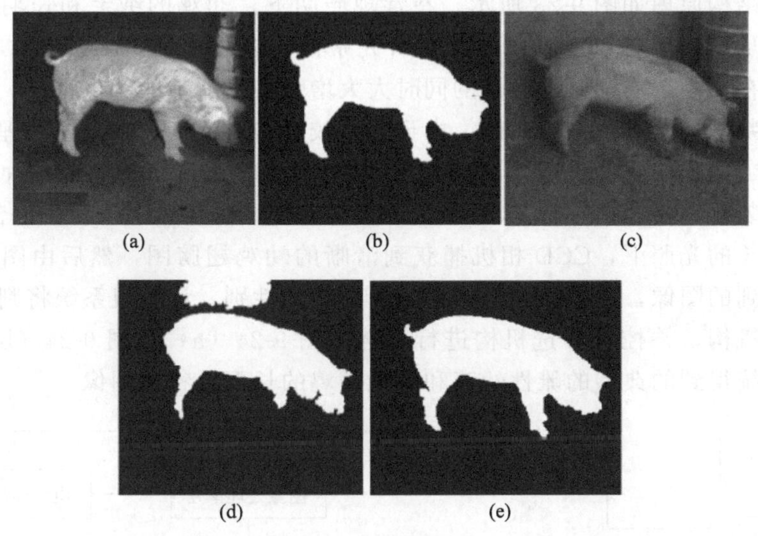

图 9-22　红外热图像与光学图像融合过程示意图[22]

（a）红外热成像图；（b）红外热成像图二值化结果图；（c）可见光图像；（d）可见光图像分割结果图；（e）红外热图像与可见光图像融合的结果图

9.3　鸡的活体检测

鸡的养殖给人们提供了鸡肉和鸡蛋等食物来源。由于肉鸡和蛋鸡的生理区别，需对幼鸡根据性别进行区分，有针对的饲养管理，从而提高鸡养殖的经济效益；另外鸡不同的行为反映了其不同的生理状态及对环境的适应性，为了实时掌握鸡的生长状态并对异常现象及时做出处理，发展实时监控和自动识别技术是十分必要的。

9.3.1　幼鸡性别的检测

鸡的性别与其生产力密切相关。在蛋鸡生产中，母鸡的生产效益远高于公鸡；而在肉鸡生产中，公鸡的生产效益远高于母鸡。为了提高养殖场的生产效益，需对刚孵化的幼鸡进行性别区分，从而实现资源的合理分配和使用。刚孵化的幼鸡，公鸡和母鸡的生殖突起及八字状襞的形态、质地明显不同，通过人工翻肛可以区分鉴别[24]。但是该方法对幼鸡伤害大，需要专门的技术人员，工作量大且极其枯燥乏味。

从外观上看，刚孵化出的幼鸡中，公鸡和母鸡的长羽形状不同，根据这一特点，Tao 等[25]研究了基于紫外线成像技术自动识别幼鸡性别的方法，其在线分选的装置结构原理如图 9-23 所示。在常规照明下，幼鸡的绒毛和长羽毛颜色基本相同，从图像上难以区分，因此在研究中使用紫外光（ultra violet，UV）作为光源，在抑制图像中绒毛颜色的同时大大增强了长羽毛的颜色特征，为基于图像的性别判别和分选奠定了基础。由于这种较好的对比度，在图像处理程序中将灰度图像二值化的阈值设定在 200～230 的范围内就可以将长羽毛的片段提取出来。检测装置主要包括一台 CCD 相机、紫外光源、图像处理系统和一台计算机。在特定波长的光照下，CCD 相机捕获到清晰的幼鸡翅膀图，然后由图像处理系统分析得到的图像，并根据分析结果判断幼鸡的性别，计算机系统将判断结果输送给分选机构，并控制分选机构进行分选。图 9-24（a）和图 9-24（b）是由图像处理系统得到的典型的雌性幼鸡和雄性幼鸡的长羽毛特征图像。

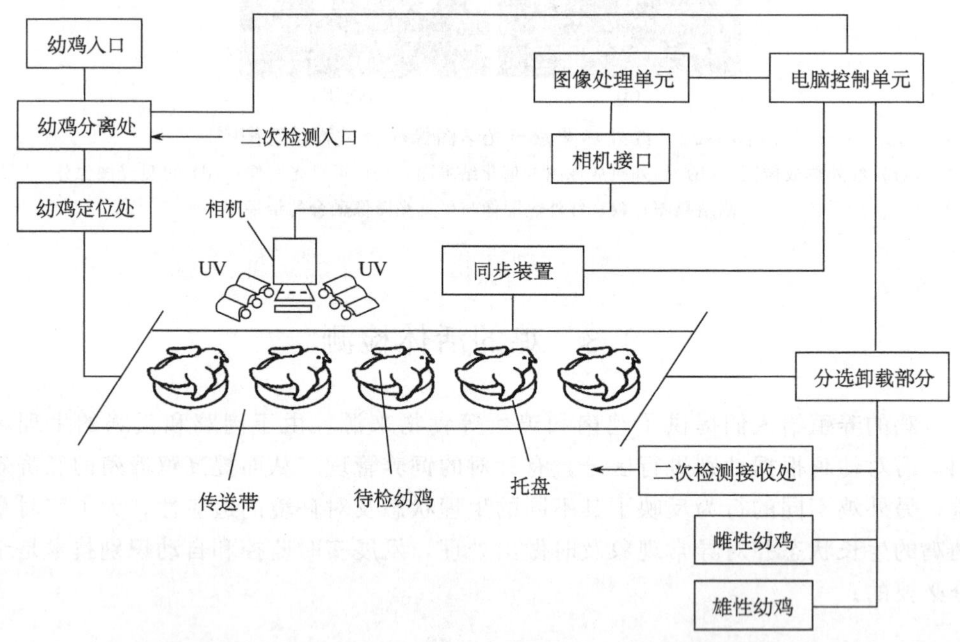

图 9-23 基于紫外光成像技术的幼鸡性别识别与分选原理图[25]

9.3.2 鸡的行为的检测

鸡作为群居动物，其日常的行为姿态可以反映养殖场环境是否适宜生长。根

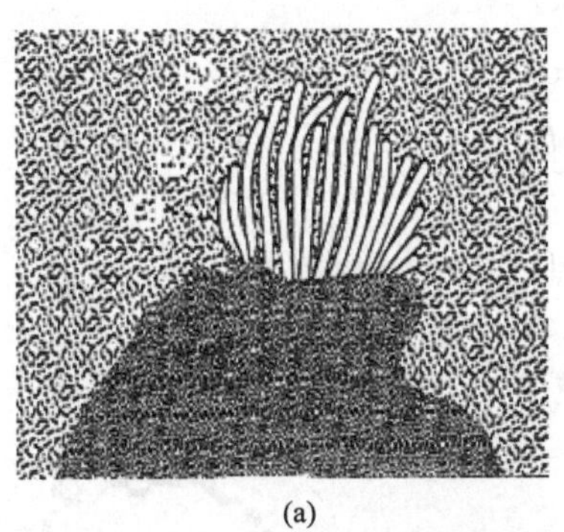
(a)

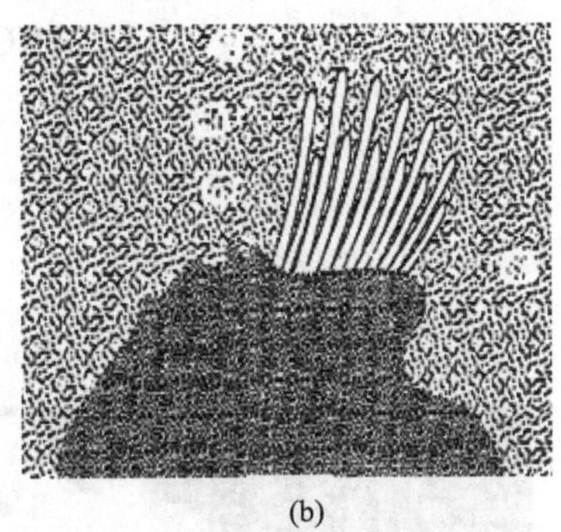
(b)

图 9-24　由图像处理得到的幼鸡长羽的特征图[25]
(a) 雌性鸡长羽特征图；(b) 雄性鸡长羽特征图

据人工观察发现，鸡的日常行为主要有展翅、羽毛竖立、进食饮水、抓挠、休息、攀爬及萎靡安静等状态，这些行为均反映了鸡不同的生理状态。养殖场实时监控鸡的行为有助于掌握鸡的生长情况，从而实施合理的养殖管理措施。

Pereira 等[26]研究了基于机器视觉技术的养殖场鸡群行为的检测方法。实验选取 10 只健康的白色肉鸡作为检测对象，分别置于三个不同温度水平下的饲养笼中饲养，鸡笼上方安装了一只 16 帧的 CCD 相机实时拍摄鸡的行为。图像处理时，由于养殖环境复杂，对相机采集到的连续图像［图 9-25 (a)］按照式 (9-13) 进行处理。首先将 RGB 图转化成色度-饱和度-强度（hue-saturation-intensity，HIS）颜色空间图，对图像的 R、G、B、S、I 值做归一化处理得到 r、g、b、s、i 值，代入式（9-13)，获得目标值 ck，从而把目标对象从背景中分离出来。

$$ck = 2i - s - \left(1 - \frac{r}{4}\right) - \frac{(1-b)}{2} \tag{9-13}$$

对获得的目标图进行特征提取，所提取的特征参数包括目标轮廓的周长 P，面积 A 和质心点 O，如图 9-25（b）所示，并计算质心 O 到轮廓的最长距离和最短距离 D_{max} 和 D_{min}；然后根据式（9-14)～式(9-16）计算出形状系数 CC、CC_{max} 和 CC_{min}。

在相机拍摄的一组连续的视频中，同一只鸡的数学参数（包括特征参数和形状系数）的变化规律代表了这只鸡的行为姿态，由此建立了一个分类树，将鸡的不同姿态和数学参数对应起来。为了提高分类的准确率，对分类树分别建立了回判预测模型和交叉验证模型，其中回判预测模型的预测准确率达到 96.7%，而交叉验证模型的预测准确率达到 70.25%。在实验中，通过提高相机的帧频，或者改善检测现场的照明条件均可帮助提高检测准确率。

$$\mathrm{CC}=\frac{P^2}{4\pi A} \tag{9-14}$$

$$\mathrm{CC_{max}}=\frac{\pi D_{\max}^2}{A} \tag{9-15}$$

$$\mathrm{CC_{min}}=\frac{\pi D_{\min}^2}{A} \tag{9-16}$$

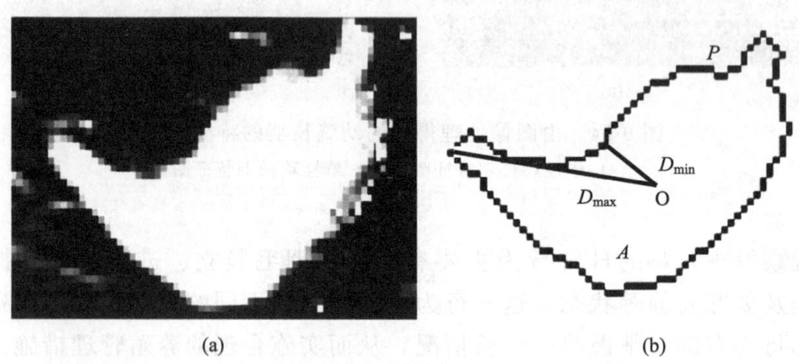

图 9-25　活鸡轮廓图[26]

(a) 原图像；(b) 特征参数示意图

9.3.3　健康鸡与病死鸡的判别

养殖场中鸡的疾病容易蔓延，造成损失，人工观察鸡的健康状况效率低，容易受人的主观因素影响，且实时性差。病鸡最明显的体征之一是鸡冠颜色异常，健康鸡的鸡冠颜色鲜红，而病鸡的鸡冠发白、发绀或发黄。李亚硕等[27]根据这一特点研究了基于机器视觉识别鸡冠颜色的病鸡检测方法，先将采到的 RGB 彩色图像转化到 $L^*a^*b^*$ 颜色空间，根据 $L^*a^*b^*$ 空间中的 a^* 分量提取鸡冠区域；再利用支持向量机（support vector machine，SVM）分类器对鸡冠像素点的 RGB 颜色信息进行统计分析，建立健康鸡与病鸡的鸡冠颜色特征判别模型。为避免漏检，预测模型将阈值设定为 0.23，当鸡的鸡冠颜色特征不在健康鸡冠颜色阈值内，系统判定为病鸡，并自动定位出具体位置。实验以 1000 只健康白色蛋鸡和 20 只患病白色蛋鸡为检测对象，鸡冠的正确提取率为 98%，病鸡的识别正确率为 96%。

彭彦松等[28]研究了基于支持向量机（SVM）的肉鸡腹水综合征自动检测法，首先对基于机器视觉系统采集的鸡的侧视图进行图像处理，得到其轮廓图像［图 9-26（a）］。由于养鸡场的背景复杂，光线不均匀，研究使用最大类间方差法进行目标分割，然后根据星形向量表示法提取目标轮廓的特征向量［图 9-26

(b)]，并作为 SVM 的特征值输入，来训练分类器。通过验证可知，使用六维特征向量的分类正确率最高。实验分析时，选取 200 幅健康鸡图片和 120 幅病鸡图片，按照 1：1 的比例随机分组进行训练和验证，最终的识别准确率为 85.43%，可以较好地区分出病鸡。

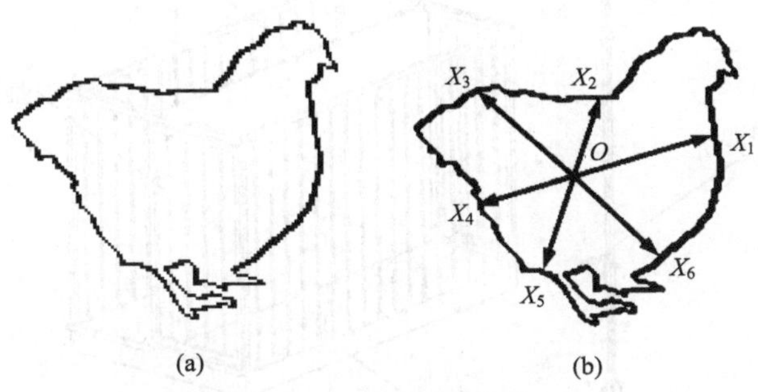

图 9-26　肉鸡轮廓特征图[28]

(a) 轮廓提取效果图；(b) 星形向量表示轮廓效果图

9.4　活体光学检测技术的应用

在家畜家禽的活体检测中，应用光学检测技术不仅可以满足无损快速检测的要求，在检测精度上与传统的检测方法相比也有很大的提高。在现代的畜禽养殖生产中，应用光学检测技术的科学养殖方法正在得到推广和发展，国外很多大型养殖场均在推行家畜和家禽活体的光学实时检测技术，提高了养殖效益和动物福利水平，国内在这方面也进行了大量研究。

Chen 等[10,11,18]研发的基于机器视觉技术预测生猪宰前肉产量和背膘厚的装置系统，可以实现对生猪肉产量和背膘厚的非接触、快速、自动检测，提高了检测效率。

所研发的装置系统适用于生猪养殖过程中实时监测生猪每一阶段的生长状况或者在屠宰场收购生猪时预测宰前肉产量和背膘厚。硬件系统构成如图 9-27 所示，主要包括两台 CCD 相机和一台电子称重装置，分别用于采集生猪的俯视图、侧视图以及体重；另外包括一台基于 Windows 系统的计算机，作为整个系统的控制及数据处理核心部件。检测装置可以自动称量每头猪的体重，并根据采集的图像提取其体长、体高、胸宽和臀宽参数值，从而快速检测出每头猪的肉产量以及背膘厚。

实际应用时，首先对 CCD 相机进行初始化设置，调整其处于最佳检测状态。然后开启检测软件，软件界面如图 9-28 所示，点击“开始采集”按钮进入图像采集状态，等待生猪依次通过电子称重装置。每当相机视野里有一头生猪的完整

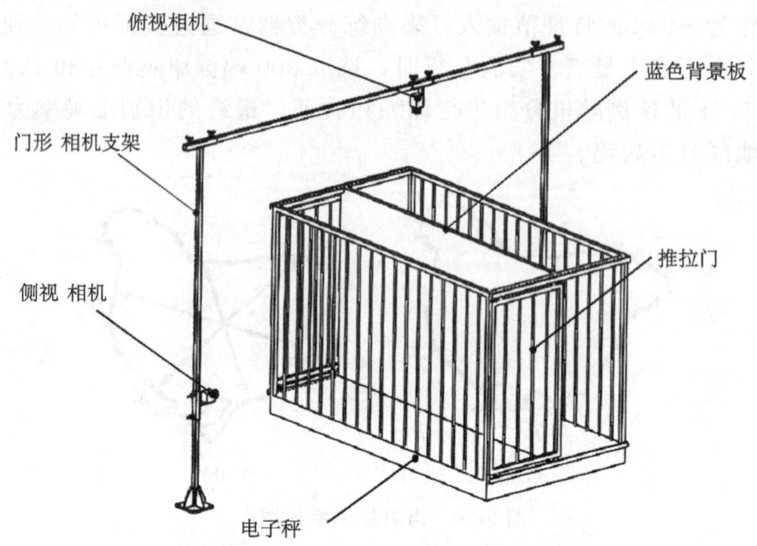

图 9-27 生猪活体肉产量检测设备示意图[10]

图像时，软件自动采集和处理图像，即刻计算出该猪的肉产量及背膘厚的预测值，并自动进入下一头猪的检测。当完成一批生猪的检测后，点击“导出 EXCEL”按钮可将这些检测结果保存在 EXCEL 文件中。最后，通过点击“关闭”按钮退出该次检测。图 9-29 为生猪活体肉产量和背膘厚在线检测现场，检测装置能够在 10s 内快速完成一头猪的测试，肉产量的预测精度为 98%，背膘厚等级检测的准确率为 91%。

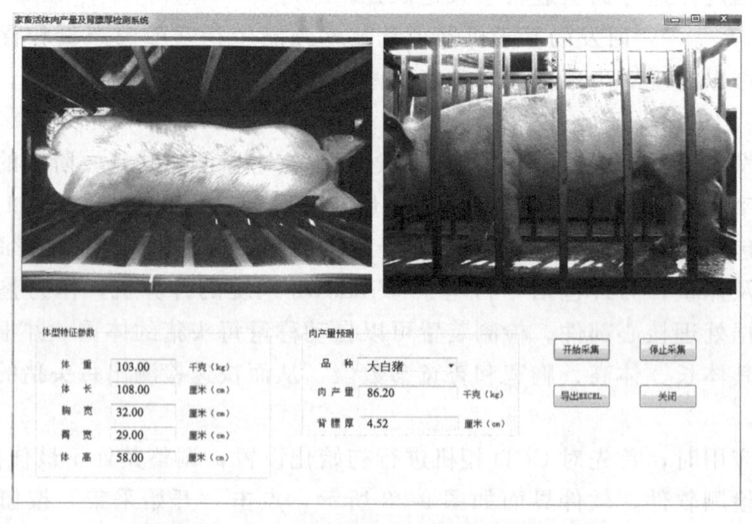

图 9-28 生猪活体肉产量在线检测软件界面

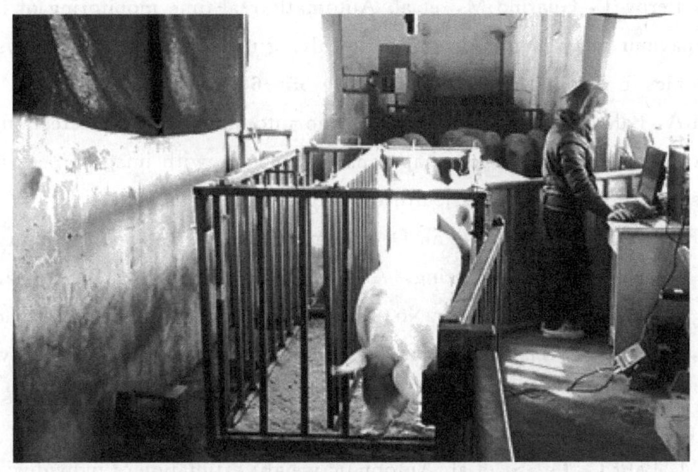

图 9-29 生猪活体肉产量在线检测现场

从以上应用实例可知，将家畜和家禽的光学活体检测技术应用到现代化的养殖业中，能实时检测活体的体型特征和监控其生长行为。光学检测过程便捷高效，节省人力物力资源，实时性好、工作效率高，对畜禽无伤害，可提高养殖业的经济效益。

参考文献

[1] 王少华，王飞，杭孝，等. 兽用 B 超仪在牛活体检测中的应用. 中国奶牛，2010，5：26～28

[2] Weber A，Salau J，Haas J H，et al. Estimation of backfat thickness using extracted traits from an automatic 3D optical system in lactating Holstein-Friesian cows. Livestock Science，2014，165：129～137

[3] 丁津津，张旭东，高隽，等. 基于 TOF 技术的 3D 相机应用研究综述//中国仪器仪表学会. 中国仪器仪表学会第十二届青年学术会议论文集. 中国仪器仪表学会. 2010：4

[4] Nade T，Fujita K，Fujii M，et al. Development of X-ray computed tomography for live standing cattle. Animal Science Journal，2005，76：513～517

[5] Stajnko D，Vindiš P，Janžekovič M，et al. Non invasive estimating of cattle live weight using thermal imaging. New Trends in Technologies：Control，Management，Computational Intelligence and Network Systems，2010：243～256

[6] 李庆利，张少军，李忠富，等. 一种基于多项式插值改进的亚像素细分算法. 北京科技大学学报，2003，3：280～283

[7] Tasdemira S，Urkmez A，Inal S. Determination of body measurements on the Holstein cows using digital image analysis and estimation of live weight with regression analysis. Computers and Electronics in Agriculture，2011，76：189～197

[8] Cangar Ö, Leroy T, Guarino M, et al. Automatic real-time monitoring of locomotion and posture behaviour of pregnant cows prior to calving using online image analysis. Computers and Electronics in Agriculture, 2008, 64 (1): 53～60
[9] Poursaberi A, Bahr C, Pluk A, et al. Real-time automatic lameness detection based on back posture extraction indairy cattle: shape analysis of cow with image processing techniques. Computers and Electronics in Agriculture, 2010, 74 (1): 110～119
[10] Tian F, Peng Y K, Chen J J, et al. Development of machine vision system to detect meat mass of pig prior to slaughtering. ASABE and CSBE/SCGAB Annual International Meeting, July 13-16, 2014, Paper No. 141898477, Montreal, Quebec Canada
[11] Chen J J, Peng Y K, Tian F, et al. An imaging system for monitoring livestock growth based on optical vision technology. ASABE Annual International Meeting, July 21-24, 2013, Paper No. 131586888, Kansas City, Missouri, USA
[12] Kashiha M, Bahr C, Ott S, et al. Automatic weight estimation of individual pigs using image analysis. Computers and Electronics in Agriculture, 2014, 107: 38～44
[13] Young P C. Recursive estimation and time-series analysis: an introduction for the student and practitioner. Springer Science and Business Media, 2011
[14] Wang Y, Yang W, Winter P, et al. Walk-through weighing of pigs using machine vision and an artificial neural network. Biosystems Engineering, 2008, 100 (1): 117～125
[15] 杨艳，滕光辉，李保明. 利用二维数字图像估算种猪体重. 中国农业大学学报，2006，11 (3): 61～64
[16] Edwards R L, Smith G C, Cross H R, et al. Estimating lean in pork carcasses differing in backfat thickness. Journal of Animal Science, 1981, 52 (4): 703～709
[17] 王重龙，陶立，张勤，等. B超活体测定猪背膘厚和眼肌面积的研究. 安徽农业科学，2005，33 (3): 451～452
[18] Tian F, Peng Y K, Chen J J, et al. A real-time detection system of the live pig backfat thickness based on the optical image. International Commission of Agricultural and Biosystems Engineering (CIGR), 18th World Congress of CIGR, Sept. 16～19, 2014, Paper No. 2014～1623, Beijing, China
[19] Shao B, Xin H W. A real-time computer vision assessment and control of thermal comfort for group-housed pigs. Computers and Electronics in Agriculture, 2008, 62 (1): 15～21
[20] Skifstad K, Jain R. Illumination independent change detection for real world image sequences. Computer Vision, Graphics, and Image Processing, 1989, 46 (3): 387～399
[21] Zhu W X, Zhang J. Identification of abnormal gait of pigs based on video analysis. 2010 3rd International Symposium on Knowledge Acquisition and Modeling (KAM), Oct. 20～21, 2010, 394～397
[22] 刘波，朱伟兴，霍冠英. 生猪轮廓红外与光学图像的融合算法. 农业工程学报，2013，29 (17): 113～120
[23] 刘波，朱伟兴，纪滨，等. 基于射线轮廓点匹配的生猪红外与可见光图像自动配准. 农业

工程学报，2013，29（2）：153～160

[24] 杨宁. 家禽生产学. 北京：中国农业出版社. 2011，286～288

[25] Yang Tao，Joel Walker. Automatic feather sexing of poultry chicks using ultraviolet imaging. Patent No.：US 6396938B1，May 28，2002

[26] Pereira D F，Miyamoto B C B，Maia G D N，et al. Machine vision to identify broiler breeder behavior. Computers and Electronics in Agriculture，2013，99：194～199

[27] 李亚硕，毛文华，胡小安，等. 基于机器视觉识别鸡冠颜色的病鸡检测方法. 机器人技术与应用，2014，5：23～25

[28] 彭彦松，朱伟兴，彭桂雪，等. 基于支持向量机的肉鸡腹水综合征自动检测法. 中国家禽，2009，19：52～53

第10章　农畜产品光学实时检测系统与装置

实时检测是指对被检测样品进行信息采集时同步输出结果的快速测量，其检测过程为：利用计算机或微处理器对检测过程进行整体控制，通过在生产流水线或传输线上安装特定的传感器，实现在线产品自动、动态的信息采集和处理，然后依据处理的结果对加工过程或传输过程做出相应的调整与处理，进而对产品质量或工艺进行自动控制、调整、监控或报警，以及对测试数据进行分析、统计、图表绘制以及信息存储等，最终完成对产品的实时检测。光学实时检测技术是一种将光学技术与实时检测过程相结合，并利用光学的基本原理将物质或者产品信息检测出，实时输出检测结果或根据检测结果执行相应预设动作的检测技术。

10.1　农畜产品光学实时检测的意义和发展现状

随着人们对健康的重视，农畜产品的品质安全越来越受到人们的关注，对农畜产品的实时检测也成为质量监管机构与生产加工企业所关注的重点。完善的农畜产品质量管理控制体系，一方面可以保证产品的质量，增加产品的附加值和农畜产品的经济效益，进而提高农畜产品市场竞争力，另一方面也可以降低生产成本、节约资源、减少对环境的污染，推动农畜产品品质安全及相关产业的持续、健康发展，更重要的是实现农畜产品的实时检测不仅有利于形成具有自主知识产权的实时检测关键技术，也可为农畜产品产业链的标准化和规模化发展提供技术支持。

10.1.1　光学实时检测技术的优点

传统的农产品生产质量保证体系中的检测方法是抽样检测，这种方法不仅破坏样品，而且检测分析周期较长，分析过程往往滞后于生产过程，一旦发现问题，必将造成批量产品的报废，从而造成巨大的经济损失和资源浪费。光学实时检测方法可以在生产过程中无损、快速获得样品的信息，并实时将检测结果反馈给过程处理系统，系统根据检测结果及时处理不合格样品而避免生产出不合格的产品，实时对生产过程优化控制，使产品质量得到保证。

实时检测技术具有如下特点：①它是实现自动化、连续高效生产加工产品的基础；②通过检测、判别、预测、报警等手段，能够把疵品或不合格品从生产过程中实时剔除；③能逐一对产品进行质量分析、质量统计以及评估；④通过计算机数据处理系统，可自动存储分析测试数据，指导质量控制和质量管理。

光学实时检测技术不仅具有实时检测技术的所有特点，还具有无损、快速等优点。该技术不仅检测效率高、节省试剂材料，还克服了农畜产品传统检测方法的周期长、操作过程繁琐等缺点。

10.1.2　农畜产品光学实时检测技术的应用现状以及分类

农畜产品光学实时检测技术是采用光学传感器件即时快速检出和分析农畜产品内外部品质信息，并按一定的标准对其评价与分级的检测手段。目前应用的光学实时检测技术主要为机器视觉技术、可见/近红外光谱技术、高光谱成像技术以及X射线技术等。一些典型的农畜产品的光学实时检测技术应用研究状况如表10-1所示。

表 10-1　农畜产品光学实时检测技术应用现状

对象	检测技术	参数	速度	结果
苹果	机器视觉[1]	缺陷分类（2级）	—	准确率为73%
土豆	机器视觉[2]	识别	1个/100ms	准确率为92.5%
苹果	机器视觉[3]	缺陷	3个/s	准确率为92.5%
牛肉	机器视觉[4]	牛肉大理石花纹	1～3个/s	验证集标准差为0.56
猪肉	机器视觉[5]	新鲜度	1个/4s	准确率为85%
猪肉	机器视觉[6]	瘦肉率	1个/1min	准确率为80%
苹果	近红外[7]	糖度	1个/10s	准确率为95.5%
柑橘	近红外[8]	酸度	3个/s	验证集标准差为0.5
淡水鱼	近红外[9]	新鲜度	—	准确率为93.88%
梨	可见/近红外[10]	酸度	—	准确率为95.8%
牛肉	可见/近红外光谱[11]	颜色（L^*、a^*、b^*），pH，水分，剪切力	1个/s	验证集标准差分别为1.56，1.74，0.63，0.13，0.61，12.36
猪肉	可见/近红外光谱[12]	水分，颜色（L^*、a^*、b^*）	2个/s	验证集均方根误差分别为0.483，1.761，1.289，0.628
马铃薯	高光谱技术[13]	黑心病	—	准确率为100%
苹果	X射线技术[14]	水分，糖分，酸度	—	准确率分别为97.7%，95.5%，99%

机器视觉技术是伴随计算机技术和图像传感技术发展起来的，包括图像的捕获、分析、识别等过程。这种检测技术一般用于对样品的外部特征，如形状、颜色与表面纹理等指标进行检测。目前该技术在果蔬在线检测与分级方面的研究较

为成熟，国外 20 世纪 90 年代就开始研究基于机器视觉技术的水果分级系统，例如，美国的 OSCARTM 型和 MERLIN 型高速水果分级生产线能用于苹果、橘子、桃子等水果的分级与品质检测[15-18]。在畜肉检测方面，日本、美国等国家在 20 世纪 70 年代已经在计算机视觉技术检测农畜产品方面做了大量的研究[19-23]。1983 年，美国农业部 H. R 教授[24]将机器视觉技术用于肉类胴体检测的研究，一些国外学者在对牛肉的产量等级、背长肌面积、质量等级、大理石花纹等级检测上也建立了图像在线检测分析系统[25-29]。国内有学者利用图像处理技术开发了猪肉颜色分级仪[30]，也有学者利用机器视觉技术检测牛肉图像中大理石花纹的面积，并对肌内脂肪含量进行预测等[4]。

可见/近红外光谱技术是应用较多的一种无损检测技术。它的主要原理是通过确立可见/近红外吸收光谱与样品理化分析结果之间的对应关系，即建立光谱与理化分析预测模型，再利用预测模型来推断物质成分含量。该技术已被广泛应用于水果、蔬菜等领域的品质在线检测，利用该技术对禽畜肉产品，包括鸡肉、牛肉等的品质和安全指标的实时检测也有报道。

高光谱成像技术集成了光谱技术和图像处理技术的优点，可以同时获得样品的空间和光谱信息，在任何一个波长下的光谱数据都可以生成一幅图像，实现“图谱合一”。早在 20 世纪 70 年代末，美国学者首先提出成像光谱仪的研究计划，并开始成像光谱仪的概念设计与研究[31]。1983 年，第一台成像光谱仪 AIS-1 在该实验室研制成功。目前，高光谱、多光谱成像技术作为一种非接触检测技术在农畜产品品质安全质量评价领域的应用得到了快速的发展[5,13]。

X 射线技术是 80 年代中期发展起来的一种新兴的无损检测技术。它的工作原理是将光电转换技术和计算机数字图像处理技术相结合，把不可见的图像经过增强方法转换为可见的视频图像，再利用计算机对图像进行数字化处理，使视频图像的对比度和清晰度达到可检出的质量，从而提高了探伤灵敏度和缺陷识别能力。X 射线技术有很强的穿透能力，可应用于农畜产品无损检测领域，与机器视觉技术、可见/近红外光谱技术和高光谱技术相比，更能直观的反映农畜产品的结构缺陷与结构变化方面的内部品质。在水果的内部空洞、缝隙、虫害、水心病、内部成分、畜产品骨头残留等方面的检测也具有广泛的应用前景[32-34]。

综上所述，机器视觉技术、可见/近红外光谱技术、高光谱技术以及 X 射线技术等在农畜产品无损检测领域都有应用，也各有其特点。在实际应用中，根据需要选择相应的技术，充分利用不同技术的优点，或将两种或多种技术相结合对农畜产品进行在线检测，可以提高综合检测水平和检测精度。

10.2　农畜产品光学实时检测的核心技术

10.2.1　多传感器信息融合技术

多传感器信息融合技术是把多个相同类型或不同类型的传感器所提供的局部观察量综合，消除信息之间的冗余和矛盾，利用信息互补，形成对待检测样品的相对完整一致的感知描述，从而提高智能系统决策的快速性和正确性，以及规划的科学性。该技术避免了单一传感器的局限性，可以获取更多信息，具有如下的优点：①与单传感器处理系统相比，信息融合具有综合性、互补性和及时性；②系统具有较好的可靠性和鲁棒性；③在时间和空间上扩展了观测的范围；④增强了数据的可信度；⑤提高了系统的分辨能力。

多传感器信息融合技术在农畜产品品质无损检测中的应用分以下几步完成：①确定样品中拟测品质安全指标的特征参数；②确定用于评价所测样品参数的辅助方法（定性或定量方法）；③确定能检测出样品特征参数的无损检测方法；④通过辅助方法选择所需传感器，并利用传感器从所测的样品中得到数据；⑤判断无损检测所用传感器中有没有多余的或者需要补充的传感器；⑥选择和应用适当的多传感器信息融合方法；⑦通过与辅助方法所得到的结果相比较，来评价多传感器信息融合系统的性能；⑧实验验证接受或继续改进所提出的多传感器信息融合方法。

多传感器信息融合的基本目标是利用多个或多种传感器联合操作的优势，来提高单一传感器系统的有效性和反欺骗性，通过数据的组合推导出更多的可用信息。例如，黄林等[35]分别利用近红外光谱技术、高光谱成像技术以及近红外光谱、计算机视觉图像和电子鼻融合技术对猪肉新鲜度进行无损检测，实现了猪肉新鲜度的综合准确评价，其多传感器信息融合技术路线如图 10-1 所示，该技术克服了单一传感技术难以对猪肉新鲜度进行全面评价的缺点。结果表明，任意两种融合技术相比单一技术的信息模型都要好，而基于三种技术（近红外光谱、计算机视觉和电子鼻）信息融合的模型对猪肉变质过程的挥发性盐基氮（total volatile basic nitrogen，TVB-N）含量预测效果最佳，所建模型对校正集中样品的交互验证均方根误差（square error of cross-validation，SECV）为1.46mg/100g，相关系数 R_{cv}^2为 0.98，对验证集中样品的预测均方根误差（square error of prediction，SEP）为 2.73mg/100g，相关系数 R_p^2为 0.95。

此外，高洪燕[36]等通过对番茄冠层的反射光谱、多光谱图像、冠层温度值及环境温、湿度值进行多信息融合，评判其水分胁迫状况，利用逐步回归法选出 5 个相关性比较高的特征波长。然后将 5 个特征波长与单通道的近红外和可见光

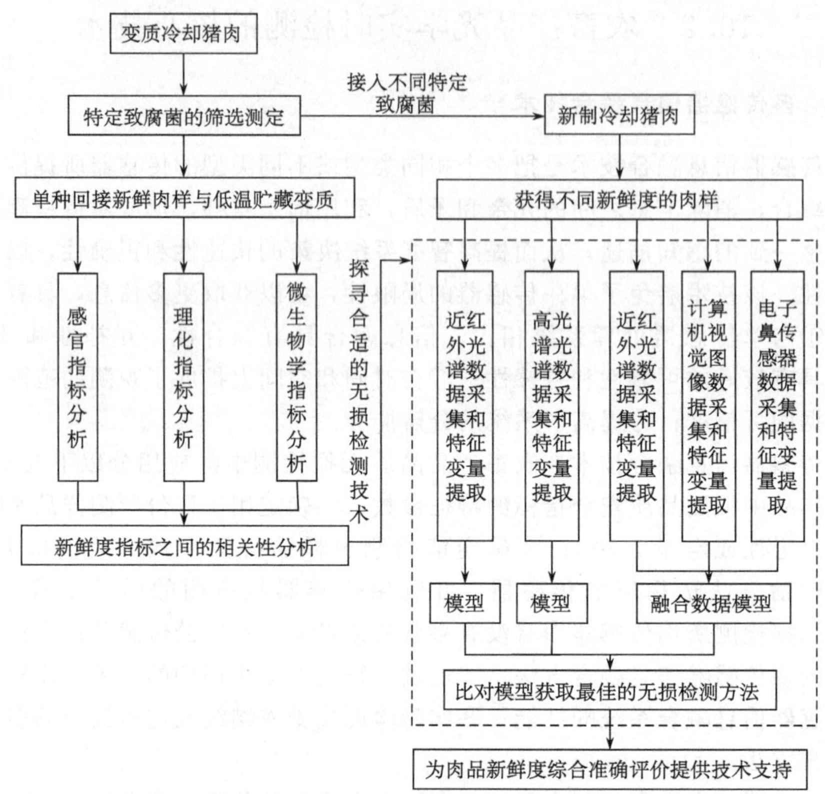

图 10-1　多传感器信息融合测量猪肉新鲜度的例子[35]

图像的灰度均值和作物水分胁迫指数 CWSI（crop water stress index）作为多信息融合的输入，利用偏最小二乘-神经网络回归方法分析并进行了验证，最终得到实测值与预测值的相关系数 R_p^2 为 0.94，验证均方根误差为 10.67，平均误差为 7.67%。结果表明，多信息融合的检测效果好于单一信息作为输入的检测效果，证明了多信息融合技术的实用性与可行性。

在多传感器信息融合技术中合适的结合方式对于检测样品的某一指标来说是至关重要的。实验证明，选择与检测指标相关性比较好的融合技术与结合方式，得到的多信息融合模型的各项评价指标结果均好于单一信息模型，尤其是当某一待检测指标受多种参数影响的情况下，多传感器信息融合技术将大大提高检测精度。

10.2.2　检测与控制技术

光学实时检测和控制的核心部件是控制器，控制器首先控制检测器采集样品的光学信息，然后内部处理器对光学信息进行演算、存储和处理，最后将检测样品的光学信息代入预测模型计算出结果，利用结果适时发出各种指令，控制执行器执行要求的任务，包括样品评价、分级以及剔除等。控制器分为计算机控制器和嵌入式微控制器，计算机控制器的功能用途广泛，在线检测领域中常作为上位机用于控制下位机或者其他控制设备，常用的计算机控制器包括 PC 机，可编程序控制器 PLC（programmable logic controller）、工业控制计算机 IPC（industrial personal computer）、多过程微机控制器等。常用的嵌入式微控制器包括单片机，ARM（advanced RISC machines）微控制器，DSP（digital signal processing）微控制器，FPGA（field programmable gate array）等。近年来随着嵌入式技术的发展，越来越多的检测和控制技术依赖于嵌入式开发板，将嵌入式开发技术与农畜产品光学实时检测技术相结合能够开发出低成本、微型化、便携式的仪器和设备，大大提高检测速度和仪器控制范围，因此，嵌入式微控制器技术与检测技术相结合是无损检测技术装置化的发展方向之一，同时基于这些技术开发的便携式农畜产品检测仪器或装置具有更广阔的市场需求和应用前景。

在农畜产品光学实时检测系统中，分析预测模型是实时检测系统中重要的组成部分，必须先建立相应的数学模型，也就是建立样品光谱与待测参数之间的数学关系，才能实现对样品待测参数的预测。分析预测模型的好坏直接影响系统的预测精度。利用分析预测模型与控制器结合对样品预测的基本做法是：利用数据处理算法对检测器采集后的数据进行处理，建立相应的预测模型，然后将模型导入到控制器中，在实时检测时，将检测的当前参数值带入到已经建立并导入到控制器中的模型进行预测，当检测值达到模型内预设的值的要求时，控制器将启动相应的执行部件实现要求的处理功能，包括原始条件参数的再调整与校准，检测样品的分离与再加工等。

在控制器用于农畜产品无损检测装置开发方面，林琬等[11]针对生鲜肉检测部门对可移动、便携式检测设备的实际需求，开发了基于 ARM 微处理器的便携式生鲜肉品质无损快速检测装置。检测装置硬件系统由 ARM 控制处理单元、光源及检测单元、光谱数据采集单元、LCD（liquid crystal display）触摸屏显示单元和散热单元等组成，设计了 Linux 操作系统和生鲜肉品质参数采集处理应用程序。该系统可实现脱离计算机采集光谱信号、存储、显示及处理分析一体化的功能，体积为 184mm×127mm×114mm，装置质量约为 3.5kg。通过批量样品验证装置检测精度，该仪器检测颜色 L^*、a^*、b^* 参数的均方根误差分别为 1.49、1.09 和 0.59，平均检测一个样品的时间约为 1s。

李翠玲等[5]基于多光谱成像技术开发了猪肉新鲜度无损快速检测装置，硬件系统由单片机控制单元、光源单元、图像采集单元、数据处理单元和 LCM（LCD module）液晶显示单元组成，软件系统在 ICCAVR 开发环境下设计，采用 C 语言编程，包含图像采集模块、滤光片切换模块、LCM 显示模块与计算机通信模块等。经过软件与硬件系统调试、实验，装置检测速度为每 4s 检测一个样品，准确率达到 85%，具备无损、快速检测的优点。进一步，作者以 DSP 微处理器为控制器，开发了便携式生鲜肉品质无损快速检测装置，脱离了计算机的束缚，具有体积小、便携、成本低等优点。

10.2.3 农畜产品筛选与分选技术

筛选和分选技术是指对农畜产品按照品质安全指标的不同进行分类或分级的技术。关于农产品品质指标的筛选与分级，以水果为例，如果根据水果的外部品质进行分级，一般要考虑的外部品质指标是大小、形状、颜色和表面缺陷等。大小是质量分级的最主要指标之一，可以利用检测面积、直径、周长等水果外部参数来确定，通过机器视觉技术获取水果的图像，对该图像进行边缘检测等处理后，以其自然对称形态特征为依据，确定水果的检测方向，进一步检测水果的大小；形状或不规则度的分类可以根据水果最大直径和最小直径的相关性来估计。水果的表面颜色是反映其外部品质的另一个重要特征，分级处理中通常以颜色作为重要的分级依据之一。随着传感器、视觉处理技术的飞速发展，机器视觉技术在水果颜色分级方面得到越来越多的应用。在水果表面缺陷检测中，先采集样品表面图像，再利用数字图像处理方法判断缺陷面积大小的个数，从而解决因水果表面缺陷检测中的果梗、花萼与缺陷的混淆影响检测结果的问题，实现对表面缺陷等级水果的快速分级和优选。

在农畜产品筛选与分选技术应用方面，蒋焕煜等[37]利用机器视觉技术对苹果果梗和表面缺陷进行了检测，并对苹果图像进行了背景分割与边缘检测。在深入研究水果自动分级的基础上，于 2002 年成功研制出水果品质智能化实时检测和分级生产线，由水果输送翻转机构、图像采集系统以及分级系统组成。该生产线能够根据水果的大小、形式、色彩、缺陷和表面光洁度进行检测，并按照不同的分级标准进行分级，生产效率达 3～5t/h，水果品质智能化实时检测和分级生产线线如图 10-2 所示。

农畜产品的质量安全是备受关注的重大民生问题。对农畜产品品质安全等级的评定及分级的准确与否，主要取决于筛选与分选技术。以农畜产品生鲜肉类为例，食用品质等级水平是评价肉制品最重要的指标之一。食用品质等级的评价参数主要包括嫩度、持水力、大理石花纹、新鲜度等，利用这些参数对肉类安全品质等级进行筛选与分级，设计合适的筛选与分级装置是非常重要的。

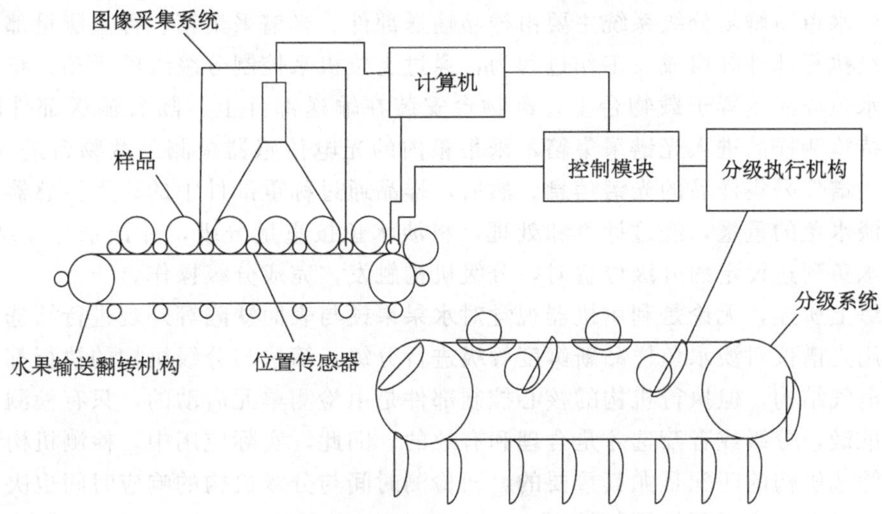

图 10-2　水果品质智能化实时检测和分级生产线[37]

以淡水鱼的新鲜度分级为例，李鹏等[38]基于虚拟仪器并结合近红外光谱仪、称重传感器以及多功能数据采集卡构建了淡水鱼安全品质在线分级系统，开发了淡水鱼大小以及新鲜度的检测系统，实现了淡水鱼品质的在线检测与分级，新鲜度的判断准确率达到 97.5%，其分级系统结构图如图 10-3 所示。

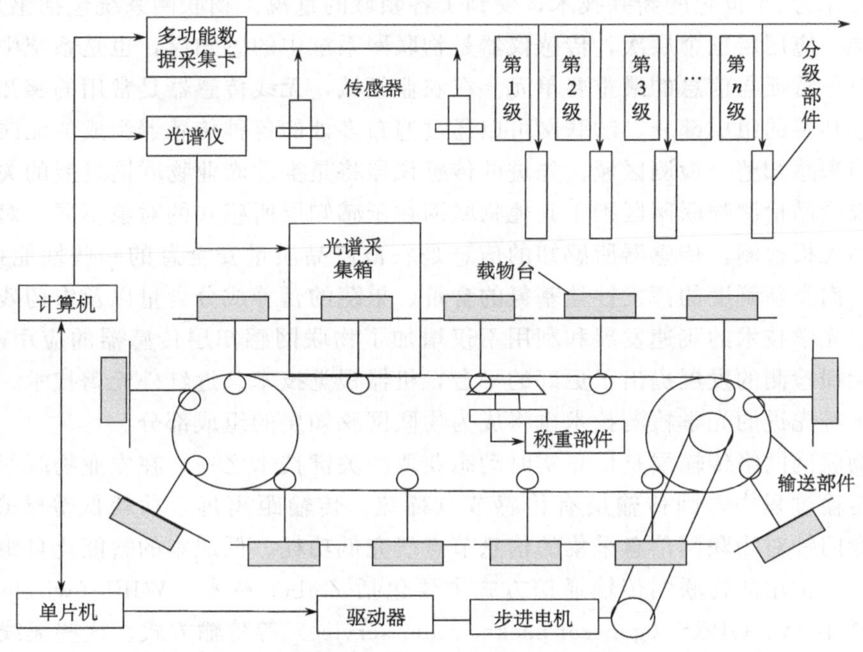

图 10-3　淡水鱼新鲜度与重量分级系统总体结构示意图[38]

淡水鱼新鲜度分级系统主要由样品输送部件、光谱采集箱、称重测量部件以及分级执行部件等组成。工作过程为：通过上位机来控制分级线的运动，将待检测淡水鱼样品放置于载物台上，载物台安装在输送部件上，随着输送部件的运动，待检测样品进入光谱采集箱，采集箱内的光电传感器检测到载物台进入后，触发光谱仪采集样品的光谱信息。然后，样品通过称重部件中的称重传感器实时称量淡水鱼的重量，经过计算和处理，将淡水鱼按重量分级，并记录分级结果。当淡水鱼到达设定的分级位置时，分级机构触发，完成分级操作。

综上所述，无论是利用机器视觉对水果果梗与表面缺陷等外观进行筛选，还是利用光谱仪对淡水鱼样品新鲜度等级进行分级，筛选与分级机构的执行都是机械与电气结构。但执行机构的核心控制部件是由检测单元启动的，只有检测单元检测准确，分级或者筛选才是合理和有效的。因此，实际应用中，检测机构与分级和筛选机构的匹配是尤其重要的，而检测时间与分级机构的响应时间也决定了整个分级系统的检测精度与效率。

10.2.4　信息无线传送与物联网

传统的无损检测技术中，检测结果的传输往往是有限距离的有线传输，这使得无损检测技术过多的受制于外界自然条件影响，也不利于无损检测技术的推广和发展。近年来，随着无线传输技术的发展，检测信息的无线传送成为了可能。物联网作为21世纪的新兴技术，受到了各领域的重视。物联网系统包括感知层、传输层、应用层三个层次，传感仪器是物联网系统中的感知层，也是系统中采集检测对象特征与信息的最重要单元。在农业领域，无线传感器是常用的感知物联网的感知层的组成部分，物联网可以通过遍布多处的各种传感器组成的无线传感器网络来感知整个检测区域。先进的传感仪器将是推动农业物联网发展的关键因素，农产品检测物联网区别于其他物联网在于感知层所感知的对象不同。对于农畜产品无损检测，传感器所感知的信息是农畜产品质量安全息的一些性能指标，例如，肉类新鲜度的挥发性盐基氮的含量、果蔬的营养成分含量以及农药残留含量等。光学技术的飞速发展和利用不仅增加了物联网感知层传感器的应用范围，也为无损检测的发展提出了更好的平台，机器视觉技术、近红外光谱技术、高光谱技术等先进的光学检测技术也将成为物联网感知层的组成部分。

物联网网络传输层是信息实时动态获取的关键技术之一，在农业物联网信息无线传输过程中，因传输层有传感节点稀疏，传输距离远，功耗低等缺点[39]，需要专门针对物联网信息采集的信息节点研究低功耗、低成本的智能化自组网通信协议。常用的物联网传输通信方式主要包括 Zigbee 技术、WIFI（wireless fidelity）网络、GPRS（general packet radio service）等传输方式。这些无线传输技术具有功耗低、数据传输可靠、网络容量大、兼容性好、安全性好、成本低等特点，在工业控制、家庭自动化以及农业自动化等领域都有广泛应用。同时，在短距离、低传输速率的农业物联网手持式仪器、无线传感器网络信息采集节点等信息的传输技术手段也得到了发展。

应用层位于物联网三层结构中的最顶层，其功能为“处理”，即通过云计算平台进行信息处理。应用层与最低端的感知层是物联网的核心，应用层可以对感知层采集的数据进行计算、处理和知识挖掘，从而实现对对象物的实时控制、精确管理和科学决策。农业物联网应用层是实现对农畜产品安全生产、加工、流通的监控与智能化管理的手段，是实现农业智能化与信息化的关键。另外，应用层也接收来自于网络传输层的信息，并将这些信息进行处理后实时进行反馈，将处理结果显示到终端设备，如电子计算机或者移动终端设备等。未来的农畜产品检测将是以这些技术为核心进行发展，也是无损检测技术未来的发展趋势方向。

10.2.5　云计算技术

物联网一般具备三个特征：全面感知、可靠传递以及智能处理，而智能处理正是以近年来发展起来的云计算为核心的智能处理系统。本质上，云计算是在分布式计算、并行计算、网格计算、效用计算、虚拟化、网络存储、负载均衡以及网络技术等传统计算机技术基础上建立起来的新的 IT 资源提供模式，是为满足不同用户对数据处理能力不断提高的需求而出现的。云计算将传统的以桌面为核心的任务处理转变为以网络为核心的任务处理，利用互联网实现要完成的一切处理任务，使网络成为传递服务、计算力和信息的综合媒介，真正实现按需计算、网络协作。云计算也是基于互联网的相关服务增加、使用和交付的一种模式，通常涉及通过互联网来提供动态易扩展且经常是虚拟化的资源。云是网络、互联网的一种比喻说法。过去常常用云来表示电信网，后来也用来表示互联网和底层基础设施的抽象。狭义云计算指 IT 基础设施的交付和使用模式，指通过网络以按需、易扩展的方式获得所需资源；广义云计算指服务的交付和使用模式，指通过网络以按需、易扩展的方式获得所需服务。这种服务可以是 IT 和软件、互联网相关，也可是其他服务，它意味着计算能力也可作为一种商品通过互联网进行流通。

在无损检测领域，林俊明[40]设计了一种基于云计算的无损检测系统，该系统涉及无线传感网络与云数据处理中心，由云无损检测终端、现场检测传感器以及云数据处理中心等组成，其中云无损检测终端包括安全认证模块、输入模块、信号控制模块、显示模块以及多个传感器接口。该系统集成了无线网络技术，云计算技术和无损检测技术，数据无线传输将无损检测终端检测的传感器信号传输至云数据处理中心，利用云数据处理中心提供的计算和存储能力，对数据进行处理，并将处理结果返回到云无损检测终端显示，提高了无损检测系统的速度，并减少了系统的硬件，系统的原理框图如图 10-4 所示。

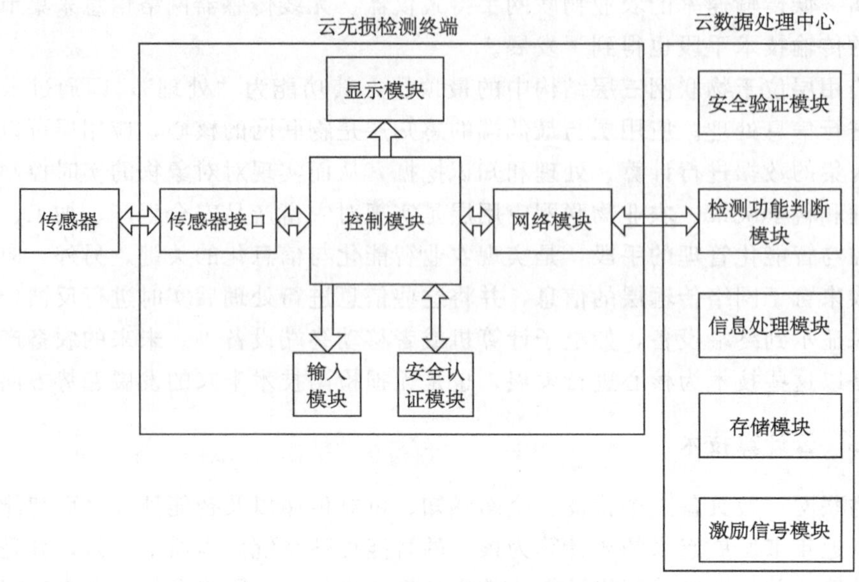

图 10-4　云计算无损检测系统框图[40]

在农畜产品无损检测领域，广泛应用的机器视觉、近红外光谱、高光谱等光学技术，由于采集的数据信息庞大，适合利用云计算对原始数据处理、分析和数据挖掘。其基本应用过程由检测终端、数据采集与控制系统以及处理数据的云服务器三大部分组成。检测终端利用机器视觉、近红外光谱、高光谱或者其他传感器检测农畜产品的光谱信号；数据采集与控制系统进行数据采集、控制并利用无线传输网络将数据传输至云服务器，云服务器完成对农畜产品数据的品质安全分析，并得到品质安全信息，然后将信息返回至检测终端进行显示。其基本的检测原理如图 10-5 所示。

胡威等[41]利用 Hadoop（Hadoop distributed file system）云计算平台对近红外光谱数据的安全管理进行了研究，提出了 Hadoop 架构下近红外光谱大数据安全机制，对客户端海量近红外光谱数据进行了适合 Hadoop 文件管理的安全设计，保证了上传到 Hadoop 云端的近红外光谱大数据安全，并在样品近红外光谱信息共享系统进行运行。结果证明，此安全机制设计是可行的，但其研究并未涉及云计算如何处理和传输采集的海量光谱数据等问题。

由于云计算在农畜产品实时检测技术领域还没有得到广泛应用，目前对农畜产品实时检测数据的存储和处理还是基于单台系统或局域网进行传输。随着信息技术和计算机技术的发展，将数据计算分布在大量的分布式计算机或远程服务器

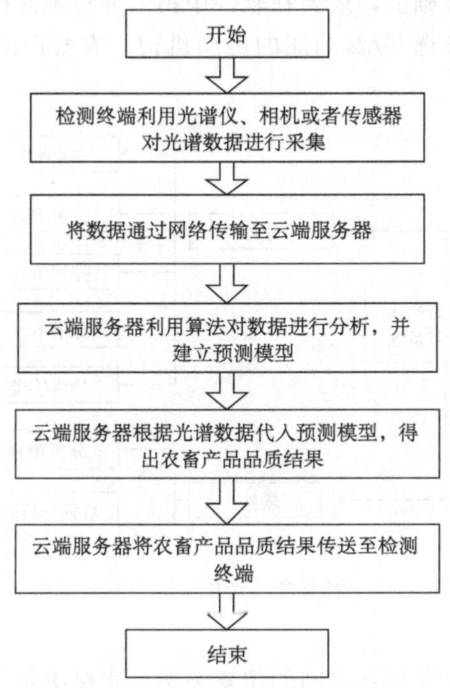

图 10-5　农畜产品云计算无损检测原理框图

中，检测数据中心的运行将更与互联网相似，这使得农畜产品检测能够将检测数据资源切换到需要的应用终端上，根据需求访问计算机和存储系统，系统经搜寻、计算分析之后将农畜产品检测结果回传给用户，从而实现农畜产品无损检测的网络传输与异地接收等功能。

10.3　农畜产品光学实时检测系统的构成

农畜产品光学实时检测技术具有样品无破坏性、无需预处理、无污染性、检测成本低以及高速高通量检测等优点。其检测的目的是在农畜产品生产、运输以及加工过程中实时获得待测样品的信息，及时对检测结果进行反馈与控制，从而监控整个过程，保证农畜产品质量安全可靠。该技术对提高农畜产品生产销售链的品质安全监控水平具有重要作用。

一般的检测系统通常由硬件和软件组成，农畜产品的光学实时检测硬件主要包括探测器、检测单元、控制单元、结果显示单元以及其他辅助单元，软件包括数据实时检测分析软件与相对应的数据处理算法等。除了这些功能，由于农畜产品光学实时检测系统要求对被测指标具有预测和分选/分级等功能，在上述硬件和软件基本组成部分基础上，还要在软件中植入分析预测模型，在硬件中增加由预测模型判断后执行分选/分级功能的运动机构。农畜产品光学实时检测系统组成如图 10-6 所示。

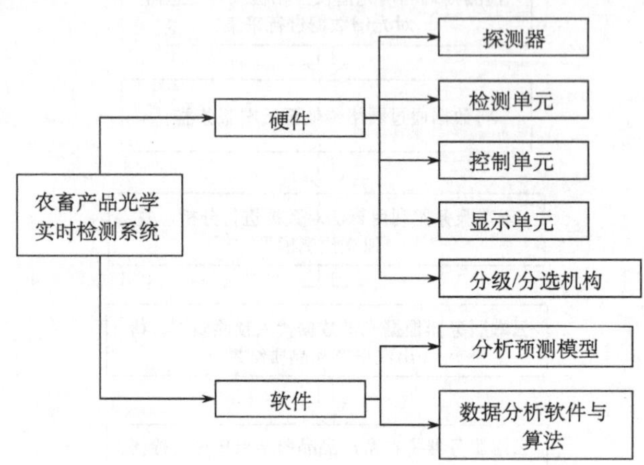

图 10-6 农畜产品光学实时检测系统组成

硬件部件的组成以及相互之间的位置关系，直接决定了检测系统或设备的实用性以及稳定性。农畜产品光学检测系统的软件部分是系统的另一重要组成部分，也是整个系统或仪器的核心控制部分，软件部分能够实现对样品检测速度、检测范围以及数据处理速度的精确控制，其软件中的数据处理算法和软件运行速度直接影响检测系统精度和检测效率。分析预测模型是农畜产品光学实时检测系统的又一个非常重要的组成部分，要实现对农畜产品品质安全参数的预测，必须先建立相应的数学模型，也就是建立样品光学特征信息与待测参数之间的数学关系，将建立的数学模型导入软件操作系统中，利用硬件检测数据在软件中进行处理，调用建立的数学模型，输出检测结果，根据检测结果判断检测指标好坏，或执行分级/分选机构动作从而完成农畜产品的实时检测和筛选。

10.3.1 硬件组成

1. 探测器

探测器是整个实时检测系统的心脏，必须按检测要求和检测目的等实际需要，对探测器进行综合评价和选型。它是一种传感装置，能够感知被测量的信息，并能将探测器感知到的信息，按一定的规律变换为适当的形式进行输出，以满足信息的获取、传输、处理、存储、显示、记录和控制的要求。基于光学的检测系统所采用的探测器是光电式探测器，它是利用光电器件的光电效应和光学原理制成的。目前在农畜产品检测领域常用的探测器是光谱仪、CCD（charge coupled device）相机等，在实际应用中，选择使用哪一种探测器时要综合考虑其各种性能指标，如波长范围、分辨率、积分时间、信噪比和灵敏度等。另外还要考虑其稳定性，以防止检测时环境干扰因素对探测器的影响。

2. 检测单元

在利用光学技术对样品实时检测过程中，由于所测量的样品品种繁多、组分复杂、样品状态多样，样品本身的性质以及外界环境等因素都有很大的差别，因此基于光学技术的样品检测单元的构成以及检测方式要视样品本身的状态和检测现场的实际情况而定。例如，利用机器视觉技术检测样品时，不仅要考虑探测器与待测样品之间的相对位置和视场大小，同时要考虑外界光照系统的影响，而利用光谱技术检测时，要根据样品的状态选择采用漫反射或透射模式。在检测方式方面，对于不透明液体或固体，半透明的液体或固体常采用漫反射方式，该方式要求将探测器和光源置于样品的同一侧，通过样品检测单元保证探测器和样品之间保持一定距离；对于液体、透明样品的内部品质进行检测时，常利用透射模式进行检测，把样品置于光源与探测器之间。另外，在进行实际检测时，样品厚度不一致，使探测器与样品之间的距离发生变化，需要根据实际情况进行调节，因此有时需要对每一个样品采集参照信号，通过换算以减小检测误差。

3. 控制单元

在线检测系统中，要实现实时检测，需要对样品位置和信号有无进行判断，以便进行样品信息的自动采集，当生产线上有样品经过时，系统应能自动采集和处理光谱数据，若生产线上没有样品，则系统应处于待触发检测状态。因此在线检测系统需要用光电传感器、电磁感应等器件对样品信号有无进行判断，当传感器检测到样品信号时，对信号采集装置进行外触发，实现信息的实时采集与处理，检测单元接收到样品信号后，利用通信协议实现信息的传递与控制，由控制单元驱动执行机构进行分级等处理操作。

在离线检测系统中，一般仅需要将检测探头对准样品，触发检测开关，检测装置内置控制单元会自动完成信号的采集与处理，并实时显示检测结果。

4. 结果显示单元

在检测过程中，需要实时显示检测过程或检测结果供用户查看与记录，基于计算机的显示单元是计算机显示器，基于微控制器的显示单元一般采用小型尺寸的 LCD 显示屏或触摸屏。随着触摸屏在便携式检测仪器的应用越来越广泛，能可视化、且全面地显现结果信息的显示单元的设计是硬件系统开发不可或缺的一部分。

5. 其他单元

作为一个完整的实时检测系统，通常还需要对样品传送装置、在线筛选与分选机构等部件进行设计，这需要根据实验和应用现场的实际条件进行综合考虑，以满足样品信号采集的稳定性、检测的灵敏性和根据检测结果对样品进行准确分类和分级的要求。

10.3.2 实时检测分析软件

实时检测分析软件作为光学检测系统的另一重要组成部分，其软件中的数据处理算法和软件运行速度直接影响检测系统精度和检测效率。分析软件除具备必需的信号实时采集和化学计量学数据分析（待测样品特征信息提取、定量和定性预测模型的建立等）功能外，还应包括以下功能模块。

(1) 系统参数设置功能。用户可以根据信号采集的要求，对硬件系统的相关参数进行设置，其中的硬件参数设置可自动载入程序内存中，下次启动程序时可自动获取上次使用的参数。

(2) 数据与信息实时显示功能。包括所采集数据的显示、图谱的显示、在线检测参数和检测结果的实时显示。

(3) 文档管理功能。对所采集的数据或图像进行存储，并对检测结果进行自动保存，以便用户根据需要随时调用。另外，包括对数据库进行管理和修正等。

(4) 通信功能。实现下位机和上位机之间的通信，将检测数据上传到上位机，或通过上位机来控制下位机，执行远程发送和接收数据等。

(5) 外触发信号检测控制功能。若系统采用完全自动在线检测方式，需要系统能自动检测到样品信号，并通过控制单元，触发系统硬件实时进行样品的信号采集和分级等。

(6) 友好的人机交互界面。能方便用户操作，便于查看原始图谱曲线和结果数据等。

根据实际现场需要，有时需要配备监控功能，以实现对系统的各个环节实时监控和调节。

10.3.3 分析预测模型

分析预测模型的好坏直接影响系统的预测精度。对于实时检测系统，需要利用大量实验数据，建立一个普适性好、检测精度高和稳定性好的分析预测模型。但是由于实时检测生产现场样品的放置状态和测量背景等的不确定性，因此在预测模型开发时，要综合考虑生产现场的情况，确保实际应用时不受温度、湿度、振动等其他外界因素的影响。

评价分析预测模型的优劣有 3 个基本指标，即模型的稳定性、可靠性和动态适应性。稳定性是指数学模型对样品类型或其他背景信息的适应性，取决于建模样品集中所包含样品范围的大小，需要从大量的样品中选择有代表性的样品。模型可靠性是指数学模型的预测准确度，要得到准确可靠的分析结果，建立数学模型要保证建模样品集的特征信息要与样品待测参数相匹配。模型的动态适应性是指数学模型受仪器性能的变化、分析时间、条件或样品状态等差别对模型的影响程度。另外在利用光谱技术进行预测时，还需要考虑温度变化对光谱数据的影响。有研究表明，不同温度对牛肉特征吸收峰的位置有所影响[42]，因此实时检测系统中要根据检测条件对所采集的信息进行补偿和修正。

在分析预测模型建立过程中，首先要正确处理模型预测精度和模型稳定性之间的相互影响问题[43]。理论上讲，预测模型建立时希望其精度尽可能高，这就意味着在校正模型建立时，实验条件要完全一致，校正集样品之间在被测值以外差异尽可能小，这样所建模型的精度会较高。但用独立样品进行预测验证、特别是进行实时预测时，信息采集条件不可能完全一致，因此必将导致预测结果有较大偏差。因此在建模实验时要考虑样品的多样性，使所选择的样品具有广泛代表性。经上述方法所建模型的稳定性和预测能力虽然得以提高，但模型的预测精度会在一定程度上降低，因此要根据实验条件和待检样品的性质加以权衡，既要考虑保证模型有高的预测精度，又要保证模型的稳定性。此外，除了分析预测模型的预测精度与稳定性之外，系统还需要对模型不断进行维护，由于仪器状态的不同、样品的变化都会影响预测结果，因此需要对建模样品集进行不断的丰富，以增强分析预测模型的动态适应性，进而确保模型的长期稳定性。

在分析预测模型使用过程中，还需要解决模型在不同硬件系统之间能否通用这个问题[44]，不同系统对应不同的预测模型，这给不同系统之间数据和模型的共享带来一定的不便，要解决这个问题，可以采用模型转移的方法，将已建好的模型在不同系统之间进行转移，或将所采集的数据在不同系统之间进行转移，还可根据不同系统之间的关系将所建的模型或预测结果进行相应的校正。

综上所述，建立一个可靠、准确的分析预测模型对农畜产品无损检测技术是非常重要的，但由于预测模型中的样品特征和仪器特性以及现场环境条件等的不同，有时模型对未知样品的预测误差较大，因此模型性能验证和维护对于无损检测技术是至关重要的[45,46]。模型的维护方法分为模型的修正与模型的转移。所谓模型的修正是指当未知样品的参数信息超出已建立模型覆盖的范围时，需要扩大建模样品的范围来修正原始模型。所谓模型转移是指所建立的模型能够稳定的在不同仪器或者同型号仪器之间相互兼容，或者实现模型在同一台仪器不同测量条件下的使用[47,48]。

根据上述的模型维护的方法，有关学者做了大量的研究。王加华等[49]通过对苹果糖度的近红外光谱模型进行温度补偿研究，采用剔除温度变量法和内校正法补偿温度对模型的影响，从而对模型进行修正，修正后的模型提高了预测精度。谢丽娟等[50]分别利用模型更新与吸光度修正两种方法对转基因番茄与其亲本模型进行了维护，结果表明，模型更新法适用于不同批次相同成熟度样品的预测，而吸光度修正法适用于亲本与不同批次不同成熟度样品的预测，两种模型维护方法都提高了预测精度。

文东东等[51]研究了模型维护对不同品种牛肉新鲜度 TVB-N 含量检测效果的影响，分别通过模型更新和光谱吸光度值校正两种方法对检测模型修正后，两者的预测误差均明显降低。模型更新方法的过程为：选取近红外光谱数据的主模型为恩施水牛样品，模型的交叉验证相关系数 R_{cv} 和均方根误差 SECV 分别为 0.90 和 2.92，对本品种样品的预测相关系数 R_{p} 和预测均方根误差 SEP 分别为 0.88 和 2.23，结果表明对恩施水牛样品具有较稳定的预测效果，但该模型对西门塔尔奶牛样品的验证相关系数 R_{p} 仅为 0.64，验证均方根误差 RMSEP 高达 5.24。于是采用一定数量的西门塔尔奶牛样品对原主模型进行修正，结果发现当在原水牛模型校正集中添加 11 个奶牛样品后，模型对奶牛样品的预测相关系数提高至 0.72，预测误差降低至 4.72，当添加样品数达到 23 个时，模型预测性能趋于稳定，此时预测相关系数为 0.81，预测误差为 3.57。由此可见，向水牛模型中添加新的典型样品后建立的新的模型对西门塔尔奶牛样品的预测效果有所提高，模型预测精度得到了一定改善。

彭彦昆等[32]研究了利用一种递归最小二乘算法对苹果硬度检测模型的更新与维护的方法，过程如下：利用多光谱技术并结合洛伦兹函数对 2004 年收获的苹果建立硬度的预测模型，然后利用该模型对 2005 年收获苹果进行硬度预测，验证集相关系数 R_{p} 为 0.86，验证集标准误差为 6.11N，该结果与利用 2005 年苹果本身建立的模型所预测结果相近，而在利用递归最小二乘算法对模型更新过程中，只需要在原有样品集里面添加很少的新样品就能实现较好的结果。该结果利用递归最小二乘模型更新算法结合多光谱散射技术能够实现对不同收获季节，不同收获产地的苹果硬度的预测。

通过各种方法修正后的分析验证模型植入到实时检测系统后，仍旧需要定期使用标准样品进行标定，以确保检测系统的稳定性和检测结果的可靠性。而当光学实时检测系统投入到实际应用中后，样品的测量结果就不断地反馈给主控制系统，在主控制系统内部，嵌入自动校正模型程序，可以实时对模型进行维护，从而保证整个实时检测系统的稳定性和可靠性。

10.4　农畜产品光学便携式检测装置系统

10.4.1　便携式生鲜肉品质无损检测装置

1. 装置构成以及工作过程

近年来随着注水肉、腐败肉等肉类问题的出现，生鲜肉品质的好坏，日益受到消费者的关注与重视。生鲜肉品质安全不仅直接影响到消费者生活质量与健康安全，也影响肉制品行业的健康发展。对生鲜肉品质安全的检测包括颜色、pH、嫩度、水分以及新鲜度等指标，传统的生化检测方法由于具有破坏样品以及费时等缺点，因而不利于推广。近年来，随着嵌入式技术的发展以及对生鲜肉品质检测技术水平要求的提高，便携式、可移动的实用检测装置的研发取得了进展。林婉等[11]将近红外光谱技术与嵌入式技术相结合，开发了便携式的生鲜肉品质无损检测装置，该装置由 ARM 核心控制单元、光谱采集单元、光源及检测探头单元、LCD 触摸屏单元和散热单元等组成。硬件结构图如图 10-7 所示，装置实物图如图 10-8 所示。

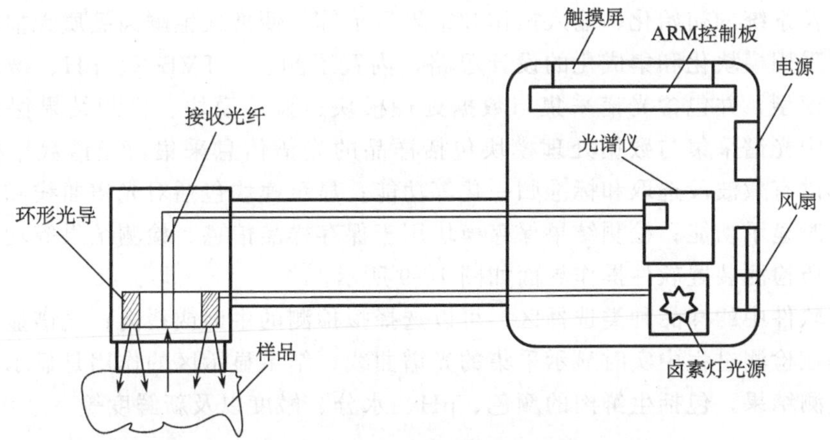

图 10-7　生鲜肉品质便携式无损检测装置结构图

检测装置的主要功能是以生鲜肉品质（包括嫩度、颜色、水分、pH、TVB-N 参数等）为检测指标，利用检测探头采集样品的光谱信息，并利用光纤传给光谱仪，光谱仪通过串口把数据传送给 ARM 嵌入式处理系统，系统调用分析验证模型对数据处理，处理后结果显示在触摸屏上，在触摸屏界面也可以对整个采集过程进行控制和选择。

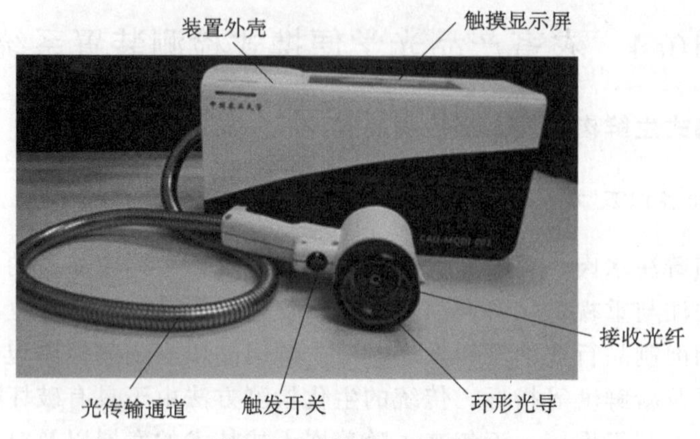

图 10-8 生鲜肉品质便携式无损检测装置实物图

2. 检测装置软件系统

便携式装置的实现离不开嵌入式人机交互软件技术的支持，以满足功能完整性、实用性、易操作性和美观性等要求[53,54]。检测软件作为装置与用户的接口，主要涉及系统的初始化、输入操作和结果显示等。便携式生鲜肉品质无损检测软件系统采用模块化和集成化的设计思路，内置了颜色、TVB-N、pH、嫩度和水分验证模型，并包含光谱采集与数据处理模块、显示模块、检测结果保存模块等，其中光谱采集与数据处理模块包括样品的光谱信息采集，光谱数据格式变换、光谱有效波段选取和标准归一化等功能；显示模块包括对光谱曲线和检测结果的实时显示功能；检测结果保存模块用于保存样品信息、检测结果等功能。生鲜肉品质检测装置软件操作界面如图 10-9 所示。

在软件中的样品种类选择区，可以选择拟检测的牛肉或猪肉；光谱显示区的作用是在检测过程中实时显示采集的光谱曲线；结果显示区的作用是显示检测系统的预测结果，包括生鲜肉的颜色、pH、水分、嫩度以及新鲜度等。

3. 装置的检测效果

利用便携式生鲜肉品质检测无损装置对猪肉样品进行检测，检测指标以颜色为例，利用该检测装置采集 76 个生鲜猪肉样品的光谱信息，测出颜色 L^*、a^*、b^*（L^* 代表亮度变量、a^* 代表红-绿变量、b^* 代表黄-蓝变量）的预测值。经统计分析，L^*、a^* 和 b^* 预测值与标准值的相关系数 R_p 分别为 0.91、0.91 和 0.87，均方根误差 SEP 分别为 1.49、1.08 和 0.59。结果证明，检测装置具有较好的预测精度和稳定性。

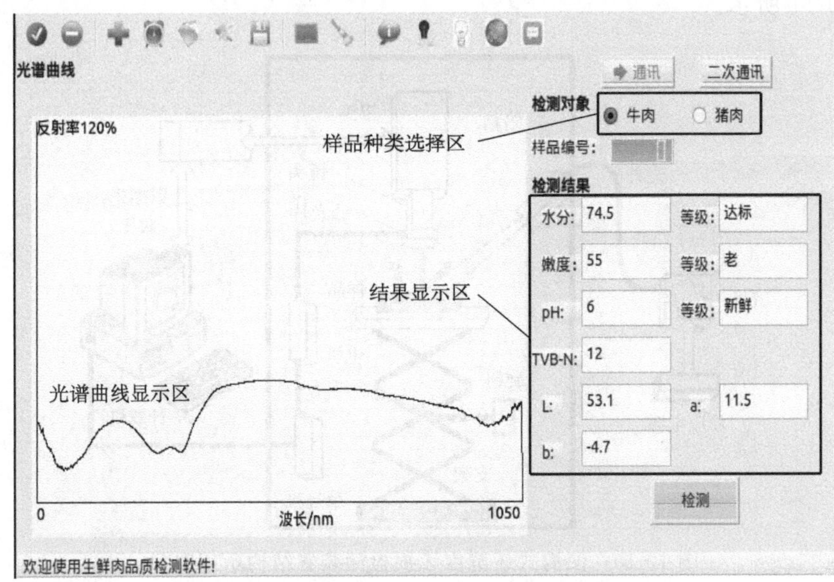

图 10-9　生鲜肉品质检测装置软件操作界面图[11]

4. 装置性能与用途

便携式生鲜肉品质无损检测装置的外壳体积为 184mm×127mm×114mm，质量约为 3.5kg，检测速度为 1 个样品/s，具有体积小、便于携带、检测时间短以及检测结果准确等优点。该装置不仅可以对生鲜肉品质进行无损检测，如将水果、蔬菜等样品的预测模型添加进该装置，也可以实现对果蔬等农畜产品的无损检测。它不仅可以对静态样品进行无损检测，也可以对生产线上运动样品进行检测。利用该检测装置能提高检测效率，节省大量劳动力，具有较高的实用价值。

10.4.2　便携式生鲜肉新鲜度无损检测装置

1. 装置构成以及工作过程

肉类新鲜度一直是消费者最关注的指标之一，也是肉类检测领域必须考虑的一个重要参数。一方面，可见/近红外光谱技术的发展，为新鲜度无损检测技术的研发提供了有力的技术支持。另一方面，由于光谱仪成本较高，以其他光学部件替代光谱仪开发低成本、便携式生鲜肉新鲜度无损检测装置具有重要应用价值。李翠玲等[5]采用多光谱技术研发了生鲜肉新鲜度等级的便携式快速检测装置，主要由单片机控制单元、光源单元、图像采集单元、数据处理单元和液晶显示单元组成，结构如图 10-10 所示，便携式生鲜肉新鲜度无损检测装置的实物图如图 10-11 所示。

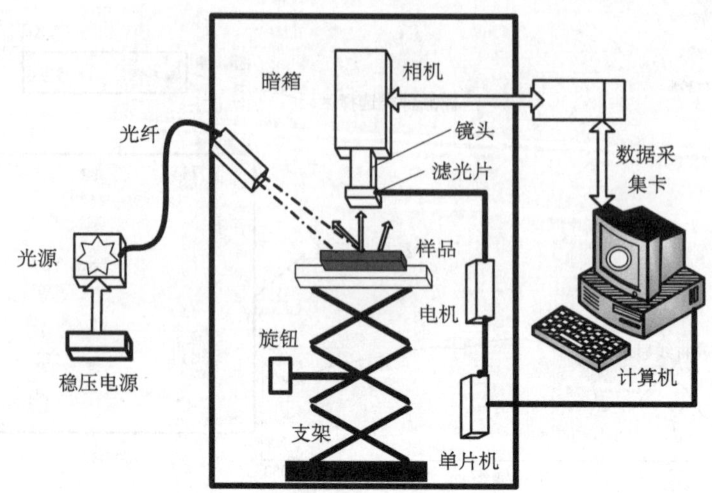

图 10-10 便携式新鲜度无损检测装置结构示意图[5]

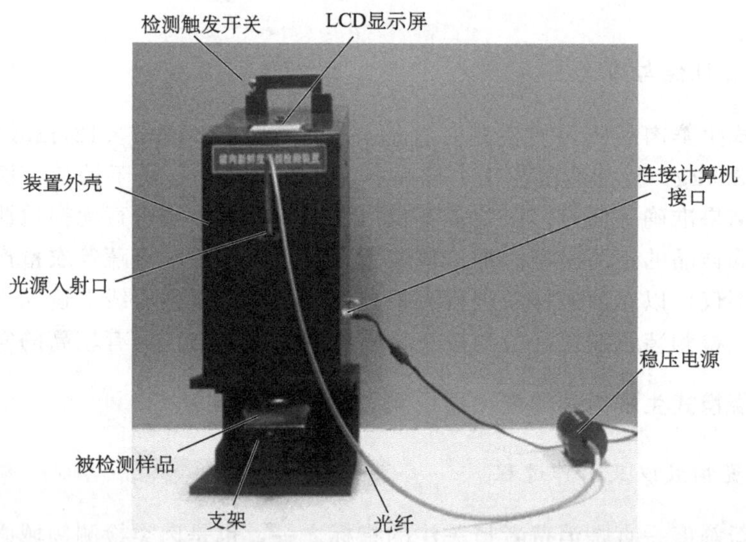

图 10-11 多光谱成像的便携式猪/牛肉新鲜度无损检测装置

装置的工作过程为：首先将样品放在装置的数据采集窗口位置，手动按下外部触发开关，图像采集单元触发 CCD 相机采集图像，同时单片机控制单元启动步进电机，控制滤光片按预定的时间和顺序轮换，获得不同波长下的图像，然后检测软件中的数据处理单元对采集的图像进行实时处理，最后将处理及检测的结果显示在液晶显示屏上。

采集过程中，每切换一次滤光片，单片机向图像采集单元发送一次触发信号，采集卡响应触发信号采集图像，依次采集各个波段处的图像，图像按顺序自动保存。显示单元主要显示装置操作步骤和检测结果，包括新鲜度等级。

2. 技术指标与用途

便携式生鲜肉新鲜度无损检测装置的外壳体积为 500mm × 200mm × 114mm，装置质量约为 3.5kg，检测一个样品大约需 4s，具有体积小、便于携带、检测时间短等特点。此外，该装置将光谱技术和图像分析技术相结合，由于并未采用光谱仪，在便携、小型、低成本上更具有优越性。利用该检测装置不仅可以对生鲜肉品质进行检测，如果将水果、蔬菜等样品的预测模型植入装置，也可以进行果蔬等的无损检测。该装置检测效率高、现场实用性强，具有重要的应用价值。

10.4.3　便携式牛肉大理石花纹无损检测装置

1. 装置构成与工作过程

大理石花纹是衡量牛肉品质的重要参数，大理石花纹也叫脂肪杂交，指肌内脂肪含量和分布数量。传统方法检测大理石花纹凭借人工经验，该方法不仅费时费力，且极不准确。关于无损检测方法的研发，郭辉等[4]利用机器视觉技术构建的牛肉大理石花纹检测系统，主要由检测探头、触发控制装置、计算机等组成。检测探头内部有光源、相机、滤光片以及镜头；装置的触发由按钮开关实现，触发控制装置的核心部件是单片机，用以接收传感器和触发开关的信号，并与计算机通信，控制图像信息的采集。整体结构示意如图 10-12 所示。

检测装置开始工作时，首先将检测探头对准要检测的牛肉样品，在检测探头摆放到位后，安装在检测装置上的位置传感器就会提示位置正确可以进行检测，此时按下外触发开关，计算机接收到触发信号后，开始采集样品的图像信息，计算机对图像信息进行分析运算，最终得出样品的大理石花纹等级结果。

2. 软件系统

便携式牛肉大理石花纹无损检测装置应用软件采用模块化和集成化的设计思路，包含操作模块、实时显示模块、图像显示模块以及检测结果显示模块等。其中软件操作模块包含开始采集、停止采集以及大理石花纹采集功能；实时显示模块能够实时显示牛肉大理石花纹图像，检测结果显示模块能够显示样品编号、大理石花纹比例值以及大理石花纹等级值等功能。便携式牛肉大理石花纹无损检测

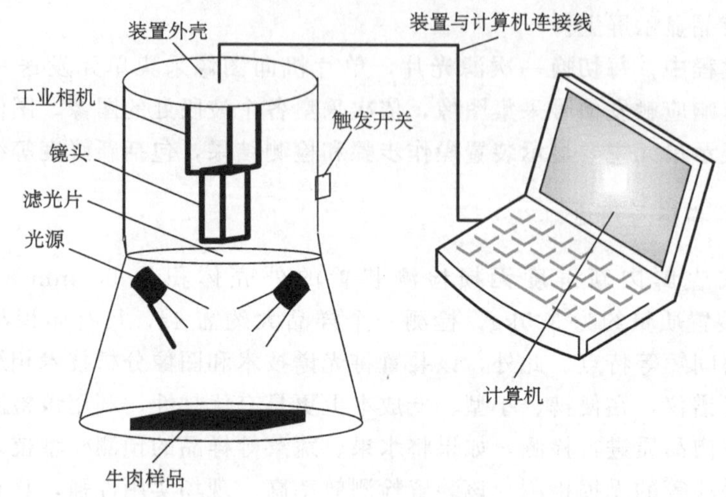

图 10-12　便携式牛肉大理石花纹无损检测系统构成示意图[4]

装置软件操作界面如图 10-13 所示。

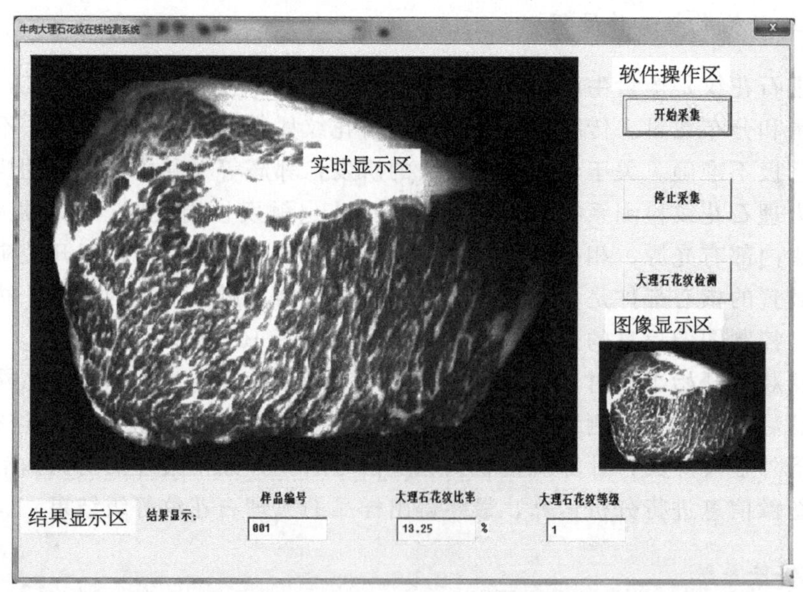

图 10-13　便携式牛肉大理石花纹无损检测装置软件界面图

3. 检测技术指标

牛肉大理石花纹无损检测装置实物图如图 10-14 所示，检测装置的外壳尺寸为 350mm×240mm×150mm，装置质量约为 2.5kg，装置设有光源亮度调节旋钮，可以对不同样品调节亮度以达到最佳检测效果。利用 20 个牛肉样品对装置检测效果进行验证，牛肉大理石花纹的检测准确率大于 95%，单个样品的检测时间小于 1s。该装置具有体积小、便于携带、检测速度快以及检测结果准确等优点，不仅可用于牛肉大理石花纹的静态检测，也可以用于生产线上进行实时动态检测。利用该装置可以提高检测效率，节省劳动力，具有重要的实用价值。

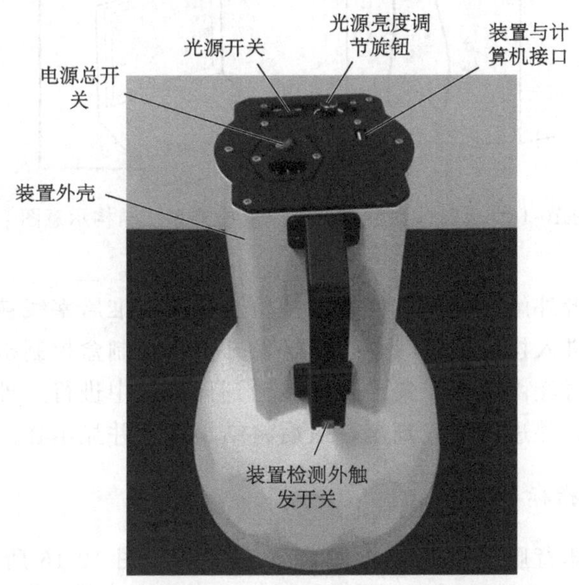

图 10-14　便携式牛肉大理石花纹的仪器装置实物图

10.4.4　手持式猪胴体背膘厚度检测装置

1. 硬件组成部分与工作过程

猪胴体的背膘厚度一般是猪肉二分体中，六七根肋骨处背中线皮下脂肪的厚度，是评价猪肉瘦肉率的重要指标之一，传统的检测背膘厚度的方法是人工利用尺子进行测量，费时费力，且不同的人测量经验不一样，结果很不准确。周彤等[55]利用机器视觉技术开发了手持式猪胴体背膘厚度检测装置，主要由检测探头、控制盒和计算机等组成。检测探头内部含有光源、镜头、滤光片以及传输数据线等，检测探头外壳上装有触发开关，装置控制盒内包含工业相机，图像采集卡，单片机控制模块，以及数据传输模块等，装置控制盒与计算机进行通信，进而控制图像信息的采集。系统总体结构如图 10-15 所示。

检测装置系统的工作过程为：首先通过计算机设置检测探头的采样参数，并

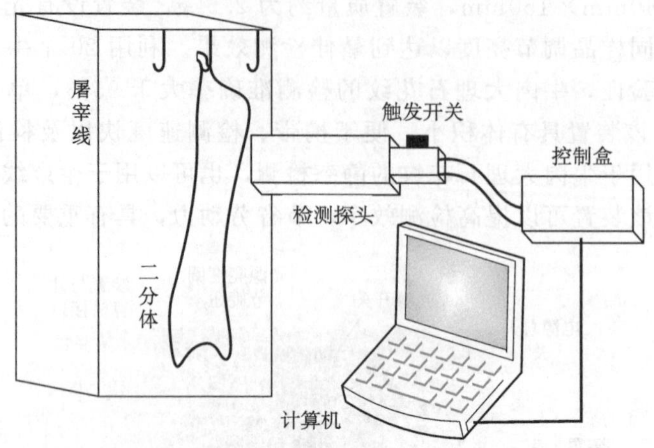

图 10-15 手持式猪胴体背膘厚度检测系统结构示意图[55]

选择软件触发或者外触发模式。使时手持检测探头对准屠宰线被监测区域，当猪胴体（二分体）进入检测视野时，按下触发开关，控制盒控制检测用探头对样品进行图像采集，再经由图像采集卡自动传输到计算机中进行处理，自动分析计算猪胴体背膘厚度，并进行等级判定，最后将结果保存并显示在人机交互界面。

2. 装置技术指标与性能

手持式猪胴体背膘厚度无损检测装置实物图如图 10-16 所示，外壳体积为

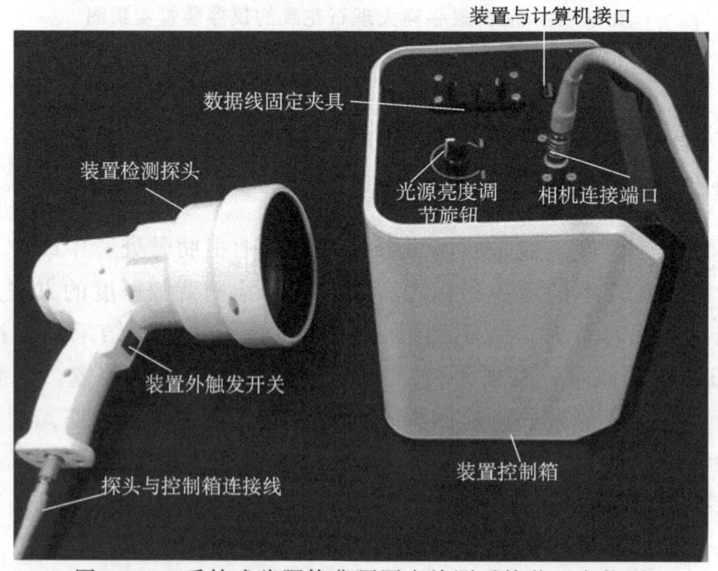

图 10-16 手持式猪胴体背膘厚度检测系统装置实物图

300 mm×250 mm×180 mm，装置质量约为 1.5 kg，由于体积小、检测速度快、轻便，可用于生猪屠宰线进行背膘厚实时检测，其应用场景如图 10-17 所示。经实际验证，该装置检测猪肉背膘厚度误差小于 1mm，检测速度为 2 个/s，检测准确率大于 95%。利用手持式猪胴体背膘厚度无损检测装置不仅能提高检测效率，也可为猪肉生产节省大量劳动力，具有重要的实用价值。

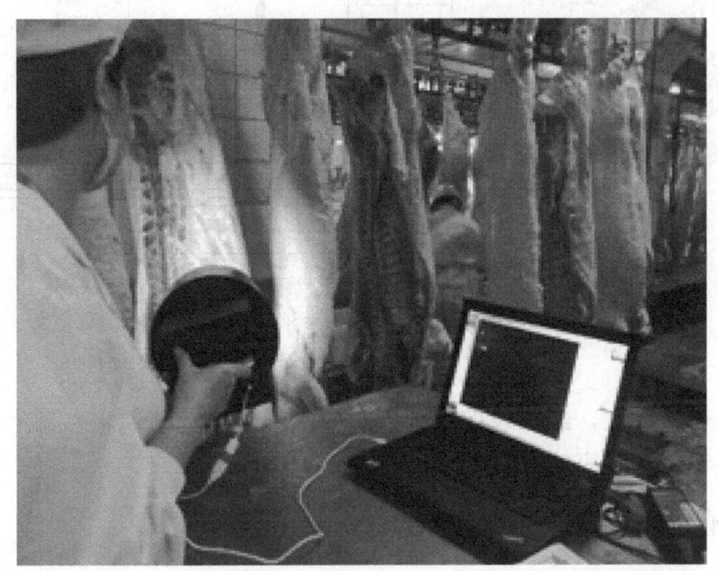

图 10-17　猪胴体背膘厚度检测装置在屠宰线的应用场景

10.5　农畜产品光学在线检测装置与系统

10.5.1　生鲜肉多品质无损实时在线检测系统

1. 装置构成与工作过程

张海云等[12]基于可见/近红外光谱技术构建了生鲜肉品质无损实时在线检测系统，主要包括光谱信息采集单元、样品传送单元、控制单元、位置检测单元、数据处理单元与计算机等。光谱信息采集单元包括可见/近红外光谱仪，光纤多路复用器以及光源单元等，样品传输单元利用传送带传输样品，在检测线上设置光电传感器作为位置检测单元。光谱信息传输至计算机，经数据处理单元分析后在人机界面显示结果。整体系统结构示意图如图 10-18 所示。

以生鲜猪肉样品为例，在线检测系统工作过程为：当光电传感器检测到传送节上的猪肉样品到达指定位置时，控制器触发启动光谱仪采集样品的多个位置光

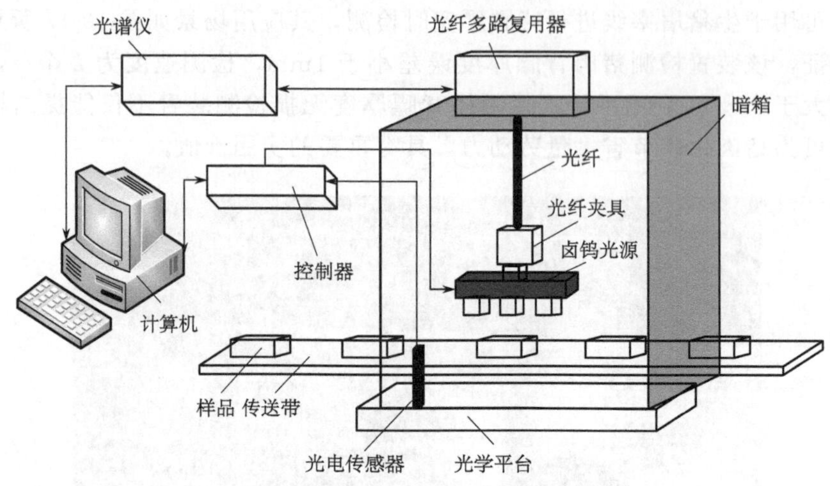

图 10-18　生鲜肉多品质在线检测系统结构示意图[12]

谱信息并传至计算机，经在线处理分析后的生鲜肉等级结果实时显示在软件界面上。当一个样品检测完成后，继续进行下一个样品的检测。

2. 检测装置软件系统及功能

基于可见/近红外光谱的生鲜肉在线检测系统的核心控制单元是计算机，在 Windows 系统下开发的软件满足功能完整性、实用性、易操作性的要求。生鲜肉品质检测装置软件操作界面如图 10-19 所示。检测软件系统主要包括系统的初始化模块、检测参数设置模块、光谱数据采集与处理模块、结果显示模块、结果保存模块等。软件系统内置了颜色、TVB-N、pH、嫩度和水分含量等预测模型等。光谱数据采集与处理模块主要完成光谱信息采集、数据格式变换、光谱有效波段选取和标准归一化等预处理；显示模块包括对光谱曲线和检测结果的实时显示；检测结果保存模块用于保存样品信息、检测结果参数值及等级。

3. 检测装置性能与技术指标

生鲜肉多品质在线无损检测装置可用于肉品生产加工企业生产线，进行肉品多品质参数同时检测及评价，包括颜色、pH、水分含量、TVB-N、蒸煮损失等指标，图 10-20 为实用场景之一。通过应用证实，该装置检测速度为 1～3 个样品/s，检测准确率大于 95%。

该检测装置软硬件功能完备、检测速度快、软硬件可移植性好，不仅应用于

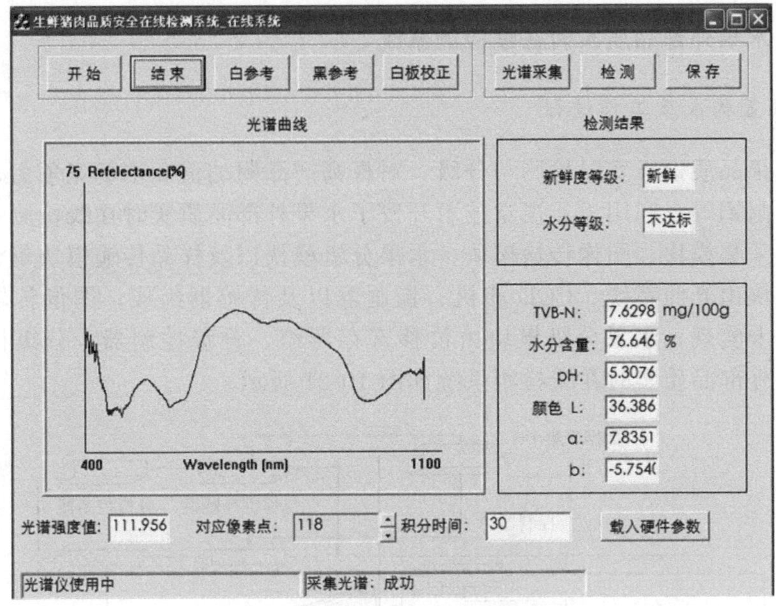

图 10-19　自动在线检测软件系统界面[12]

图 10-20　生鲜肉多品质检测装置在生产线的应用场景

生猪屠宰生产线，还可用于肉品质检测部门、超市和农贸市场等。另外，该装置不仅能对生鲜猪肉品质在线检测，也能对牛肉品质进行检测。若植入果蔬品质的预测模型，同样可用于对果蔬的在线检测。

10.5.2　水果外部品质实时在线检测系统

1. 装置构成及工作过程

对水果品质进行实时检测与分级，对提高产品附加值和市场竞争力，具有重要作用。赵娟等[3]利用机器视觉技术开发了水果外部品质实时在线检测系统，主要由图像采集模块、图像传输模块、水果分级模块以及样品传输模块等构成。图像采集模块由光照系统、CCD 相机、控制器以及传感器组成；图像传输功能由数据采集卡实现；水果分级模块由位移寄存器组、分级控制器、分级机构等组成。水果外部品质实时在线检测系统如图 10-21 所示。

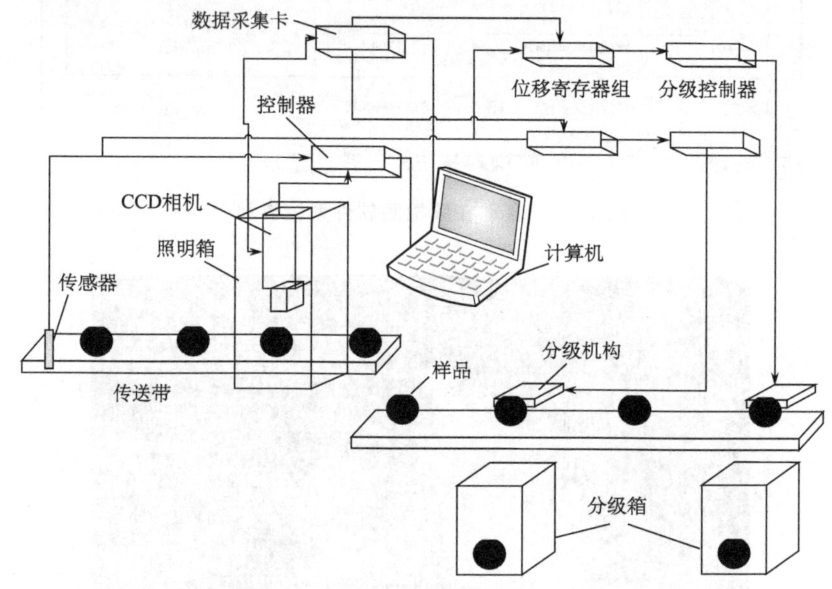

图 10-21　水果外部品质实时在线检测系统构成示意图

检测系统的工作过程为：水果在传送装置上自旋转移动时，一旦到达对射式传感器的位置，控制器发送触发信号控制 CCD 相机开始采集图像，并传输至计算机。计算机中的检测软件对图像数据进行处理与分析，并将检测结果传输至位移寄存器组。当检测的样品满足某一分级条件时，位移寄存器组控制分级驱动机构完成样品的分级。

2. 软件系统的功能

检测装置工作过程中，连续完成图像采集、保存及处理和分选等功能。全过程都是由基于 VS2010 平台开发的软件系统完成。在图像处理过程中，主要进行缺陷特征的提取，包括图像提取，图像分割，缺陷提取，缺陷面积的标定等。首先采集完整样品表面 3 个位置的图像信息（图 10-22），每个位置空间相差 120°位移，然后采用像素比来判定缺陷的大小，以缺陷长度为 5mm 作为判断限值，当像素比大于该限值时则判定为缺陷，否则忽略不计。

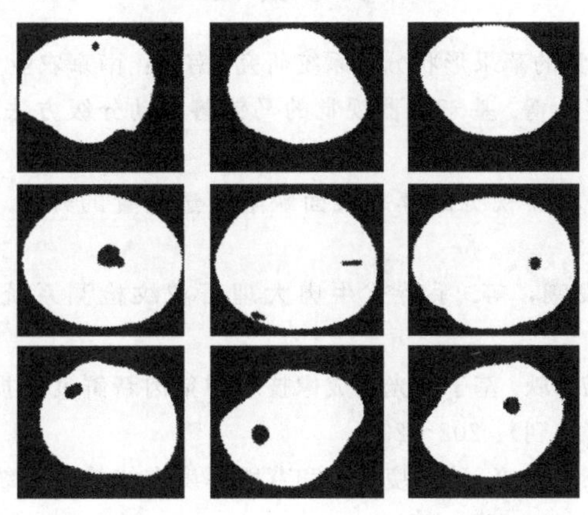

图 10-22　3 个苹果样品在 3 个空间相差 120°位移位置的缺陷图像[3]

3. 检测装置性能与技术指标

基于机器视觉的水果外部品质实时在线检测系统（图 10-23），可对水果大小、表皮颜色、表面缺陷、水果形状以及着色面积等指标进行检测，同时能按大小、颜色、缺陷、形状以及着色面积等外部特征进行自动分级，检测速率 1～3

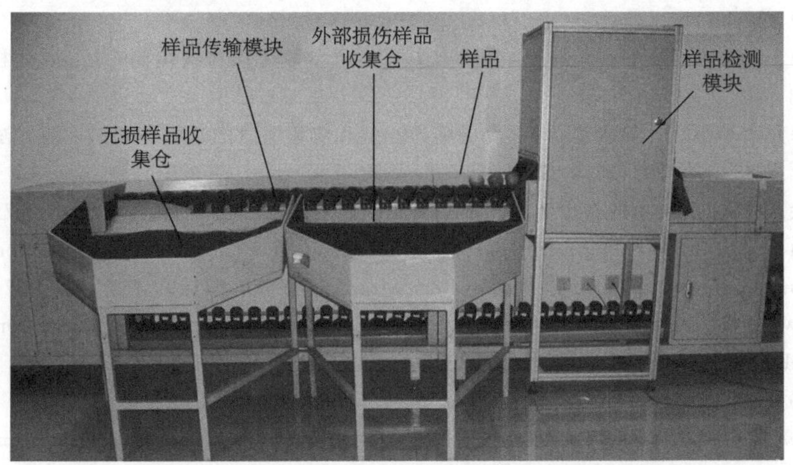

图 10-23　基于机器视觉的水果外部品质实时在线检测系统装置

个样品/s，检测准确率大于92.5%。此外，该检测装置系统可移植性好，不仅能够用于水果检测生产线，还可用于其他圆形蔬菜的检测，从而提高检测效率，节省劳动力，提升农产品生产加工的效益。

参考文献

[1] 李秀智. 基于机器视觉的苹果形状分级系统研究. 南京：南京农业大学，2003

[2] 周竹，黄懿，李小昱，等. 基于机器视觉的马铃薯自动分级方法. 农业工程学报，2012，28（7）：178～183

[3] 赵娟，彭彦昆. 基于机器视觉的苹果表面缺陷分选装置的开发. 中外食品和包装机械，2012，6（6）：82～83

[4] 郭辉，彭彦昆，江发潮，等. 手持式牛肉大理石花纹检测系统. 农业机械学报，2012（43）：207～210

[5] 李翠玲，彭彦昆，汤修映. 基于多光谱成像技术的猪肉新鲜度无损快速检测装置. 农业机械学报，2012，43（增刊）：202～206

[6] 赵松玮，彭彦昆，王伟，等. 猪肉瘦肉率和背膘厚度在线检测系统的研究. 食品安全质量检测学报，2012，3（6）：589～594

[7] 张静，程玉来，重滕和明. 利用近红外透射光谱技术测定糖度测定苹果糖度的研究. 食品科技，2007，2（69）：245～247

[8] 高荣杰. 水果糖度可见/近红外光谱在线检测方法研究. 南昌：华东交通大学，2011

[9] 黄涛，李小昱，彭毅，等. 基于近红外光谱的淡水鱼新鲜度在线检测方法研究. 光谱学与光谱分析，2014，34（10）：2732～2736

[10] 孙通. 梨可溶性固形物和酸度的可见/近红外光谱静态和在线检测研究. 杭州：浙江大学，2011

[11] 林琬，彭彦昆，王彩萍. 便携式生鲜肉品质无损快速检测装置的设计. 农业工程学报，2014，30（7）：243～249.

[12] 张海云，彭彦昆，王伟，等. 生鲜猪肉主要品质参数无损在线检测系统. 农业机械学报，2013，44（4）：146～151

[13] 高海龙，李小昱，徐森淼，等. 马铃薯黑心病和单薯质量的透射高光谱检测方法. 农业工程学报，2013，29（15）：279～285

[14] 王会. 基于CT技术的富士苹果内部品质无损检测研究. 杭州：浙江大学，2007

[15] Wen Z, Tao Y. Building a rule-based machine-vision system foe defect inspection on apple sorting and packing lines. Expert System with Application, 1999, 16: 299～307

[16] Crowe T G, Delwiche M J. Real-time defect detection in fruit-Part I: design concepts and development of prototype hardware. Transactions of the ASAE, 1996, 39 (6): 2299～2318

[17] Crowe T G, Delwiche M J. Real-time defect detection in fruit-part II: an algorithm and performance of a prototype system. Transactions of the ASAE, 1996, 39 (6): 2309～2308

[18] Tao Y. Closed-loop search method for on line automatic calibration of multi-camera inspec-

tion systems. Transactions of the ASAE，1998，41（5）：1549～1555

[19] Wulf D M，O'Connor S F，Tatum J D，et al. Using objective measures of muscle color to predict beef longissimus trendiness. Journal of animal Science，1997，75：684～692

[20] Perkins T L，Green R D，Hamlin K E. Evaluation of ultrasonic estimates of carcass fat thickness and longissimus muscle area in beef cattle. Journal of animal Science，1992，70：1002～1010

[21] Shackelford S D，Wheeler T L，Koohmaraie M. Coupling of image analysis and tenderness classification to simultaneously evaluate carcass cutability，longissimus area，subprimal cut weights，and tenderness of beef. Journal of animal Science，1998，76：2631～2640

[22] Brethour J R. Using serial ultrasound measures to generate models of marbling and backfat thickness changes in feedlot cattle. Journal of Animal Science，2000，78：2055～2061

[23] Abebe H，Doyle W，Amin V，et al. Predicting percentage of intramuscular fat using two types of real-time ultrasound equipment. Journal of Animal Science，2001，79：11～18

[24] Cross H R，Gilliland D A，Durland P R，et al. Beef carcass evaluation by use of a video image analysis system. Journal of Animal Science，1983，57：908

[25] Gardner T A. National Beef Instrument Assessment Plan- Final Report. 1995. Englewood，CO

[26] Gardner T L，Dolezal H G，Allen D M. Utilization of video image analysis in predicting beef carcass lean product yields. 1995 Animal Science Research Report，61～67

[27] Belk K E，Scanga J A，Tatum J D，et al. Simulated instrument augmentation of USDA yield grade application to beef carcasses. Journal of animal Science，1998，79：522

[28] Li J，Tan J，Martz F A，et al. Image textural features as indicators of beef tenderness. Meat Science，1999，53：17～22

[29] Jeyamkondan S，Kranzler G，Lakshmikanth A. Predicting beef tenderness with computer vision. ASABE Paper 013063，Presented at the ASAE 94th Annual International Meeting，July 29～August 1，2001，Sacramento，CA

[30] 徐幸莲，彭增起，江龙建. 猪肉颜色分级仪：中国，CN200410098904. 9 2005-05-25

[31] 曹洪涛. 高光谱成像实验及其数据处理. 西安：西北工业大学，2005

[32] 郑世才. 我国射线检测技术近年的发展. 无损检测，2004，26（41）：63～168

[33] 郑世才. 射线照相技术级别规定的评述. 无损检测，1998，20（9）：254

[34] 郑世才. 射线实时成像检验技术与射线照相检验技术的等价性讨论. 无损检测，2003，25（10）：500～503

[35] 黄林. 基于单一技术及多信息融合技术的猪肉新鲜度无损检测技术研究. 镇江：江苏大学，2013

[36] 高洪燕，毛罕平，张晓东，等. 基于多信息融合的番茄冠层水分诊断. 农业工程学报，2012，28（16）：140～144

[37] 蒋焕煜，应义斌，王剑平. 水果品质智能化实时检测分级生产线的研究. 农业工程学报，2002，11（6）：158～160

[38] 李鹏. 基于虚拟仪器的淡水鱼在线品质分级系统研究. 武汉：华中农业大学，2013

[39] 何勇，聂鹏程，刘飞. 农业物联网与传感仪器研究进展. 农业机械学报，2013，44（10）：216～223

[40] 林俊明. 一种基于云计算的无损检测系统：中国，CN102510393. A

[41] 胡威. Hadoop架构下近红外光谱大数据安全机制. 长沙：湖南师范大学，2014

[42] 张军，陈华才，陈星旦. 近红外光谱温度修正定量分析模型的研究. 光谱学与光谱分析，2005，25（6）：890～893

[43] 钟雄斌. 基于高光谱技术的不同品种猪肉品质检测模型维护方法研究. 武汉：华中农业大学，2014

[44] 黄承伟. 仪器间的光谱模型传递及谱图标准化. 杭州：浙江大学，2012

[45] 张学博，冯艳春，胡昌勤. 近红外多元校正模型传递的进展. 药物分析杂志，2009，29（8）：1390～1398

[46] 张学博. 通用性近红外模型的验证和维护. 北京：中国协和医科大学，2009

[47] Kalivas J H，Siano G G，Andries E，et al. Calibration maintenance and transfer using Tikhonov regularization approaches. Applied Spectroscopy，2009，63（7）：800～809

[48] Leion H，Folestad S，Josefson M，et al. Evaluation of basic algorithms for transferring quantitative multivariate calibrations between scanning grating and FT NIR spectrometers. Journal of Pharmaceutical and Biomedical Analysis，2005（37）：47～55

[49] 王加华，潘璐，李鹏飞，等. 苹果糖度近红外光谱分析模型的温度补偿. 光谱学与光谱分析，2009，29（6）：1517～1520

[50] 谢丽娟，应义斌. 转基因番茄鉴别模型维护方法. 江苏大学学报（自然科学版），2012，33（5）：538～542

[51] 文东东，李小昱，赵政，等. 不同品种牛肉新鲜度光谱检测模型的维护方法. 食品安全质量检测学报，2012，3（6）：621～626

[52] Peng Y K，Lu R F. A recursive method for updating apple firmness prediction models based on spectral scattering images. SPIE/The International Society for Optical Engineering，Optics for Natural Resources，Agriculture，and Foods II/Proceedings of SPIE Vol. 6761，Paper No. 676127，pp. 67610U1～U9，September 9～12，2007，Boston，Massachusetts，US

[53] 刘伟. 水果糖度便携式光谱无损检测方法研究. 南昌：华东交通大学，2011

[54] Peng Y K，Lu R F. Improving apple fruit firmness predictions by effective correction of multi spectral scattering images. Postharvest Biology and Technology，2006，41（3）：266～274

[55] 周彤. 基于机器视觉的家畜胴体品质无损检测及分级. 北京：中国农业大学，2014